Buch-Updates
Registrieren Sie dieses Buch auf unserer Verlagswebsite. Sie erhalten damit Buch-Updates und weitere, exklusive Informationen zum Thema.

Galileo BUCH UPDATE

Und so geht's

> Einfach **www.sap-press.de** aufrufen

<<< Auf das Logo **Buch-Updates** klicken

> Unten genannten **Zugangscode** eingeben

Ihr persönlicher Zugang zu den Buch-Updates

153767010830

Einkauf mit SAP® MM

SAP PRESS

SAP PRESS ist eine gemeinschaftliche Initiative von SAP und Galileo Press. Ziel ist es, Anwendern qualifiziertes SAP-Wissen zur Verfügung zu stellen. SAP PRESS vereint das fachliche Know-how der SAP und die verlegerische Kompetenz von Galileo Press. Die Bücher bieten Expertenwissen zu technischen wie auch zu betriebswirtschaftlichen SAP-Themen.

Marc Hoppe, André Käber
Warehouse Management mit SAP
2007, 622 Seiten, geb.
ISBN 978-3-89842-695-4

Marc Hoppe
Bestandsoptimierung mit SAP
2005, 470 Seiten, geb.
ISBN 978-3-89842-611-4

Martin Murray
Understanding the SAP Logistics Information System
2007, 328 Seiten, geb.
ISBN 978-1-59229-108-3

Sachin Sethi
Enhancing Procurement with mySAP SRM
2007, ca. 400 Seiten, geb.
ISBN 978-1-59229-068-0

Aktuelle Angaben zum gesamten SAP PRESS-Programm finden Sie unter *www.sap-press.de*.

Torsten Hellberg

Einkauf mit SAP® MM

Prozesse, Funktionen, Customizing

Galileo Press

Bonn • Boston

Liebe Leserin, lieber Leser,

vielen Dank, dass Sie sich für ein Buch von SAP PRESS entschieden haben.

Die Produktion im Unternehmen kann man nicht mit leeren Händen beginnen. Am Anfang der Logistikkette steht der Einkauf, also die Beschaffung von Materialien. Das bedeutet nicht nur, dass die benötigten Güter zur richtigen Zeit in der richtigen Qualität am richtigen Ort sein müssen, darüber hinaus gilt es, sie möglichst kostengünstig bei einem geeigneten Lieferanten einzukaufen.

Bei diesem komplexen Unterfangen unterstützt Sie dieses Buch. Es führt Sie durch die Prozesse, die Funktionen und das Customizing der SAP-Materialwirtschaft und zeigt Ihnen, welche Möglichkeiten zur Abwicklung, Optimierung, Überwachung und Analyse Ihrer lieferantenbezogenen Prozesse das SAP-System bietet. Ich bin mir sicher, dass es Ihnen ein nützlicher Ratgeber für Ihre tägliche Arbeit sein wird.

Jedes unserer Bücher will Sie überzeugen. Damit uns das immer wieder gelingt, sind wir auf Ihre Rückmeldung angewiesen. Kritik oder Zuspruch hilft uns bei der Arbeit an weiteren Auflagen. Ich freue mich deshalb, wenn Sie sich mit Ihren kritischen Anmerkungen oder Ihrem Lob an mich wenden.

Ihre Eva Tripp
Lektorat SAP PRESS

Galileo Press
Rheinwerkallee 4
53227 Bonn

eva.tripp@galileo-press.de
www.sap-press.de

Auf einen Blick

Der Name Galileo Press geht auf den italienischen Mathematiker und Philosophen Galileo Galilei (1564–1642) zurück. Er gilt als Gründungsfigur der neuzeitlichen Wissenschaft und wurde berühmt als Verfechter des modernen, heliozentrischen Weltbilds. Legendär ist sein Ausspruch *Eppur se muove* (Und sie bewegt sich doch). Das Emblem von Galileo Press ist der Jupiter, umkreist von den vier Galileischen Monden. Galilei entdeckte die nach ihm benannten Monde 1610.

Gerne stehen wir Ihnen mit Rat und Tat zur Seite:
eva.tripp@galileo-press.de bei Fragen und Anmerkungen zum Inhalt des Buches
service@galileo-press.de für versandkostenfreie Bestellungen und Reklamationen
thomas.losch@galileo-press.de für Rezensionsexemplare

Lektorat Eva Tripp
Korrektorat Petra Bromand, Düsseldorf
Einbandgestaltung Silke Braun
Typografie und Layout Vera Brauner
Herstellung Steffi Ehrentraut
Satz Typographie & Computer, Krefeld
Druck und Bindung Bercker Graphischer Betrieb, Kevelaer

Bibliografische Information der Deutschen Bibliothek
Die Deutsche Bibliothek verzeichnet diese Publikation in der Deutschen Nationalbibliografie; detaillierte bibliografische Daten sind im Internet über http://dnb.ddb.de abrufbar.

ISBN 978-3-89842-874-3

1. Auflage 2007

Inhalt

Die Einleitung antwortet auf die folgenden Fragen: Wie ist der Funktionsbereich Einkauf in das Supply Chain Management einzuordnen? Wie ist der Aufbau und welches sind die Themenschwerpunkte dieses Buches? An welche Leser richtet sich dieses Buch?

1 Einleitung

Supply Chain Management

Das Supply Chain Management berücksichtigt die zunehmende Bedeutung einer prozessorientierten Betrachtung unternehmerischer Aktivitäten. Eine Optimierung der Supply Chain (Logistik- oder Wertschöpfungskette) eröffnet erhebliche Effektivitäts- und Effizienzpotenziale zur Verbesserung der Wettbewerbsfähigkeit eines Unternehmens. In Abgrenzung zum Logistikbegriff betrachtet das Supply Chain Management zusätzlich den unternehmensübergreifenden Aspekt bei der Gestaltung der Güter- und Informationsflüsse der Logistikkette von der Beschaffung von Gütern und Dienstleistungen bis zur Entsorgung von Altprodukten. Der Einkauf innerhalb der Beschaffung steht am Beginn der Logistikkette und liefert einen wesentlichen Beitrag zu einer effizienteren Supply Chain. Die SAP AG liefert mit der Software mySAP ERP (Enterprise Resource Planning) umfangreiche und komfortable Möglichkeiten zur Abwicklung, Optimierung, Überwachung und Analyse sämtlicher lieferantenbezogener Prozesse.

Prozesse, Funktionen und Customizing

Die Prozesse, Funktionen und das Customizing dieser lieferantenbezogenen Aktivitäten sind Gegenstand dieses Buches. Die Einkaufsfunktionen von mySAP ERP werden eingehend dargestellt und deren Beziehungen zu Stammdaten und Customizing-Einstellungen vermittelt. Alle wesentlichen Prozessschritte und Customizing-Einstellungen können Sie anhand der zahlreich vorhandenen Screenshots auch ohne Systemzugang nachvollziehen. Ein umfangreicher Index erleichtert Ihnen das gezielte Auffinden von Informationen. Die Anhänge mit einer Auflistung aller relevanten Menüpfade und der Angabe von SAP-Notes ergänzen dieses Buch.

Zielgruppen dieses Buches

Das Buch richtet sich an ambitionierte Anwender der Komponente Einkauf von SAP ERP, die zusätzlich zu den relevanten Prozessen im Einkauf einen Einblick in die korrespondierenden Customizing-Einstellungen erhalten möchten. SAP-Beratern aus anderen Modulen und SAP-Junior-Beratern bietet dieses Buch eine schnelle Einarbeitung in das Themengebiet. Erfahrenen SAP-Logistikberatern kann dieses Buch als Nachschlagewerk hilfreich sein.

Das Buch basiert auf mySAP ERP Central Component 5.0 (ECC 5.0). Die allermeisten der beschriebenen Funktionen sind aber auch in älteren Releases von SAP ERP bereits enthalten (zum Beispiel SAP R/3 Enterprise 4.7 und SAP R/3 4.6C).

Aufbau des Buches

Dieses Buch ist folgendermaßen aufgebaut:

In **Kapitel 2**, *Organisationsebenen*, erhalten Sie einen Überblick über die wichtigsten Organisationsebenen des Einkaufs und deren Zuordnungen untereinander.

Kapitel 3, *Stammdaten*, beschäftigt sich mit den Stammdaten des Einkaufs und beschreibt deren Pflegemöglichkeiten, organisatorischen Zuordnungen, Datenhaltungsebenen und korrespondierenden Customizing-Einstellungen.

In **Kapitel 4**, *Beschaffung mit mySAP ERP*, werden der grundlegende und der erweiterte Beschaffungsprozess dargestellt. Die Funktionen zur Abwicklung spezieller Geschäftsprozesse, wie zum Beispiel Limitbestellung, Konsignationsmaterialbeschaffung, Lohnbearbeitung und Dienstleistungsabwicklung, werden eingehend dargestellt und deren Customizing dokumentiert.

Kapitel 5, *Optimierung der Beschaffung mit mySAP ERP*, befasst sich mit den zahlreichen Möglichkeiten zur Optimierung des Einkaufs, zum Beispiel durch die automatische Bezugsquellenfindung, Rahmenverträge, Bestellmengenoptimierung und die Lieferantenbeurteilung. Relevante Customizing-Einstellungen ergänzen dieses Kapitel.

Kapitel 6, *Belegfreigabeverfahren*, bietet eine einführende Darstellung der erforderlichen Customizing-Einstellungen des Belegfreigabeverfahrens und der Vorgehensweise bei der Freigabe von Bestellanforderungen.

In **Kapitel 7**, *Listanzeigen, Auswertungen und das Logistikinformationssystem*, werden die Auswertungsmöglichkeiten zum Einkauf in mySAP ERP vorgestellt. Zusätzlich ist das Logistikinformationssystem am Beispiel des Einkaufsinformationssystems Gegenstand dieses Kapitels.

Im **Anhang** finden Sie ein Glossar sowie ergänzende Listen mit Menüpfaden und SAP-Notes.

Organisationsebenen dienen zur Abbildung der Aufbauorganisation eines Unternehmens. Sie werden im Customizing definiert und zugeordnet. Stammsätze und Belege im Einkauf haben einen organisatorischen Aspekt.

2 Organisationsebenen

Unternehmensstruktur

Zur Abbildung von Geschäftsprozessen in SAP ERP muss die Aufbauorganisation (Unternehmensstruktur) des Unternehmens in SAP ERP abgebildet werden. Hierbei werden die einzelnen Organisationseinheiten im Customizing von SAP ERP definiert und untereinander zugeordnet. Sie finden diese Einstellungen über den Menüpfad: **SPRO • SAP Customizing Einführungsleitfaden • Unternehmensstruktur • Definition • Logistik Allgemein** oder **Materialwirtschaft** (siehe Abbildung 2.1).

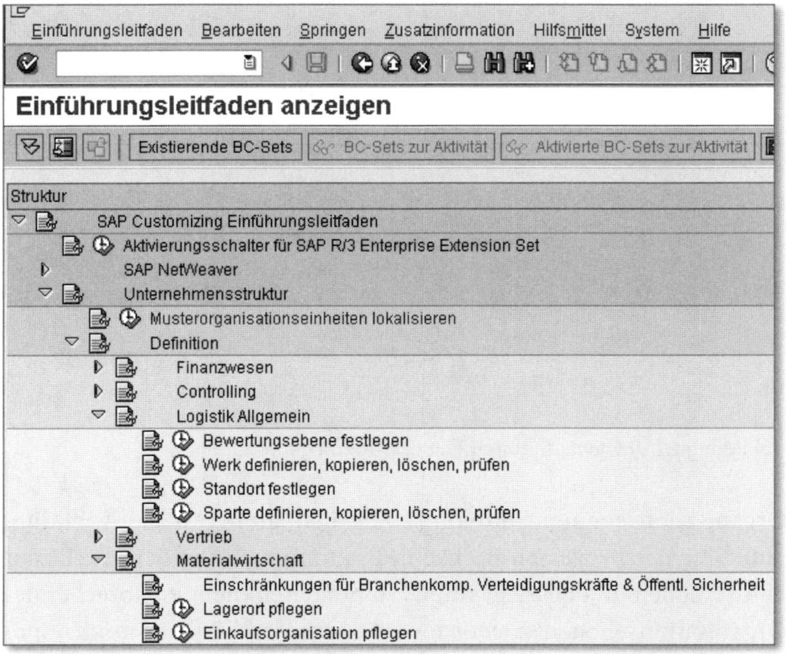

Abbildung 2.1 Menüpfad »Unternehmensstruktur definieren«

2.1 Bedeutung und Zuordnungen von Organisationsebenen

Jedes Modul von SAP ERP (zum Beispiel Controlling, Finanzwesen oder Materialwirtschaft) verfügt über Organisationsebenen, die in dem jeweiligen Modul definitorisch angesiedelt sind (zum Beispiel Kostenrechnungskreis, Buchungskreis oder Einkaufsorganisation), jedoch auch für andere Module von Bedeutung sind. So wird zum Beispiel die Organisationsebene »Buchungskreis« im Modul Finanzwesen definiert, kann aber im Modul Materialwirtschaft einer Einkaufsorganisation zugeordnet werden (siehe Abbildung 2.2).

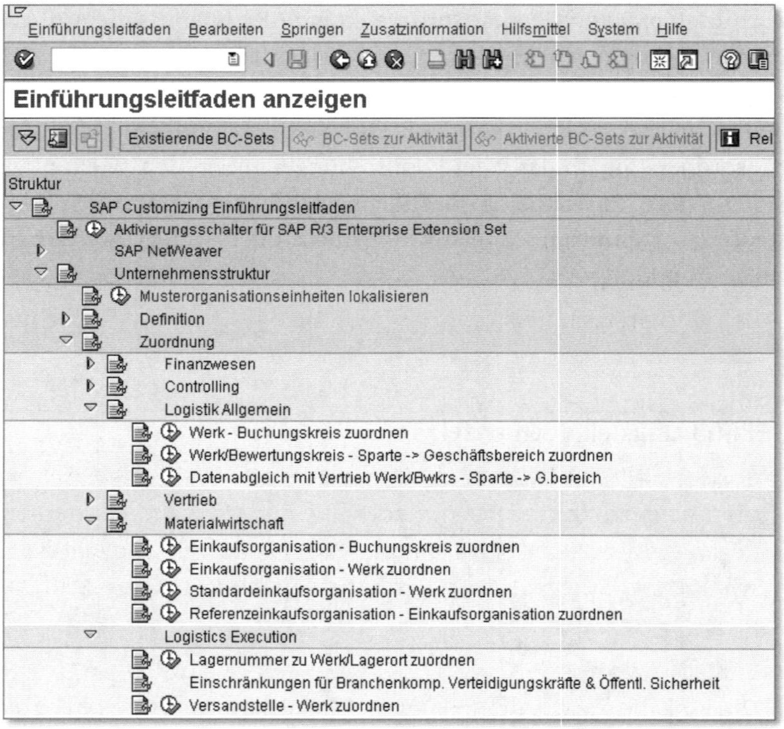

Abbildung 2.2 Menüpfad »Unternehmensstruktur zuordnen«

Organisationsebenen sind von großer Bedeutung für die Abbildung von Geschäftsprozessen in SAP ERP. Zum einen werden die Datenhaltungsebenen der relevanten Stammdaten den entsprechenden Organisationsebenen zugeordnet. Stammdaten haben somit einen organisatorischen Aspekt. Zum anderen haben auch die mit Hilfe von Transaktionen erfassten Belege (zum Beispiel Bestellung oder Kundenauftrag) eine organisatorische Zuordnung. So ist etwa die Einkaufsorganisation eine Pflichteingabe im Bestellkopf, und die Bestellposition wird für ein bestimmtes Werk beschafft.

2.2 Organisationsebenen im Einkauf

Die für den Einkauf in der Materialwirtschaft relevanten Organisationsebenen sind:

- **Mandant**
  Der Mandant ist die höchste organisatorische Ebene von SAP ERP. Datentechnisch ist ein Mandant ein Bereich des SAP-Systems mit eigenständigen Tabellen, Stammdaten und Benutzerkennungen, der durch einen dreistelligen numerischen Schlüssel eindeutig definiert ist. Daten, die auf der Ebene des Mandanten gehalten werden, sind auch für alle untergeordneten Organisationsebenen gültig. Regelmäßig werden eigene Mandanten für verschiedene Einsatzzwecke eines SAP-Systems aufgestellt, so zum Beispiel als Entwicklungs-, Test-, Schulungs- oder Produktivmandanten. Betriebswirtschaftlich kann ein Mandant als Konzern betrachtet werden.
- **Buchungskreis**
  Für jede rechtlich selbständige Unternehmung Ihres Konzerns ist in SAP ERP ein Buchungskreis eingerichtet. Der Buchungskreis repräsentiert eine bilanzierende Einheit im Sinne des externen Rechnungswesens. Auf Buchungskreisebene erfolgt der Jahresabschluss. Der Buchungskreis ist über einen im Mandanten eindeutigen, vierstelligen alphanumerischen Schlüssel definiert.
- **Einkaufsorganisation**
  Die Einkaufsorganisation ist für die Abwicklung aller Einkaufsvorgänge verantwortlich. Die organisatorische Gestaltung des Einkaufs wird über die Zuordnungen der Einkaufsorganisation zu anderen Organisationseinheiten vorgenommen. So kann eine Einkaufsorganisation nur maximal einem Buchungskreis zugeordnet werden (siehe Abbildung 2.3).

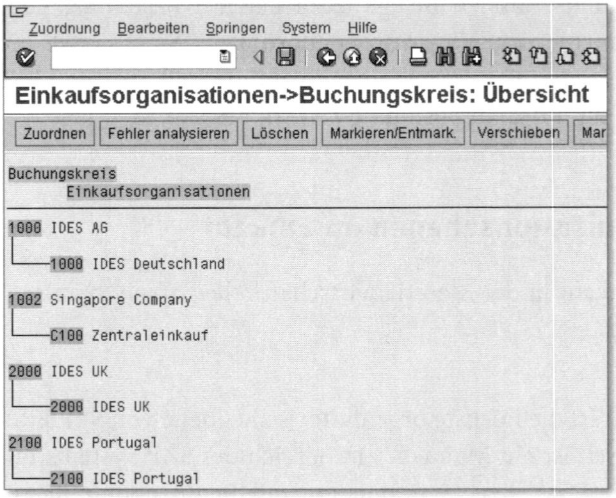

Abbildung 2.3 Zuordnung Einkaufsorganisation zu Buchungskreis

Ein Buchungskreis kann jedoch über mehrere Einkaufsorganisationen verfügen. Im Falle eines buchungskreisübergreifenden Einkaufs verzichten Sie auf eine Zuordnung der Einkaufsorganisation zu einem Buchungskreis.

Beziehungen zwischen Organisationsebenen

Die Verbindung der Organisationseinheiten Einkaufsorganisation und Werk kann nach einer m:n-Beziehung erfolgen, wodurch eine Einkaufsorganisation für mehrere Werke beschaffen kann und ein Werk durch mehrere Einkaufsorganisationen versorgt werden kann. Eine Einkaufsorganisation kann nur für die Werke beschaffen, die ihr zugeordnet sind (siehe Abbildung 2.4).

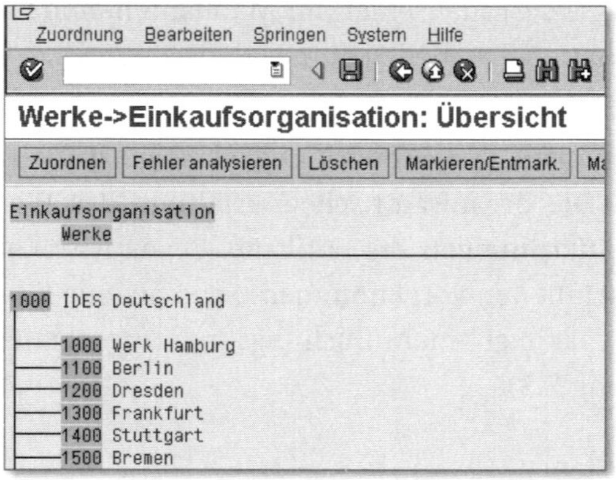

Abbildung 2.4 Zuordnung Werk zu Einkaufsorganisation

Organisation des Einkaufs

Sofern der Einkaufsorganisation ein Buchungskreis zugeordnet ist, können Sie dieser Einkaufsorganisation auch nur die Werke dieses Buchungskreises zuordnen. Die Einkaufsorganisation wird durch einen im Mandanten eindeutigen, vierstelligen alphanumerischen Schlüssel identifiziert. Eine zusammenfassende Darstellung der Organisation im Einkauf sehen Sie in Abbildung 2.5.

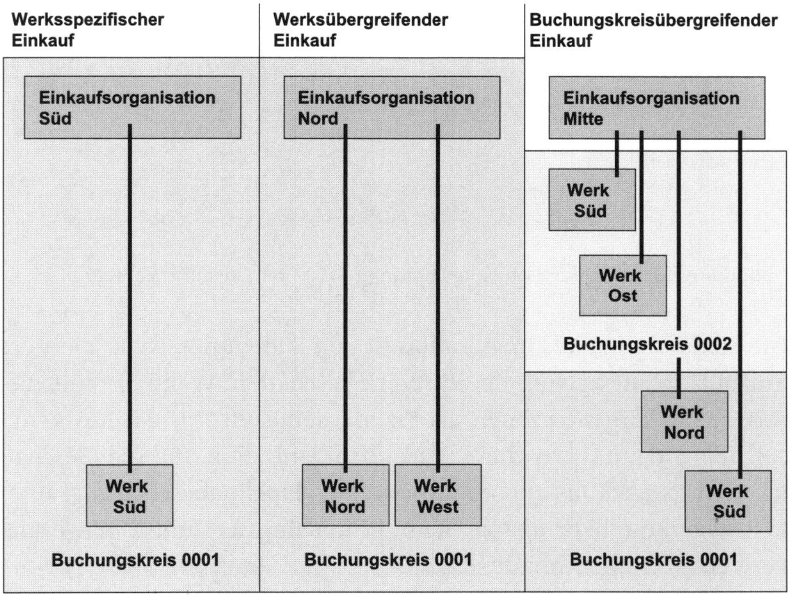

Abbildung 2.5 Organisation des Einkaufs

Referenzeinkaufsorganisation

Zusätzlich können Sie eine Verbindung zwischen Einkaufsorganisationen vornehmen. Die möglichen Verbindungen ergeben sich in Form einer Referenzeinkaufsorganisation und/oder einer Standardeinkaufsorganisation. Bei der Referenzeinkaufsorganisation werden einer Einkaufsorganisation (der Referenzeinkaufsorganisation) eine oder mehrere andere Einkaufsorganisationen zugeordnet. Die zugeordneten Einkaufsorganisationen können auf die von der Referenzeinkaufsorganisation ausgehandelten Konditionen und Kontrakte zugreifen (siehe Abbildung 2.6).

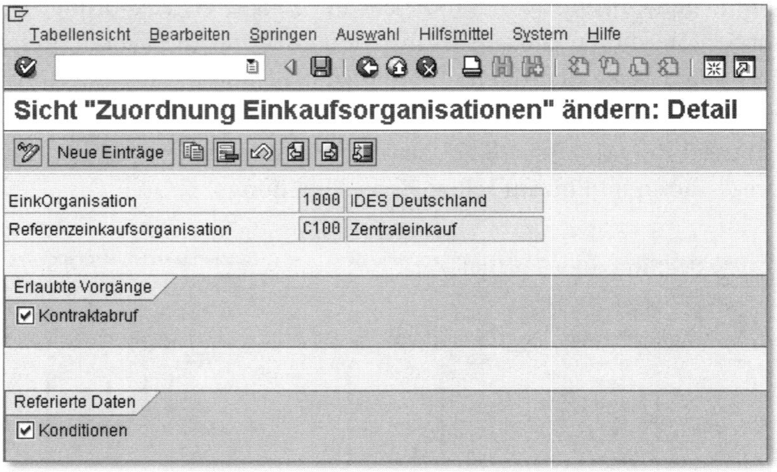

Abbildung 2.6 Referenzeinkaufsorganisation (C100) der Einkaufsorganisation 1000

Standardeinkaufsorganisation

Die Standardeinkaufsorganisation ist von Bedeutung, wenn mehrere Einkaufsorganisationen für ein Werk beschaffen. Wenn Sie eine dieser Einkaufsorganisationen als Standardeinkaufsorganisation kennzeichnen, dann wird diese Einkaufsorganisation für die Beschaffungsvorgänge Konsignationsabwicklung, Pipelinebeschaffung, automatische Bestellerzeugung beim Wareneingang und Umlagerung verwendet (siehe Abbildung 2.7).

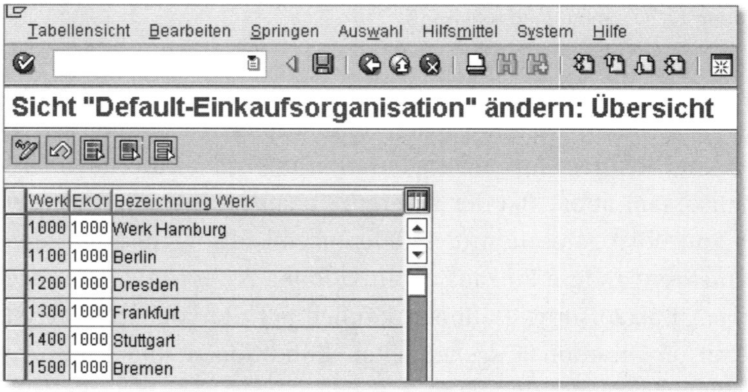

Abbildung 2.7 Standardeinkaufsorganisation

Im Beispiel der Abbildung 2.7 sind die Werke 1000, 1100, 1200, 1300, 1400 und 1500 der Einkaufsorganisation 1000 als Standardeinkaufsorganisation zugeordnet.

- **Einkäufergruppe**
  Durch Einkäufergruppen können Sie einem Einkäufer oder einer Gruppe von Einkäufern die Zuständigkeit zu bestimmten internen Einkaufsvorgängen zuordnen. Eine Einkäufergruppe wird keinen anderen Organisationsebenen zugeordnet, sondern lediglich im Customizing des Einkaufs definiert. Menüpfad: **SPRO • SAP Referenz-IMG • SAP Customizing Einführungsleitfaden • Materialwirtschaft • Einkauf • Einkäufergruppen anlegen**. Der Einkäufergruppenschlüssel ist dreistellig, alphanumerisch und im Mandanten eindeutig.
- **Werk**
  Das Werk ist eine bedeutende Organisationsebene der Logistik und wird durch einen vierstelligen, alphanumerischen Schlüssel innerhalb eines Mandanten eindeutig identifiziert. Das Werk kann zum Beispiel eine Niederlassung, eine Produktionsstätte ein Auslieferungslager oder der Hauptsitz eines Buchungskreises sein, in dem die Produktion stattfindet, für das Materialien und Dienstleistungen beschafft werden, aus dem die Auslieferung an Kunden erfolgt und in dem die Disposition und Instandhaltung vorgenommen wird. Das Werk ist Datenhaltungsebene für verschiedene Stammdaten und weist zahlreiche organisatorische Zuordnungen auf. So ermittelt SAP ERP bei der Eingabe eines Werkes über die obligatorische und eindeutige Zuordnung des Werkes zu einem Buchungskreis auch diesen Buchungskreis. In Tabelle 2.1 erhalten Sie eine Übersicht über verschiedene Beziehungen der Organisationseinheit Werk zu anderen Organisationseinheiten.

Zuordnung des Werkes zu anderen Organisationsebenen	Beziehung
Werk – Buchungskreis	N:1
Werk – Lagerort	1:n
Werk (und eine Sparte) – Geschäftsbereich	1:1
Werk – Versandstelle	m:n
Werk – Einkaufsorganisation	m:n

Tabelle 2.1 Beziehungen der Organisationsebene Werk zu anderen Organisationsebenen

- **Lagerort**
  Der Lagerort ermöglicht eine mengenmäßige Unterscheidung der Lagerortbestände von Materialien innerhalb eines Werkes. Auf Lagerortebene findet die Inventur und optional die Disposition statt. Der vierstellige, alphanumerische Lagerortschlüssel ist im Werk eindeutig. Somit ist die Angabe eines Lagerortes nur zusammen mit einer Werksangabe möglich (siehe Abbildung 2.8).

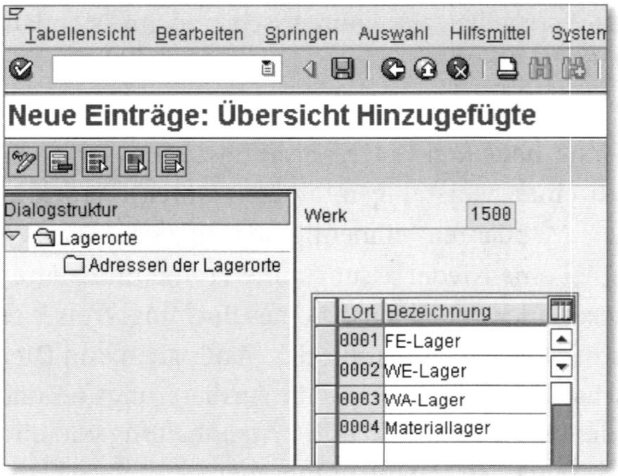

Abbildung 2.8 Lagerorte des Werkes 1500

Eigenschaften der Organisationseinheiten

In Tabelle 2.2 finden Sie eine Zusammenstellung der wichtigsten Eigenschaften der Organisationseinheiten Einkaufsorganisation, Werk und Lagerort.

	Einkaufsorganisation (EKO)	Werk	Lagerort
Funktion	Abwicklung der Beschaffung; Eigenschaft als Standard- oder Referenzeinkaufsorganisation möglich	Niederlassung innerhalb eines Buchungskreises; mögliche Ebene der Materialbewertung	Mengenmäßige Führung der Materialbestände, Ebene der Inventur, möglicher Dispositionsbereich

Tabelle 2.2 Eigenschaften wichtiger Organisationsebenen im Einkauf

	Einkaufsorganisation (EKO)	Werk	Lagerort
Zuordnung zu anderen Organisationseinheiten	*Werksspezifischer Einkauf*: Eine Einkaufsorganisation zu einem Werk und dem Buchungskreis dieses Werkes *Firmenspezifischer Einkauf:* Eine Einkaufsorganisation zu mehreren Werken eines Buchungskreises; Zuordnung der EKO zu dem Buchungskreis dieser Werke *Firmenübergreifender Einkauf:* Eine EKO zu mehreren Werken verschiedener Buchungskreise; keine Zuordnung EKO zu Buchungskreis	Zu einem Buchungskreis und zu einer oder mehreren Einkaufsorganisationen	Zu einem Werk, Zuordnung zu einer Lagernummer möglich
Organisationsebene für Stammsätze	Einkaufsinfosatz, Lieferantenstammsatz, Lieferantenbeurteilung	Materialstammsatz, Einkaufsinfosatz, Orderbuch, Quotierung	Organisationsebene für Materialstammsatz (Lagerortdaten)
Pflichteingabe für Belege	Anfrage/Angebot, Bestellung, Kontrakt	Bestellanforderung, Bestellung, Werkskontrakt, Lieferplan	Wareneingang (bei Lagermaterial)

Tabelle 2.2 Eigenschaften wichtiger Organisationsebenen im Einkauf (Forts.)

2.3 Zusammenfassung

In Kapitel 2, *Organisationsebenen*, haben Sie die wesentlichen Organisationsebenen im Einkauf, deren Zuordnungen untereinander und deren Bedeutung für die Stammdaten und die Abbildung von Geschäftsprozessen in SAP ERP kennen gelernt. Zudem wurde auf die Bedeutung der Referenzeinkaufsorganisation und der Standardeinkaufsorganisation eingegangen.

Dieses Kapitel beschreibt die Stammdaten aus der Sicht des Einkaufs. Stammdaten haben wichtige Funktionen bei der Abbildung von Geschäftsprozessen. Stammdaten verringern den Erfassungsaufwand und dienen zur Kontrolle und Konsistenzprüfung der eingegebenen Daten.

3 Stammdaten

Stammdaten spielen eine bedeutende Rolle bei der Abwicklung von Einkaufsprozessen. Je besser die Stammdatenpflege vorgenommen wurde und dauerhaft vorgenommen wird, desto einfacher und effizienter lassen sich die Einkaufsprozesse in SAP ERP abbilden.

3.1 Einführung

Die wichtigsten Stammdaten aus der Sicht des Einkaufs sind:

Stammdaten aus der Sicht des Einkaufs

- **Materialstammdaten**
  Der Materialstamm, als die Summe aller Materialstammsätze, ist das zentrale Datenobjekt im Modul Logistik von SAP ECC 5.0. Der Materialstamm enthält betriebswirtschaftliche Informationen zu allen Materialien, die in einem Unternehmen verwendet werden.
- **Lieferantenstammdaten**
  Der Lieferantenstamm enthält die wesentlichen Daten zu den Lieferanten. Der Lieferant ist kreditorischer Geschäftspartner des Unternehmens. Infolgedessen enthält der Lieferantenstamm neben einkaufsrelevanten Daten auch buchhalterische Daten.

Darüber hinaus gibt es weitere Stammdaten im Einkauf. Hierzu zählen:

- **Einkaufsinfosatz**
  Der Einkaufsinfosatz (Infosatz) beinhaltet komprimierte Informationen zu einem Lieferanten und einem Material oder zu einer Gruppe von Materialien (Warengruppe). In einem Einkaufsinfosatz werden unter anderem Einkaufskonditionen zu einem Material hinterlegt.

- **Orderbuch**
  Das Orderbuch verzeichnet für einen bestimmten Zeitraum auf der Ebene des Werkes die erlaubten, gesperrten und fixen Bezugsquellen für ein Material. Das Orderbuch dient auch der automatischen Bezugsquellenermittlung für ein Material.
- **Quotierung**
  Die Quotierung ist ebenfalls ein Instrument im Rahmen der automatischen Bezugsquellenfindung. Mit Hilfe der Quotierung können die anfallenden Bedarfe nach einer mathematischen Formel auf verschiedene Bezugsquellen verteilt werden.
- **Konditionen**
  Konditionen sind Vereinbarungen mit Lieferanten über Preise, Zu- und Abschläge, Frachten, Steuern und Zölle. Bei der Erfassung eines Einkaufsvorgangs findet eine automatische Preisfindung statt. SAP ECC 5.0 übernimmt die verschiedenen Preiselemente aus den Konditionssätzen in den Einkaufsbeleg.
- **Lieferantenbeurteilung**
  Auf der Grundlage vorgegebener und frei zu definierender Kriterien kann SAP ECC 5.0 automatisch eine Benotung des Lieferanten vornehmen. Die Lieferantenbeurteilung unterstützt den Einkäufer bei der Auswahl von Bezugsquellen.

Eine Übersichtsdarstellung über die Stammdaten im Einkauf finden Sie in Abbildung 3.1.

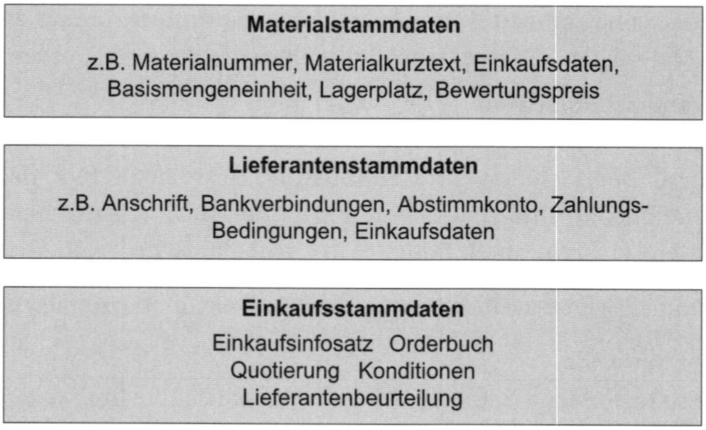

Abbildung 3.1 Stammdaten im Einkauf des Moduls SAP ERP – Materialmanagement

3.2 Materialstammsatz

Der Materialstammsatz, als zentrales Datenobjekt innerhalb der Materialwirtschaft, dient für die verschiedenen betriebswirtschaftlichen Funktionsbereiche eines Unternehmens der Verwaltung der für ein Material erforderlichen Informationen.

Materialstammsatz: Zentrales Datenobjekt der Materialwirtschaft

3.2.1 Struktur, Fachbereiche und Datenhaltungsebenen

Materialstammsätze enthalten Vorschlagswerte und Steuerungsparameter für die Einkaufsabwicklung. Zu den Vorschlagswerten gehört zum Beispiel der Einkaufswerteschlüssel, der Daten für Mahntage und Über- bzw. Unterlieferungstoleranzen bei der Erfassung von Einkaufsbelegen vorschlägt. Zu den Steuerungsparametern zählt zum Beispiel das Kennzeichen **Autom.Bestell.**, wodurch für Bestellanforderungspositionen für dieses Material automatisch eine Bestellung erzeugt werden kann (siehe Abbildung 3.2).

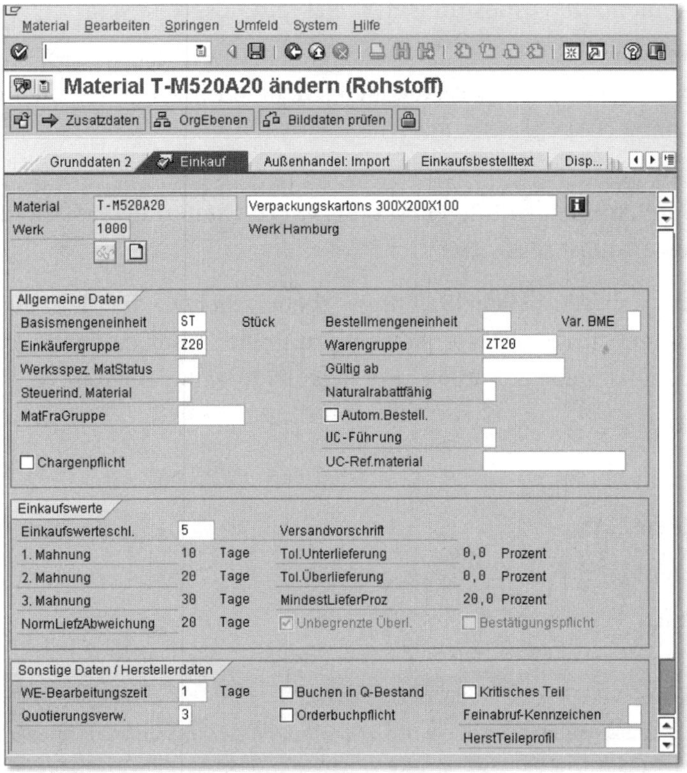

Abbildung 3.2 Einkaufssicht des Materialstammsatzes

Fachbereiche

Da verschiedene betriebswirtschaftliche Funktionsbereiche (zum Beispiel Einkauf, Vertrieb, Finanzbuchhaltung, Controlling) einen Materialstammsatz gemeinschaftlich verwenden, aber unterschiedliche materialspezifische Informationsbedürfnisse haben, sind die Daten eines Materialstammsatzes in Fachbereiche (Sichten) unterteilt (siehe Abbildung 3.3). Menüpfad: **SAP Menü • Logistik • Materialwirtschaft • Stammdaten • Materialstamm • anlegen/ändern/anzeigen**. Diese Fachbereiche sind zum Beispiel:

- **Grunddaten**
  Zu den Grunddaten gehören z. B. Basismengeneinheit, Warengruppe und Gewicht.
- **Einkaufsdaten**
  Einkaufsdaten sind z. B. Wareneingangsbearbeitungszeit und das Quotierungsverwendungskennzeichen.
- **Disposition**
  Dies können z. B. Dispositionsmerkmal und -losgröße sein.
- **Vertrieb**
  Hierzu gehören z. B. Verkaufsmengeneinheit und Mindestauftragsmenge.
- **Buchhaltung**
  Zum Bereich Buchhaltung gehören z. B. Preissteuerungsverfahren und Bewertungspreis.

Zusätzlich zu diesen beispielhaft angegebenen Sichten der Hauptarbeitsebene existiert im Materialstammsatz eine Zusatzdatenebene. Diese Zusatzdatenebene enthält zum Beispiel folgende Sichten:

Zusatzdatenebene

- Kurztexte
- Mengeneinheiten
- zusätzliche EANs
- Dokumentdaten
- Verbrauch

Hinweis

Diese Zusatzdatenebene erreichen Sie in der Materialstammsatzpflege über die Drucktaste **Zusatzdaten**. Beachten Sie, dass für die Anzeige der Verbrauchsdaten eine Werksangabe erforderlich ist.

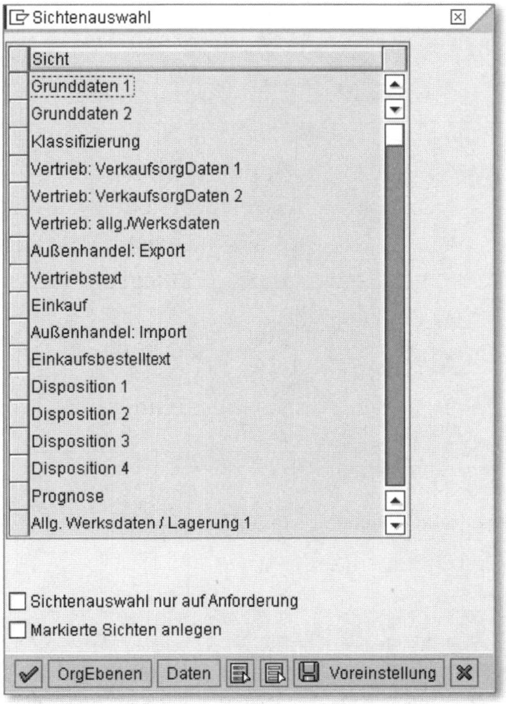

Abbildung 3.3 Sichtenabfrage beim Aufrufen des Materialstammsatzes

Datenhaltungsebenen

Datenhaltungsebenen

Diese Fachbereiche (Sichten) werden auf verschiedenen Ebenen der Organisationsstruktur von SAP ECC hinterlegt. Die relevanten Organisationsebenen werden in Abhängigkeit der zu pflegenden Sichten vom System abgefragt (siehe Abbildung 3.4). Menüpfad: **SAP Menü • Logistik • Materialwirtschaft • Stammdaten • Materialstamm • anlegen/ändern/anzeigen**.

Zuordnungen von Organsisationsebenen im Customizing

Für die Einkaufssicht ist die zu belegende Organisationsebene das Werk. Der Mandant ist SAP ECC aus der Systemanmeldung bekannt. Buchungskreis und Einkaufsorganisation findet SAP ECC aus der Zuordnung »Werk zu Buchungskreis« bzw. »Werk zu Einkaufsorganisation« im Customizing der Unternehmensstruktur.

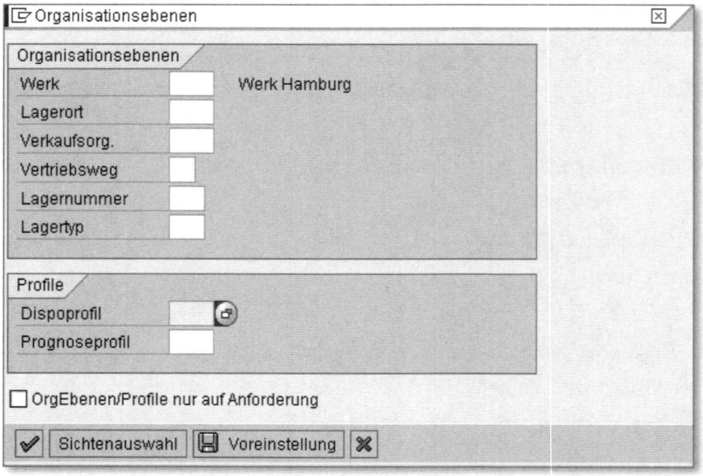

Abbildung 3.4 Abfrage der Organisationsebenen beim Aufrufen des Materialstammsatzes

Hinweis

Bitte beachten Sie, dass Sie bei der Pflege von Materialstammsichten alle relevanten Organisationsebenen eingeben. Andernfalls werden Ihnen die spezifischen Felder der Organisationsebene nicht angezeigt.

In Tabelle 3.1 finden Sie eine exemplarische Übersicht zu den zu pflegenden Fachbereichen und den einzugebenden Organisationsebenen.

Fachbereich (Sicht)	Organisationsebene
Buchhaltung	Werk (wenn als Bewertungskreis das Werk eingestellt ist)
Kalkulation	Werk
Einkauf	Werk
Qualitätsmanagement	Werk
Vertrieb – Verkaufsorganisationsdaten	Verkaufsorganisation und Vertriebsweg
Prognose	Werk

Tabelle 3.1 Übersicht über Fachbereiche und korrespondierende Organisationsebenen

3.2.2 Materialart und Branche

Steuernde Funktionen von Materialart und Branche

Die Materialart und die Branche haben steuernde Funktionen in SAP ECC. So steuert die Branche, welche Bildschirmbilder in welcher Reihenfolge erscheinen und welche branchenspezifischen Felder auf den einzelnen Bildschirmbildern angezeigt werden. Die Materialart steuert zum Beispiel die Art der Nummernvergabe (intern oder extern), die Kontenfindung, welche Fachbereichsdaten gepflegt werden können und ob Eigenfertigung und/oder Fremdbezug für ein Material zulässig sind (siehe Abbildung 3.5). Menüpfad: **SPRO • SAP Referenz-IMG • SAP Customizing Einführungsleitfaden • Logistik Allgemein • Materialstamm • Grundeinstellungen • Materialarten • Eigenschaften der Materialarten festlegen.**

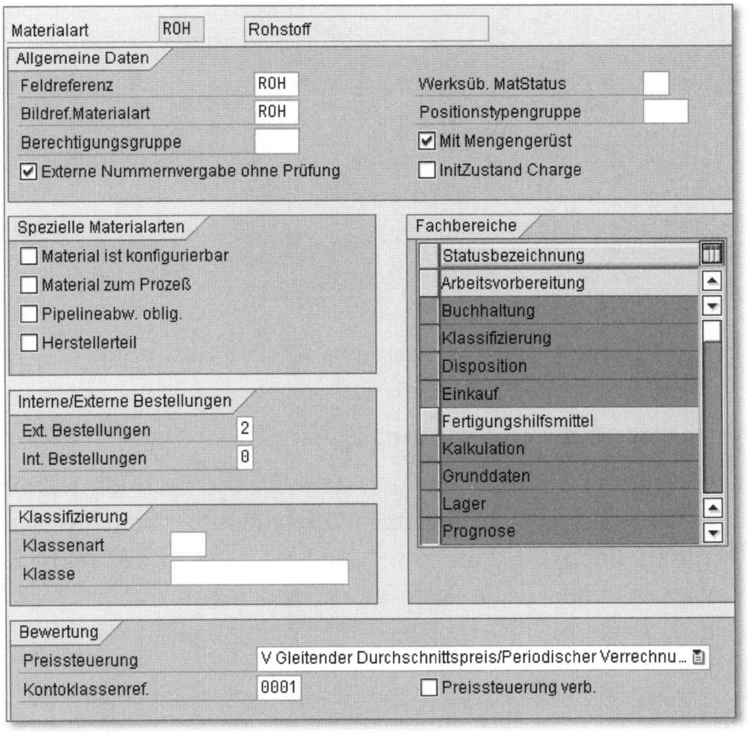

Abbildung 3.5 ECC-Customizing-Transaktion: Einstellungen zur Materialart »Rohstoff«

Bestandsführungspflicht eines Materials

Zusammen mit dem Bewertungskreis (Buchungskreis oder Werk) bestimmt die Materialart die Bestandsführungspflicht eines Materials. Bestandsführungspflicht bedeutet hierbei die Frage, ob Mengen-

und Wertveränderungen (zum Beispiel durch Wareneingänge) im Materialstammsatz fortgeschrieben werden und ob die Wertveränderungen auch auf den jeweiligen Sachkonten fortgeschrieben werden (siehe Abbildung 3.6). Menüpfad: **SPRO • SAP Referenz-IMG • SAP Customizing Einführungsleitfaden • Logistik Allgemein • Materialstamm • Grundeinstellungen • Materialarten • Eigenschaften der Materialarten festlegen**.

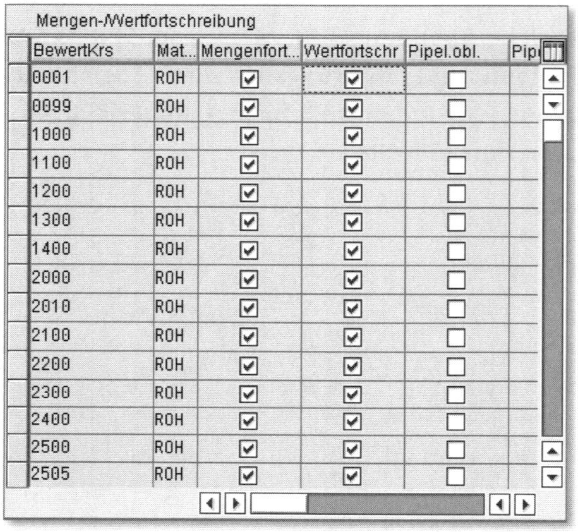
Mengen-/Wertfortschreibung

BewertKrs	Mat...	Mengenfort...	Wertfortschr	Pipel.obl.	Pip
0001	ROH	☑	☑	☐	
0099	ROH	☑	☑	☐	
1000	ROH	☑	☑	☐	
1100	ROH	☑	☑	☐	
1200	ROH	☑	☑	☐	
1300	ROH	☑	☑	☐	
1400	ROH	☑	☑	☐	
2000	ROH	☑	☑	☐	
2010	ROH	☑	☑	☐	
2100	ROH	☑	☑	☐	
2200	ROH	☑	☑	☐	
2300	ROH	☑	☑	☐	
2400	ROH	☑	☑	☐	
2500	ROH	☑	☑	☐	
2505	ROH	☑	☑	☐	

Abbildung 3.6 Mengen- und Wertfortschreibung der Materialart Rohstoff

3.2.3 Erfassung und Erfassungshilfen

Nummernvergabe bei Erfassung eines Materialstammsatzes

Beim Anlegen eines Materialstammsatzes wird je nach Einstellung der Materialart im Customizing eine Materialnummer vom SAP-System vergeben (interne Nummernvergabe), oder der Anwender muss eine Materialnummer im definierten Nummernband vergeben (externe Nummernvergabe). Diese Materialnummer kann numerisch, alphanumerisch oder alphabetisch sein.

Automatische Fortschreibungen

Einige Daten im Materialstammsatz werden von SAP ECC automatisch fortgeschrieben. Hierzu zählen zum Beispiel die Werks- und Lagerortbestände des Materials.

Materialstammdaten können von einer zentralen Abteilung oder dezentral von den einzelnen Funktionsbereichen des Unternehmens gepflegt werden.

Im Einstiegsbild der Transaktion MM01 (Material anlegen) werden neben dem Material die Eingabefelder **Branche** und **Materialart** vorgegeben.

Pflegestatus

Der Pflegestatus eines Materials gibt Auskunft über die bereits gepflegten Sichten eines Materialstammsatzes. Tabelle 3.2 enthält eine Auflistung wichtiger Pflegestatus:

Fachbereich (Sicht)	Pflegestatus
Buchhaltung	B
Kalkulation	G
Einkauf	E
Qualitätsmanagement	Q
Vertrieb	V
Prognose	P

Tabelle 3.2 Pflegestatus eines Fachbereichs

Erweiterbare Materialien

Über die Transaktion MM50 (erweiterbare Materialien) können Sie eine Auswertung über noch zu pflegende Fachbereiche einzelner Materialien durchführen (siehe Abbildung 3.7). Menüpfad: **SAP Menü • Logistik • Materialwirtschaft • Materialstamm • Sonstige • Erweiterbare Materialien.**

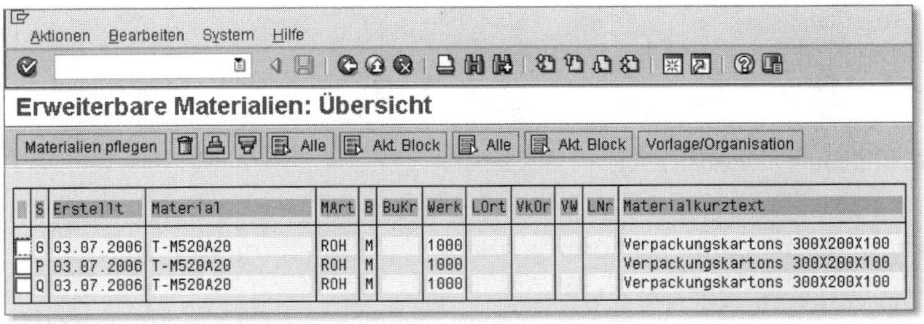

Abbildung 3.7 Erweiterbare Materialien

Das in Abbildung 3.7 aufgelistete Material kann für die Fachbereiche Kalkulation, Qualitätsmanagement und Prognose gepflegt werden.

Erfassungshilfen durch Vorbelegung

Bei der Erfassung von Materialstammsätzen müssen Sie Angaben zu Branche, Materialart, zu pflegenden Fachbereichen (Sichten) und Organisationsebenen vornehmen. Diese Eingaben können Sie vorbelegen, wenn Sie zum Beispiel immer Materialien einer bestimmten Materialart pflegen oder wenn Sie für die Pflege bestimmter Fachbereiche zuständig sind.

Vorbelegung von Materialart, Sicht und Organisationsebene

Die Vorbelegung erfolgt im Einstiegsbild der Materialstammsatzpflege über den Menüpfad **Einstellungen • Branche** oder **Sichten** oder **Organisationsebenen** in der Menüleiste (siehe Abbildung 3.8).

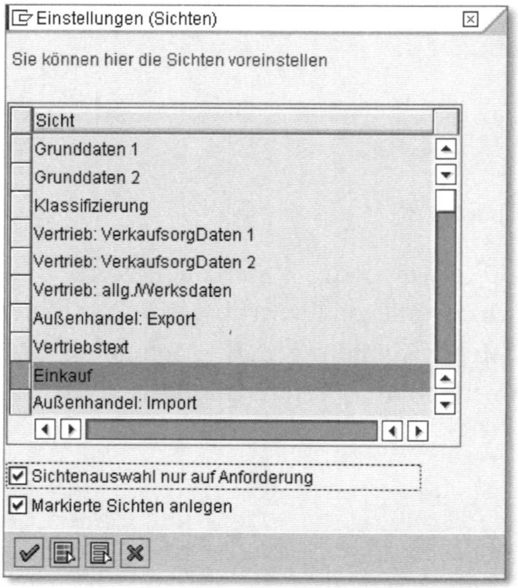

Abbildung 3.8 Vorbelegung von Sichten

Diese Vorbelegungen können wieder zurückgenommen werden.

Erfassungshilfen durch Vorlagen

Vorlagematerial

Wenn Sie ein Material anlegen, können Sie ein ähnliches Material als Vorlagematerial verwenden. Die Daten werden aus den entsprechenden Fachbereichen des Vorlagematerials in das neue Material kopiert. Auch für das Vorlagematerial muss die zu kopierende Organisationsebene eingegeben werden (siehe Abbildung 3.9). Menüpfad: **SAP Menü • Logistik • Materialwirtschaft • Stammdaten • Materialstamm • anlegen/ändern/anzeigen.**

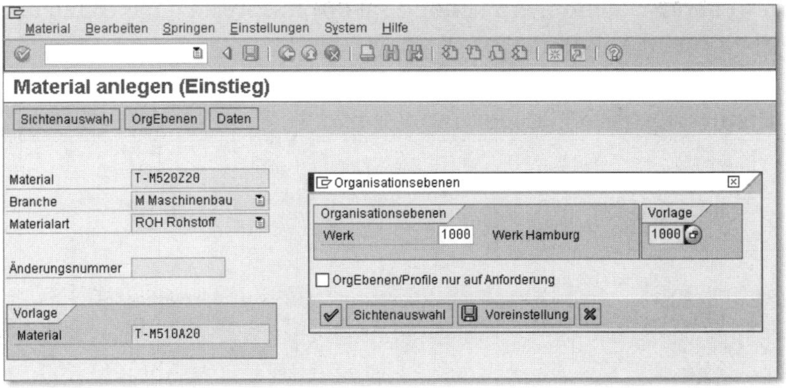

Abbildung 3.9 Vorlagematerial und Vorlageorganisationsebene

Erfassungshilfen durch Profile

Profile

Bei der Pflege der Fachbereiche Disposition und Prognose können Sie mit Profilen arbeiten. In einem Profil können Sie Standardinformationen hinterlegen, die in dieser oder ähnlicher Form in einer Reihe verschiedener Materialien Verwendung finden sollen. Vor dem Einsatz von Profilen in der Materialstammsatzpflege müssen diese Profile definiert werden. Abbildung 3.10 veranschaulicht die Vorgehensweise am Beispiel eines Dispositionsprofils. Zunächst können verschiedene dispositionsrelevante Felder als Festwert oder Vorschlagswert gekennzeichnet werden.

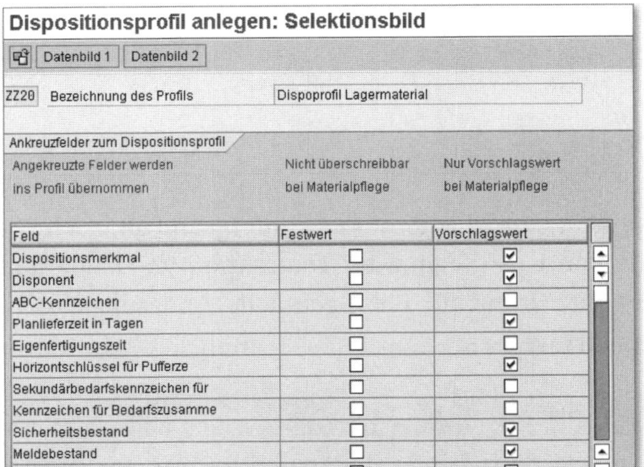

Abbildung 3.10 Dispositionsprofil anlegen – Selektionsbild

In weiteren Datenbildern können Sie die entsprechenden Daten eingeben (siehe Abbildung 3.11).

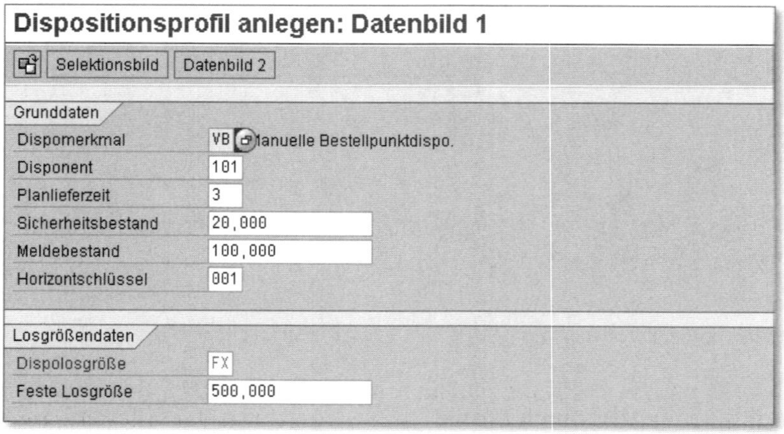

Abbildung 3.11 Dispositionsprofil anlegen – Datenbild

Erfassungshilfen durch Massenpflege

Massenpflege Die Massenpflegefunktion ist ein anwendungsübergreifendes Tool zum Anlegen oder Ändern großer Datenmengen. Die Massenpflege kann für verschiedene Datenobjekte genutzt werden. Zum Beispiel:

- Materialstammsätze
- Lieferantenstammsätze
- Einkaufsinfosätze
- Bestellungen
- Kundenaufträge
- Sachkonten

Die Massenpflege kann im Dialog, in der Hintergrundverarbeitung oder in einem Mischmodus (Beginn der Transaktion im Dialog und anschließend im Hintergrund für die eigentliche Änderungsdurchführung) durchgeführt werden.

Hinweis

Da Änderungen an einer Vielzahl von Objekten gleichzeitig vorgenommen werden können, sollte das Massenpflegetool nur von versierten Anwendern mit Kenntnis der verwendeten Feldnamen und Tabellen durchgeführt werden.

Das Massenpflegetool erreichen Sie über den Menüpfad **SAP Menü • Logistik • Zentrale Funktionen • Massenpflege • Massenpflege • Dialogverarbeitung** oder **Hintergrundverarbeitung**. In dieser Transaktion MASS müssen Sie im Einstiegsbild explizit den zu pflegenden Objekttyp eingeben (zum Beispiel den Objekttyp für Materialstammsätze).

Alternativ können Sie das Massenpflegetool aus der gewählten Anwendung heraus ansprechen, für die Massenpflege von Materialstammsätzen zum Beispiel über den Menüpfad **SAP Menü • Logistik • Materialwirtschaft • Materialstamm • Material • Massenpflege**. Über diese Transaktion wird der zu pflegende Objekttyp direkt vorgeschlagen.

Massenpflegefunktion an einem Beispiel

Die folgenden Abbildungen (siehe zunächst Abbildung 3.12) zeigen den Einsatz des Massenpflegetools am Beispiel des Feldes **Dispomerkmal** (Feldname: MARC-DISMM) innerhalb der Werksdaten des Objekttyps Materialstammsatz.

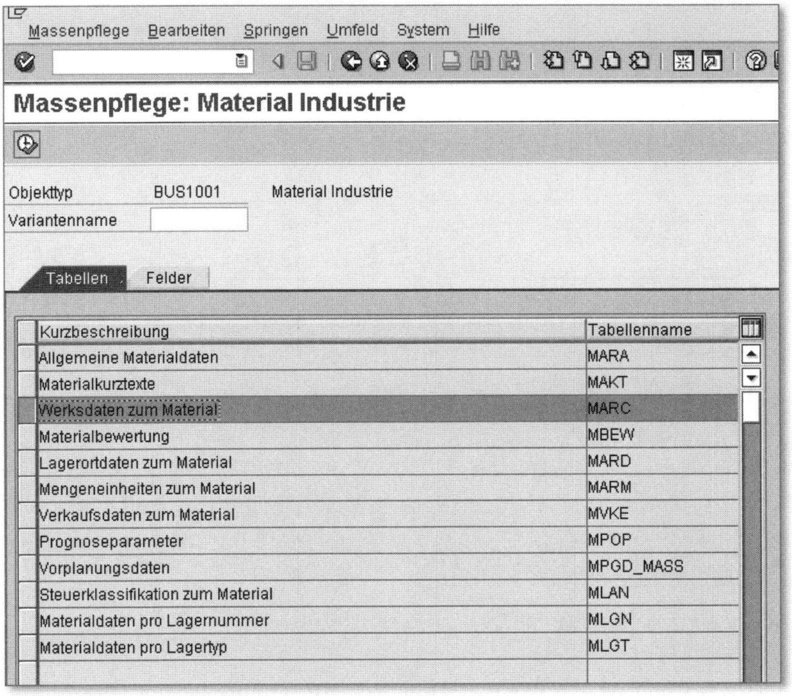

Abbildung 3.12 Massenpflege: Markierung der gewählten Tabelle

Anschließend wählen Sie die Karteikarte **Felder** und markieren das gewünschte Feld (siehe Abbildung 3.13).

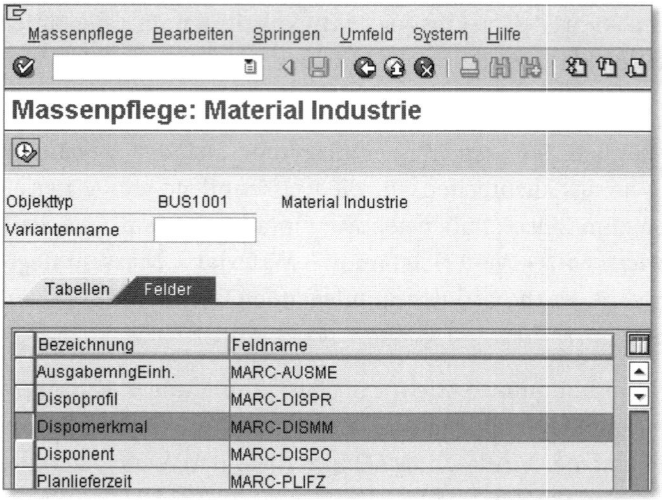

Abbildung 3.13 Markierung des zu ändernden Feldes

Nach Betätigung der Drucktaste **Ausführen** und Bestätigung der Warnmeldung können die zu ändernden Datensätze selektiert werden (siehe Abbildung 3.14).

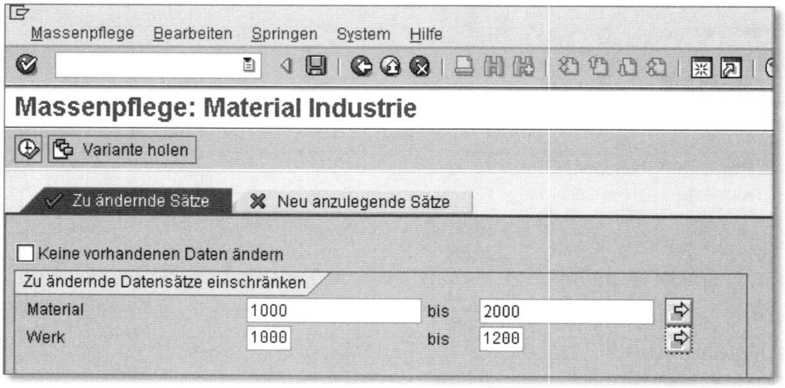

Abbildung 3.14 Zu ändernde Datensätze einschränken

Nach Betätigung der Drucktasten **Ausführen** und anschließend **Felder auswählen** kann das neue Dispositionsmerkmal eingegeben werden (im Beispiel VM, siehe Abbildung 3.15)

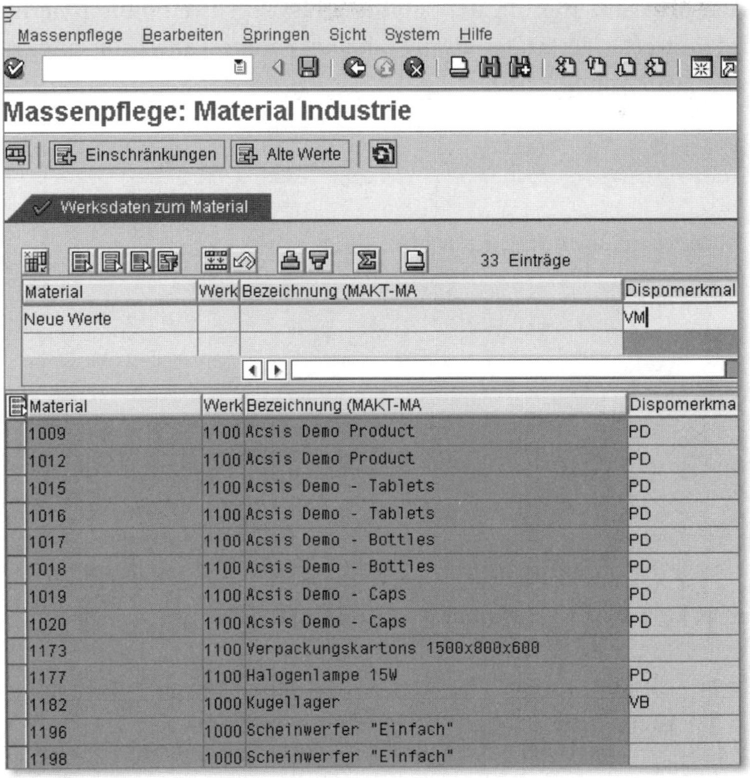

Abbildung 3.15 Eingabe des neuen Wertes zum Dispositionsmerkmal

Anschließend können die Änderungen durchgeführt oder zunächst über die Drucktaste **Änderungen testen** getestet werden.

Erfassungshilfen durch die Sammelerfassung von Lagerortdaten

Die lagerortspezifischen Daten müssen für jeden betreffenden Lagerort gepflegt werden. Sofern bereits ein Materialstammsatz existiert, können Lagerortdaten manuell über eine Sammelerfassung oder automatisch bei einer Wareneingangsbuchung angelegt werden.

- **Sammelerfassung von Lagerortdaten**
  Die Transaktion (MMSC) zur Sammelerfassung von Lagerortdaten erreichen Sie über den Menüpfad: **SAP Menü • Logistik • Materialwirtschaft • Materialstamm • Sonstige • Lagerorte erfassen**. Im Einstiegsbild können Sie zur Steuerung der Liste wählen zwischen **Alle vorhandenen Lagerorte auflisten** oder **Nur erweiterbare**

Lagerorte auflisten. In der Sammelerfassungsliste können Sie für das betreffende Material die anzulegenden Lagerorte pflegen (siehe Abbildung 3.16).

Abbildung 3.16 Sammelerfassung der Lagerortdaten

Zusätzlich können Sie über das Kennzeichen **Dispo** entscheiden, ob der Lagerortbestand auf Werksebene mitdisponiert wird, ob er nicht disponiert oder separat disponiert wird. Im Eingabefeld **Sonderbeschaffung** können Sie Sonderbeschaffungsarten (zum Beispiel Konsignation oder Lohnbearbeitung) festlegen.

- **Lagerortdaten beim ersten Wareneingang automatisch anlegen**
  Sie können festlegen, dass bei der ersten Wareneingangsbuchung die Lagerortdaten automatisch erweitert werden. Die hierfür notwendigen Einstellungen können Sie im Customizing der Bestandsführung vornehmen. Menüpfad: **SPRO • SAP Referenz-IMG • SAP Customizing Einführungsleitfaden • Materialwirtschaft • Bestandsführung und Inventur • Wareneingang • Lagerort automatisch anlegen**. Die automatische Erweiterung von Lagerortdaten muss für Werke und Bewegungsarten erlaubt werden (siehe Abbildungen 3.17 und 3.18).

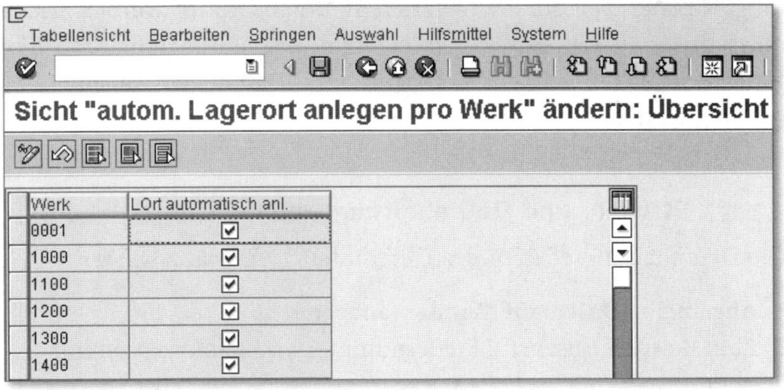

Abbildung 3.17 Lagerortdaten automatisch anlegen pro Werk erlauben

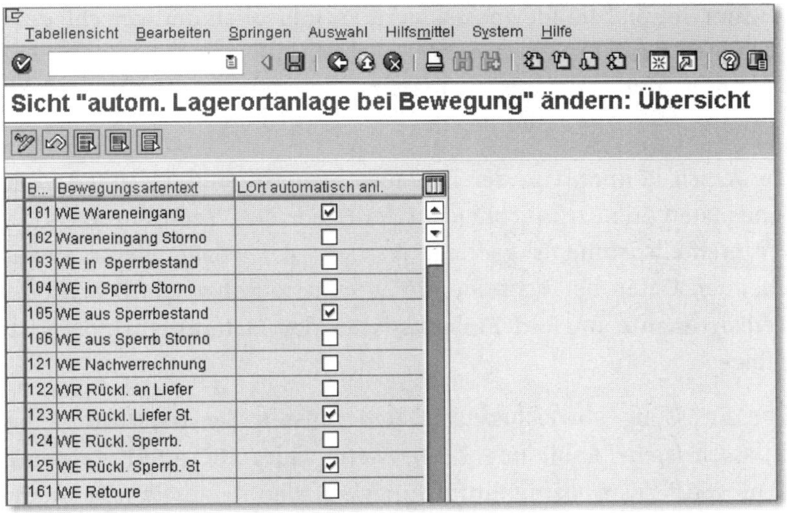

Abbildung 3.18 Lagerortdaten automatisch anlegen pro Bewegungsart erlauben

3.3 Lieferantenstammsatz

Der Lieferantenstammsatz enthält beschreibende und steuernde Informationen über einen Lieferanten des Unternehmens. Zur Vermeidung doppelter Datenhaltung wird der Lieferantenstammsatz vom Einkauf und von der Buchhaltung genutzt. Bevor ein Beschaffungsvorgang bei einem Lieferanten durchgeführt werden kann, müssen die Einkaufsdaten gepflegt sein. Zur Verbuchung von Eingangsrechnungen müssen zunächst die Daten der Buchhaltung gepflegt werden.

3.3.1 Struktur und Datenhaltungsebenen

Die Datenhaltungsebenen des Lieferantenstammsatzes sind:

- **Allgemeine Daten auf Mandantenebene**
  Zum Beispiel Anschrift, Steuernummer und Bankverbindung
- **Buchungskreisdaten auf der Ebene des Buchungskreises**
  Zum Beispiel Abstimmkonto, Mahnverfahren und Zahlwege
- **Einkaufsorganisationsdaten**
  Zum Beispiel Mindestbestellwert, Partnerrollen und verschiedene Steuerungsdaten (etwa die Möglichkeit, für den Lieferanten eine automatische Wareneingangsabrechnung durchführen zu können)

Abweichende Daten

Zusätzlich können von der Einkaufsorganisation abweichende Einkaufsdaten und Partnerrollen auf der Ebene des Werkes und des Lieferantenteilsortiments gepflegt werden. Zur Pflege dieser abweichenden Daten betätigen Sie die Drucktasten **abweich. Daten** oder **Teilsortimente** im Bild **Einkaufsdaten der Lieferantenstammsatzpflege**.

Zulassung abweichender Daten

Die Erfassung abweichender Daten müssen Sie im Customizing zulassen (siehe Abbildung 3.19). Menüpfad: **SPRO • SAP Referenz-IMG • SAP Customizing Einführungsleitfaden • Logistik Allgemein • Geschäftspartner • Lieferant • Steuerung • Kontengruppen und Feldauswahl Lieferanten**.

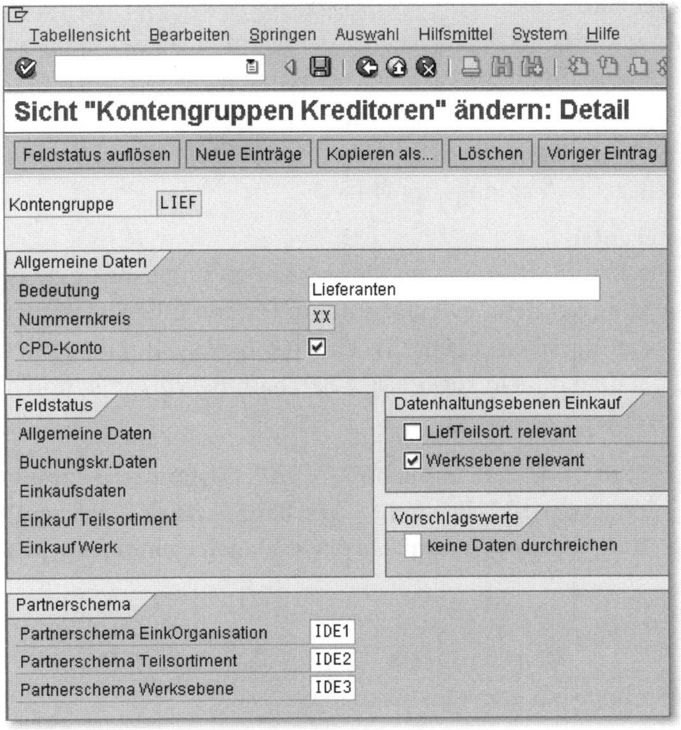

Abbildung 3.19 Kontengruppen Kreditoren

3.3.2 Kontengruppe

Jeder Lieferantenstammsatz wird im Customizing einer Kontengruppe zugeordnet (siehe Abbildung 3.20). Die Kontengruppe hat zum Beispiel die folgenden steuernden Funktionen:

Funktionen der Kontengruppe

- **Nummernvergabe**
  die Art der Nummernvergabe (extern und/oder intern) und der Nummernbereich, aus dem die Lieferantennummer vergeben wird sowie die Aktivierung von Datenhaltungsebenen unterhalb der Einkaufsorganisation; das betrifft die Datenhaltungsebenen Werk und Lieferantenteilsortiment

- **Feldstatus**
  der Feldstatus des Lieferantenstammsatzes, d.h., welche Felder im Lieferantenstammsatz ausgeblendet sind, welche Felder Muss- und Kannfelder sind und welche Felder nur angezeigt werden

- **Partnerschema**
  die gültigen Partnerschemata für Lieferanten dieser Kontengruppe; innerhalb dieses Partnerschemas sind Partnerrollen definiert, die Aussagen treffen über die Funktion, die ein Partner im Rahmen eines Geschäftsvorfalls übernimmt (zum Beispiel Rechnungssteller oder Zahlungsempfänger)
- **CPD-Lieferanten**
  die Eigenschaft der Lieferanten dieser Kontengruppe als CPD-Lieferanten, d.h., auf dem jeweiligen Konto für den CPD-Lieferanten werden die Verkehrszahlen für eine Gruppe von Lieferanten erfasst, bei denen nicht regelmäßig Beschaffungsvorgänge durchgeführt werden

Menüpfad: **SPRO • SAP Referenz-IMG • SAP Customizing Einführungsleitfaden • Logistik Allgemein • Geschäftspartner • Lieferant • Steuerung • Kontengruppen und Feldauswahl Lieferanten festlegen.**

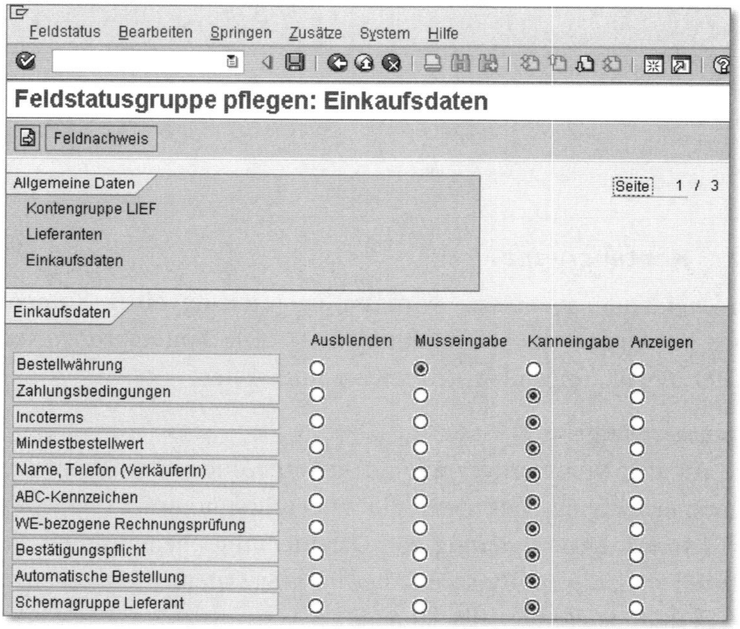

Abbildung 3.20 Kontengruppen und Feldauswahl Lieferanten festlegen – Feldstatusgruppe »Einkaufsdaten«

Bildaufbau im Lieferantenstammsatz

Der Bildaufbau im Lieferantenstammsatz (Feldstatus) lässt sich auch in Abhängigkeit zur Einkaufsorganisation oder zur Transaktion einstellen. Dadurch kann zum Beispiel festgelegt werden, dass beim

Anlegen eines Lieferantenstammsatzes bestimmte Felder als Mussfelder ausgeprägt sind. Beim Ändern eines Lieferantenstammsatzes sind dieselben Felder nicht eingabebereit (Anzeigefelder). SAP empfiehlt, den Feldstatus nur in Ausnahmefällen transaktions- oder einkaufsorganisationsabhängig zu gestalten.

3.3.3 Sperren von Lieferanten

Möglichkeiten zur Sperrung von Lieferanten

Ein Lieferant kann für verschiedene Aktivitäten gesperrt werden. Hierzu zählen die Zahlungssperre, die Buchungssperre, die Einkaufssperre und die Sperre aus Qualitätsgründen. Zusätzlich kann ein Lieferant durch einen Orderbucheintrag auf Werksebene für einzelne Materialien gesperrt werden (siehe Abschnitt 5.3.1).

Zahlungssperre

Die Zahlungssperre im Lieferantenstammsatz führt dazu, dass im automatischen Zahlungsverkehr alle offenen Posten dieses Kreditors im relevanten Buchungskreis in der Ausnahmeliste erscheinen. Das Feld **Zahlungssperre** finden Sie im Bild **Zahlungsverkehr Buchhaltung** der Buchungskreisdaten des Kreditorenstammsatzes (siehe Abbildung 3.21).

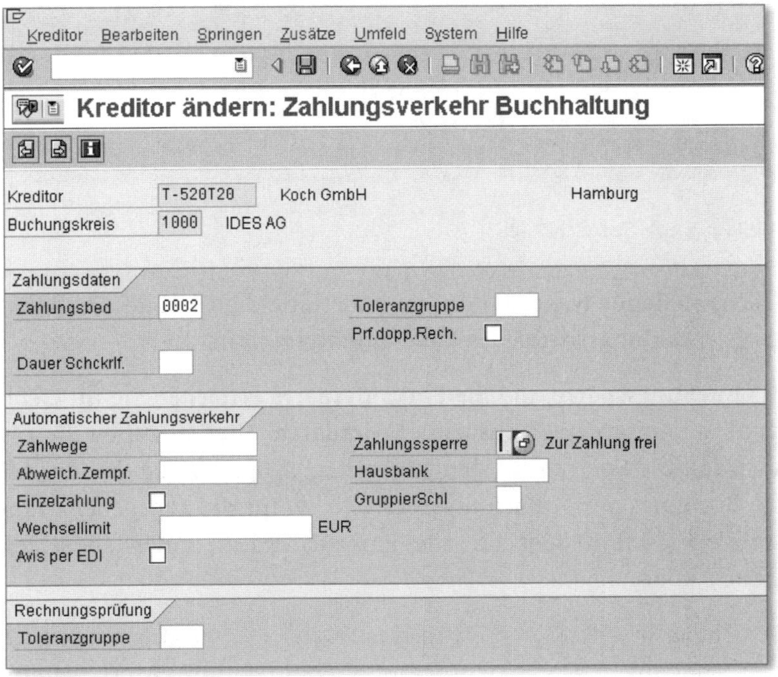

Abbildung 3.21 Kreditor ändern

Sperre von manuellen Zahlungsvorgängen

Diese Sperre hat keine Auswirkung auf manuelle Zahlungsvorgänge. Mit Hilfe von Zahlungssperrschlüsseln und mit der Einstellung geeigneter Systemmeldungen können Sie auch verhindern, dass offene Posten manuell reguliert werden. Hierzu ist es notwendig, im Customizing des Finanzwesens einen Zahlungssperrgrund mit dem Attribut **Sperre manuelle Zahlung** zu definieren und anschließend dem Lieferanten diesen Sperrschlüssel im Stammsatz zuzuordnen (siehe Abbildung 3.22).

Menüpfad: **SPRO • SAP Referenz-IMG • SAP Customizing Einführungsleitfaden • Finanzwesen • Debitoren- und Kreditorenbuchhaltung • Geschäftsvorfälle • Zahlungsausgang • Grundeinstellungen Zahlungsausgang • Zahlungssperrgründe • Zahlungssperrgründe definieren.**

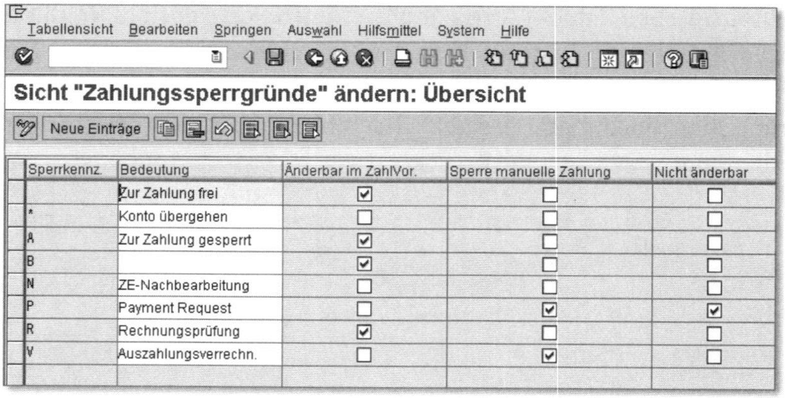

Sperrkennz.	Bedeutung	Änderbar im ZahlVor.	Sperre manuelle Zahlung	Nicht änderbar
	Zur Zahlung frei	☑	☐	☐
*	Konto übergehen	☐	☐	☐
A	Zur Zahlung gesperrt	☑	☐	☐
B		☑	☐	☐
N	ZE-Nachbearbeitung	☐	☐	☐
P	Payment Request	☐	☑	☑
R	Rechnungsprüfung	☑	☐	☐
V	Auszahlungsverrechn.	☐	☑	☐

Abbildung 3.22 Sperrschlüssel

Beachten Sie für weitere Informationen bitte die F1-Hilfe (Feldhilfe) im Feld **Zahlungssperre** des Lieferantenstammsatzes.

Buchungs- und Einkaufssperre

Die **Buchungssperre** und die **Einkaufssperre** erreichen Sie im Lieferantenstammsatz über **Zusätze • Sperrdaten**. Hierbei haben Sie die Auswahl, die Sperren für den angegebenen Buchungskreis oder für alle Buchungskreise (Buchungssperre) bzw. für die angegebene Einkaufsorganisation oder für alle Einkaufsorganisationen zu setzen (siehe Abbildung 3.23).

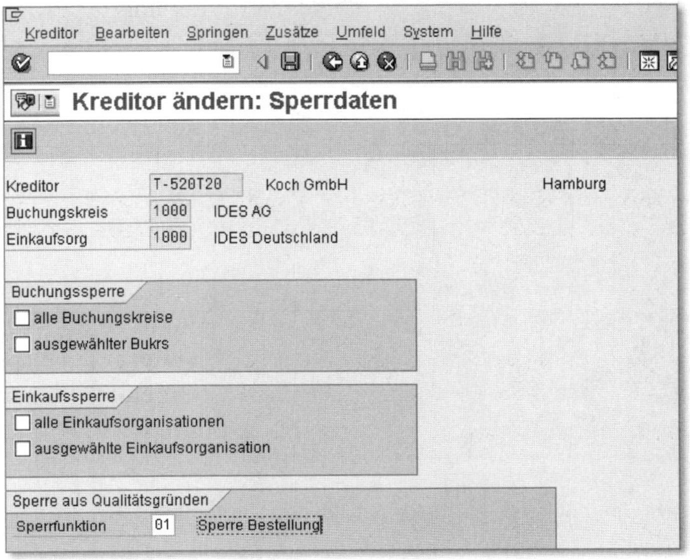

Abbildung 3.23 Kreditor ändern: Sperrdaten

Sperre aus Qualitätsgründen

Mit Hilfe dieser Transaktion können Sie ebenfalls eine Sperre aus Qualitätsgründen einstellen. Im Customizing des Qualitätsmanagements können Sie definieren, für welche Geschäftsvorfälle (zum Beispiel Bestellung, Bezugsquellenfindung oder Wareneingang) eine Sperre aus Qualitätsgründen wirksam werden soll (siehe Abbildungen 3.24 und 3.25). Der Eintrag dieses Sperrschlüssels im Lieferantenstammsatz gilt für alle Materialien und Werke. Menüpfad: **SPRO • SAP Referenz-IMG • SAP Einführungsleitfaden • Qualitätsmanagement • QM in der Logistik • QM in der Beschaffung • Sperrfunktionen im QM**.

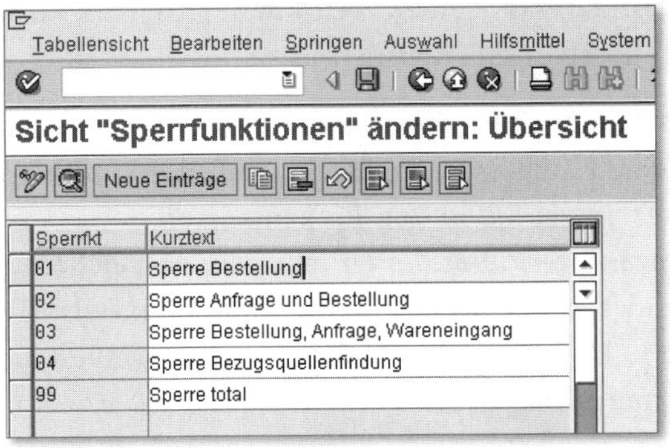

Abbildung 3.24 Sperrfunktionen in QM

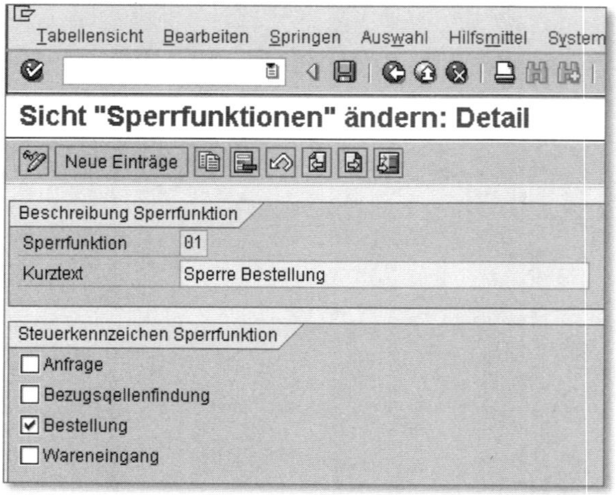

Abbildung 3.25 Sperrfunktionen in QM – Detailbild zu Sperrfunktion 01

Qualitätsmanagement

Wollen Sie diese Sperrfunktion nur für ein Material in einem Werk einrichten, so können Sie einen Qualitätsinfosatz anlegen. Voraussetzung für diese Einstellungen ist jedoch, dass für die entsprechenden Materialien das Qualitätsmanagement in der Beschaffung aktiv gesetzt ist. Auf Mandantenebene kann das erforderliche Kennzeichen **QM-Beschaffung** in den Beschaffungsdaten der Sicht Qualitätsmanagement des Materialstammsatzes aktiv gesetzt werden (siehe Abbildung 3.26). Anschließend muss auf Werksebene ein QM-Steuerschlüssel eingetragen werden, wodurch weitere Steuerungen möglich sind. Zum Beispiel die Freigabe einer Lieferbeziehung vor dem ersten Beschaffungsvorgang oder die Zeugnisabwicklung für gelieferte Ware. Diese Customizing-Transaktion erreichen Sie über den Transaktionscode **SPRO • SAP Referenz-IMG • SAP Customizing Einführungsleitfaden • Qualitätsmanagement • QM in der Logistik • QM in der Beschaffung • Steuerschlüssel definieren.**

Lieferantenteilsortiment

Wenn für einen Lieferanten abweichende Einkaufsdaten gepflegt sind, können Sie auch eine Einkaufssperre für ein **Lieferantenteilsortiment** setzen. Hierzu gelangen Sie in den Einkaufsdaten der Transaktion **Kreditor ändern/anlegen** über die Drucktasten **abweichende Daten** und anschließend **Detail Einkauf** in die lieferantenteilsortimentsspezifischen Daten. Über **Zusätze • Einkaufssperre** können Sie dann das Feld **Einkaufsperre** markieren (siehe Abbildung 3.27).

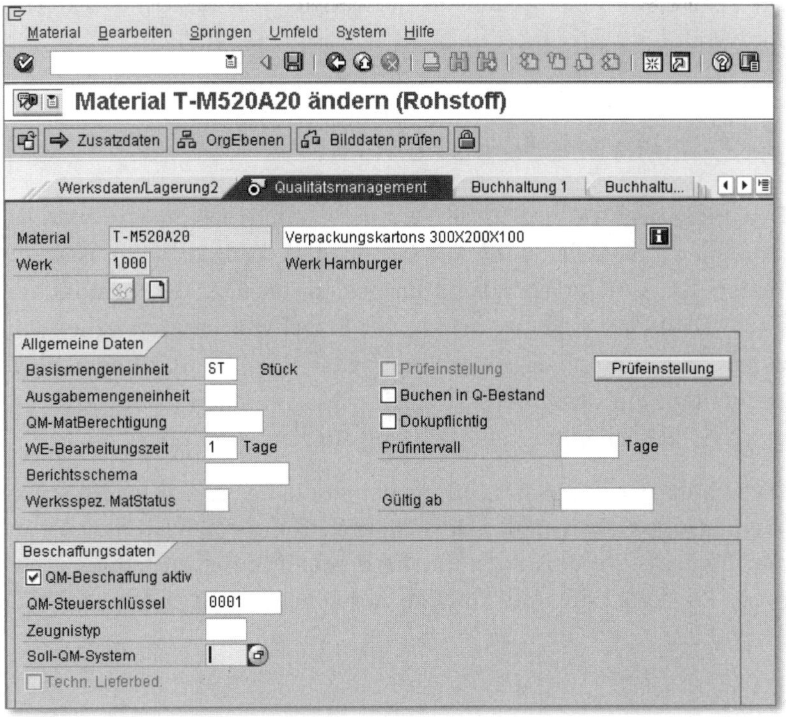

Abbildung 3.26 Materialstamm, Sicht »Qualitätsmanagement«

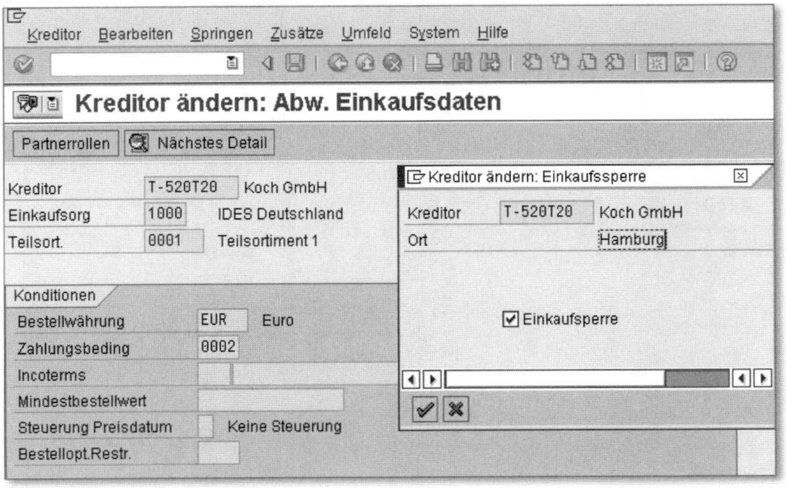

Abbildung 3.27 Einkaufssperre auf der Ebene Einkaufsorganisation /Lieferanten-teilsortiment

Sperre im Orderbuch

Die Sperre eines Lieferanten als Bezugsquelle ist zusätzlich materialspezifisch über das Orderbuch auf Werksebene möglich.

3.4 Einkaufsinformationssatz

Der Einkaufsinformationssatz (im Folgenden als *Einkaufsinfosatz*, häufig auch einfach als *Infosatz* bezeichnet) dient als Stammsatz zur Speicherung material-/lieferantenspezifischer Daten. Einkaufsinfosätze erlauben die Beantwortung der Frage, welche Materialien von einem bestimmten Lieferanten bezogen werden können oder welche Lieferanten ein bestimmtes Material liefern können. Infosätze können jedoch auch ohne Materialbezug angelegt werden.

Infosatz zur Warengruppe

Diese Infosätze zur Warengruppe haben die Beziehung »Lieferant zu Warengruppe«. Neben der Normalbeschaffung von Materialien können Einkaufsinfosätze auch für die Beschaffungsarten Lohnbearbeitung, Konsignation und Pipeline verwendet werden (siehe Abbildung 3.28).

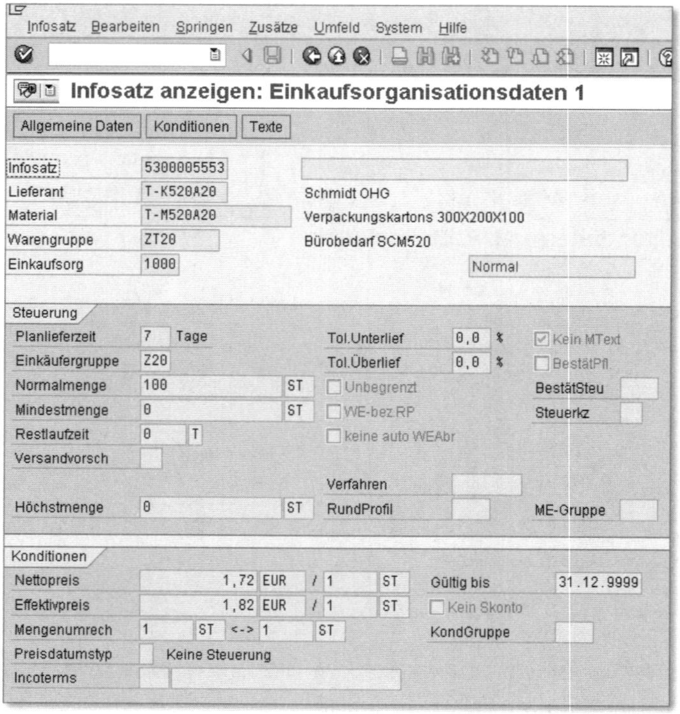

Abbildung 3.28 Infosatz anzeigen

Einkaufsinfosätze haben eine große Bedeutung im Rahmen der automatischen Bezugsquellenfindung (siehe Kapitel 5.1).

3.4.1 Datenhaltungsebenen und Inhalte

Die im Einkaufsinfosatz hinterlegten Informationen können neben der Mandantenebene auf der Ebene der Einkaufsorganisation und/oder der Ebene Einkaufsorganisation/Werk hinterlegt werden. Das bedeutet, dass die gepflegten Datenfelder entweder für alle Werke einer Einkaufsorganisation oder nur für ein Werk einer Einkaufsorganisation gelten.

Einige wichtige Daten auf **Mandantenebene** sind:

Daten auf Mandantenebene

- Zeitintervalle für Mahnungen oder Erinnerungen an vereinbarte Liefertermine
- Lieferantenteilsortimente
- Ursprungsdaten und zeitliche Angaben zu Liefermöglichkeiten
- Infonotizen
- Bestellmengeneinheiten
- Verkäuferangaben
- Bestellpreisentwicklung und Verwaltungsdaten

Daten auf der Ebene Einkaufsorganisation oder Einkaufsorganisation/Werk

Einige wichtige Daten auf der Ebene **Einkaufsorganisation** oder **Einkaufsorganisation/Werk** sind:

- Planlieferzeiten, Normal- und Mindestmengen
- Unter- und Überlieferungstoleranzen
- Bestelltexte und Infonotizen
- Steuerungsdaten (zum Beispiel Bestätigungssteuerschlüssel)
- Konditionen und Staffeln
- Bestell- und Angebotspreisentwicklung

Exkurs: Konditionen

Der Begriff *Konditionen* steht als Oberbegriff für verschiedene Preiselemente wie zum Beispiel Preise, Zu- und Abschläge, Frachten und Steuern. Diese Preiselemente werden im Customizing in Form von Konditionsarten definiert (siehe Abbildung 3.29).

KArt	Konditionsart	Konditionsklasse	Rechenregel
PB00	Bruttopreis	Preise	Menge
PBXX	Bruttopreis	Preise	Menge
PNN0	EK-Netto/Nett0	Preise	Menge
R000	Rabatt % vom Brutto	Zu- oder Abschläge	Prozentual
R001	Rabatt / Menge	Zu- oder Abschläge	Menge
R002	Rabatt absolut	Zu- oder Abschläge	Fester Betrag
R003	Rabatt % vom Netto	Zu- oder Abschläge	Prozentual
RA00	Rabatt % vom Netto	Zu- oder Abschläge	Prozentual
RA01	Rabatt % vom Brutto	Zu- oder Abschläge	Prozentual
RA02	Aktionsrabatt % 1	Zu- oder Abschläge	Prozentual
RA03	Aktionsrabatt % 2	Zu- oder Abschläge	Prozentual
RA04	Aktionsrabatt abs.	Zu- oder Abschläge	Menge
RA05	Aktionsrabatt abs.	Zu- oder Abschläge	Menge
RB00	Rabatt absolut	Zu- oder Abschläge	Fester Betrag
RC00	Rabatt / Menge	Zu- oder Abschläge	Menge
REST	Kontorrabatt %	Zu- oder Abschläge	Prozentual
RGR0	Gruppenrabatt %	Zu- oder Abschläge	Prozentual
RL00	Delkredere	Zu- oder Abschläge	Prozentual
RL01	Lieferantenrabatt %	Zu- oder Abschläge	Prozentual
RL02	KomisAgenturgesKunde	Zu- oder Abschläge	Prozentual
RL03	KomisAgenturGeLiefer	Zu- oder Abschläge	Prozentual
RUB1	Neutrale abs. Rück.	Zu- oder Abschläge	Fester Betrag
RUC1	Neutrale Rück./Menge	Zu- oder Abschläge	Menge
RUE1	Neutrale % Rückstel.	Zu- oder Abschläge	Prozentual

Abbildung 3.29 Konditionsarten definieren

Zeitabhängige Konditionen

Konditionen können Sie in Infosätzen und Kontrakten als zeitabhängige Konditionen hinterlegen. Diese Konditionen haben einen Gültigkeitszeitraum und können auch in Form von Staffeln gepflegt werden. Zeitabhängige Konditionen können auch als allgemeine Preisvereinbarungen zum Beispiel auf der Ebene Lieferant, Lieferantenteilsortiment oder Materialart hinterlegt werden.

Nichtzeitabhängige Konditionen

Der Gültigkeitszeitraum nichtzeitabhängiger Konditionen entspricht der Gültigkeit des Einkaufsbelegs. Konditionen in Bestellungen sind nicht zeitraumabhängig.

Ob Konditionen in Angeboten und Lieferplänen zeitabhängig oder nicht zeitabhängig sind, können Sie über Customizing-Parameter einstellen (siehe Abbildung 3.30). Menüpfad: **SPRO • SAP Referenz-IMG • SAP Customizing Einführungsleitfaden • Materialwirtschaft • Einkauf • Lieferplan • Belegarten einstellen.**

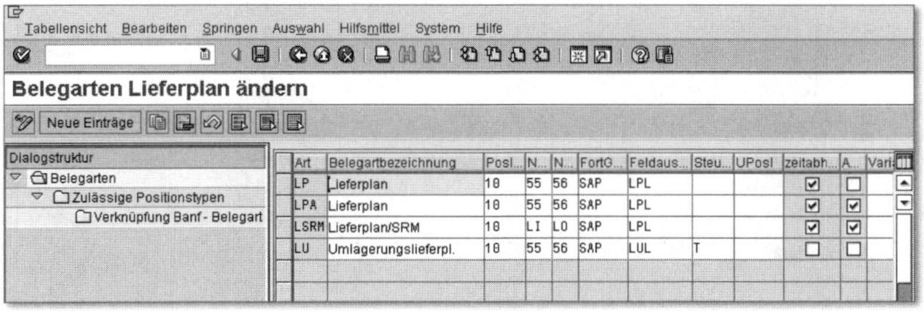

Abbildung 3.30 Belegarten einstellen

Effektivpreisermittlung

Die abgelegten Konditionen werden zur Preisermittlung herangezogen, wenn Sie eine Bestellung erfassen. Die Berechnung des Effektivpreises erfolgt nach folgendem allgemeinen Schema (siehe Tabelle 3.3).

	Bruttopreis
Zuzüglich	Zuschläge (z. B. Mindermengenzuschlag)
Abzüglich	Abschläge (z. B. Aktionsrabatt)
=	**Nettopreis**
Zuzüglich	Neutrale Rückstellungen, Bezugsnebenkosten, nicht abzugsfähige Steuern
Abzüglich	Skonto
=	**Effektivpreis**

Tabelle 3.3 Effektivpreisermittlung

Weitere Informationen zur Preisermittlung in Einkaufsbelegen finden Sie in Abschnitt 4.2.5. Die Zusatzkonditionen erkennen Sie in Abbildung 3.31.

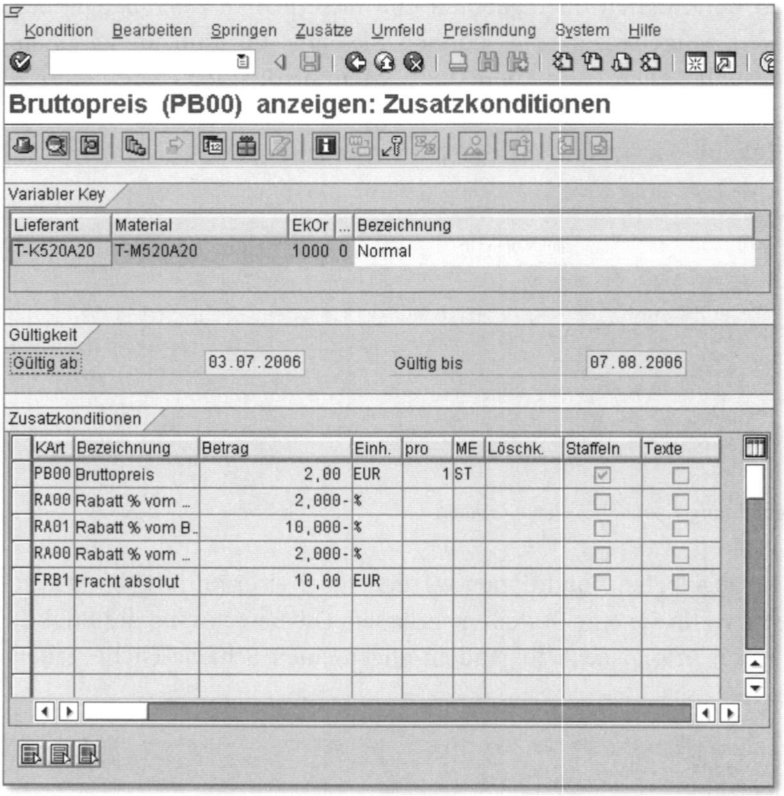

Abbildung 3.31 Infosatz anzeigen: Detailbild Zusatzkonditionen

3.4.2 Anlegen und Fortschreiben von Infosätzen

Infosätze können über die ECC-Transaktion ME11 manuell angelegt werden. Eine komfortable Möglichkeit zur automatischen Erstellung von Infosätzen bzw. zur Fortschreibung bereits vorhandener Infosätze bietet das InfoUpdate-Kennzeichen.

InfoUpdate-Kennzeichen

Das InfoUpdate-Kennzeichen kann beim Anlegen oder Ändern von Angeboten, Bestellungen, Kontrakten und Lieferplänen gesetzt werden (siehe Abbildung 3.32). Eine besondere Bedeutung hat dieses InfoUpdate-Kennzeichen für die Fortschreibung der Konditionen im Infosatz und somit für die automatische Preisfindung bei der Erstellung von Einkaufsbelegen.

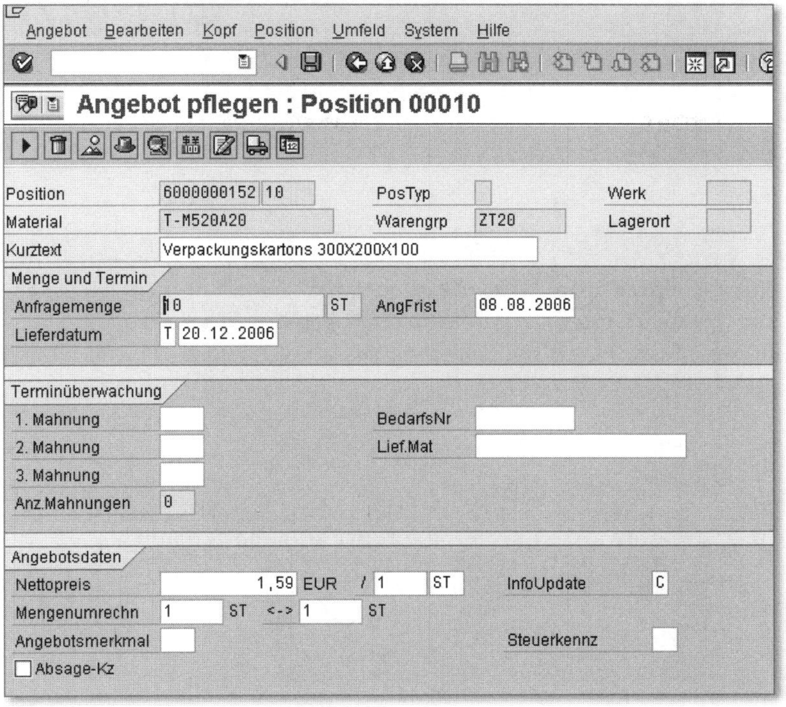

Abbildung 3.32 Angebot pflegen, Positionsdetailbild

Welche Daten durch das InfoUpdate-Kennzeichen im Infosatz fortgeschrieben bzw. neu angelegt werden, hängt von der Art des Einkaufsbelegs ab. Die wichtigsten Fortschreibungen finden Sie in Tabelle 3.4.

Einkaufsbeleg	Erstellung bzw. Fortschreibung
Angebot	Konditionen
Bestellung	Bestellung wird als letzter Beleg eingestellt
Lieferplan	Lieferplan wird als letzter Beleg eingestellt
Kontrakt	▶ Wenn ein Infosatz bereits vorhanden war, wird der Kontraktabruf als letzter Beleg eingestellt. ▶ Wenn noch kein Infosatz vorhanden war, werden die Konditionen übernommen.

Tabelle 3.4 Fortschreibung durch InfoUpdate-Kennzeichen

Hinweis

Die Bestellpreisentwicklung wird auch ohne InfoUpdate-Kennzeichen im Infosatz fortgeschrieben. Diese Bestellpreisentwicklung hat jedoch keine Auswirkungen auf die automatische Preisfindung bei der Erstellung von Einkaufsbelegen.

Hinweis

Mit der Pflege eines neuen Angebots zu 1,59 € und dem gesetzten InfoUpdate-Kennzeichen wurde dieser Angebotspreis als neue Kondition in den Infosatz eingestellt (siehe Abbildung 3.33).

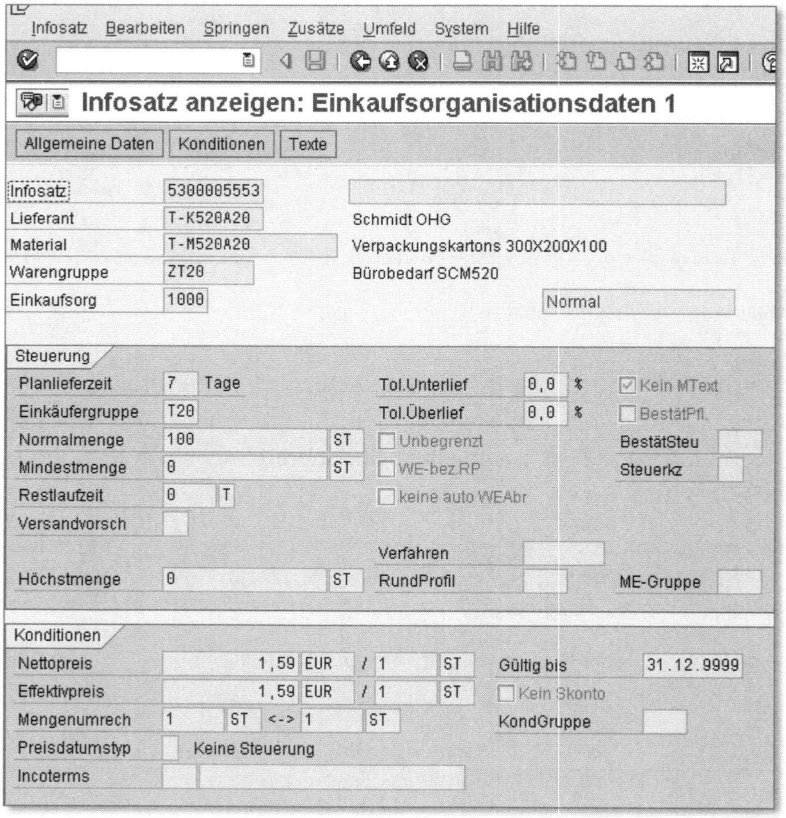

Abbildung 3.33 Infosatz anzeigen – Einkaufsorganisationsdaten

Zur Präzisierung der Organisationsebene, auf der diese Konditionen fortgeschrieben werden, dient für Angebote, Kontrakte, Lieferpläne und in der »alten« Bestellung (Transaktion ME21) die Ausprägung des InfoUpdate-Kennzeichens (siehe Abbildung 3.34).

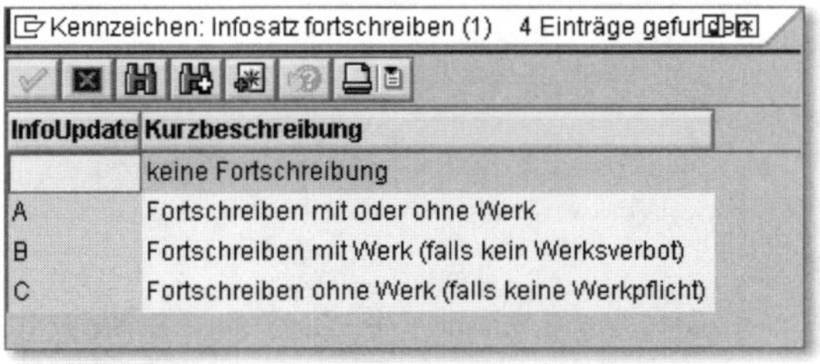

Abbildung 3.34 Angebot anzeigen • Positionsdetaildaten • Matchcode zum Feld InfoUpdate

Customizing-Einstellungen zum InfoUpdate-Kennzeichen in der Enjoy-Bestellung

Für die Enjoy-Bestellung existieren beim InfoUpdate-Kennzeichen nur die beiden Ausprägungen »setzen« oder »nicht setzen«. Unabhängig von diesen Einstellungen steuern Customizing-Einstellungen die Organisationsebenen, auf denen eine Fortschreibung erfolgt (siehe Abbildung 3.35). Menüpfad: **SPRO • SAP Referenz-IMG • SAP Customizing Einführungsleitfaden • Materialwirtschaft • Einkauf • Konditionen • Steuerung der Konditionen auf Werksebene festlegen**.

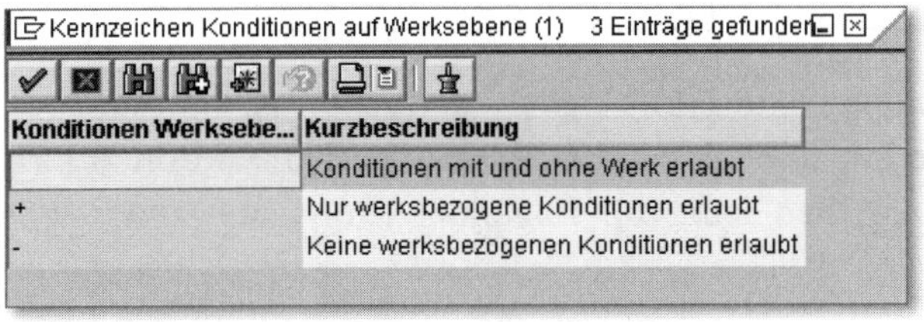

Abbildung 3.35 ECC-Customizing-Transaktion: Steuerung der Konditionen auf Werksebene festlegen

Wird in der Enjoy-Bestellung das InfoUpdate-Kennzeichen gesetzt, so ergeben sich für die Fortschreibungen des Infosatzes zum Beispiel die folgenden Konsequenzen (siehe Tabelle 3.5):

Infosatz ...	Customizing-Kennzeichen	Fortschreibung
Nicht vorhanden	Nur werksbezogene Konditionen erlaubt	Infosatz wird auf Werksebene angelegt

Tabelle 3.5 Fortschreibungsregeln

Infosatz ...	Customizing-Kennzeichen	Fortschreibung
Nicht vorhanden	Keine werksbezogenen Konditionen erlaubt	Infosatz wird auf Einkaufsorganisationsebene angelegt
Nicht vorhanden	Konditionen mit und ohne Werk erlaubt	Infosatz wird auf Einkaufsorganisationsebene angelegt
Vorhanden nur auf Einkaufsorganisationsebene	Konditionen mit und ohne Werk erlaubt	Infosatz wird auf Einkaufsorganisationsebene fortgeschrieben
Vorhanden nur auf Einkaufsorganisationsebene	Keine werksbezogenen Konditionen erlaubt	Infosatz wird auf Einkaufsorganisationsebene fortgeschrieben
Vorhanden auf Werksebene und Einkaufsorganisationsebene/Werksebene	Konditionen mit und ohne Werk erlaubt	Infosatz wird auf der Ebene Einkaufsorganisation/Werk fortgeschrieben

Tabelle 3.5 Fortschreibungsregeln (Forts.)

Bitte beachten Sie, dass Konditionen aus der Bestellung nicht in den Infosatz aufgenommen werden. Für die automatische Preisfindung relevant ist die Einstellung der Bestellnummer als »letzten Beleg«.

Für die Ausprägungen des InfoUpdate-Kennzeichens in Angebot, Kontrakt, Lieferplan und die »alte« Bestellung (Transaktion ME21, ME22, ME23) ergeben sich die folgenden Konsequenzen (siehe Tabelle 3.6).

InfoUpdate-Kennzeichen	Fortschreibung
Blank	Ein Infosatz wird nicht fortgeschrieben bzw. erstellt.
A	Wenn noch kein Infosatz existiert, so wird ein Infosatz auf der Ebene der Einkaufsorganisation erstellt. Existiert ein Infosatz auf Einkaufsorganisationsebene/Werksebene, so wird dieser aktualisiert. Existiert ein Infosatz nur auf Einkaufsorganisationsebene, so wird dieser aktualisiert.
B	Sofern in den Customizing-Einstellungen kein Werksverbot eingestellt ist, wird der Infosatz auf Werksebene fortgeschrieben bzw. erstellt.

Tabelle 3.6 Ausprägungen des InfoUpdate-Kennzeichens

InfoUpdate-Kennzeichen	Fortschreibung
C	Sofern in den Customizing-Einstellungen nicht nur werksbezogene Konditionen erlaubt sind (Werksgebot), wird ein Infosatz auf Einkaufsorganisationsebene fortgeschrieben bzw. erstellt.

Tabelle 3.6 Ausprägungen des InfoUpdate-Kennzeichens (Forts.)

3.4.3 Infosätze und Konditionen

Bei der Anlage einer Bestellung oder eines Lieferplans (wenn die Belegart Lieferplan im Customizing mit nichtzeitabhängigen Konditionen eingestellt ist) erfolgt eine automatische Preisfindung. Bei der Anlage einer Bestellung ohne Bezug auf einen Kontrakt oder bei der Anlage eines Lieferplans sucht das System in Einkaufsinfosätzen und in den allgemeinen Konditionen nach gültigen Konditionen. Bei der Anlage einer Bestellung mit Bezug zu einem Kontrakt (Kontraktabruf) werden die Kontraktkonditionen in die Bestellposition gezogen. Eine besondere Bedeutung kommt dem Einkaufsinfosatz als Datenquelle für Konditionen zu (siehe Abbildung 3.36).

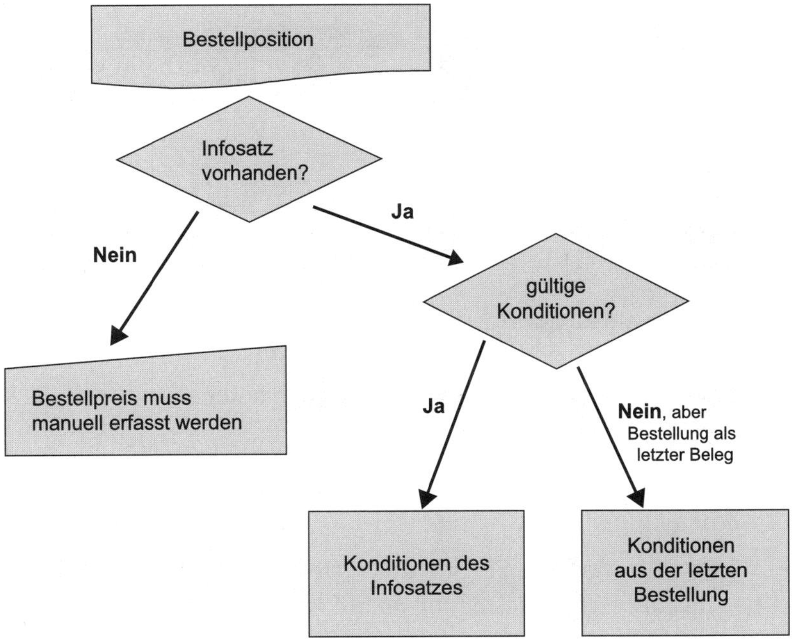

Abbildung 3.36 Preisfindung und Infosätze

Preisfindung bei Bestellungen ohne Bezug zum Vorgängerbeleg

Bei der Anlage einer Bestellposition ohne Bezug auf einen Vorgängerbeleg prüft das System, ob gültige Konditionen im Infosatz hinterlegt sind, und stellt diese Konditionen in die Bestellposition ein. Wenn keine gültigen Konditionen gefunden werden können, werden die Konditionen aus dem letzten Bestellbeleg für die neue Bestellposition vorgeschlagen. Wenn kein »letzter Beleg« im Infosatz eingestellt ist, so wird der Anwender aufgefordert, manuell einen Bestellpreis einzugeben. In welcher Form die Konditionen aus der letzten Bestellung übernommen werden, kann durch eine Customizing-Einstellung gesteuert werden (siehe Abbildung 3.37). Menüpfad: **SPRO • SAP Referenz-IMG • SAP Customizing Einführungsleitfaden • Materialwirtschaft • Umfeld • Vorschlagswerte für Einkäufer festlegen • Vorschlagswerte einstellen**.

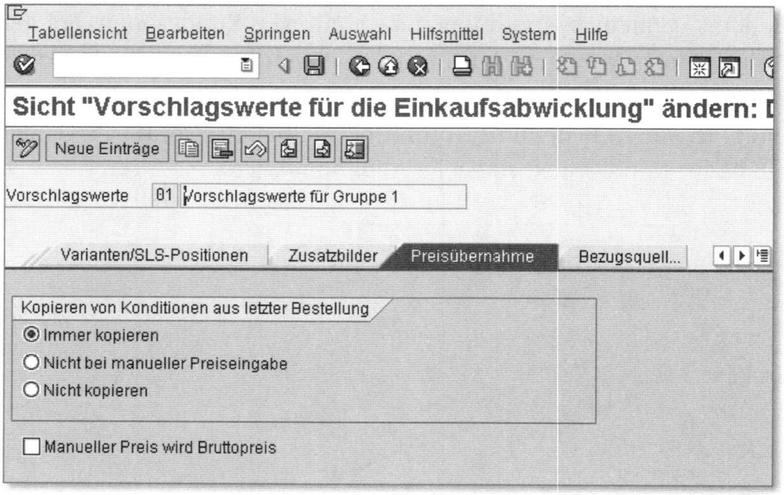

Abbildung 3.37 Vorschlagswerte für Einkaufsabwicklung

Sie haben die folgenden Einstellungsmöglichkeiten:

- Die Konditionen aus der letzten Bestellung werden immer kopiert (wenn im Rahmen der Preisfindung kein gültiger Preis ermittelt werden konnte).
- Wenn eine manuelle Preiseingabe erfolgte, werden die Konditionen aus der letzten Bestellung nicht kopiert.
- Die Konditionen aus der letzten Bestellung werden nicht kopiert.

- Anschließend muss der Schlüssel für die Vorschlagswerte in den **Benutzerparametern** mit der Parameter-ID EVO eingestellt werden (siehe Abbildung 3.38 und Abschnitt 5.9.1).

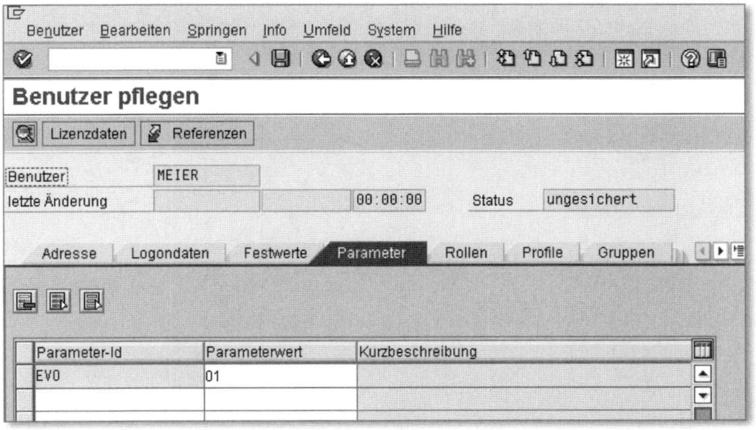

Abbildung 3.38 Benutzerpflege

3.5 Zusammenfassung

In Kapitel 3, *Stammdaten*, haben Sie die für den Einkauf relevanten Stammsätze kennen gelernt. Sie konnten erkennen, welche Funktionen diese Stammsätze für die Abbildung von Geschäftsprozessen im Einkauf haben, wie diese Stammsätze in SAP ECC gepflegt werden können, auf welchen Datenhaltungsebenen diese Stammsätze angelegt werden und welche korrespondierenden Customizing-Einstellungen möglich sind. Einkaufsinfosätzen kommt für die Ablage von Einkaufskonditionen eine besondere Bedeutung zu. In diesem Zusammenhang haben Sie verschiedene Möglichkeiten zur automatischen Anlage bzw. Fortschreibung von Einkaufsinfosätzen durch das InfoUpdate-Kennzeichen kennen gelernt.

Dieses Kapitel beschreibt den gesamten Beschaffungsprozess der Komponente Einkauf im Modul Materialwirtschaft von SAP ERP (ECC 5.0).

4 Beschaffung mit mySAP ERP

Nach einer einführenden Darstellung eines einfachen Beschaffungsprozesses werden die möglichen Beschaffungsfunktionen schrittweise erweitert. Zum Abschluss dieses Kapitels werden besondere Geschäftsvorfälle dargestellt. Eine besondere Beachtung finden die notwendigen Customizing-Einstellungen und die neue Belegübersicht für Bestellanforderungen und Bestellungen.

4.1 Der grundlegende Beschaffungsprozess

Die Komponente Einkauf des Moduls Materialwirtschaft hat die Aufgabe, Bezugsquellen für Materialien und Dienstleistungen zu ermitteln, den externen Beschaffungsvorgang einzuleiten und Folgeaktivitäten zu überwachen, wie zum Beispiel Wareneingänge und Rechnungen, die in der Bestellung über die Bestellentwicklung dokumentiert werden. In Abbildung 4.1 ist der grundlegende Beschaffungsprozess mit den relevanten Transaktionscodes aufgeführt.

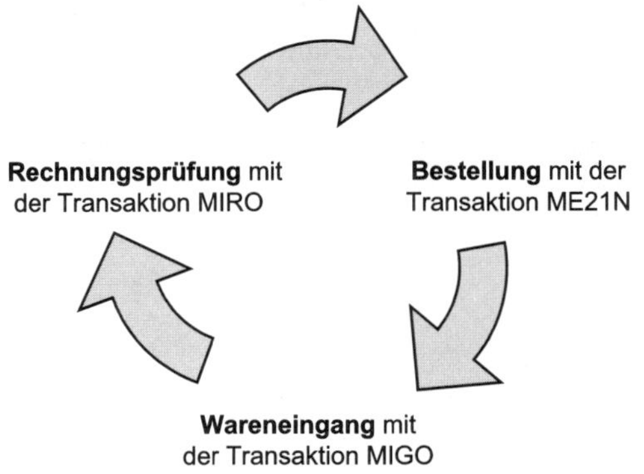

Abbildung 4.1 Der grundlegende Beschaffungsprozess

Zunächst wird ein einfacher Beschaffungszyklus bestehend aus Bestellung, Wareneingang und Rechnungsprüfung vorgestellt.

4.1.1 Bestellung

Die Bestellung ist die Aufforderung an einen Lieferanten oder an ein anderes Werk Ihres Unternehmens, Materialien oder Dienstleistungen zu den vereinbarten Bedingungen zu liefern.

Verbrauchsmaterial

Materialien können für den direkten Verbrauch (Verbrauchsmaterial) oder zur Auffüllung des Lagerbestands (Lagermaterial) bestellt werden. Zur Verringerung des Erfassungsaufwands, zur Vermeidung von Übertragungsfehlern und zur Konsistenzprüfung können Sie bei der Anlage einer Bestellung auf Vorgängerbelege oder bereits vorhandene Bestellungen Bezug nehmen (siehe Abschnitt 4.2.5). Die Bezugnahme auf einen Vorgängerbeleg empfiehlt sich auch, um einen durchgängigen Geschäftsprozessfluss zu erreichen. Sie können eine Bestellung auch ohne Bezugnahme anlegen. Zahlreiche Daten werden automatisch aus den in Kapitel 3, *Stammdaten*, besprochenen Stammdaten in den Bestellbeleg kopiert.

Mit SAP R/3 Release 4.6 wurde die Bestellung (ebenso wie die Bestellanforderung) neu gestaltet und in die Transaktionen ME21N, ME22N und ME23N übernommen. Hierbei handelt es sich um eine Einbildtransaktion, in der alle wesentlichen Datenbereiche auf einer Erfassungsmaske erscheinen. Die vier Bildbereiche sind (siehe Abbildung 4.2):

Bildbereiche der Einbildtransaktion »Enjoy-Bestellung«

- **Kopfbereich**
  Im Kopfbereich sind alle für den gesamten Bestellbeleg relevanten Daten enthalten, wie zum Beispiel Zahlungsbedingungen, Incoterms, Lieferantenanschrift und Organisationsdaten.
- **Positionsübersicht**
  Die Positionsübersicht enthält die wichtigsten Materialdaten, wie zum Beispiel Materialnummer, Bestellmenge und Werk.

- **Positionsdetaildaten**
  Die Positionsdetaildaten umfasst zusätzliche Daten zur jeweiligen Bestellposition, wie zum Beispiel materialspezifische Konditionen, Steuerkennzeichen und Gewicht.
- **Belegübersicht**
  Die Belegübersicht dient zur Anzeige verschiedener Belege, wie zum Beispiel Bestellanforderungen, Anfragen und Bestellungen. Die Belegübersicht wird ausführlich in Abschnitt 4.2 behandelt.

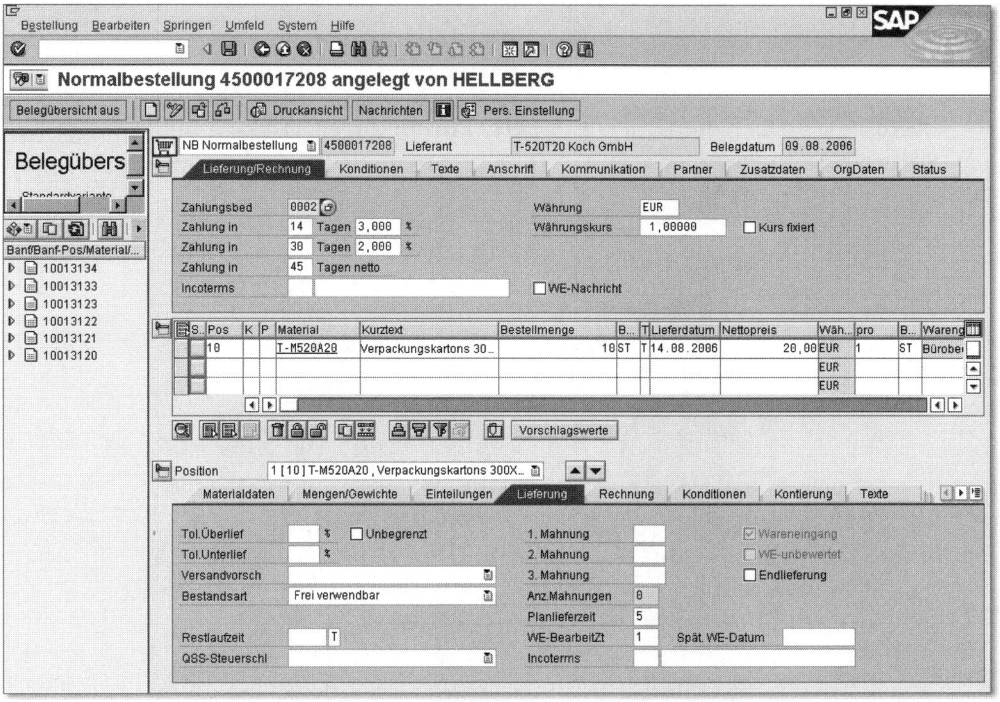

Abbildung 4.2 Bestellformular

Alle Bildbereiche können einzeln geöffnet und geschlossen werden, wodurch sich die Größe der noch geöffneten Bildbereiche verändert.

Das »alte« Bestellformular ist in der Menüstruktur des SAP Easy Access nicht mehr vorhanden, es lässt sich jedoch weiterhin über die Eingabe des Transaktionscodes aufrufen (Transaktionscodes ME21, ME22 und ME23).

Das »alte« Bestellformular ist noch über Transaktionscodes erreichbar

Die Enjoy-Bestellung erreichen Sie über den Menüpfad **SAP Menü • Logistik • Materialwirtschaft • Einkauf • Bestellung • Anlegen • Lieferant/Lieferwerk bekannt**.

Im Rahmen der Enjoy-Bestellung können Sie mit Hilfe der Drucktasten **Anlegen** und **Anzeigen/Ändern** umschalten (siehe Abbildung 4.3). Somit spielt es keine Rolle, mit welcher Funktion Sie in die Bestellung eingestiegen sind (Anlegen, Ändern oder Anzeigen).

Abbildung 4.3 Bestellung anlegen, ändern, anzeigen

Persönliche Einstellungen

Über die Drucktaste **Pers. Einstellungen** erhalten Sie wichtige Einstellungsmöglichkeiten zur individuellen Arbeit mit der Enjoy-Bestellung.

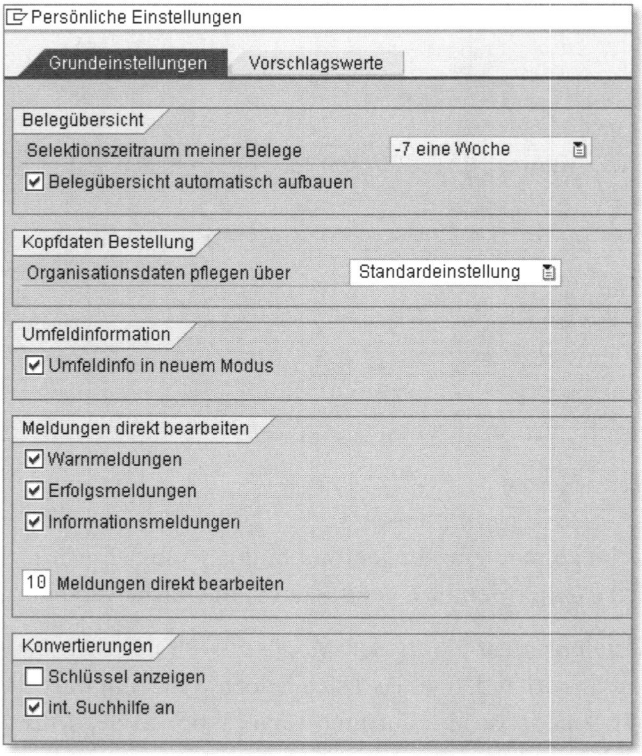

Abbildung 4.4 Grundeinstellungen

Zu den **Grundeinstellungen** zählen zum Beispiel (siehe Abbildung 4.4):

Grund-einstellungen

- **Belegübersicht automatisch aufbauen**
  Wenn Sie dieses Feld markieren, werden Ihnen die von Ihnen erstellten Bestellanforderungen oder Bestellungen gemäß Ihrer zuletzt gewählten Selektionsvariante bei jedem Neueinstieg in die Enjoy-Bestellung automatisch für den gewählten Selektionszeitraum (zum Beispiel eine Woche) aufgebaut.
- **Umfeldinfo in neuem Modus**
  Wenn Sie dieses Feld markieren, werden Ihnen die Umfeldinformationen zu einer Bestellung (zum Beispiel Material oder Lieferant) in einem neuen Modus angezeigt. Diese Umfeldinformationen erreichen Sie entweder über einen Doppelklick in das gewählte Umfeldobjekt oder über den Menüpfad **Umfeld • Material** oder **Umfeld • Lieferant**.
- **Konvertierungen**
  Wenn Sie **Schlüssel anzeigen** setzen, wird für Werk, Lagerort und Warengruppe nur der Schlüssel (zum Beispiel 1000) angezeigt. Ansonsten wird die Bezeichnung (hier: Hamburg) angezeigt. Wenn Sie das Kennzeichen für die intelligente Suchhilfe (**int. Suchhilfe an**) gesetzt haben, so erhalten Sie zum Beispiel für die Eingabefelder **Material** und **Werk** eine Liste mit Vorschlagswerten, wenn Sie zuvor einen Teil der Materialnummer oder des Materialkurztextes eingegeben haben (siehe Abbildung 4.5).
- **Persönliche Einstellungen**
  Über die Drucktaste **Pers. Einstellung** lassen sich auch individuelle **Vorschlagswerte** für verschiedene Felder des Bestellkopfs und der Bestellposition vorbelegen (siehe Abbildung 4.6).

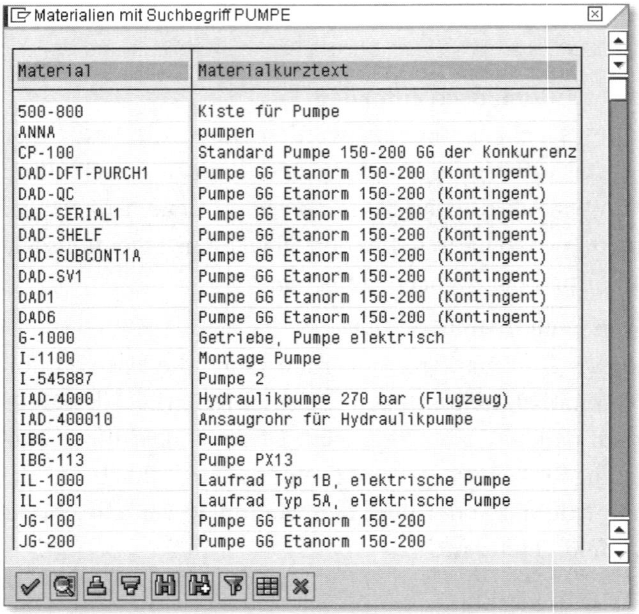
Materialien mit Suchbegriff PUMPE

Material	Materialkurztext
500-800	Kiste für Pumpe
ANNA	pumpen
CP-100	Standard Pumpe 150-200 GG der Konkurrenz
DAD-DFT-PURCH1	Pumpe GG Etanorm 150-200 (Kontingent)
DAD-QC	Pumpe GG Etanorm 150-200 (Kontingent)
DAD-SERIAL1	Pumpe GG Etanorm 150-200 (Kontingent)
DAD-SHELF	Pumpe GG Etanorm 150-200 (Kontingent)
DAD-SUBCONT1A	Pumpe GG Etanorm 150-200 (Kontingent)
DAD-SV1	Pumpe GG Etanorm 150-200 (Kontingent)
DAD1	Pumpe GG Etanorm 150-200 (Kontingent)
DAD6	Pumpe GG Etanorm 150-200 (Kontingent)
G-1000	Getriebe, Pumpe elektrisch
I-1100	Montage Pumpe
I-545887	Pumpe 2
IAD-4000	Hydraulikpumpe 270 bar (Flugzeug)
IAD-400010	Ansaugrohr für Hydraulikpumpe
IBG-100	Pumpe
IBG-113	Pumpe PX13
IL-1000	Laufrad Typ 1B, elektrische Pumpe
IL-1001	Laufrad Typ 5A, elektrische Pumpe
JG-100	Pumpe GG Etanorm 150-200
JG-200	Pumpe GG Etanorm 150-200

Abbildung 4.5 Auswahlfenster bei Eingabe des Begriffs »Pumpe« in das Eingabefeld »Material«

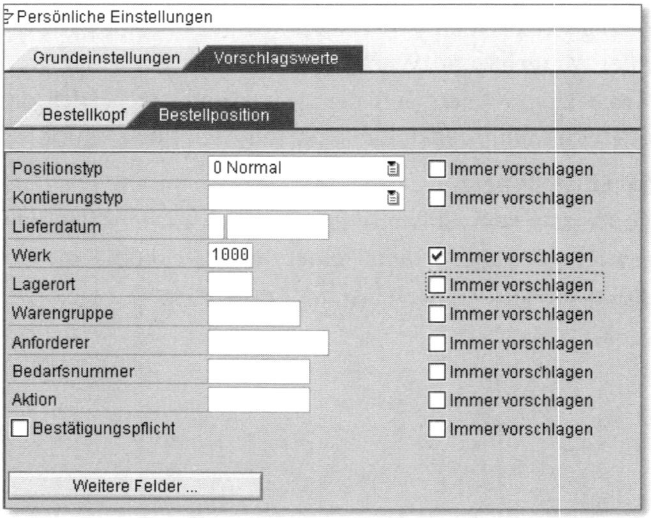

Abbildung 4.6 Vorschlagswerte

Besondere Bedeutung kommt dem Feld **Immer vorschlagen** zu. Wenn dieses Feld markiert ist, wird der vorgeschlagene Wert immer übernommen, auch wenn SAP ERP aus einem Referenzbeleg einen anderen Wert ermittelt hat. Wird im obigen Beispiel eine Bestellung mit Bezug auf eine Bestellanforderungsposition für das Werk 1200 erstellt, so wird dennoch für die Bestellposition das Werk 1000 übernommen.

Nachrichten

Wie für alle Einkaufsbelege können auch für Bestellungen Nachrichten ausgegeben werden, die in eine Nachrichtenwarteschlange gestellt werden. Die Nachrichtenausgabe erfolgt in seltenen Fällen sofort, in der Regel aber später über einen Hintergrundjob. Nachrichtenrelevante Änderungen der Bestellung führen nur dann zu einer Änderungsnachricht, wenn die ursprüngliche Nachricht bereits ausgegeben wurde (siehe Abbildung 4.7). Sie erreichen die Nachrichteneinstellungen zu einer Bestellung in der Enjoy-Bestellung über die Drucktaste **Nachrichten**.

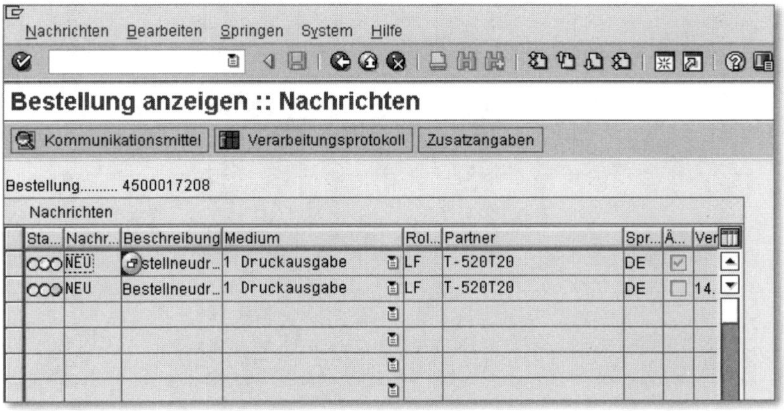

Abbildung 4.7 Bild »Nachrichten« in der Enjoy-Bestellung

Im obigen Beispiel ist die Nachricht in der zweiten Zeile bereits verarbeitet und somit mit einer grünen Ampel gekennzeichnet. Die Nachricht in der ersten Zeile ist eine unverarbeitete Änderungsnachricht.

4.1.2 Wareneingang

Transaktion MIGO

Die Komponente Bestandsführung innerhalb des Moduls Materialwirtschaft von SAP ERP befasst sich unter anderem mit der Erfassung aller Warenbewegungen. Die wichtige Transaktion MIGO zur Verbuchung von Warenbewegungen erreichen Sie über den Menüpfad: **SAP Menü • Logistik • Materialwirtschaft • Bestandsführung •**

Warenbewegung • Warenbewegung (MIGO). Ebenso wie die Enjoy-Bestellung ist auch die Transaktion MIGO eine Einbildtransaktion, die sich in die vier Bildbereiche *Kopfdaten*, *Positionsübersicht*, *Positionsdetaildaten* und *Übersichtsbaum* aufteilt. Die Enjoy-Transaktion MIGO erlaubt es, über die Felder **Vorgänge** und **Referenzbeleg** unterschiedliche Formen von Warenbewegungen in einer Transaktion zu erfassen (siehe Abbildung 4.8).

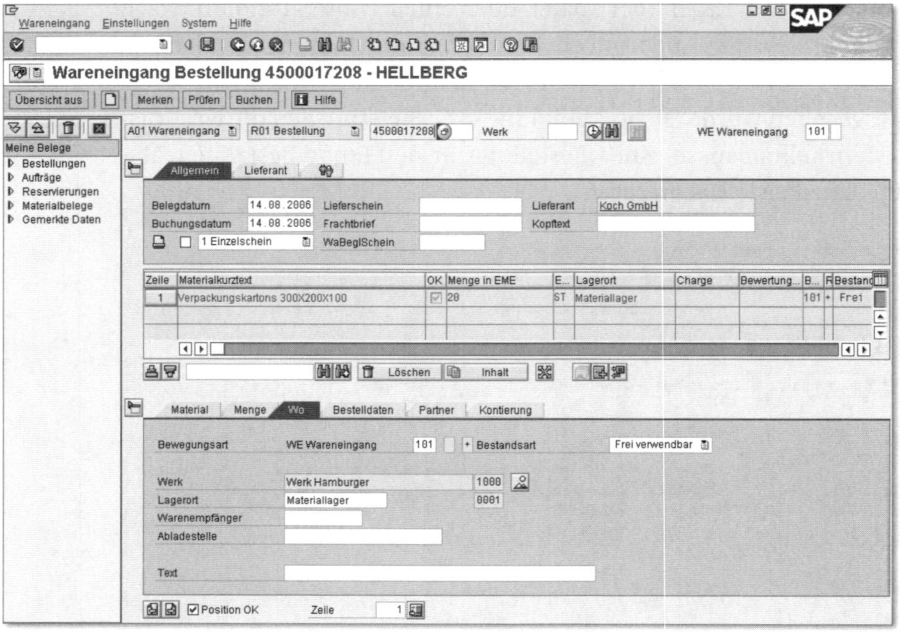

Abbildung 4.8 Wareneingang zur Bestellung

Zur Erfassung eines Wareneingangs zur Bestellung sind die folgenden Schritte erforderlich:

Verbuchung des Wareneingangs

1. Wahl des Vorgangs **Wareneingang**
2. Wahl des Referenzbelegs **Bestellung**
3. Prüfung der Bewegungsart (siehe Exkurs)
4. Eingabe der Bestellnummer
5. Drucktaste **Ausführen**
6. Eingabe eines Lagerorts (sofern in der Bestellung noch nicht vorgeplant), Kontrolle der Bestandsart und Position mit OK kennzeichnen. Anschließend den Wareneingang buchen.

Exkurs: Bewegungsarten

Das Bewegungsartenkonzept von SAP ERP sieht zur Identifizierung jeder möglichen Warenbewegung (zum Beispiel Wareneingänge, Warenausgänge, Umlagerungen) ein dreistelliges Kürzel vor. Die Bewegungsart hat steuernde Funktionen zum Beispiel bezüglich des Bildaufbaus bei der Erfassung von Warenbewegungen, der Fortschreibung von Konten in der Finanzbuchhaltung und der möglichen Storno- und Folgebewegungsarten (siehe Abbildung 4.9; Customizing-Transaktion OMJJ, Menüpfad: **SPRO • SAP Referenz-IMG • SAP Customizing Einführungsleitfaden • Materialwirtschaft • Bestandsführung und Inventur • Bewegungsarten • Bewegungsarten kopieren, ändern**).

In Tabelle 4.1 sind einige Beispiele für Bewegungsarten aufgeführt.

Bewegungsart	Bedeutung
101	Wareneingang
102	Wareneingang – Storno
201	Warenausgang für Kostenstelle
301	Umbuchung Werk an Werk – Einschrittverfahren
333	Entnahme für Stichprobe aus dem frei verwendbaren Bestand
601	Warenauslieferung

Tabelle 4.1 Beispiele für Bewegungsarten

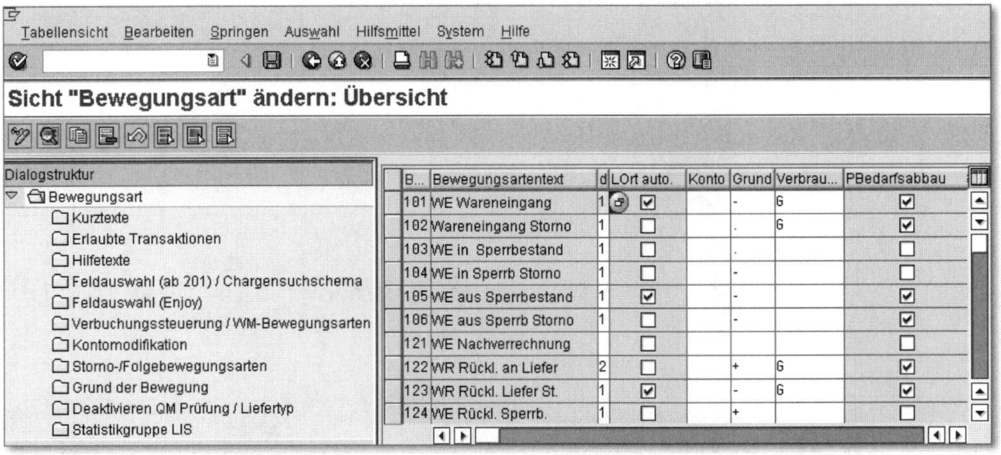

Abbildung 4.9 Bewegungsarten kopieren, ändern

Im Standard sind für alle Warenbewegungen entsprechende Bewegungsarten definiert, so dass keine Änderungen erforderlich sind, wenn Sie mit der Standardauslieferung arbeiten wollen.

4.1.3 Logistik-Rechnungsprüfung

Die Logistik-Rechnungsprüfung bildet aus der Sicht der Materialwirtschaft den Abschluss des Beschaffungsvorgangs. Die Rechnungsprüfung prüft die Lieferantenrechnungen auf sachliche, preisliche und rechnerische Richtigkeit.

Eingangsrechnungen können zur Zahlung gesperrt werden

Bei der Rechnungserfassung beziehen Sie sich auf einen Vorgängerbeleg (in der Regel Bestellung oder Lieferschein), und SAP ERP prüft beispielsweise, ob Abweichungen zwischen Rechnungs- und Wareneingangsmenge oder zwischen Rechnungs- und Bestellpreis auftreten, und sperrt die gebuchte Eingangsrechnung zur Zahlung.

Die Transaktion MIRO – Eingangsrechnung hinzufügen (Menüpfad: **SAP Menü • Logistik • Materialwirtschaft • Logistik-Rechnungsprüfung • Belegerfassung • Eingangsrechnung hinzufügen**) ist eine Einbildtransaktion (siehe Abbildung 4.10).

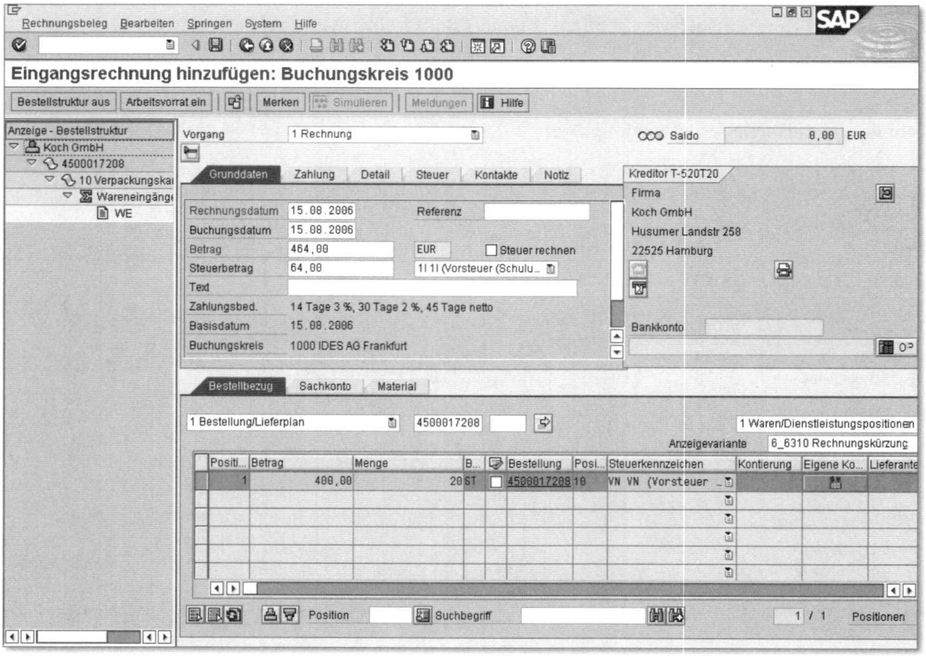

Abbildung 4.10 Bildbereiche der Transaktion MIRO – Eingangsrechnung hinzufügen

Rechnungserfassung

Zur Rechnungserfassung können Sie wie folgt vorgehen:

1. Wählen Sie einen Vorgang (in diesem Fall »Rechnung«, oder zum Beispiel »Gutschrift«).
2. In den Kopfdaten pflegen Sie auf der Registerkarte **Grunddaten** die wichtigsten Rechnungsinformationen wie zum Beispiel Rechnungsbruttobetrag, Steuerbetrag, Steuerkennzeichen und Rechnungsdatum.
3. Anschließend nehmen Sie Bezug auf einen Beschaffungsvorgang, indem Sie zum Beispiel die Bestellnummer als Referenzbeleg eingeben.
4. Nachdem Sie mit **Enter** bestätigt haben, schlägt SAP ERP Rechnungspositionen zur Abrechnung vor und vergleicht die Nettosumme dieser Rechnungspositionen mit dem Bruttobetrag abzüglich des Steuerbetrags aus den eingegebenen Kopfdaten. Wenn der sich hieraus ergebende Saldo null beträgt oder innerhalb eingestellter Kleindifferenzen liegt, ist die Rechnung buchbar. Eventuell sich ergebende Abweichungen lassen sich anhand der Bestellstruktur im linken Bildbereich analysieren.

Bestellstruktur in der Rechnungsprüfung aufrufbar

4.2 Erweiterung des Beschaffungsprozesses

Der dargestellte einfache Beschaffungsprozess soll um weitere Belege und Funktionen erweitert werden (siehe Abbildung 4.11). Der bereits besprochenen Enjoy-Bestellung werden die Bestellanforderung sowie Anfrage und Angebot im Beschaffungsprozess hinzugefügt.

Abbildung 4.11 Der erweiterte Beschaffungsprozess

4.2.1 Kontierungsobjekte

Verbrauchsbuchung beim Waren- oder Rechnungseingang

Materialien können zur Lagerauffüllung (Lagermaterialbeschaffung) oder direkt für den Verbrauch (Verbrauchsmaterialbeschaffung) beschafft werden. Verbrauchsmaterial wird bei der Waren- oder Rechnungseingangsbuchung automatisch in den Verbrauch gebucht. Für die Verbrauchsmaterialbeschaffung ist die Angabe eines Kontierungsobjekts in der Bestellanforderung oder der Bestellung notwendig. Kontierungsobjekte werden über Kontierungstypen konkretisiert (siehe Abbildung 4.12).

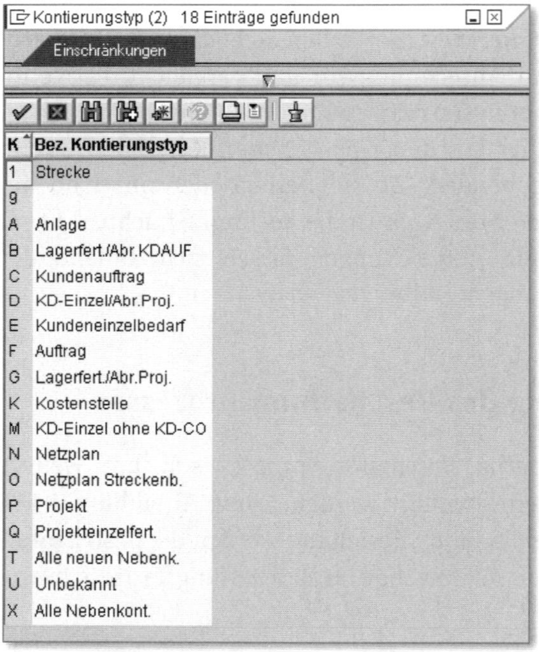

Abbildung 4.12 Eingabemöglichkeiten – Kontierungstypen bei der Bestellanforderung

Kontierungstypen

Mit der Eingabe eines Kontierungstyps erwartet SAP ERP weitere Angaben, wie zum Beispiel die Kostenstelle bei Eingabe des Kontierungstyps **K** oder das Projektstrukturplanelement bei Eingabe des Kontierungstyps **P**.

Für Kontierungstypen werden im Customizing steuernde Funktionen hinterlegt, etwa der Feldstatus (die Ausprägung eines Feldes als Muss-, Kann-, Anzeige- oder ausgeblendetes Feld), ob ein Waren-

oder Rechnungseingang mit der Position verbunden ist und ob sich eine vorgenommene Kontierung bei einem Rechnungseingang noch ändern lässt (siehe Kontierungstypen in Abbildung 4.13).

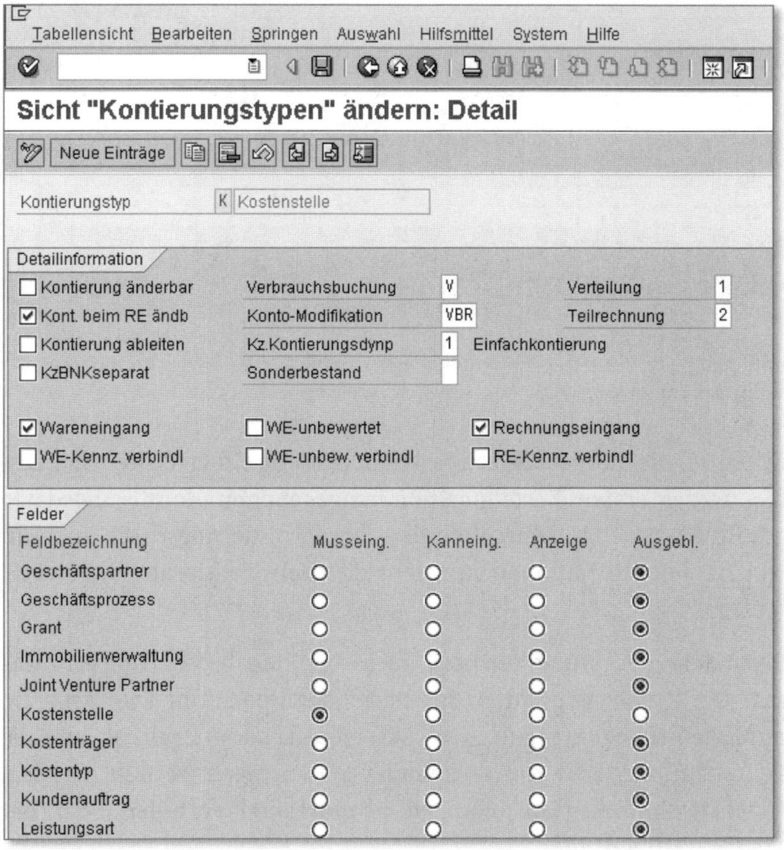

Abbildung 4.13 Kontierungstypen pflegen

Kombination von Positions- und Kontierungstypen

Kontierungstypen werden im Customizing mit Positionstypen kombiniert. Weitere Informationen zu Positionstypen erhalten Sie in Abschnitt 4.3.1.

Einfach- und Mehrfachkontierung

Die Kontierung einer Position kann als Einfachkontierung oder Mehrfachkontierung vorgenommen werden. Die Einfachkontierung weist die Kosten einer Position nur einem Kontierungsobjekt (zum Beispiel Kostenstelle) zu. Bei der Mehrfachkontierung werden die Kosten einer Position mengenmäßig oder prozentual auf zum Beispiel mehrere Kostenstellen verteilt. Die Mehrfachkontierung erreichen Sie über die Drucktaste **Mehrfachkontierung** auf der Registerkarte **Kontierung** der Positionsdetaildaten (siehe Abbildung 4.14).

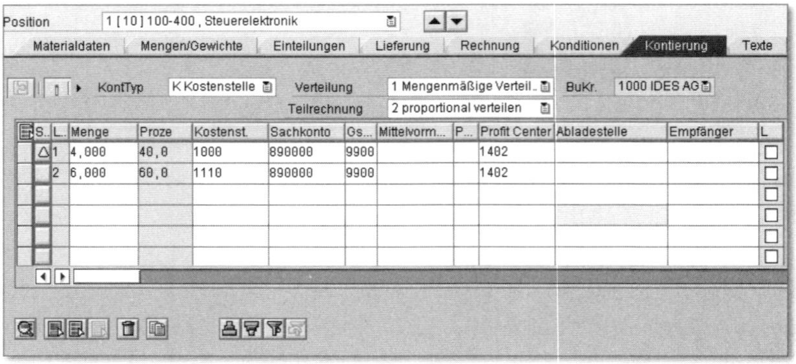

Abbildung 4.14 Mehrfachkontierung in den Kontierungsdaten des Positionsdetailbildes der Transaktion ME21N – Bestellung anlegen

Mit der Drucktaste **Kontierungswiederholung ein** erreichen Sie, dass die in der ersten Bestellposition eingegebenen Kontierungsdaten gehalten werden. Dadurch werden diese Kontierungsdaten auch für weitere Bestellpositionen mit dem gleichen Kontierungstyp vorgeschlagen.

Teilrechnungskennzeichen

Besondere Beachtung verdient auch das Eingabefeld **Teilrechnung** auf den Kontierungsdaten der Bestelldetailposition. Das Teilrechnungskennzeichen regelt, wie bei mehrfachkontierten Positionen Teilrechnungen auf die einzelnen Kontierungen verteilt werden. Möglich sind die Einstellungen **proportional verteilen** oder **der Menge nach verteilen.**

Tabelle 4.2 zeigt die Auswirkungen dieser beiden Einstellungsmöglichkeiten am Beispiel einer Bestellung von 10 Stück eines Materials über einen Bestellwert von 100,00 €, einer Teilrechnung von 80,00 € und einer Mehrfachverteilung auf die drei Kostenstellen A, B und C im Verhältnis 5:3:2.

Kostenstelle	proportional verteilen	der Menge nach verteilen
A	40,00 €	50,00 €
B	24,00 €	30,00 €
C	16,00 €	0,00 €

Tabelle 4.2 Proportionale und auffüllende Verteilung auf Kostenstellen

4.2.2 Lager- und Verbrauchsmaterialbeschaffung

Vergleich Lagermaterial mit Verbrauchsmaterial

Die Beschaffung von Verbrauchsmaterial weist fundamentale Unterschiede zur Beschaffung von Lagermaterial auf. Bei der Lagermaterialbeschaffung wird der Beschaffungswert auf einem Bestandskonto der Finanzbuchhaltung gebucht, und die Bestände werden im Materialstammsatz fortgeschrieben. Bei der Verbrauchsmaterialbeschaffung werden beispielsweise Kostenarten- oder Anlagenkonten bebucht, und sofern für das Verbrauchsmaterial ein Materialstammsatz vorhanden ist, wird dort der Verbrauch fortgeschrieben. Bei der Beschaffung von Verbrauchsmaterial ist die Angabe eines Kontierungstyps und mithin die Eingabe weiterer Kontierungsdaten zwingend erforderlich. Bei den Materialien der meisten Materialarten können Sie sich bei der Anlage einer Bestellanforderung oder einer Bestellung entscheiden, ob Sie die Position kontieren oder nicht kontieren. Entsprechend entscheiden Sie sich für die Verbrauchsmaterialbeschaffung oder für die Lagermaterialbeschaffung. Tabelle 4.3 zeigt die wesentlichen Unterschiede zwischen Lager- und Verbrauchsmaterialbeschaffung auf einen Blick:

	Lagermaterial	Verbrauchsmaterial
Materialstammsatz	Erforderlich	nicht erforderlich
Kontierungstyp	Nicht erforderlich	Erforderlich
Buchungen in der Finanzbuchhaltung	Auf Bestandskonten	Auf Verbrauchskonten bei bewertetem Wareneingang
Fortschreibungen im Materialstammsatz	Wert-, Mengen- und Verbrauchsfortschreibung	Keine Wertfortschreibung; wenn ein Materialstammsatz existiert, ist eine Verbrauchs- und Mengenfortschreibung möglich
Buchung des Wareneingangs	Erforderlich	Optional
Bewertung des Wareneingangs	Erforderlich	Unbewerteter Wareneingang oder kein Wareneingang möglich

Tabelle 4.3 Unterschiede zwischen Verbrauchs- und Lagermaterial

Bewerteter, unbewerteter oder kein Wareneingang

Der letzte Punkt in Tabelle 4.3 besagt, dass Sie bei der Verbrauchsmaterialbeschaffung entscheiden können, ob der Wareneingang bewertet oder unbewertet erfolgen soll oder ob überhaupt ein

Wareneingang gebucht werden soll. Wenn kein Wareneingang erfolgen soll oder wenn er unbewertet erfolgen soll, finden die wertmäßigen Verbrauchsbuchungen erst mit der Buchung der Eingangsrechnung statt.

Weiterhin ist festzuhalten, dass bei einem Material mit Materialstammsatz somit die Entscheidung des Anwenders, ob eine Kontierung vorgenommen werden soll oder nicht, darüber entscheidet, ob das Material für den Verbrauch oder für das Lager beschafft wird.

Materialarten UNBW und NLAG

Eine Ausnahme bilden die beiden Materialarten »unbewertetes Material« (UNBW) und »Nichtlagermaterial« (NLAG). Diese Materialarten verwenden Sie, wenn das Material in den Verbrauch gebucht werden soll, Sie aber einen Überblick über den mengenmäßigen Bestand dieser Materialien erhalten wollen (zum Beispiel Handbücher oder Bedienungsanleitungen). Für diese beiden Materialarten wird häufig im Customizing der Materialart die Wertfortschreibung im zugehörigen Bewertungskreis (Buchungskreis oder Werk) deaktiviert (siehe Abbildung 4.15). Diese Einstellung führt dazu, dass beim Anlegen einer Bestellposition mit einem Material dieser Materialarten eine Kontierung erforderlich ist, obwohl ein Materialstammsatz existiert.

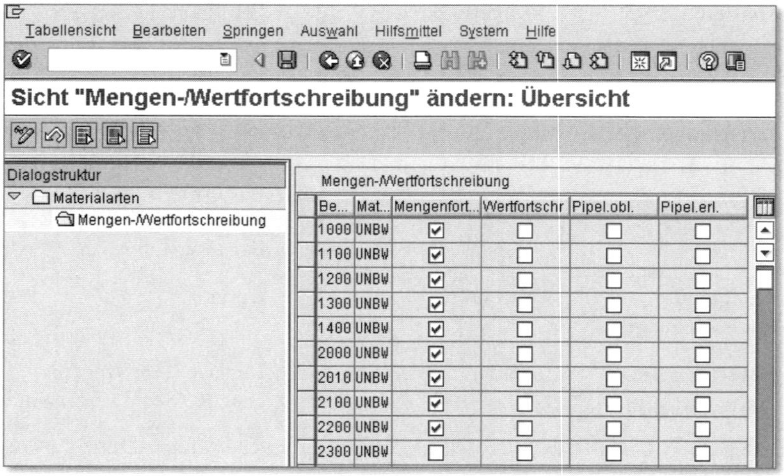

Abbildung 4.15 Customizing-Transaktion: Eigenschaften der Materialarten festlegen

4.2.3 Bestellanforderung

Bestellanforderung für die interne Beschaffung in einen Planauftrag umsetzen

Die Bestellanforderung ist eine unternehmensinterne Anforderung zur Materialbeschaffung. Somit gelangt eine Bestellanforderung nicht an Geschäftspartner außerhalb des Unternehmens. Für die interne Beschaffung von Materialien wird die Bestellanforderung von der Disposition in einen Planauftrag umgesetzt. Im Rahmen der externen Beschaffung kann eine Bestellanforderung einen Beschaffungsvorgang auslösen und wird im Einkauf weiterbearbeitet.

Bestellanforderungen können manuell oder automatisch erzeugt werden (zum Beispiel über einen Bedarfsplanungslauf in der Disposition).

Belegübersicht in der Bestellanforderung

In die Enjoy-Bestellanforderung wurde mit SAP Release 4.6 eine Belegübersicht integriert, die dem Anwender zahlreiche Informationen und Funktionen zur Verfügung stellt. In der Belegübersicht lassen sich über die Drucktaste **Selektionsvariante** verschiedene Belege einstellen (siehe Abbildung 4.16). Hierdurch können Sie sich zum Beispiel Bestellanforderungen bequem anzeigen lassen oder Änderungen an Bestellanforderungen vornehmen. Sie können auch eine neue Bestellanforderung anlegen, indem Sie auf eine bereits existierende Bestellanforderung Bezug nehmen.

Selektionsoptionen

Wenn Sie die Belegarten **Meine Bestellungen** und **Meine Bestellanforderungen** auswählen, werden die selbst erstellten Belege des in den persönlichen Einstellungen festgelegten Selektionszeitraums in die Belegübersicht eingestellt. Bei den anderen Belegarten erhalten Sie einen Selektionsbildschirm, auf dem Sie die Belege nach ihren Selektionskriterien auswählen können.

Layout und Aufriss

Zunächst werden nur die selektierten Belegnummern eingestellt. In weiteren Schritten lassen sich zusätzliche Belegdaten über die Drucktasten **Layout auswählen** und **Aufriss ändern** einstellen. Mit der Drucktaste **Layout auswählen** wird festgelegt, welche Daten (zum Beispiel Menge, Materialnummer) der selektierten Belege im rechten Bildbereich der Belegübersicht angezeigt werden sollen. Mit der Drucktaste **Aufriss ändern** können Sie angeben, wie die selektierten Belege gruppiert werden sollen.

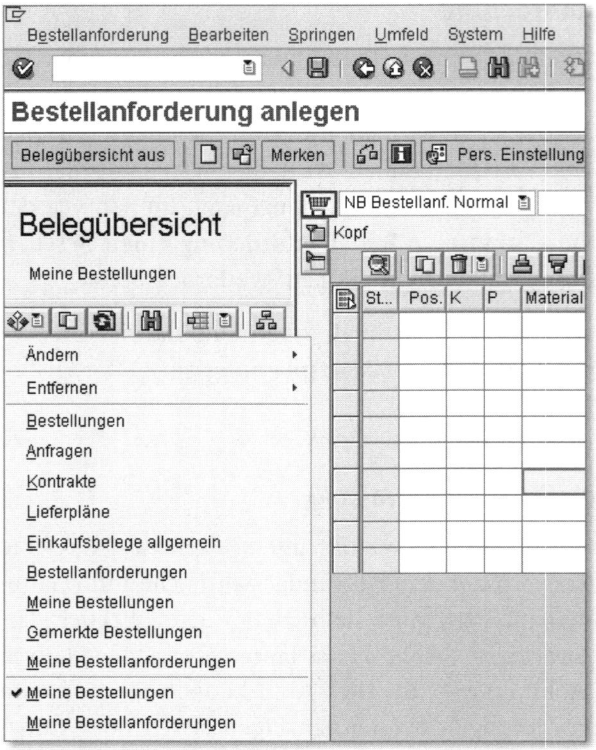

Abbildung 4.16 Belegarten in der Belegübersicht der Bestellanforderung

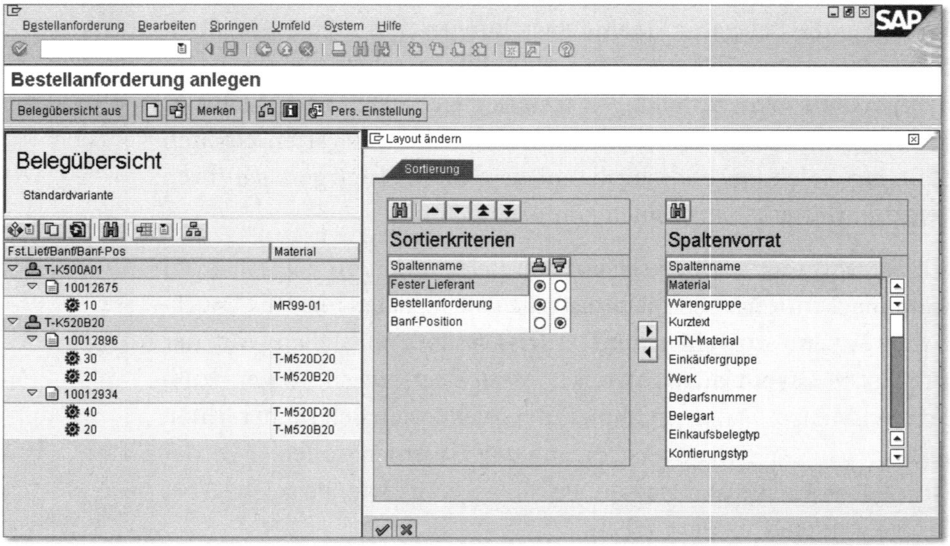

Abbildung 4.17 Aufriss ändern

Bestellanforderungen gruppieren und sortieren

Zum Beispiel können Sie auf der höchsten Gruppierungsebene die zugeordneten Lieferanten alphabetisch aufsteigend und auf der nächsten Gruppierungsebene die Bestellanforderungsnummern numerisch aufsteigend sortieren. Innerhalb der Gruppe **Bestellanforderungen** können Sie die einzelnen Bestellanforderungspositionen beispielsweise numerisch absteigend sortieren (siehe Abbildung 4.17).

Die vorgenommenen Einstellungen können mit der Funktion **Layout sichern** benutzerspezifisch oder benutzerübergreifend als eigenes Layout gespeichert werden. Die Funktion **Layout verwalten** dient zur Voreinstellung eines bestimmten Layouts, damit sich dieses Layout automatisch öffnet, wenn die Belegübersicht genutzt wird (siehe Abbildung 4.18).

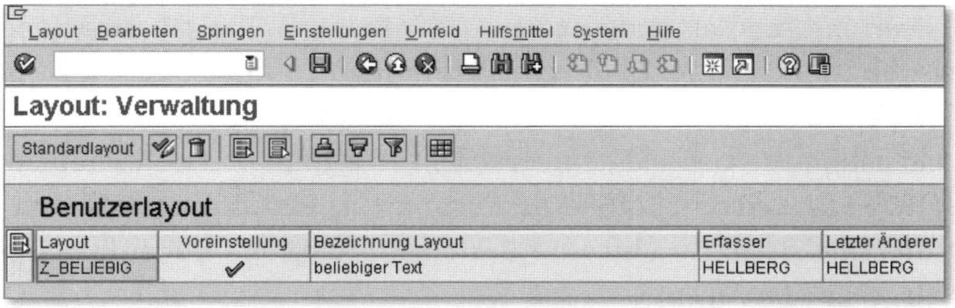

Abbildung 4.18 Layout verwalten

Die »alten« Bestellanforderungstransaktionen sind in SAP ERP (ECC 5.0) nicht mehr in der Menüstruktur des SAP Easy Access enthalten. Sie erreichen diese Bestellanforderungstransaktionen über die Transaktionscodes ME51 (Anlegen), ME52 (Ändern) und ME53 (Anzeigen). Menüpfad: **SAP Menü • Logistik • Materialwirtschaft • Banf • Anlegen/Ändern/Anzeigen**.

Besonderheiten bei der Anlage der Bestellanforderung

Für die einzelnen Positionen einer Bestellanforderung wird jeweils eine eigene Beschaffungsart festgelegt. Diese Beschaffungsarten werden über Positionstypen festgelegt (siehe auch Abschnitt 4.3.1). Die möglichen Beschaffungsarten sind:

Beschaffungsarten

- Normalbeschaffung
- Dienstleistungsbeschaffung

- Umlagerungsbeschaffung
- Lohnbearbeitungsbeschaffung
- Konsignationsbeschaffung (siehe Abschnitt 4.3.4)

Kontierungstyp

In der Bestellanforderung und in einigen Bestellungen (Limit- und Dienstleistungsbestellungen, siehe hierzu Abschnitte 4.3.2 und 4.3.3) ist der *Kontierungstyp U* (unbekannt) erlaubt. Dieser Kontierungstyp erlaubt die Erfassung einer kontierten Bestellanforderungsposition (zum Beispiel für die Anforderung von Verbrauchsmaterial), ohne dass bereits Kontierungsdaten eingegeben werden müssen. Die Angabe der Kontierungsdaten kann später bei der Umwandlung in eine Bestellung angegeben werden.

In der Bestellanforderungsposition werden noch keine Einkaufspreise für Materialien oder Dienstleistungen erfasst. Jedoch kann ein Bewertungspreis als Kriterium zur Definition von Freigabestrategien dienen (siehe Kapitel 6, *Belegfreigabeverfahren*). Infolgedessen ist in der Feldsteuerung des Customizing zur Bestellanforderung dieses Feld häufig als Mussfeld definiert (siehe Abbildung 4.19). Menüpfad: **SPRO • SAP Referenz-IMG • SAP Customizing Einführungsleitfaden • Materialwirtschaft • Einkauf • Bestellanforderung • Bildaufbau auf Belegebene festlegen**.

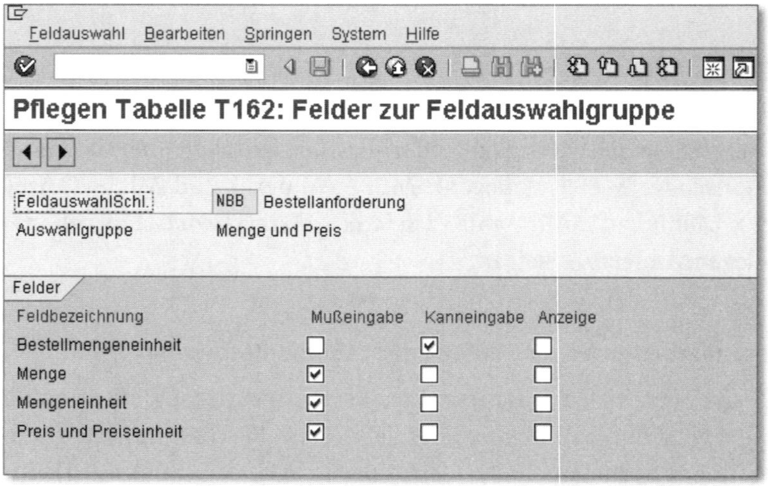

Abbildung 4.19 ECC-Customizing-Transaktion: Feldsteuerung Bestellanforderung

- Bei bewerteten Materialien wird dieser Bewertungspreis aus der Buchhaltungssicht des Materialstammsatzes in die Bestellanforderungsposition gezogen.

Bewertungspreis

- Für unbewertete Materialien oder für Materialien ohne Materialstammsatz müssen Sie diesen Bewertungspreis manuell eingeben. Bei der Anlage einer Bestellung mit Bezug zu dieser Bestellanforderungsposition wird dieser Bewertungspreis als Bestellpreis vorgeschlagen, wenn SAP ERP im Rahmen der automatischen Preisfindung keinen Einkaufsinfosatzpreis oder keinen letzten Bestellpreis ermitteln kann.
- Ob die Bestellanforderungsposition weiter bearbeitet wurde, erkennen Sie anhand des Bearbeitungsstatus auf der Registerkarte **Status** (siehe Abbildung 4.20).

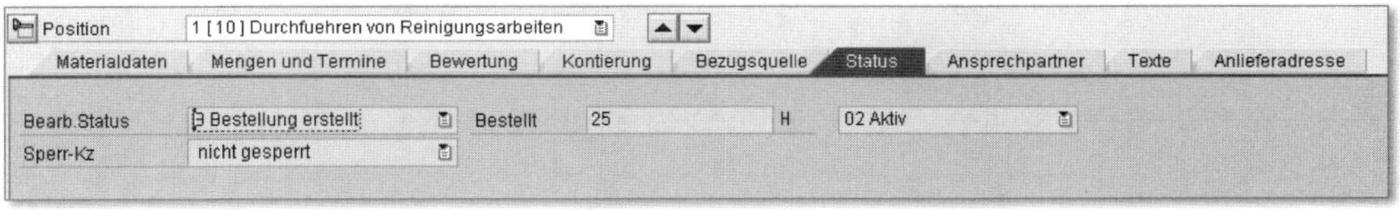

Abbildung 4.20 Bearbeitungsstatus der Bestellanforderungsposition

- Ob die Bestellanforderungsposition einer Freigabestrategie unterliegt, erkennen Sie auf der Registerkarte **Freigabestrategie** der Transaktionen ME51N, ME52N, ME53N (siehe Abbildung 4.21).

Freigabestrategie

Abbildung 4.21 Freigabestrategie der Bestellanforderungsposition

4.2.4 Anfrage- und Angebotsbearbeitung

Anfrage und Angebot in einem Beleg

Wenn im Rahmen der automatischen Bezugsquellenfindung (siehe Abschnitt 5.1) für eine Bestellanforderungsposition keine Bezugsquelle ermittelt werden konnte, können Sie Anfragen einsetzen, um Angebote von Lieferanten einzuholen. In der Komponente Einkauf des Moduls Materialwirtschaft von SAP ERP sind Anfrage und Angebot ein Beleg mit derselben Belegnummer. Anfrage und Angebot bestehen aus einem Belegkopf mit allgemeinen Angaben zur Anfrage und Belegpositionen mit den angefragten Materialien oder Dienstleistungen. Unterhalb der Positionsebene können Sie auf der Ebene der Einteilungen die Menge einer Anfrageposition in Teilmengen mit unterschiedlichen Lieferterminen unterteilen (siehe Abbildung 4.22).

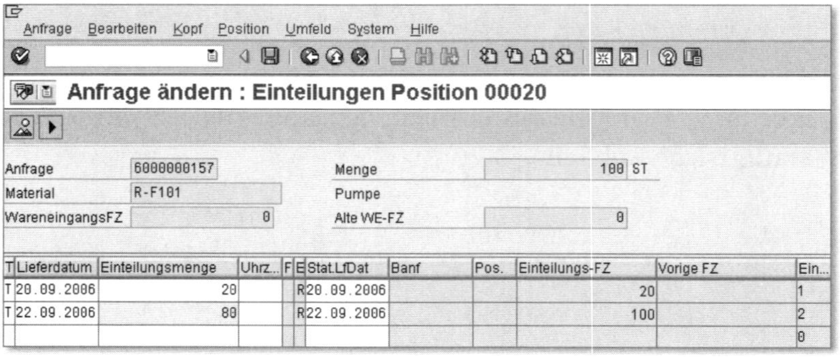

Abbildung 4.22 Einteilungen der Anfrageposition

Neben der manuellen Anlage einer Anfrage können Sie Anfragen auch mit Bezug zu einer anderen Anfrage, einer Bestellanforderung oder einem Rahmenvertrag anlegen. Zudem lassen sich im Rahmen der optimierten Einkaufsabwicklung Bestellanforderungen der Anfragebearbeitung zuordnen (siehe Abschnitt 5.5.2).

Dokumente in der Anfrageposition

Ebenso wie andere Einkaufsbelege können auch Anfragen einem Freigabeverfahren unterliegen.

Einer Anfrageposition können Sie auch bereits definierte Dokumente beifügen. Hierzu nutzen Sie ausgehend von der Positionsübersicht in der Bestellung den Menüpfad **Positionen • weitere Funktionen • Dokumente** (siehe Abbildung 4.23).

Hinweis

Diese Dokumente können Sie mit der Transaktion CV01N anlegen. Menüpfad: **SAP Menü • Logistik • Materialwirtschaft • Produktkatalog • Umfeld • Dokumentenverwaltung • Dokument • Anlegen**.

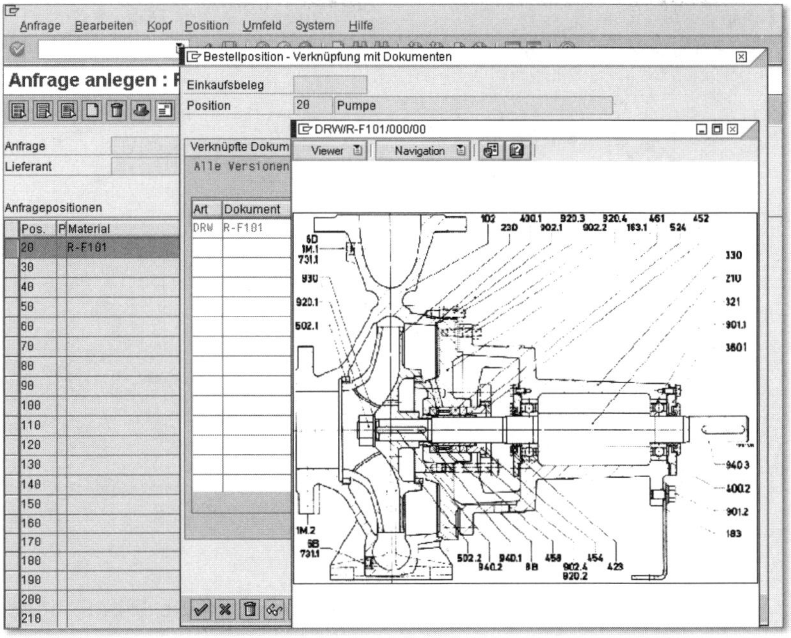

Abbildung 4.23 Dokument in der Anfrageposition

Funktionsablauf in der Anfragebearbeitung

Wenn identische Anfragen für mehrere Lieferanten erstellt werden sollen, werden zunächst die für alle Anfragen identischen Daten erfasst und anschließend jedem einzelnen Lieferanten zugeordnet. Die Anfragebearbeitung erreichen Sie über den Menüpfad **SAP Menü • Logistik • Materialwirtschaft • Einkauf • Anfrage/Angebot • Anfrage • Anlegen**. In Abbildung 4.24 ist der Funktionsablauf einer Anfrageaktion dargestellt.

Funktionsablauf in der Anfragebearbeitung

1. Im Einstiegsbild sind die Belegart, Angebotsfrist, Organisationsdaten und eventuell Vorschlagsdaten für die einzelnen Anfragepositionen einzugeben.

Hinweis

Wenn Sie für eine Anfrageposition eine Werksangabe vornehmen, dann gelten die gepflegten Angebotskonditionen auch nur für dieses Werk. Somit kann im weiteren Verlauf dieses Einkaufsvorgangs eine Bestellposition mit Bezug auf dieses Angebot auch nur für dieses Werk angelegt werden. Wollen Sie die Angebotskonditionen auch für andere Werke nutzen, so vermeiden Sie eine Werksangabe.

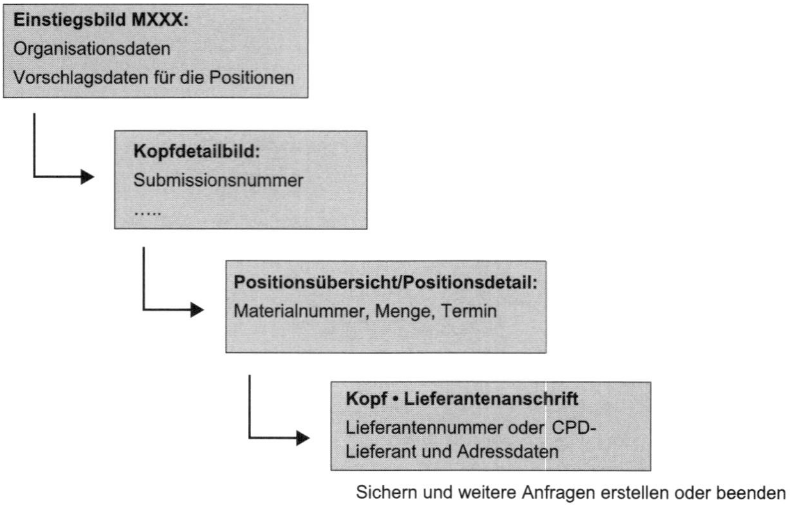

Abbildung 4.24 Funktionsablauf »Anfrage anlegen«

2. Im Kopf der Anfrage sind wichtige Termine und die Submissionsnummer einzugeben.

Hinweis

Mit Hilfe der selbst zu wählenden Submissionsnummer können Sie eine gemeinschaftliche Anfrageaktion verwalten und die Belegselektion für die Angebotsauswertung vereinfachen.

3. In der Positionsübersicht geben Sie Materialnummer (oder Materialkurztext, Warengruppe und Bestellmengeneinheit), Menge und Liefertermin ein.
4. Über den Menüpfad **Position • Detail** können Sie weitere Daten pflegen.
5. Über den Menüpfad **Kopf • Lieferantenanschrift** gelangen Sie zu einem Eingabefeld für die Lieferantennummer. Die Adressdaten zieht sich SAP ERP aus dem Lieferantenstammsatz. Bei der Eingabe der Lieferantennummer für CPD-Lieferanten müssen Sie die Adressdaten manuell eingeben.
6. Nach dem Sichern des Belegs erhalten Sie eine Belegnummer, und SAP ERP verbleibt auf dem Bild **Lieferantenanschrift**. Sie können durch die Eingabe weiterer Lieferanten weitere Anfragen anlegen, ohne die nicht lieferantenspezifischen Angaben wieder-

holen zu müssen. Wenn Sie die Bearbeitung abschließen wollen, betätigen Sie die Drucktaste **Abbrechen**.

Angebotserfassung und -vergleich

Die Angebotsdaten der Lieferanten werden in der jeweiligen Anfrage gepflegt. Zu den Angebotsdaten zählen im Wesentlichen Angebotsmenge, Konditionen und Liefertermine.

Die Transaktion zur Pflege des Angebots erreichen Sie über den Menüpfad **SAP Menü • Logistik • Materialwirtschaft • Einkauf • Anfrage/Angebot • Angebot pflegen.**

Angebotskonditionen

Die Angebotskonditionen können für das gesamte Angebot gültig sein (Kopfkonditionen) oder nur für die jeweilige Angebotskondition gelten (Positionskonditionen). Die Kopfkonditionen pflegen Sie, ausgehend von der Positionsübersicht im Angebot, über den Menüpfad **Kopf • Konditionen**. Die Positionskonditionen pflegen Sie zweckmäßigerweise im Konditionsbild der Positionsdetaildaten (siehe Abbildung 4.25).

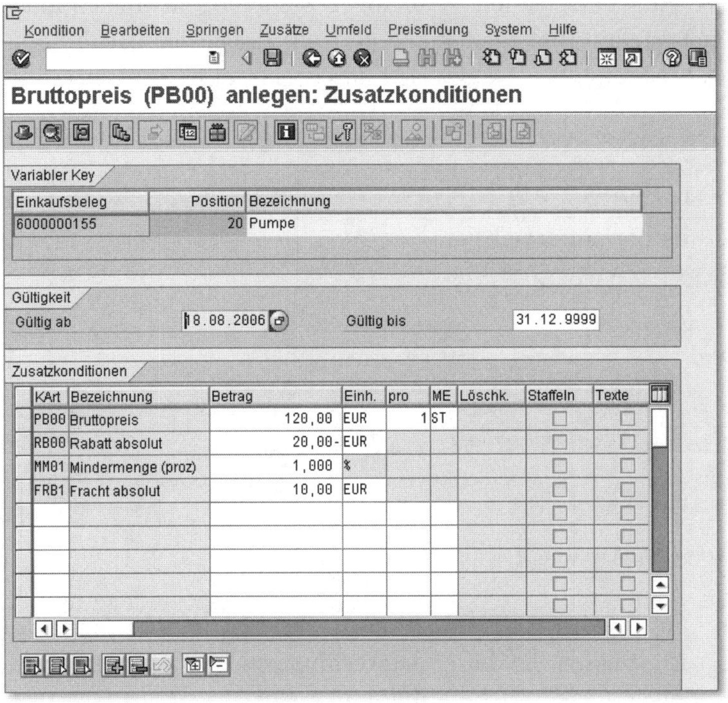

Abbildung 4.25 Positionskonditionen im Angebot

Staffelkonditionen

Wenn die Belegart des Angebots zeitabhängige Konditionen erlaubt, können Sie auch Staffelkonditionen eingeben. Aus den angegebenen Konditionsarten (zum Beispiel Bruttopreis, Rabatt, Fracht) ermittelt SAP ERP einen Nettopreis, der in die Positionsübersicht des Angebots übermittelt wird (siehe Abbildung 4.26).

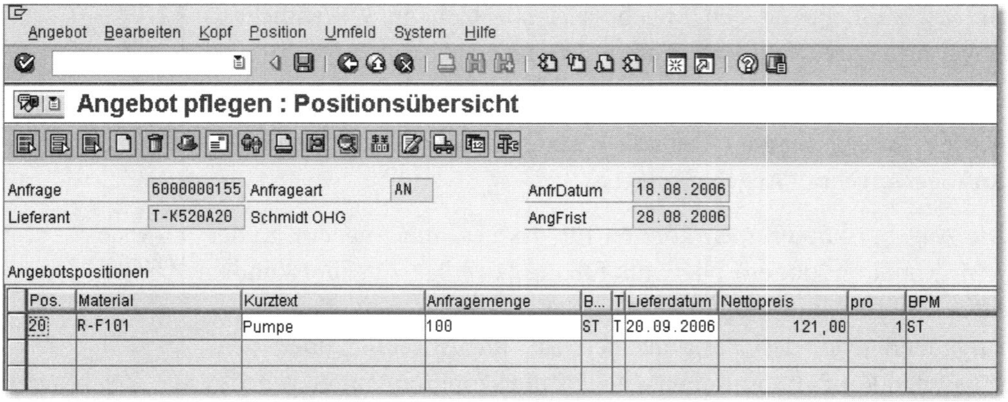

Abbildung 4.26 Nettopreis in der Positionsübersicht

Bestellmengeneinheit und Bestellpreismengeneinheit

In einer Angebotsposition kann die Bestellmengeneinheit (Stück) von der Bestellpreismengeneinheit (Karton) abweichen (siehe Abbildung 4.27).

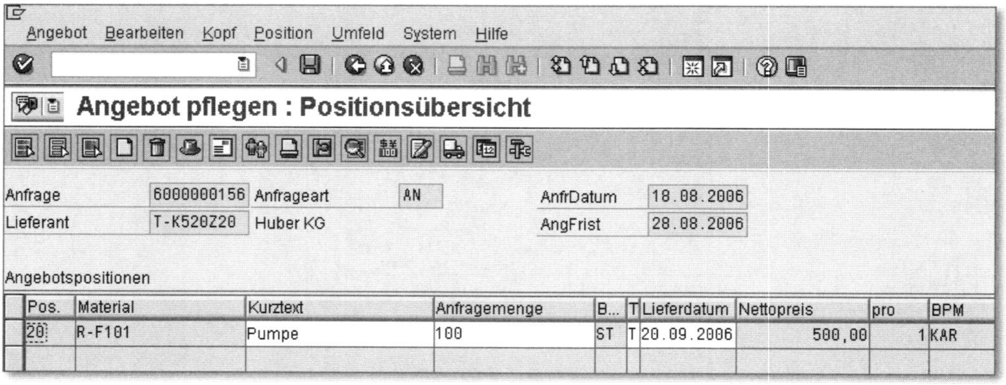

Abbildung 4.27 Abweichung BPME von BME

Sofern im Materialstammsatz noch kein Umrechnungsfaktor gepflegt ist, müssen Sie diesen Umrechnungsfaktor auf dem Positionsdetailbild angeben (siehe Abbildung 4.28).

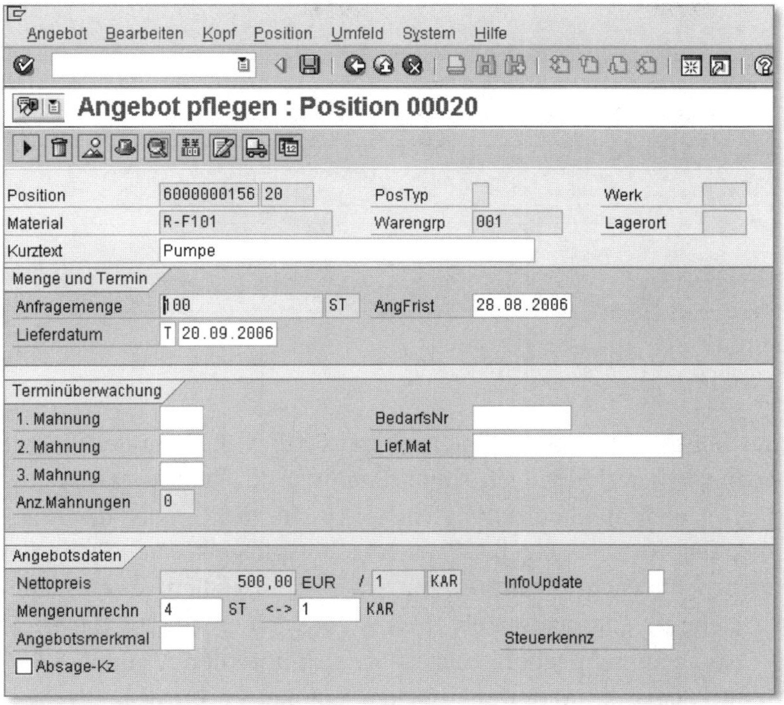

Abbildung 4.28 Positionsdetaildaten des Angebots

Preisspiegel

Über den Menüpfad **SAP Menü • Logistik • Materialwirtschaft • Einkauf • Anfrage/Angebot • Angebot • Preisspiegel** erreichen Sie mit dem Angebotspreisspiegel ein Instrument zum Vergleich der Angebotskonditionen. Im Einstiegsbild des Preisspiegels können Sie angeben, ob der Vergleich auf der Basis des Bruttopreises, des Bruttopreises abzüglich Skonto und zuzüglich Bezugsnebenkosten oder des Effektivpreises erfolgen soll und ob ein Minimalwertangebot oder ein Mittelwertangebot als prozentualer Vergleichsmaßstab dienen soll.

Submissionsnummer

Die zu vergleichenden Angebotskonditionen können Sie bequem über die Submissionsnummer selektieren. Abbildung 4.29 enthält einen beispielhaften Angebotspreisvergleich.

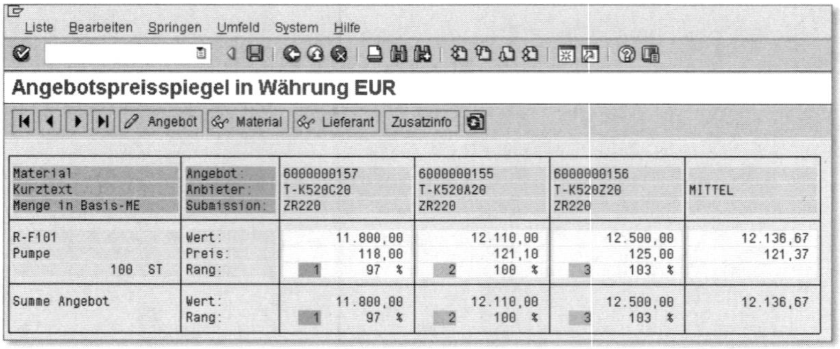

Abbildung 4.29 Angebotspreisspiegel

Absageschreiben Aus dem Angebotspreisvergleich heraus haben Sie zum Beispiel die Möglichkeit, sich den Lieferantenstammsatz anzeigen zu lassen oder in die Lieferantenbeurteilung (siehe Abschnitt 5.7. oder die Angebotspflege zu verzweigen. In der Angebotspflege können Sie in der Positionsübersicht (Spalte A) ein Absagekennzeichen setzen, damit der Lieferant automatisch ein Absageschreiben erhält. Die Nachricht zur Absage des Angebots können Sie sich über den Menüpfad **SAP Menü • Logistik • Materialwirtschaft • Einkauf • Anfrage/Angebot • Nachricht ausgeben** anzeigen lassen (siehe Abbildung 4.30).

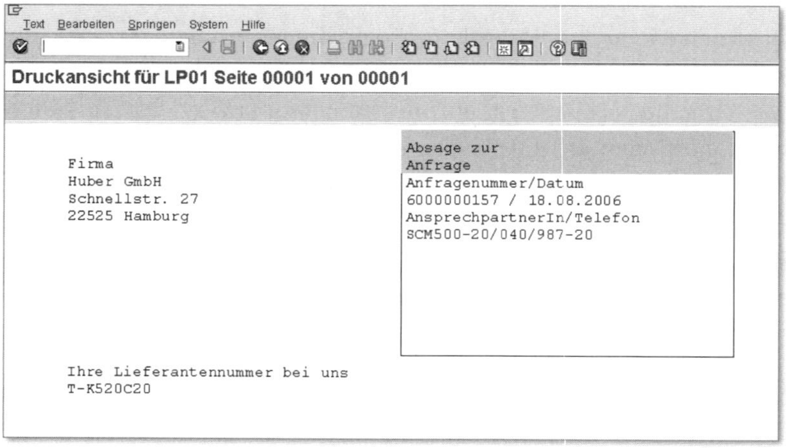

Abbildung 4.30 Auszug aus einem Absageschreiben

4.2.5 Bestellung

Eine Bestellung ist die Aufforderung einer Einkaufsorganisation an einen Lieferanten oder an ein anderes Werk ihres Konzerns (Umlagerungsbestellung), ein bestimmtes Material (als Lager- oder Verbrauchsmaterial) oder eine bestimmte Dienstleistung in einer bestimmten Menge an das in der Bestellung genannte Werk zu liefern.

Bestellung merken

Die Enjoy-Bestellung erreichen Sie über den Menüpfad **SAP Menü • Logistik • Materialwirtschaft • Einkauf • Bestellung anlegen • Lieferant bekannt**. Ebenso wie bei der Enjoy-Bestellanforderung können Sie auch hier mit Hilfe der Drucktasten **Anlegen** und **Ändern/Anzeigen** zwischen den verschiedenen Bearbeitungsmöglichkeiten wechseln. Über den Menüeintrag **Lieferant unbekannt** können Sie die automatische Bezugsquellenfindung nutzen (siehe Abschnitt 5.1). Zudem ist es möglich, fehlerhafte oder unvollständige Bestellungen über die Drucktaste **Merken** abzuspeichern, um sie später über die Belegübersicht, Eintrag **Gemerkte Bestellungen** aufzurufen und weiterzubearbeiten. Der Bestellbeleg besteht aus den Bildbereichen Kopf, Positionsübersicht, Positionsdetail und Belegübersicht (siehe Abbildung 4.31).

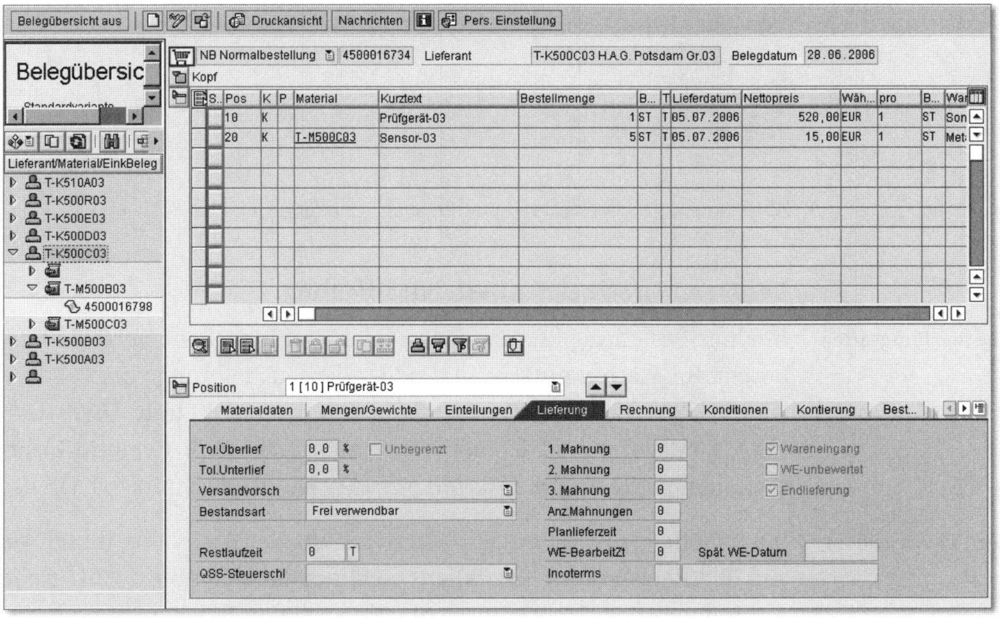

Abbildung 4.31 Enjoy-Bestellung

Belegübersicht in der Bestellung

Drag & Drop-Funktion

Die Funktionen der Belegübersicht in der Bestellung entsprechen den bereits in Abschnitt 4.2.3 vorgestellten Funktionen zu der Belegübersicht in der Bestellanforderung. Eine besonders bequeme Funktion ist die Bestellanlage mit Bezug zu einer Bestellanforderung. Hierbei wird die relevante Bestellanforderungsposition markiert und per Drag & Drop in den Einkaufswagen geschoben. Alternativ können Sie die Drucktaste **Übernehmen** verwenden.

Hinweis

Ein Doppelklick auf die Nummer einer Bestellanforderung oder einer Bestellung führt nur dazu, dass dieser Beleg angezeigt wird.

Ist Ihnen eine Bestellnummer bekannt, die Sie sich anzeigen lassen wollen, so können Sie die Drucktaste **Anderer Beleg** betätigen und die Bestellnummer manuell eintragen oder die Suchhilfe nutzen (siehe Abbildung 4.32).

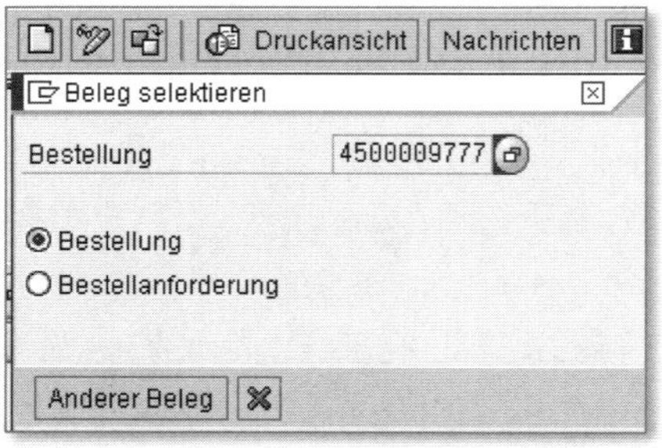

Abbildung 4.32 Drucktaste »Anderer Beleg« und Eingabefeld

Besonderheiten bei der Bestellbearbeitung

Beschaffungsarten

In einer Bestellung können Sie auf der Positionsebene verschiedene Beschaffungsarten nutzen. In der Standardauslieferung von SAP ERP sind die Beschaffungsarten Normal, Konsignation, Limit, Dienstleistung, Umlagerung und Lohnbearbeitung eingestellt (weitere Informationen zu Beschaffungsarten erhalten Sie in Abschnitt 4.3.1).

Bestellentwicklung

Ein wichtiges Instrument zur Überwachung der Bestellung finden Sie auf der Registerkarte **Bestellentwicklung** im Positionsdetail (siehe Abbildung 4.33). Hier können Sie die erfolgten Folgebuchungen zur Bestellung erkennen.

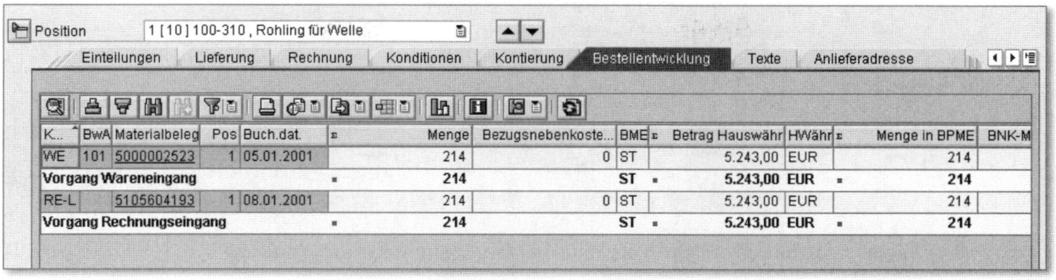

Abbildung 4.33 Registerkarte »Bestellentwicklung« in der Bestellposition

Auf der Registerkarte **Bestätigungen** können Sie durch die Eingabe eines Bestätigungssteuerkennzeichens die Möglichkeit zur Weiterbearbeitung jeder Bestellposition von bestimmten Lieferantenaktionen abhängig machen.

Bestätigungen

Bei der Vereinbarung einer Auftragsbestätigung können Sie die Auftragsbestätigungsdaten in der Bestellung erfassen. Wenn Sie vereinbaren, dass der Lieferant Ihnen ein Lieferavis sendet, müssen Sie vor Verbuchung des Wareneingangs eine Anlieferung erfassen. Bestätigungssteuerschlüssel müssen zuvor im Customizing definiert werden (siehe Abbildung 4.34; **SPRO • SAP Referenz-IMG • SAP-Customizing Einführungsleitfaden • Logistik • Materialwirtschaft • Einkauf • Bestätigungen • Bestätigungssteuerung einstellen**).

Bestätigungssteuerschlüssel

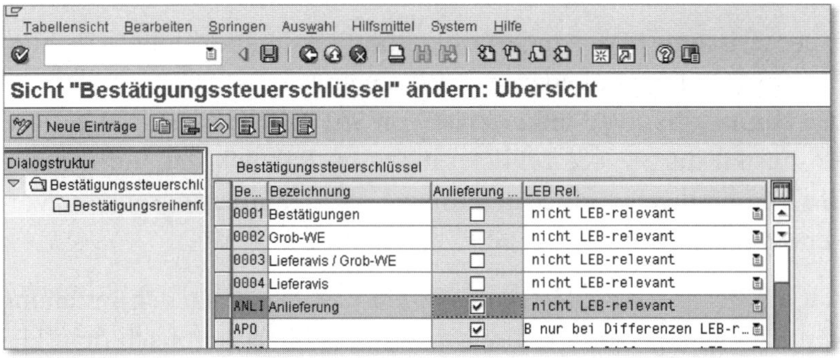

Abbildung 4.34 Bestätigungssteuerschlüssel

In der Bestellposition können Sie auf der Registerkarte **Rechnung** eine wareneingangsbezogene Rechnungsprüfung vereinbaren. Wenn Sie das Kennzeichen **WE-bez.RP** setzen, kann eine Eingangsrechnung erst dann gebucht werden, wenn ein Wareneingang erfolgt ist (siehe Abbildung 4.35).

Wareneingangsbezogene Rechnungsprüfung

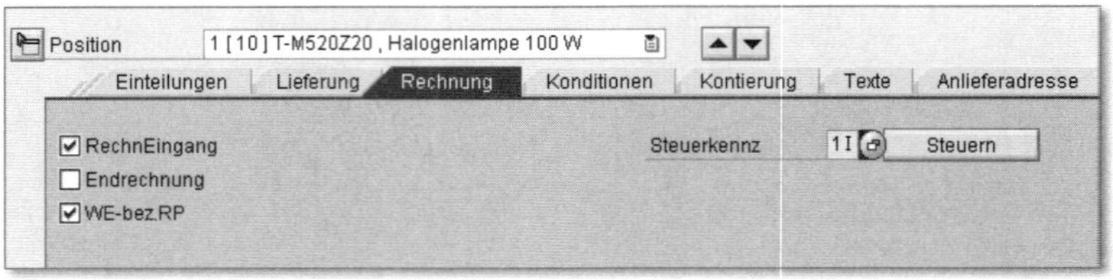

Abbildung 4.35 Wareneingangsbezogene Rechnungsprüfung

Bewerteter oder unbewerteter Wareneingang

Für Verbrauchsmaterial treffen Sie in den Detaildaten der Bestellposition auf der Registerkarte **Lieferung** die Festlegung, ob ein bewerteter, unbewerteter oder kein Wareneingang verbucht werden soll (siehe Abbildung 4.36).

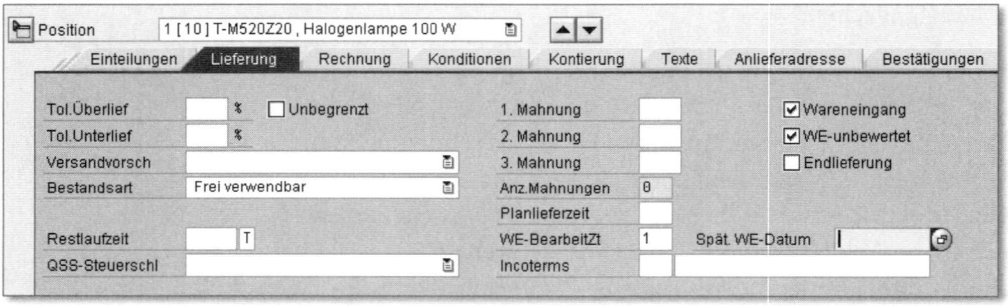

Abbildung 4.36 Kennzeichen »Wareneingang – unbewertet«

Mehrfachkontierte Bestellpositionen

Eine Ausnahme bilden mehrfachkontierte Bestellpositionen. Da hierfür zwingend ein unbewerteter Wareneingang erforderlich ist, wird das Kennzeichen **WE-unbewertet** von SAP ERP automatisch gesetzt. Ansonsten müsste bei Teillieferungen im Rahmen der Verbuchung des Wareneingangs eine Aufteilung auf die Kontierungsobjekte vorgenommen werden.

Lieferanten mahnen

Auf der Registerkarte **Lieferung** in den Positionsdaten der Bestellung können Sie angeben, nach wie vielen Kalendertagen nach dem Liefertermin ein Lieferant wegen einer ausbleibenden Lieferung ein Mahnschreiben erhalten soll (siehe Abbildung 4.37).

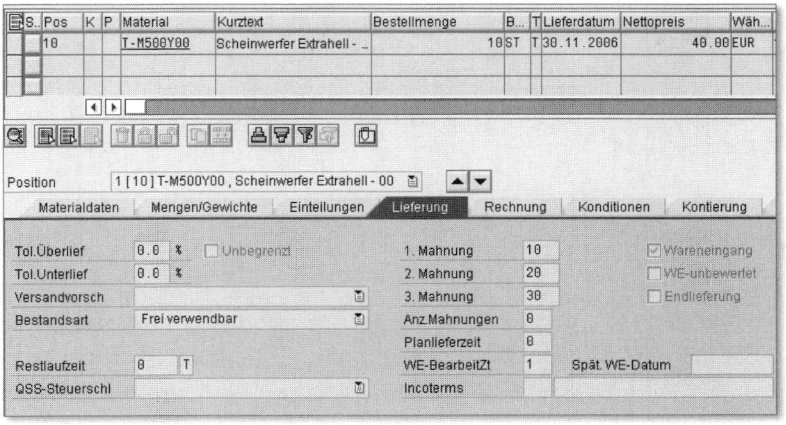

Abbildung 4.37 Mahnstufen in der Bestellposition

Sie können drei Mahnstufen angeben. Vorschlagswerte für diese Mahnstufen werden aus dem Einkaufsinfosatz oder dem Materialstammsatz gezogen. Bei der Eingabe einer negativen Anzahl von Tagen (zum Beispiel »–5«) kann der Lieferant vor dem Liefertermin ein Erinnerungsschreiben erhalten.

Mahnstufen

Die Erzeugung der Mahn- oder Erinnerungsschreiben erfolgt mit der Transaktion ME91F. Menüpfad: **SAP Menü • Logistik • Materialwirtschaft • Einkauf • Bestellung • Nachrichten • Mahnen und Erinnern**. Im Einstiegsbild dieser Transaktion können Sie beispielsweise die zu mahnenden Bestellungen eingeben oder Bestellungen anhand von Selektionsbedingungen (zum Beispiel »Einkäufergruppe« oder »Lieferdatum«) auswählen. Im Feld **Bezugsdatum** geben Sie den Stichtag für die Mahnung ein. Ist zum Beispiel als Lieferdatum der 01.11. vorgesehen und die erste Mahnstufe enthält den Wert »5 Tage«, so wird bei dem Bezugsdatum 05.11. keine Mahnung erzeugt, sondern erst bei einem Bezugsdatum ab 06.11. Sie können das Programm »ausführen« oder »im Hintergrund ausführen«. Bei der Ausführung im Hintergrund müssen Sie das Kennzeichen **Nachrichten erzeug. u. sichern** setzen (siehe Abbildung 4.38).

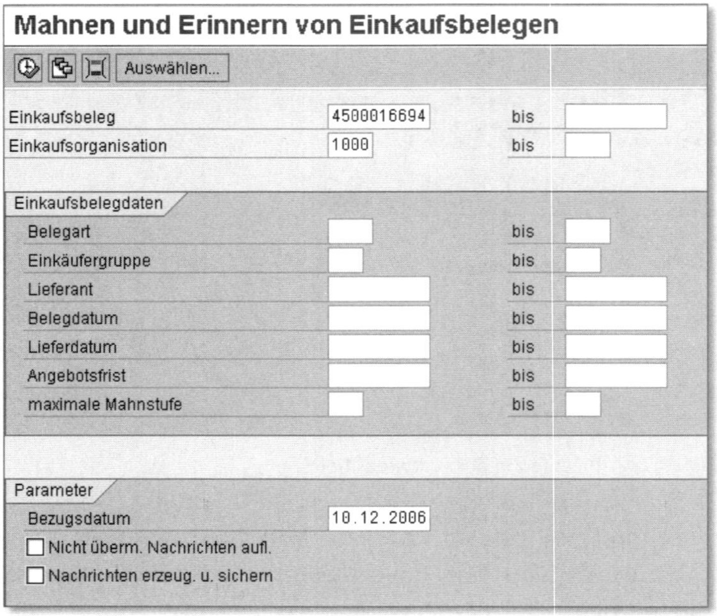

Abbildung 4.38 Selektionsbildschirm für die Auswahl von Einkaufsbelegen

Die Ausgabeliste dient dann nur zu Ihrer Information. Bei der Option **Ausführen** erhalten Sie eine Ausgabeliste mit den Bestellungen, die gemahnt werden können. Mit der Drucktaste **Nachricht erzeugen** werden die Mahnungen für die markierten Bestellungen erzeugt (siehe Abbildung 4.39).

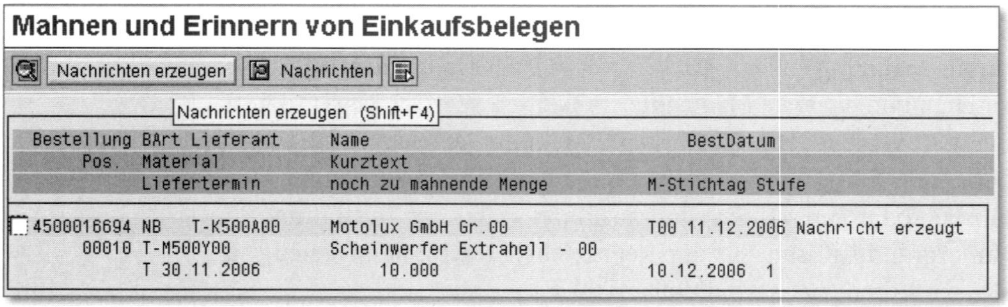

Abbildung 4.39 Ausgabeliste

Preisfindung in der Bestellposition

Wenn Sie eine Bestellposition anlegen, sucht SAP ERP nach gültigen Konditionen. Die Konditionen finden Sie auf der Registerkarte **Konditionen** der Bestellposition (siehe Abbildung 4.40).

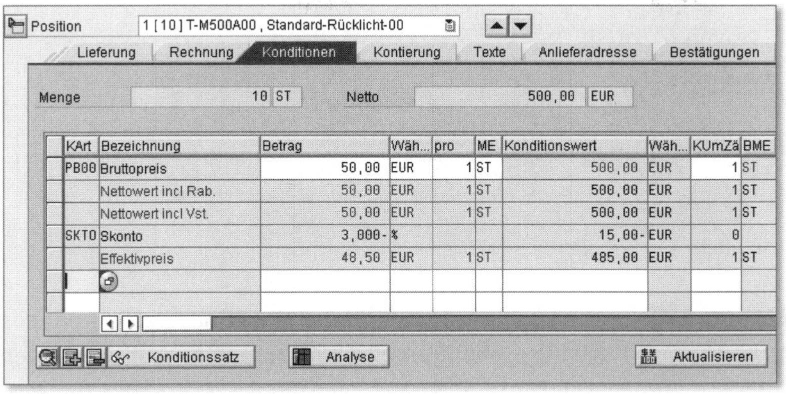

Abbildung 4.40 Konditionen in den Bestellpositionsdaten

Da im Infosatz, Angebot, Kontrakt und im Lieferplan zeitabhängige Konditionen hinterlegt sein können, ist das Datum, zu dem die Konditionen gefunden werden sollen, für die Preisfindung von Bedeutung. Den **Preisdatumstyp** finden Sie auf der Registerkarte **Konditionssteuerung** der Bestellpositionsdaten (siehe Abbildung 4.41).

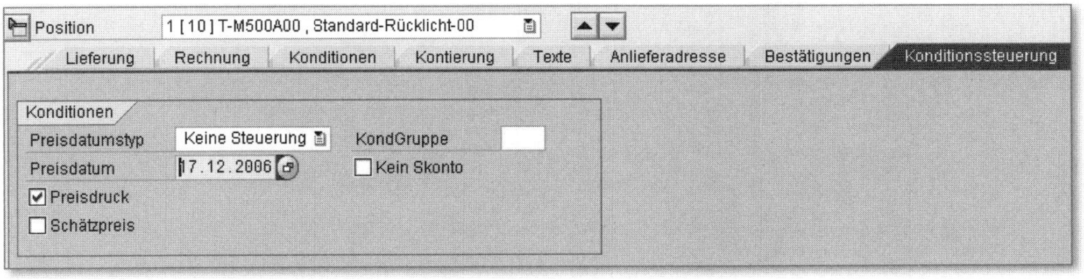

Abbildung 4.41 Konditionssteuerung der Bestellpositionsdaten

Neue Preisfindung

Als **Preisdatumstyp** kann beispielsweise das Bestelldatum, das Lieferdatum, das Tagesdatum oder ein manuell einzugebendes Datum fungieren. Dieser Preisdatumstyp wird vorrangig aus dem Einkaufsinfosatz (Einkaufsorganisations- oder Werksdaten) oder dem Lieferantenstammsatz (Einkaufsdaten) vorgeschlagen. Wenn Sie den Preisdatumstyp ändern, so müssen Sie auf der Registerkarte **Konditionen** der Bestellpositionsdaten über die Drucktaste **Preise aktualisieren** eine neue Preisfindung mit der Preisfindungsart B oder C (C nur sofern die Kondition nicht manuell in die Bestellposition eingetragen wurde) durchführen (siehe Abbildung 4.42).

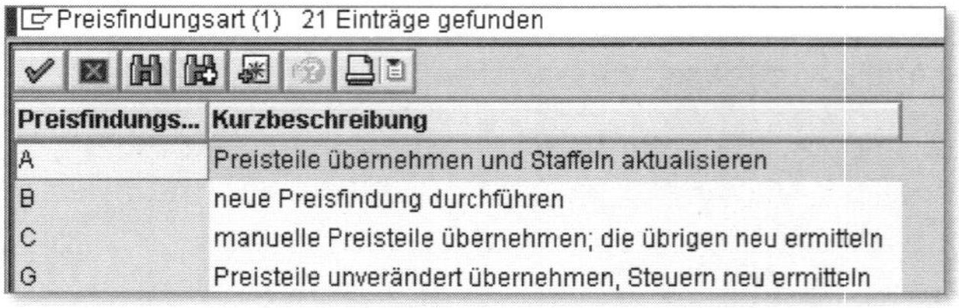

Abbildung 4.42 Preisfindungsarten

Bildbereiche des Protokolls zur Preisfindungsanalyse

Mit der Drucktaste **Analyse (Protokoll der Preisfindung)** können Sie sich eine Analyse der Preisfindung anzeigen lassen. Auf der linken Bildseite finden Sie die Ebenen Kalkulationsschema, Konditionsart, Konditionszugriff und Konditionssatz. Auf der rechten Bildseite finden Sie Details zu der im Übersichtsbaum positionierten Ebene (siehe Abbildung 4.43).

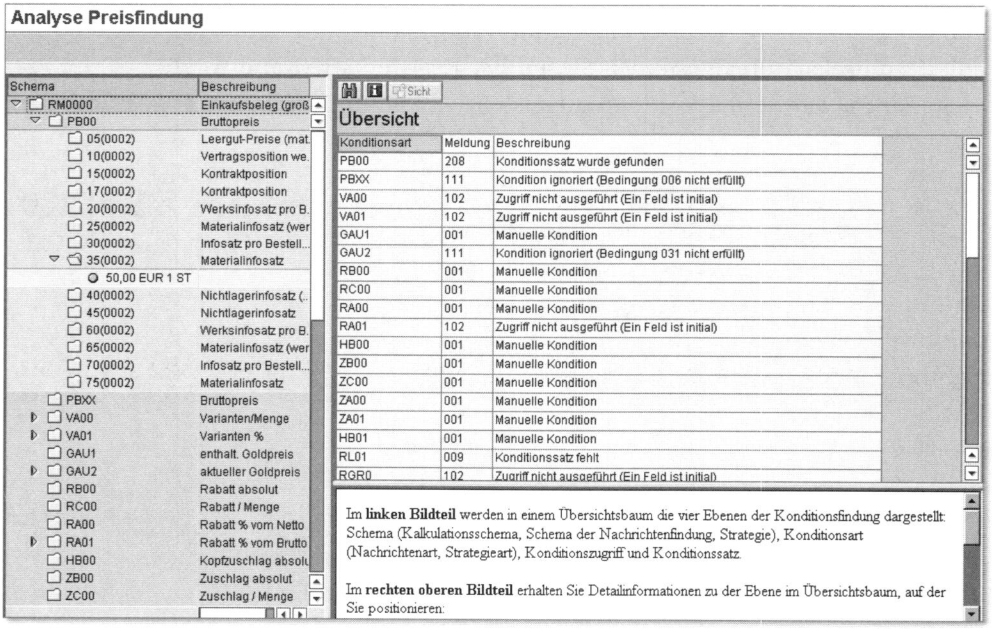

Abbildung 4.43 Analyse der Preisfindung

Bestellmengeneinheit und Bestellpreismengeneinheit

Bei der Materialbestellung kann die Bestellmengeneinheit (BME, z.B. Stück) von der Bestellpreismengeneinheit (BPME, z.B. Kilo) abweichen. Die abweichende Bestellpreismengeneinheit können Sie manuell in der Positionsübersicht eingeben. Die Umrechnung zwischen Bestellmengeneinheit und Bestellpreismengeneinheit (zum

Beispiel 1 Stück = 3 Kilogramm) pflegen Sie in den Positionsdetaildaten auf der Registerkarte **Mengen/Gewichte**. Sofern für das Material ein Materialstammsatz vorhanden ist und Mengeneinheiten und Umrechnungsfaktoren in den Zusatzdaten des Materialstammsatzes gepflegt sind, werden diese Daten in die Bestellposition überführt. In der Standardauslieferung von SAP ERP erhalten Sie die Warnmeldung »Bitte Mengeneinheiten und Umrechnungsfaktor prüfen«.

Spätestmöglicher Wareneingang

Auf der Registerkarte **Lieferung** in den Positionsdetaildaten können Sie ein spätestmögliches Wareneingangsdatum eingeben. Bei einer Wareneingangsbuchung nach diesem spätestmöglichen Wareneingangsdatum erhalten Sie je nach Systemeinstellung die Fehler- oder Warnmeldung »Letztmögliches Lieferdatum war TT.MM.JJJJ«.

Restlaufzeit

Bei der Bestellung verderblicher Materialien können Sie auf der Registerkarte **Lieferung** in den Positionsdetaildaten eine Restlaufzeit eingeben. Die Restlaufzeit ist der Zeitraum (in Tagen, Wochen, Monaten oder Jahren), in dem die Ware bei einer Wareneingangsbuchung noch haltbar sein muss. Bei der Verbuchung des Wareneingangs werden Sie aufgefordert, ein Mindesthaltbarkeitsdatum einzugeben. Wird die Restlaufzeit unterschritten, so können Sie das Material nur in den Wareneingangssperrbestand buchen. Die Funktionalität *Prüfung auf Mindesthaltbarkeit* muss im Customizing der Bestandsführung für das Werk und die Bewegungsart eingestellt werden. Menüpfad: **SPRO • SAP Referenz-IMG • SAP Customizing Einführungsleitfaden • Materialwirtschaft • Bestandsführung und Inventur • Wareneingang • Mindesthaltbarkeitsprüfung einstellen (OMJ5)**.

4.3 Besondere Geschäftsvorfälle im Rahmen der Fremdbeschaffung

Positionstypen zur Abbildung besonderer Beschaffungsvorgänge

Die Normalabwicklung eines Bestellvorgangs sieht vor, dass infolge der Bestellung ein Wareneingang und ein Rechnungseingang verbucht werden können. Diese Vorgehensweise ist der Regelfall, solange zum Beispiel bei Verbrauchsmaterial das Kennzeichen **Wareneingang** nicht gesetzt wurde oder keine **kostenlose Lieferung** vereinbart wurde. Jedoch können auch Geschäftsfälle vereinbart werden, bei denen zum Beispiel ein Wareneingang nicht erwartet wird, weil das Material im Rahmen eines Streckengeschäfts direkt an

Ihren Kunden versendet wird. Oder SAP ERP erwartet infolge einer besonderen Bestellbelegart keinen Wareneingang, sondern nur Rechnungseingänge, weil Sie die Prozesse in der Beschaffungsabwicklung verschlanken wollen. Diese besonderen Geschäftsvorfälle im Rahmen der Beschaffung werden über Positionstypen definiert.

4.3.1 Positionstypen im Einkauf

Über Positionstypen wird gesteuert, welche Eingaben und Folgebelege SAP ERP im Rahmen der Einkaufsabwicklung erwartet. Positionstypen werden im Customizing definiert. Abbildung 4.44 zeigt exemplarische Einstellungen zu diesem Positionstyp.

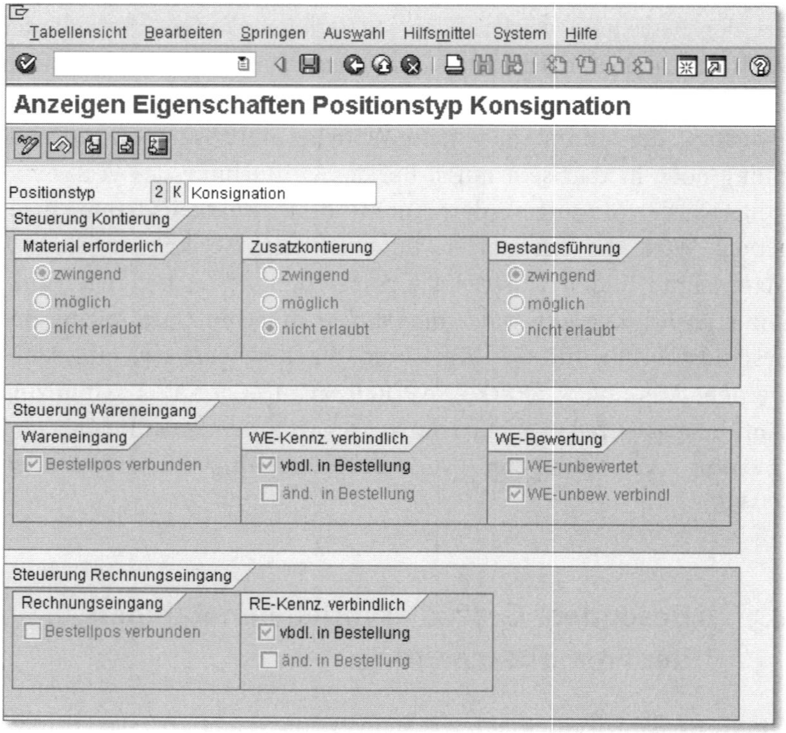

Abbildung 4.44 Eigenschaften des Positionstyps K (Konsignation)

Sie erreichen diese Einstellung im Customizing über den Menüpfad **SPRO • SAP Referenz-IMG • SAP Customizing Einführungsleitfaden • Materialwirtschaft • Einkauf • externe Darstellung der Positionstypen festlegen**.

Hinweis

Diese Tabelle ist eine SAP-Systemtabelle, in der keine Änderungen möglich sind.

Steuernde Funktionen der Positionstypen

Der Positionstyp steuert zum Beispiel:

- ob eine Materialnummer eingegeben werden muss
- ob eine Kontierung notwendig ist
- ob eine Wareneingangsbuchung möglich ist
- ob eine Rechnungseingangsbuchung möglich ist
- ob das Material im Lager geführt werden kann

Übersicht der Positionstypen

Tabelle 4.4 enthält eine Auflistung der in der Standardauslieferung von SAP ERP eingestellten Positionstypen mit wichtigen steuernden Merkmalen:

Positionstyp	Steuernde Merkmale
(Blank) Normal	▸ Wareneingang ist möglich ▸ Rechnungseingang ist möglich ▸ Kontierungstyp U (unbekannt) ist nicht möglich ▸ Materialnummer ist möglich
(B) Limit	▸ Wareneingangsbuchung ist nicht möglich ▸ Rechnungseingangsbuchung ist möglich ▸ Kontierungstyp U (unbekannt) ist möglich ▸ Angabe eines Limits in der Bestellposition ist möglich ▸ Materialnummer ist nicht möglich
(D) Dienstleistung	▸ Kontierungstyp U (unbekannt) ist möglich ▸ Leistungserfassung und Rechnungseingang sind möglich ▸ Anlegen eines Leistungsverzeichnisses unterhalb der Positionsebene ist möglich
(K) Konsignation	▸ Materialnummer ist erforderlich ▸ Kontierungen sind nicht möglich ▸ Wareneingänge werden in das Konsignationslager gebucht ▸ Rechnungseingang ist nicht möglich
(L) Lohnbearbeitung	▸ Wareneingang ist möglich ▸ Materialnummer ist möglich

Tabelle 4.4 Merkmale der Positionstypen im Einkauf

Positionstyp	Steuernde Merkmale
(U) Umlagerung	▸ Materialnummer ist erforderlich ▸ Wareneingang ist zwingend
(S) Strecke	▸ Materialnummer ist möglich ▸ Wareneingang ist möglich (aber nicht üblich) ▸ Rechnungseingang ist zwingend (Preis von null ist möglich) ▸ Kontierung ist erforderlich

Tabelle 4.4 Merkmale der Positionstypen im Einkauf (Forts.)

4.3.2 Limitbestellung

Keine Wareneingangsbuchung bei einer Limitbestellung

Durch die Limitbestellung lässt sich eine Verschlankung des Beschaffungsprozesses erreichen. Die Limitbestellung kann zum Beispiel zur Beschaffung von geringwertigen Verbrauchsmaterialien (C-Material) genutzt werden. Im Gegensatz zu einem normalen Beschaffungsprozess wird bei der Beschaffung im Rahmen einer Limitbestellung auf die Verbuchung eines Wareneingangs oder einer Leistungserfassung sowie auf Anfragen und Rahmenverträge verzichtet. Nach der Erfassung einer Limitbestellung in SAP ERP erfolgt die Anweisung an den Lieferanten, ein bestimmtes Material zu liefern, außerhalb von SAP ERP (zum Beispiel telefonisch oder per Fax). Bei der anschließenden Rechnungserfassung prüft SAP ERP die Eingangsrechnung gegen die Laufzeit und das Positionslimit (siehe Abbildung 4.45).

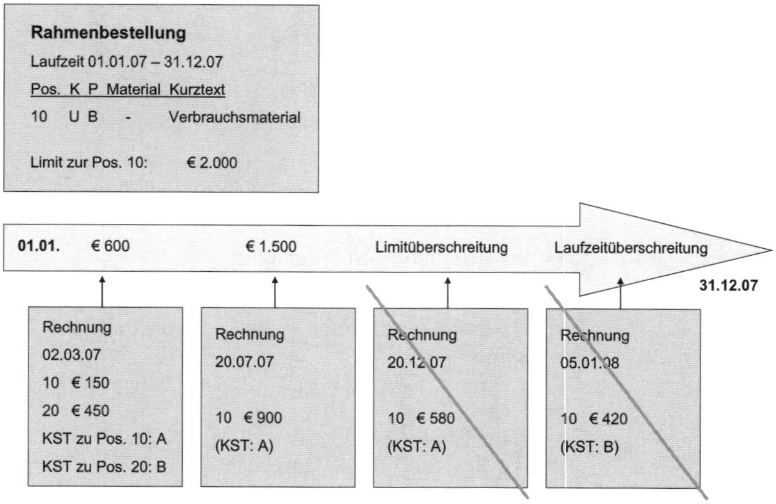

Abbildung 4.45 Rechnungserfassung zu einer Limitbestellung

Zusammenfassend lassen sich die folgenden Kennzeichen einer Limitbestellung festhalten:

Kennzeichen der Limitbestellung

- Die Belegart ist eine *Rahmenbestellung* (FO).
- Der Positionstyp ist *Limit* (B).
- Der Kontierungstyp *unbekannt* (U) ist zugelassen.
- Im Bestellkopf wird eine Laufzeit erfasst.
- In der Bestellposition wird ein Limit erfasst.
- In der Bestellposition ist eine Warengruppe angegeben.
- Eine Wareneingangsbuchung oder Leistungserfassung ist nicht möglich.
- Die Eingabe einer Materialnummer ist nicht möglich. Stattdessen werden die Materialien bzw. Dienstleistungen unter einem Oberbegriff als Kurztext angegeben. Ein Bestellpreis kann nicht eingegeben werden (siehe Abbildung 4.46).

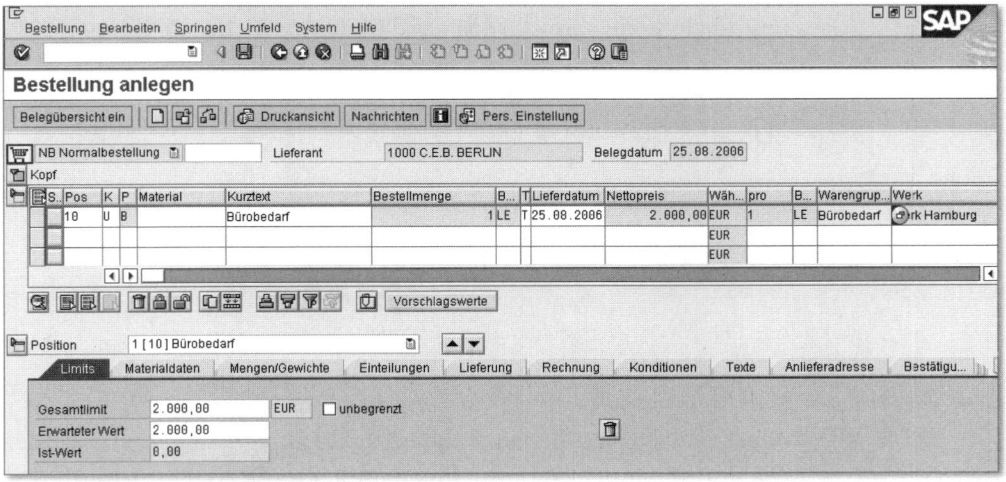

Abbildung 4.46 Limitbestellung mit der Transaktion ME21N

Rechnungserfassung zur Limitbestellung

Bei der Rechnungserfassung zur Limitbestellung schlägt SAP ERP aufgrund des fehlenden Wareneingangs keine Positionen zur Abrechnung vor. Stattdessen werden die Kontierungsdaten aus der Bestellposition in die Rechnungsprüfung überführt und können dort geändert werden. Voraussetzung ist jedoch, dass eine Änderung der Kontierung im Customizing des Kontierungstyps als zulässig eingestellt ist (siehes Abbildung 4.13 weiter oben). Haben Sie die Bestellposition mit »unbekannt (U)« kontiert, so müssen Sie die Kontierungsdaten bei der Rechnungserfassung manuell eingeben (siehe Abbildung 4.47).

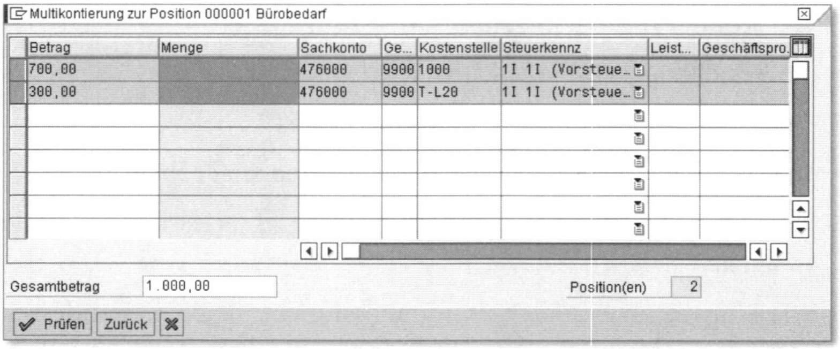

Abbildung 4.47 Multikontierung bei der Rechnungserfassung

Sofern die Eingangsrechnung das Limit oder die Laufzeit überschreitet, erhalten Sie von SAP ERP eine Meldung (siehe Abbildung 4.48).

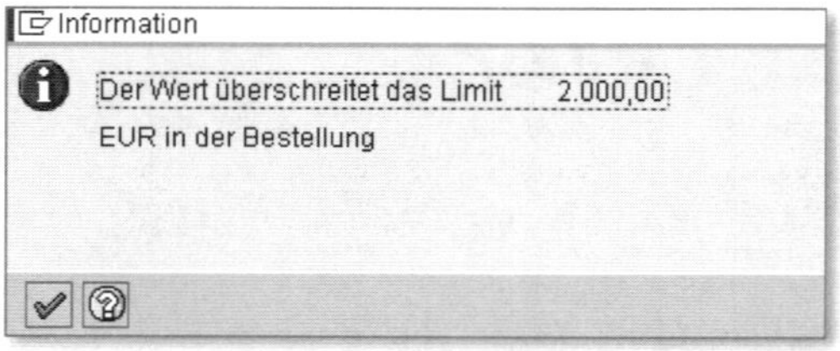

Abbildung 4.48 Warnmeldung bei Limitüberschreitung

Warn- oder Fehlermeldungen

Der Meldungstyp diese Meldung kann im Customizing als Warn- oder Fehlermeldung (auch benutzerabhängig) eingestellt werden (siehe Abbildung 4.49, Menüpfad: **SPRO • SAP Referenz-IMG • SAP Customizing Einführungsleitfaden • Materialwirtschaft • Logistik-Rechnungsprüfung • Eigenschaften der Systemmeldungen festlegen**).

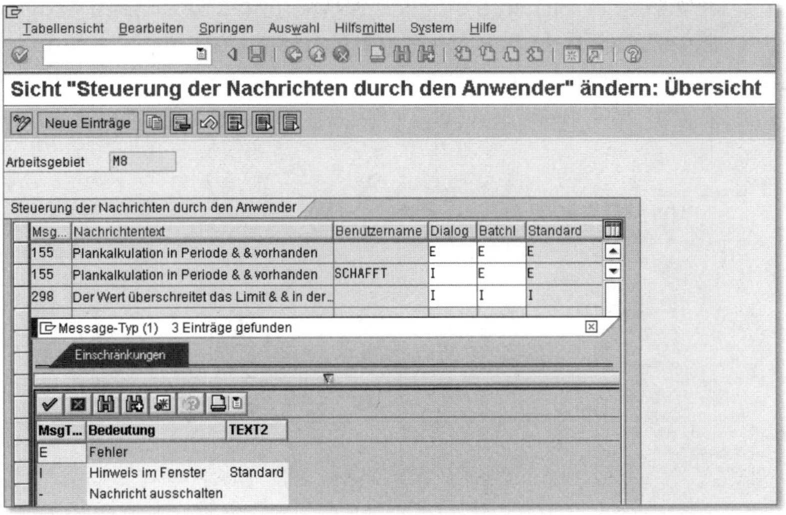

Abbildung 4.49 ERP-Customizing-Transaktion, Eigenschaften der Systemmeldungen festlegen

4.3.3 Beschaffung von Dienstleistungen

Integration mit anderen Modulen

Die Komponente Dienstleistung innerhalb der Materialwirtschaft unterstützt den gesamten Ablauf der Dienstleistungsbeschaffung von der Erstellung von Ausschreibungen, dem Angebotspreisvergleich und der Lieferantenauswahl über die Bestellabwicklung und -überwachung bis zur Leistungserfassung und -abnahme sowie der abschließenden Rechnungsprüfung. Durch die Integration mit den SAP ERP-Modulen Instandhaltung, Kundenservice und Projektsystem können Bestellanforderungen für Dienstleistungen zum Beispiel im Rahmen von Instandhaltungsmaßnahmen oder Projekten erstellt und an den Einkauf weitergeleitet werden. Zur Vereinfachung der Dienstleistungsbeschaffung stehen verschiedene Stammdaten zur Verfügung.

Stammdaten für die Dienstleistungsabwicklung

Einbildtransaktion zur Pflege des Dienstleistungsstamm

Dienstleistungsstammsätze beschreiben eine Dienstleistung und dienen als Datenquelle für die Erstellung von Leistungsverzeichnissen (siehe Abbildung 4.40). Die Einbildtransaktion zum Anlegen, Ändern und Anzeigen eines Dienstleistungsstammsatzes (Transaktionscode AC03) erreichen Sie über den Menüpfad **SAP Menü • Logistik • Materialwirtschaft • Leistungsstamm • Leistung • Leistungsstamm**.

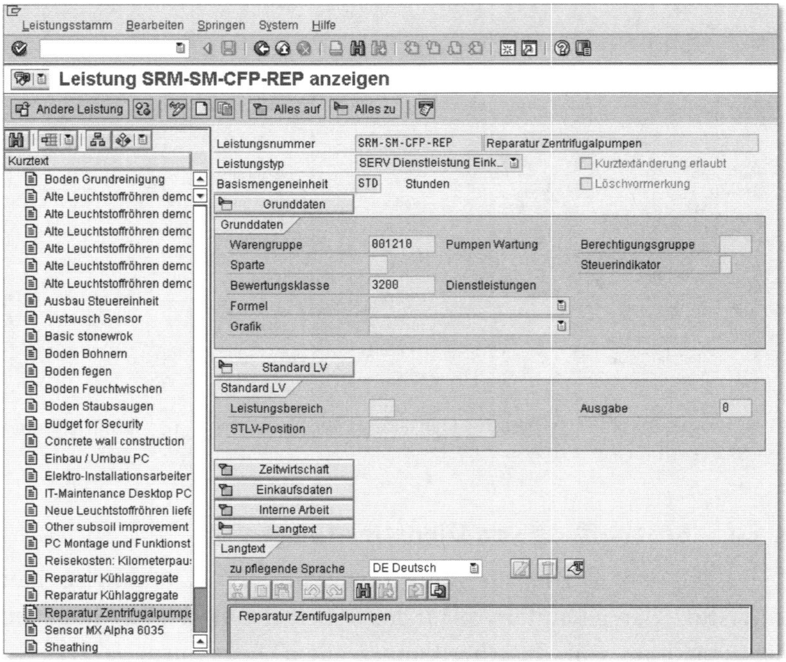

Abbildung 4.50 Dienstleistungsstammsatz

Standardleistungsverzeichnis

Standardleistungsverzeichnisse enthalten Standardtextbausteine mit normierten Leistungsbeschreibungen. Standardleistungsverzeichnisse unterstützen Sie bei der Anlage von Dienstleistungsstammsätzen oder bei der Erstellung von Leistungsverzeichnissen. Standardleistungsverzeichnisse enthalten u.a. Textbausteinnummern sowie Kurz- und Langtexte (siehe Abbildung 4.51). Sie erreichen die Transaktionen zu Standardleistungsverzeichnissen über den Menüpfad **SAP Menü • Logistik • Materialwirtschaft • Leistungsstamm • Standard-LV**.

Musterleistungsverzeichnis

Musterleistungsverzeichnisse dienen als Vorlage für die Erstellung von Leistungsverzeichnissen. Musterleistungsverzeichnisse enthalten Dienstleistungen mit Texten sowie Mengen- und Preisangaben (siehe Abbildung 4.52). Sie erreichen die Transaktionen zu Musterleistungsverzeichnissen über den Menüpfad **SAP Menü • Logistik • Materialwirtschaft • Leistungsstamm • Musterleistungsverzeichnis**.

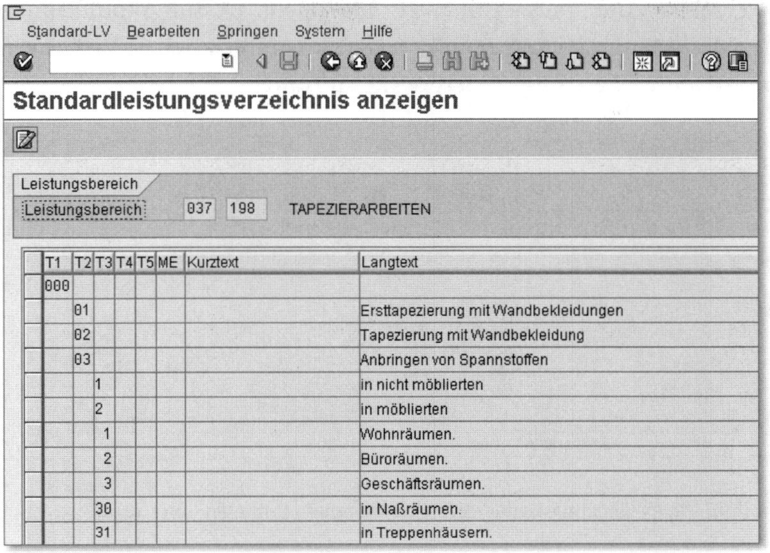

Abbildung 4.51 Standardleistungsverzeichnis

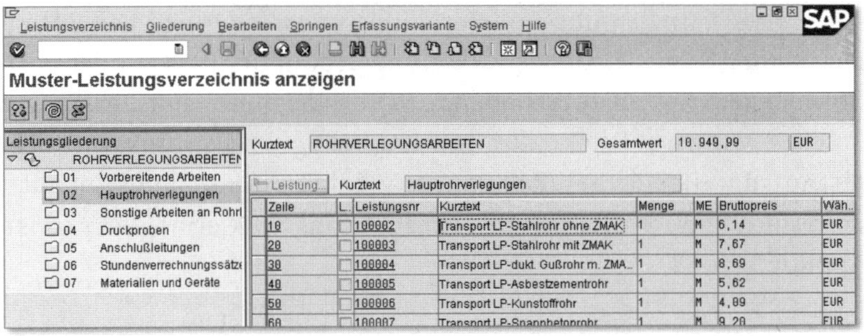

Abbildung 4.52 Musterleistungsverzeichnis

Leistungsstammkonditionen

Leistungsstammkonditionen enthalten langfristig gültige Konditionen für Dienstleistungen. Leistungsstammkonditionen können Gültigkeitszeiträume, Staffeln und Zusatzkonditionen enthalten. Im Rahmen der Preisfindung werden diese Konditionen in Einkaufsbelege überführt. Leistungsstammkonditionen können auf verschiedenen Ebenen hinterlegt werden:

- auf Leistungsebene
- auf Leistungs- und Lieferantenebene
- auf Leistungs-, Lieferanten- und Werksebene (siehe Abbildung 4.53)

Sie erreichen die Transaktionen zur Pflege von Leistungskonditionen über den Menüpfad **SAP Menü • Logistik • Materialwirtschaft • Leistungsstamm • Leistung • Leistungskonditionen**.

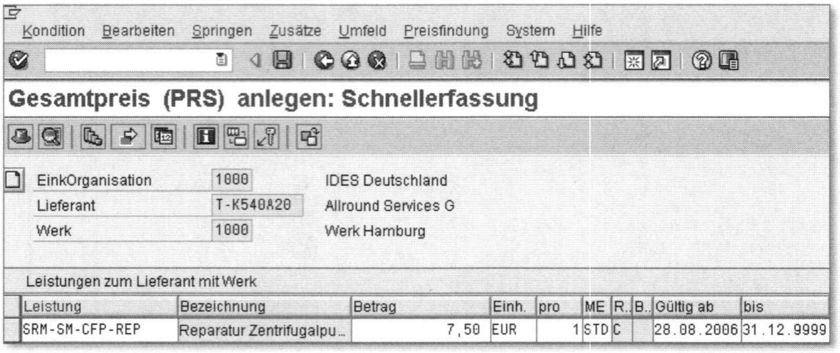

Abbildung 4.53 Leistungskondition zum Lieferanten mit Werk hinzufügen

Die Beschaffungsabwicklung für Dienstleistungen

Leistungsverzeichnis

Zum Zeitpunkt der Bedarfsfeststellung kann eine Bestellanforderung, eine Anfrage oder eine Bestellung erfasst werden. Die Besonderheit der Dienstleistungsbeschaffung liegt darin, dass auf der Positionsebene die zu beschaffende Dienstleistung nur allgemein beschrieben wird. Die Konkretisierung erfolgt im Leistungsverzeichnis auf der Ebene des Positionsdetailbildes. Diese Funktionalität wird durch den Positionstyp »Dienstleistung (D)« ermöglicht (siehe Abbildung 4.54).

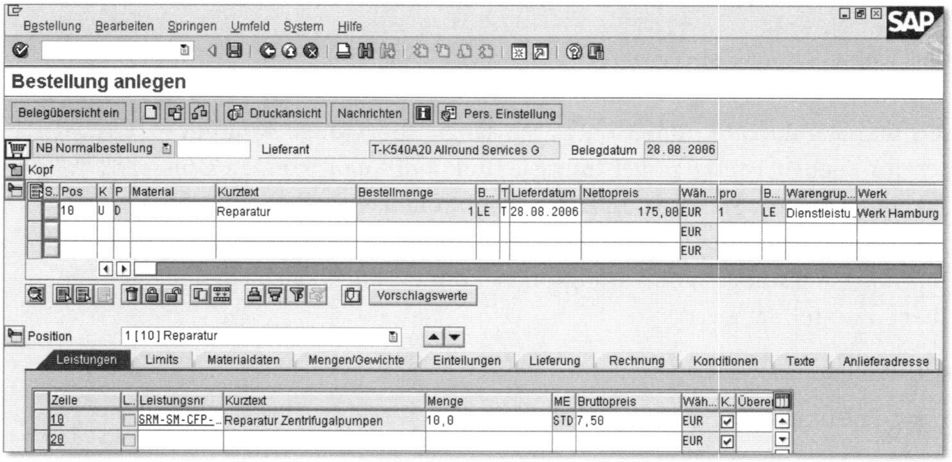

Abbildung 4.54 Normalbestellung mit Positionstyp D

Leistungszeilen

Das Leistungsverzeichnis besteht aus Leistungsstammsätzen oder Kurztexten mit einer beliebigen Anzahl hierarchisch strukturierter Leistungszeilen. Sie können auf diese Leistungsspezifikation ganz oder teilweise verzichten und stattdessen ein Wertelimit für ungeplante Leistungen erfassen (siehe Abbildung 4.55).

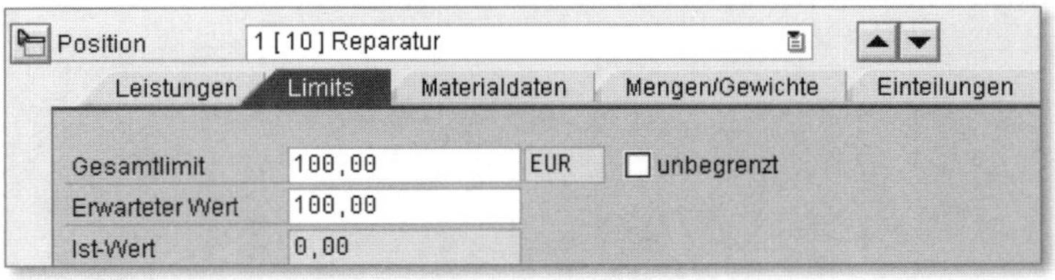

Abbildung 4.55 Wertelimit für ungeplante Leistungen

Unbekannte Kontierung

Eine Dienstleistungsposition wird generell kontiert. Eine unbekannte Kontierung (Kontierungstyp »U«) ist für Dienstleistungsbestellpositionen zugelassen.

Die vom Dienstleister erbrachten geplanten und/oder ungeplanten Leistungen werden anschließend in einem Leistungserfassungsblatt aufgenommen. Die Einbildtransaktion zur Leistungserfassung erreichen Sie über den Menüpfad **SAP Menü • Logistik • Materialwirtschaft • Leistungserfassung • Pflegen**. Beim Einstieg in die Funktion Leistungserfassung gelangen Sie zunächst in den Anzeigemodus. Indem Sie die Drucktaste **Andere Bestellung** betätigen, nehmen Sie zunächst Bezug auf die Bestellung. Anschließend können Sie mit der Drucktaste **Anlegen** den Erfassungsprozess beginnen. Die Leistungen können manuell erfasst werden oder über die Drucktaste **Leistungsselektion** aus der Bestellung oder einem Musterleistungsverzeichnis selektiert werden. Zum Zeitpunkt der Leistungserfassung müssen Sie auch eine Kontierung vornehmen (siehe Abbildung 4.56).

Leistungserfassung

Im Gegensatz zur Verbuchung eines Wareneingangs von Lagermaterialien oder bewerteten Verbrauchsmaterialien erfolgt mit dem Sichern des Leistungserfassungsblatts noch keine Fortschreibung von Daten in die Finanzbuchhaltung oder das Controlling. Diese Fortschreibung in das Rechnungswesen erfolgt erst über die Drucktaste **Abnehmen** mit der Abnahme des Leistungserfassungsblatts.

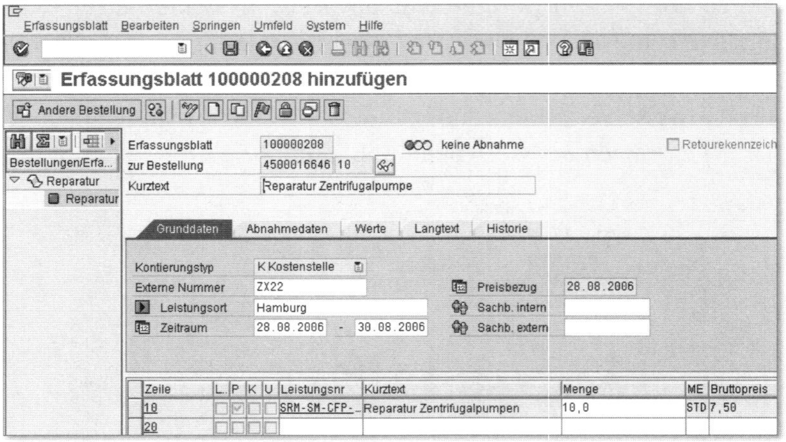

Abbildung 4.56 Leistungserfassung pflegen

Erfassung und Abnahme

Diese Abnahme kann direkt mit der Erstellung des Leistungserfassungsblatts vorgenommen werden. Sofern für die Abnahme des Leistungserfassungsblatts eine Freigabestrategie definiert wurde, muss das Leistungserfassungsblatt zunächst gesichert werden, bevor in einem zweiten Schritt die Abnahme erfolgen kann. Die Abnahme von Leistungserfassungsblättern kann auch im Sammelverfahren erfolgen. In der Bestellentwicklung zur Dienstleistungsposition werden Leistungserfassung und Leistungsabnahme gesondert dargestellt (siehe Abbildung 4.57).

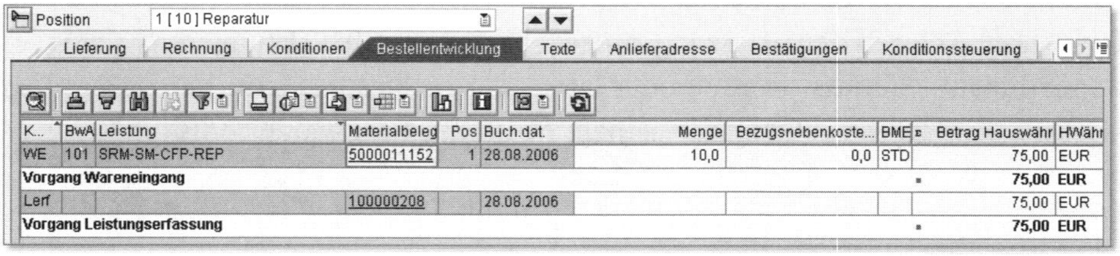

Abbildung 4.57 Bestellentwicklung der Bestellposition

Buchhaltungsbeleg zur Leistungsabnahme

Mit der Leistungsabnahme in der Dienstleistungsbeschaffung wird analog zur Wareneingangsbuchung von Lagermaterialien oder bewerteten Verbrauchsmaterialien ein Materialbeleg erzeugt. Der korrespondierende Buchhaltungsbeleg dokumentiert diesen Vorgang aus der Sicht der Finanzbuchhaltung (siehe Abbildung 4.58, SAP ERP-Transaktion MIGO, Vorgang Materialbeleg anzeigen, Drucktaste **RW-Beleg** in den Kopfdaten des Materialbelegs).

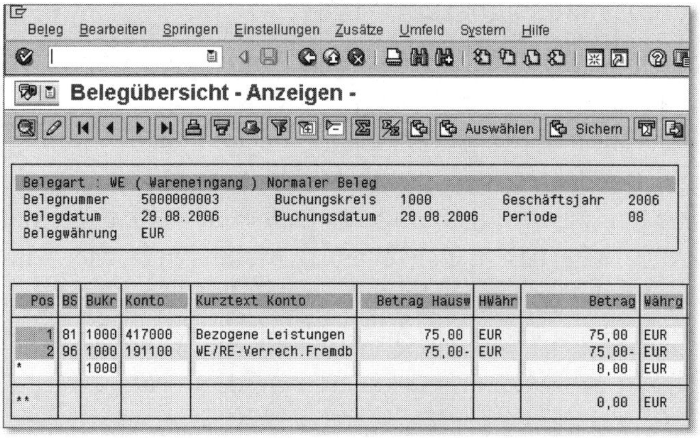

Abbildung 4.58 Buchhaltungsbeleg zum Materialbeleg

Zusammenfassung der Dienstleistungsabwicklung

Zusammenfassend lässt sich die Dienstleistungsabwicklung im Wesentlichen dadurch kennzeichnen, dass mit dem Positionstyp »Dienstleistung (D)« die Funktionalität eines Leistungsverzeichnisses für geplante Leistungen und eines Wertelimits für ungeplante Leistungen auf der Ebene der Bestelldetailposition ermöglicht wird. In der weiteren Abwicklung erfolgt zunächst die Leistungserfassung, bevor mit der Abnahme der Leistung eine Fortschreibung der Daten in das Rechnungswesen erfolgt. Die Rechnungsprüfung weist keine Abweichungen zu einem herkömmlichen Beschaffungsprozess auf (siehe Abbildung 4.59).

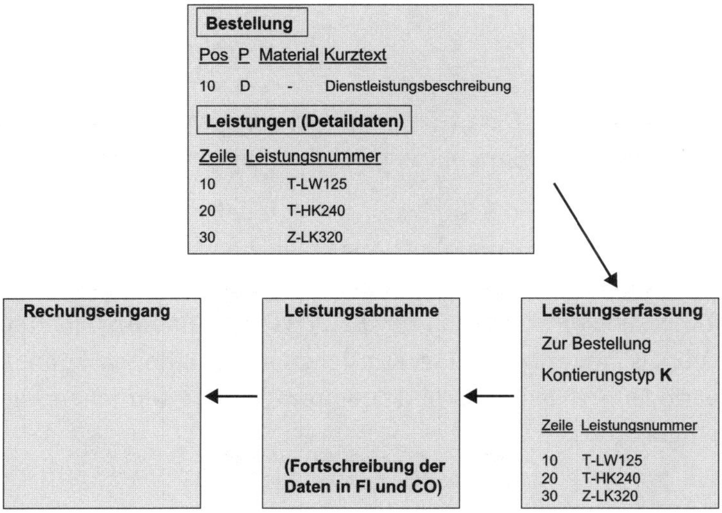

Abbildung 4.59 Zusammenfassende Darstellung der Dienstleistungsbeschaffung

4.3.4 Lieferantenkonsignation

Die Konsignationsabwicklung zählt zu den Sonderbeschaffungsformen im Modul Materialwirtschaft des SAP ERP-Systems. Bei der Lieferung des Materials und der Wareneingangsbuchung in den Konsignationsbestand des Lieferanten in ein Werk Ihres Unternehmens verbleibt das Material im Eigentum des Lieferanten. Erst mit der Umbuchung des Materials in den eigenen Bestand oder der Entnahme für die Produktion entsteht eine Verbindlichkeit gegenüber dem Lieferanten, die zu vereinbarten Terminen mit dem Lieferanten abgerechnet wird.

Unbewerteter, lieferantenbezogener Sonderbestand

Konsignationsmaterial wird somit unbewertet in einem lieferantenbezogenen Sonderbestand auf Lagerortebene geführt und erhöht den verfügbaren Bestand dieses Materials.

Zum besseren Verständnis der Abwicklung von Konsignationsmaterialbeschaffung sind einige Erläuterungen zu den beteiligten Stammdaten hilfreich.

Stammdaten für die Konsignationsmaterialbeschaffung

Materialstammsatz erforderlich

Für die Konsignationsmaterialbeschaffung ist ein Materialstammsatz erforderlich. Sofern für das zu beschaffende Material bereits ein Materialstammsatz existiert, sind keine weiteren Aktivitäten notwendig. Der existierende Materialstammsatz wird auch für die Beschaffung dieses Materials im Rahmen einer Lieferantenkonsignation verwendet.

Für den Lieferanten des Konsignationsmaterials verwenden Sie den Lieferantenstammsatz. Der Lieferantenstammsatz weist keine Besonderheiten zu einem herkömmlichen Beschaffungsprozess auf.

Konsignationsinfosatz

Vor dem Anlegen einer Bestellanforderung oder eines Einkaufsbelegs für Konsignationsmaterial benötigen Sie einen Einkaufsinfosatz vom Typ »Konsignation«. In diesem Konsignationsinfosatz werden die erforderlichen Konditionen für die Bewertung und Abrechnung des Materials hinterlegt. Diese Konsignationskonditionen können auch periodenbezogen und in Staffelform erfasst werden (siehe Abbildung 4.60).

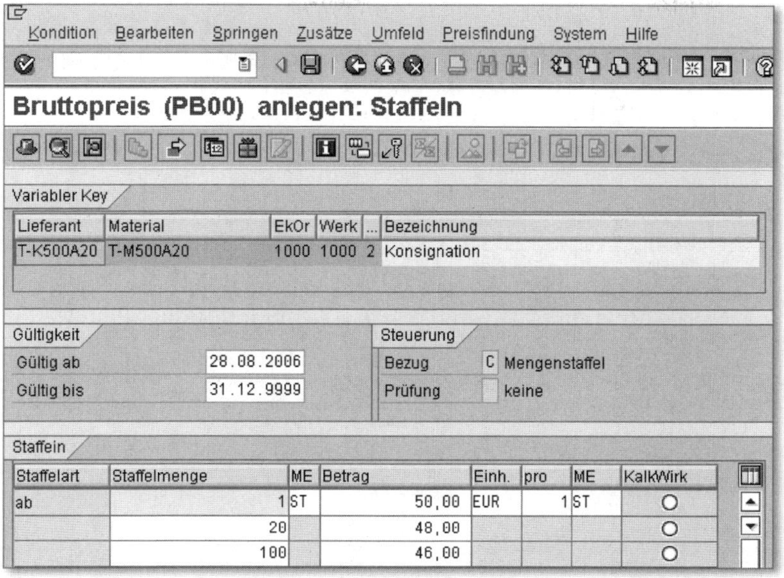

Abbildung 4.60 Konsignationsinfosatz mit Konditionsart PB00 und Mengenstaffel

Wenn Sie ein Konsignationsmaterial von mehreren Lieferanten beschaffen wollen, so ist für jeden Lieferanten ein eigener Konsignationsinfosatz erforderlich.

Die Beschaffungsabwicklung für Konsignationsmaterial

Für die Konsignationsmaterialbeschaffung können Sie Bestellanforderungen, Bestellungen und Rahmenverträge verwenden. Auch die automatische Bezugsquellenfindung (siehe Abschnitt 5.1) kann genutzt werden.

Positionstyp K

Bei der Beschaffung von Konsignationsmaterial verwenden Sie den Positionstyp »Konsignation (K)«. Dieser Positionstyp hat die folgenden Eigenschaften (siehe Abbildung 4.61). Sie erreichen diese SAP-Customizing-Transaktion über den Menüpfad **SPRO • SAP Referenz-IMG • SAP Customizing Einführungsleitfaden • Materialwirtschaft • Einkauf • Externe Darstellung der Positionstypen festlegen**.

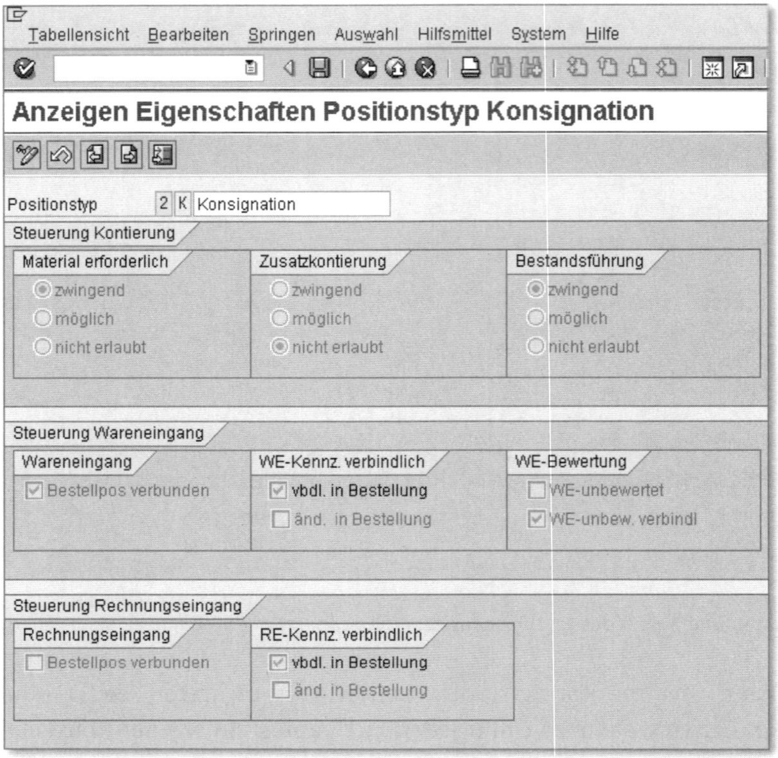

Abbildung 4.61 Eigenschaften des Positionstyps »Konsignation (K)«

Eigenschaften des Positionstyps »Konsignation (K)«

- Die Eingabe einer Materialnummer ist erforderlich.
- Eine Zusatzkontierung ist nicht möglich.
- Mit der Bestellposition ist ein unbewerteter Wareneingang in den Konsignationsbestand des Lieferanten verbunden.
- Die Erfassung einer Eingangsrechnung zu einer Konsignationsposition ist nicht möglich.
- Die Eingabe von Konditionen in der Bestellung wird unterbunden (siehe Abbildung 4.62).

Sonderbestandskennzeichen

Die Buchung des Wareneingangs erfolgt mit dem Sonderbestandskennzeichen »K« in den frei verwendbaren Bestand, den Qualitätsprüfbestand oder den gesperrten Bestand des eigenen Lagerortes. In der Transaktion **Bestandsübersicht** können Sie den lieferantenabhängigen Konsignationsbestand erkennen (siehe Abbildung 4.63).

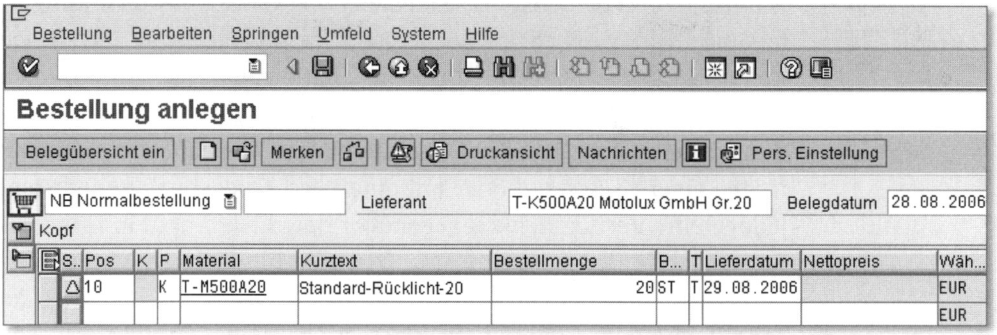

Abbildung 4.62 Normalbestellung mit Positionstyp K

Sie erreichen die SAP ERP-Transaktion MMBE über den Menüpfad **SAP Menü • Logistik • Materialwirtschaft • Bestandsführung • Umfeld • Bestand • Bestandsübersicht, Doppelklick auf die Zeile Lieferantenkonsignation.**

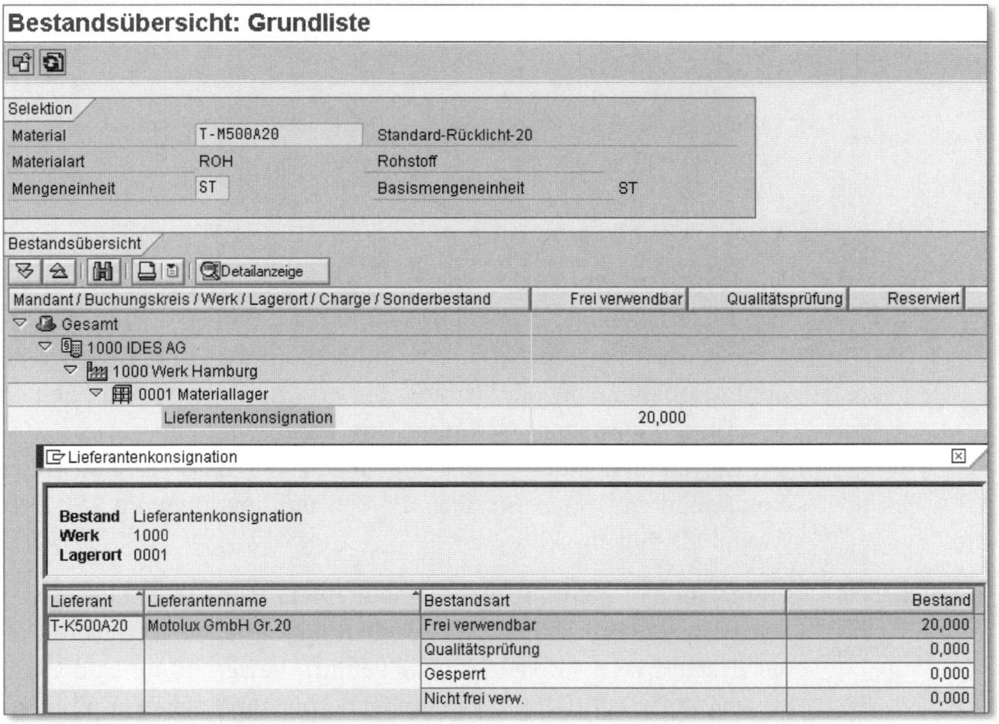

Abbildung 4.63 Bestandsübersicht mit Detailanzeige des Konsignationsbestands

Konsignationsabrechnung

Aufgrund des Positionstyps »Konsignation (K)« ist eine Rechnungserfassung nicht möglich. In der Regel wird der Lieferant auch keine Kenntnis davon haben, ob Konsignationsmaterial entnommen wurde. Somit hat der Lieferant auch keine Veranlassung, eine Rechnung zu erstellen. Mit der Umbuchung des Konsignationsmaterials in den eigenen Bestand oder mit einer Verbrauchsbuchung entsteht jedoch eine Verbindlichkeit gegenüber dem Lieferanten in Höhe des Preises im Konsignationsinfosatz. Diese Verbindlichkeit wird zu vereinbarten, regelmäßigen Zeitpunkten mit Hilfe der Transaktion MRKO mit dem Lieferanten abgerechnet (siehe Abbildung 4.64). Menüpfad: **SAP Menü • Logistik • Materialwirtschaft • Logistik-Rechnungsprüfung • Automatische Abrechnung • Konsignations- und Pipelineabrechnung**.

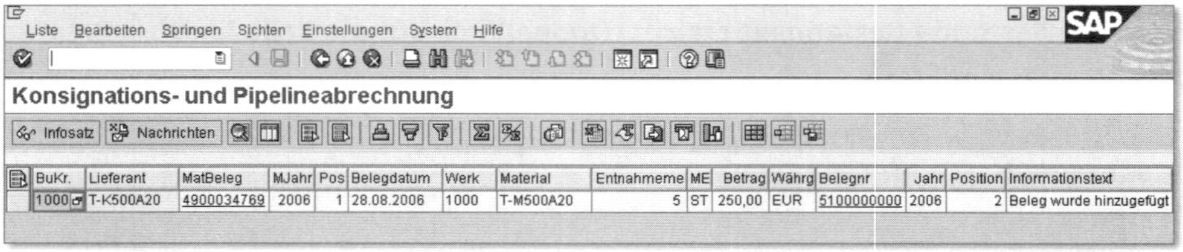

Abbildung 4.64 Ergebnis der Konsignationsabrechnung der ECC-Transaktion MRKO

4.3.5 Lohnbearbeitung

Kennzeichen der Lohnbearbeitung

Die Lohnbearbeitungsabwicklung in SAP ERP dient der Beschaffung von Materialien im Lohnauftrag und in der Lohnveredelung. Bei der Lohnbearbeitung beschaffen Sie ein Endprodukt und stellen dem Lohnbearbeiter alle oder einige der erforderlichen Komponenten bei. Diese Komponenten werden von Ihnen oder einem Geschäftspartner an den Lohnbearbeiter geliefert. Für den Versand dieser Komponenten können Sie auch die Versandfunktionen im SAP ERP-Modul SD nutzen.

Sonderbestandsart Lohnbearbeitung

Durch die Auslieferung der Komponenten an den Lohnbearbeiter wird der Sonderbestand »Lohnbearbeitungsbestand« aufgebaut. Dieser Bestand wird auf Werksebene geführt, bewertet und ist dispositiv verfügbar. Mit der Wareneingangsbuchung des Endprodukts wird automatisch der Verbrauch der Komponenten gebucht.

Nachverrechnungen

Mehr- oder Minderverbräuche von Komponenten können nachverrechnet werden. Die Verbuchung der Eingangsrechnung in der Komponente Logistik-Rechnungsprüfung bildet aus der Sicht der Materialwirtschaft den Abschluss des Beschaffungsprozesses in der Lohnbearbeitungsabwicklung. Die wesentlichen Kennzeichen der Lohnbearbeitungsabwicklung aus Einkaufssicht sind in Abbildung 4.65 dargestellt.

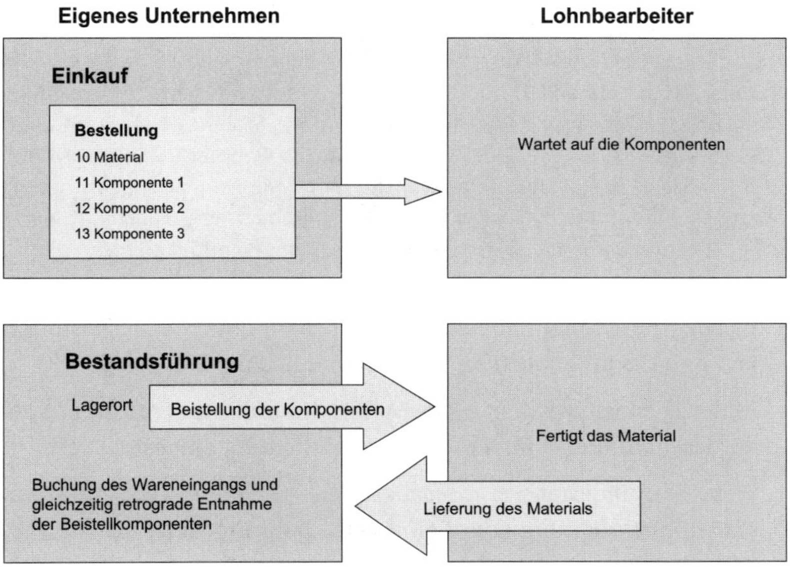

Abbildung 4.65 Lohnbearbeitung

Stücklistenauflösung für die Beistellkomponenten

Lohnbearbeitungspositionen können Sie in Bestellanforderungen, Bestellungen und Lieferplänen einsetzen. Die Beistellkomponenten können manuell eingegeben oder über eine Stücklistenauflösung erzeugt werden, sofern für das bestellte Endprodukt eine Stückliste hinterlegt ist (siehe Abbildung 4.66).

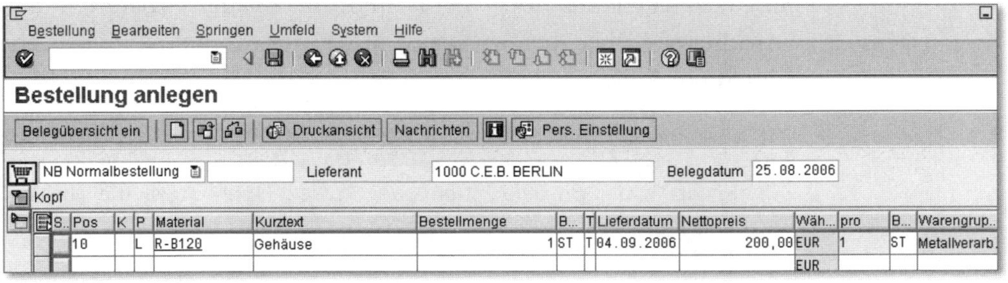

Abbildung 4.66 Normalbestellung mit Lohnbearbeiterposition

Positionstyp Lohnbearbeitung

Für die Lohnbearbeitungsabwicklung wird der Positionstyp »Lohnbearbeitung (L)« verwendet. Mit diesem Positionstyp ist die Beschaffung von Lagermaterial, Verbrauchsmaterial und Dienstleistungen möglich. Sie können für die Lohnbearbeitungsposition Konditionen eingeben und eine Kontierung vornehmen.

Hinweis

Für die manuelle Abwicklung der Lohnbearbeitung sind keine weitergehenden Stammdaten erforderlich. Um eine automatisierte Abwicklung der Lohnbearbeitung zu erreichen, können Sie SAP ERP in der Form einstellen, dass bei einem Bedarfsplanungslauf im Rahmen der Disposition automatisch Bestellanforderungspositionen mit einer zugeordneten Bezugsquelle und dem Positionstyp »Lohnbearbeitung (L)« erzeugt werden. Hierzu müssen die folgenden Voraussetzungen erfüllt sein:

Einstellungen für die Lohnbearbeitung

- Für das zu beschaffende Endprodukt muss eine Stückliste hinterlegt und die automatische Stücklistenauflösung eingestellt sein.
- In der Dispositionssicht 2 des Materialstammsatzes muss ein Sonderbeschaffungsschlüssel für Lohnbearbeitung eingestellt sein.
- Es muss mindestens eine Bezugsquelle (Rahmenvertragsposition für Lohnbearbeitung oder Lohnbearbeitungsinfosatz) für das Endprodukt existieren, und für diese Bezugsquelle muss im Orderbuch das Kennzeichen **disporelevant** gesetzt sein. Sofern mehrere Bezugsquellen existieren, muss über das Orderbuch oder über eine Quotierung (siehe Abschnitt 5.4) eine Bezugsquelle als vorrangig eingestellt sein.

Zur Spezifikation der gewünschten Lohnbearbeiterleistung können Sie einer Lohnbearbeiterposition auch Leistungsverzeichnisse für Dienstleistungen beifügen. Die Beistellkomponenten in der Bestellung erreichen Sie über die Positionsdetaildaten (Material) und anschließend über die Drucktaste **Stückliste** (Komponenten) (siehe Abbildung 4.67).

Hinweis

Wenn Sie in der Bestellposition oder in den Einteilungen die Menge manuell ändern, so werden die Mengen der Beistellkomponenten proportional geändert.

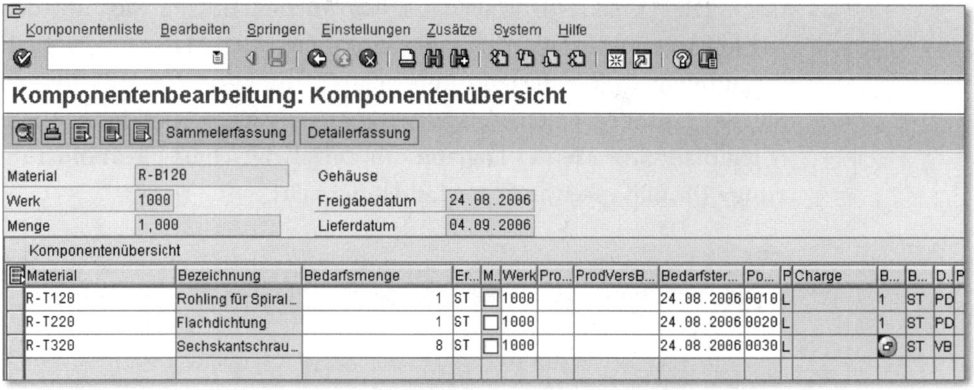

Abbildung 4.67 Komponentenübersicht in den Bestelldetaildaten

Die Verbuchung des Warenausgangs der Beistellkomponenten kann bequem über die Transaktion »Lohnbearbeiterbestände zum Lieferanten« erfolgen (siehe Abbildung 4.68). Menüpfad: **SAP Menü • Logistik • Materialwirtschaft • Einkauf • Bestellung • Auswertungen • LB-Bestände z. Lief.**

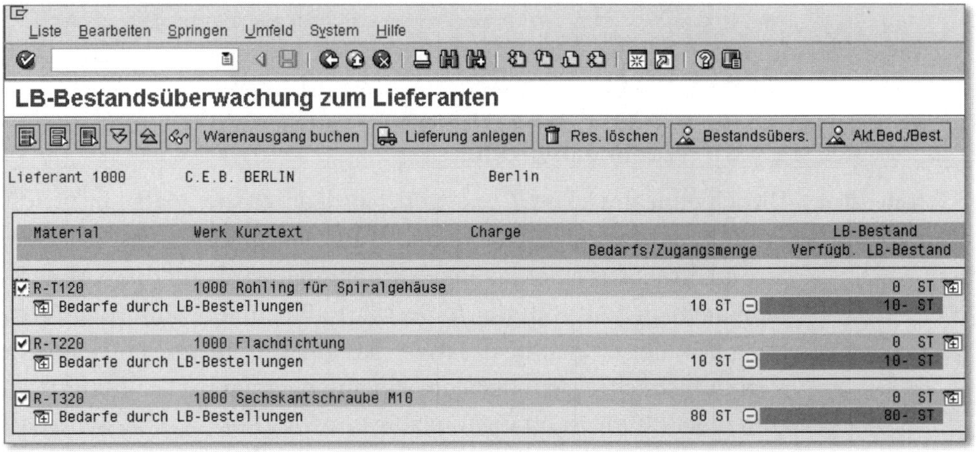

Abbildung 4.68 Lohnbearbeiterbestandsüberwachung

Versandfunktionen von SD zur Lieferung der Beistellkomponenten

In Abbildung 4.68 erkennen Sie die durch die Lohnbearbeitungsbestellposition erzeugten Bedarfe an Komponenten (zum Beispiel 10 Stück für die Komponente R-T120), den Lohnbearbeiterbestand (0 Stück) und den sich daraus ergebenden verfügbaren Lohnbearbeiterbestand (–10 Stück). Über die Drucktaste **Lieferung anlegen** erreichen Sie die Versandfunktionen des Moduls SD (Sales and Distribution). Die Drucktaste **Warenausgang buchen** nutzen Sie, um den Lohnbearbeiterbestand über die Funktionen der Materialwirtschaft aufzufüllen. In der Bestandsübersicht (Transaktion MMBE) können Sie die Lohnbearbeiterbestände erkennen (siehe Abbildung 4.69). Menüpfad: **SAP Menü • Logistik • Materialwirtschaft • Bestandsführung • Umfeld • Bestand • Bestandsübersicht**.

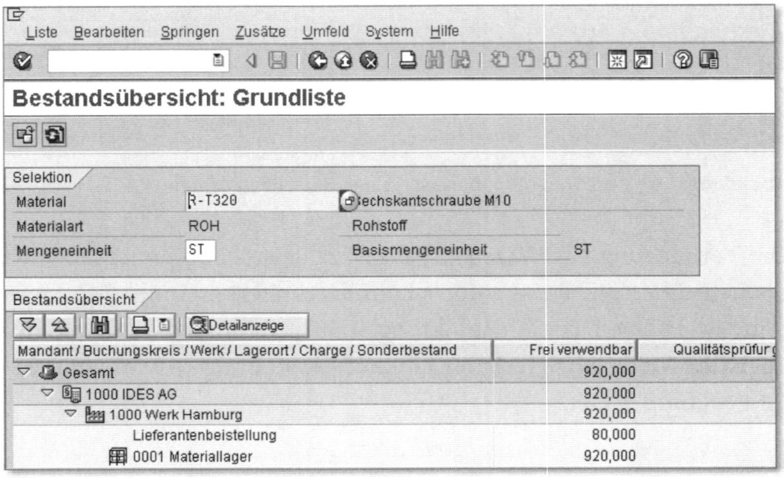

Abbildung 4.69 Bestandsübersicht mit Lieferantenbeistellbestand

4.3.6 Pipelineabwicklung

Materialart »Pipeline«

Die Pipelineabwicklung zeichnet sich dadurch aus, dass ein für die Produktion benötigtes Material (zum Beispiel Wasser, Öl oder Strom) direkt aus einer Pipeline entnommen wird. Für diese Abwicklung steht in SAP ERP die Materialart »Pipeline (PIPE)« zur Verfügung. Mit der Entnahme des Materials aus der Pipeline entsteht eine Verbindlichkeit gegenüber dem Pipelinelieferanten. Die Materialart »Pipeline (PIPE)« ist im Customizing von SAP ERP so eingestellt, dass für Materialien dieser Materialart ausschließlich Pipelinebewegungen gebucht werden können. Das bedeutet zum Beispiel, dass keine Bestandsführung erfolgt und auch keine Einkaufsbelege für Pipelinematerial möglich sind (siehe Abbildung 4.70). Menüpfad: **SPRO • SAP Referenz-IMG • SAP Customizing Einführungsleitfaden • Logistik Allgemein • Materialstamm • Grundeinstellungen • Materialarten • Eigenschaften der Materialarten festlegen**.

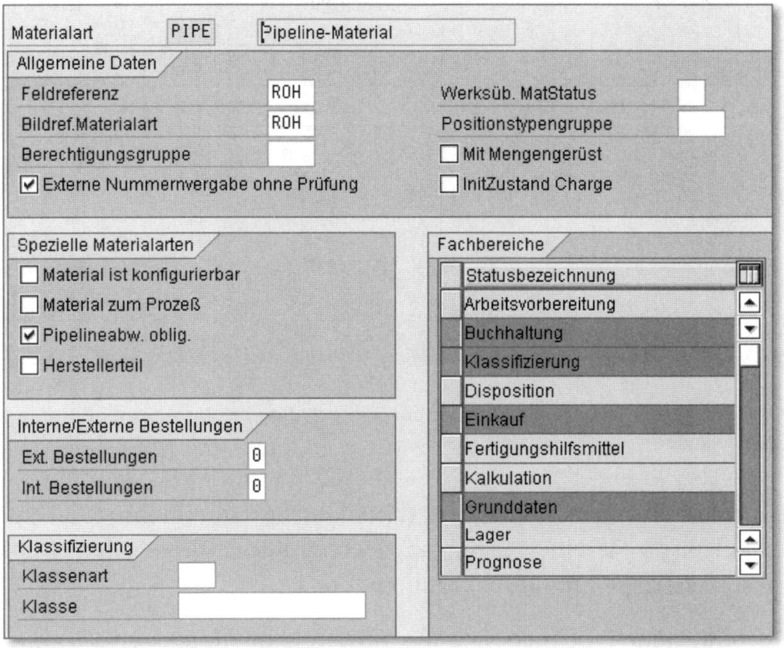

Abbildung 4.70 Customizing-Transaktion: Eigenschaften der Materialart »Pipeline« (PIPE) ändern

Kennzeichen der Pipelineabwicklung

Zusammenfassend lässt sich die Pipelineabwicklung folgendermaßen kennzeichnen:

- Da Pipelinematerial jederzeit in beliebiger Menge zur Verfügung steht, sind Beschaffungsvorgänge und Disposition nicht möglich.
- Es erfolgt keine Bestandsführung und keine Inventur.
- Pipelinebewegungen sind in allen Bewertungskreisen (Buchungskreis oder Werk) obligatorisch.
- Für Pipelinematerial muss ein Materialstammsatz mit Einkaufs- und Buchhaltungsdaten angelegt sein.

Pipelineabwicklung für andere Materialarten

Sie können für andere Materialarten (zum Beispiel für die Materialart »Rohstoff [ROH]«) im Customizing von SAP ERP einstellen, dass Pipelinebewegungen erlaubt sind (siehe Abbildung 4.71). Menüpfad: **SPRO • SAP Referenz-IMG • SAP Customizing Einführungsleitfaden • Logistik Allgemein • Materialstamm • Grundeinstellungen • Materialarten • Eigenschaften der Materialarten festlegen**.

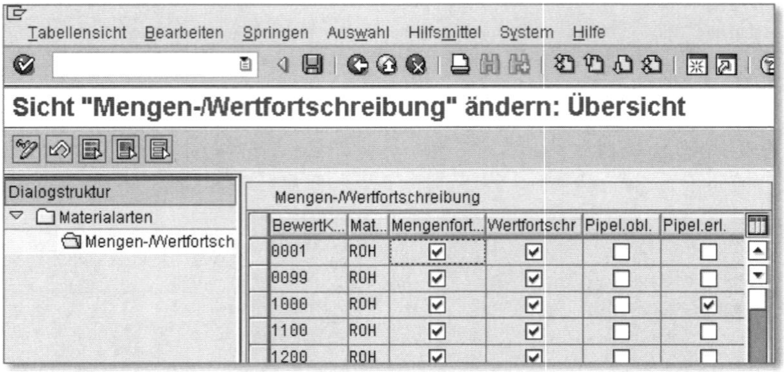

Abbildung 4.71 Customizing-Transaktion: Eigenschaften der Materialart »Rohstoff (ROH)« ändern

Für Materialien dieser Materialart können Sie dann im Einzelfall entscheiden, ob Sie eine Pipelineabwicklung durchführen oder ob Sie diese Materialien im Bestand führen.

Einkaufsinfosatz für Pipelinematerial

Bevor Sie eine Pipelinebewegung buchen können, müssen Sie einen Einkaufsinfosatz vom Infotyp »Pipeline« anlegen. Dieser Einkaufsinfosatz beinhaltet einen Pipelinematerialpreis, zu dem die Entnahmen des Pipelinematerials bei diesem Lieferanten bewertet werden (siehe Abbildung 4.72). Menüpfad: **SAP Menü • Logistik • Materialwirtschaft • Einkauf • Stammdaten • Infosatz • Anlegen.**

Wenn Sie nur einen Pipelineinfosatz angelegt haben, so wird dieser automatisch bei Warenbewegungen vorgeschlagen. Sofern mehrere Pipelineinfosätze existieren, können Sie über einen Orderbucheintrag den bevorzugten Lieferanten definieren.

Entnahme von Pipelinematerial

Die Verbuchung der Entnahme von Pipelinematerial erfolgt auf dem üblichen Weg zum Beispiel mit der Transaktion MIGO mit dem Sonderbestandskennzeichen »Pipeline (P)« (siehe Abbildung 4.73).

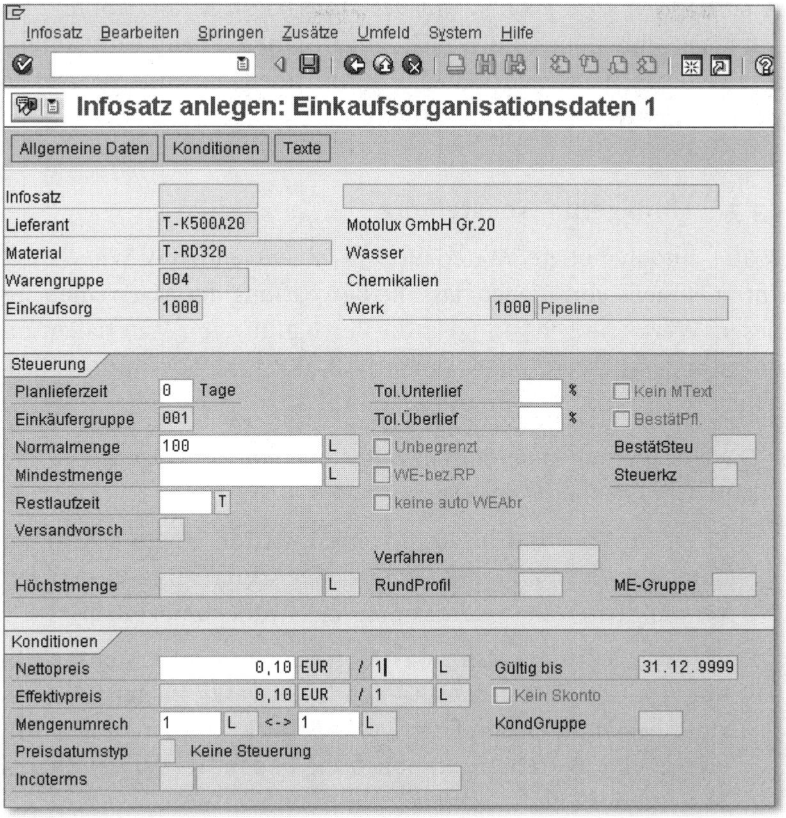

Abbildung 4.72 Einkaufsinfosatz zum Pipelinematerial

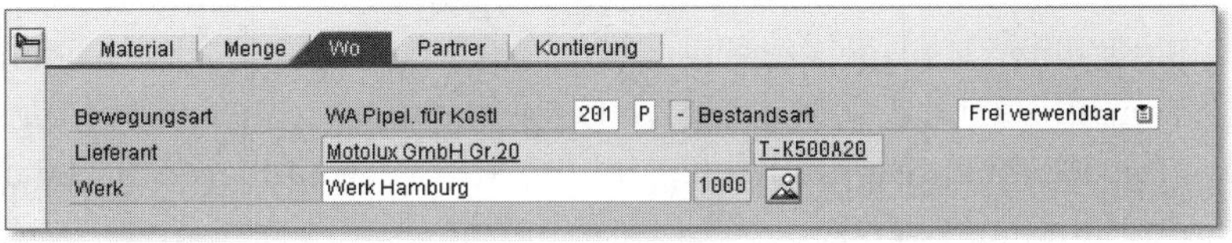

Abbildung 4.73 Positionsdetailbild eines Warenausgangs für Pipelinematerial

Verbindlichkeiten aus Pipelinematerial

Durch diesen Warenausgang entsteht im Standard von SAP ERP eine Verbindlichkeit auf dem Konto »Verbindlichkeiten aus Konsignations- und Pipelinematerial« in Höhe des Infosatzpreises für Pipelinematerial. Im Customizing von SAP ERP können Sie für die Pipelineabrechnung ein abweichendes Verbindlichkeitskonto einrichten. Analog zur Entnahme von Konsignationsmaterial (siehe Abschnitt 4.3.4) wird auch die Entnahme von Pipelinematerial in regelmäßigen

Zeitabständen abgerechnet. Mit der Transaktion MRKO können Sie sich abgerechnete und noch nicht abgerechnete Pipelineentnahmen anzeigen lassen und noch nicht abgerechnete Pipelineentnahmen abrechnen.

4.3.7 Umlagerungsbestellung

Häufig sind benötigte Materialien in einem anderen Werk Ihres Unternehmens vorrätig, so dass die Beschaffung der Materialien aus diesem Werk erfolgen kann. Für die Beschaffung von Materialien aus einem anderen Werk bietet Ihnen SAP ERP verschiedene Möglichkeiten:

Möglichkeiten der Umlagerungsbestellung

- Die Umlagerung in der Bestandsführung ohne Beteiligung des Einkaufs oder des Versands
  - in einem Schritt, d.h., das Material wird in einem Schritt aus dem frei verwendbaren Bestand des Lieferwerks in den frei verwendbaren Bestand des Empfangswerks umgebucht.
  - in zwei Schritten, d.h., das Material wird im ersten Schritt durch einen Warenausgang des Lieferwerks in den Umlagerungsbestand des Empfangswerks gebucht. Im zweiten Schritt erfolgt eine Wareneingangsbuchung in den frei verwendbaren Bestand des Empfangswerks.
- Die Umlagerung mit Umlagerungsbestellung (also mit Beteiligung des Einkaufs im Empfangswerk), aber ohne Beteiligung des Versands im Lieferwerk. Bei dieser Vorgehensweise wird auf der Basis einer Umlagerungsbestellung das Material zunächst in den Transitbestand des Empfangswerks gebucht. Anschließend erfolgt eine Wareneingangsbuchung in den frei verwendbaren Bestand des Empfangswerks.

Buchungskreisinterne Umlagerung mit Umlagerungsbestellung

- Die buchungskreisinterne Umlagerung mit Umlagerungsbestellung und mit Beteiligung des Versands im Lieferwerk. Diese Vorgehensweise hat den Vorteil, dass die Funktionalitäten der Versandkomponente (LE-SHP) genutzt werden können (zum Beispiel Kommissionierung und Lieferscheindruck):
  - in einem Schritt, d.h., mit der Wareneingangsbuchung erfolgt gleichzeitig die Verbuchung des Wareneingangs in den Bestand des Empfangswerks.

- in zwei Schritten, d.h., nach der Warenausgangsbuchung des Lieferwerks wird das Material im Transitbestand des Empfangswerks geführt, bevor mit einer Wareneingangsbuchung das Material in den Bestand des Empfangswerks gebucht wird.

Buchungskreisübergreifende Umlagerung mit Umlagerungsbestellung

- Die buchungskreisübergreifende Umlagerung mit Umlagerungsbestellung und Beteiligung des Versands und der Fakturierung im Lieferwerk. Durch die Beteiligung der Komponente Fakturierung (SD-BIL) können für die Abgabe der Materialien aus dem Lieferwerk Konditionen definiert werden.

In dieser Lektion werden beispielhaft die Funktionen und Einstellungen der buchungskreisinternen Umlagerung mit Umlagerungsbestellung im Einschrittverfahren behandelt.

Im Materialstammsatz auf der Ebene des Empfangswerks können Sie einen Sonderbeschaffungsschlüssel eintragen (siehe Abbildung 4.74).

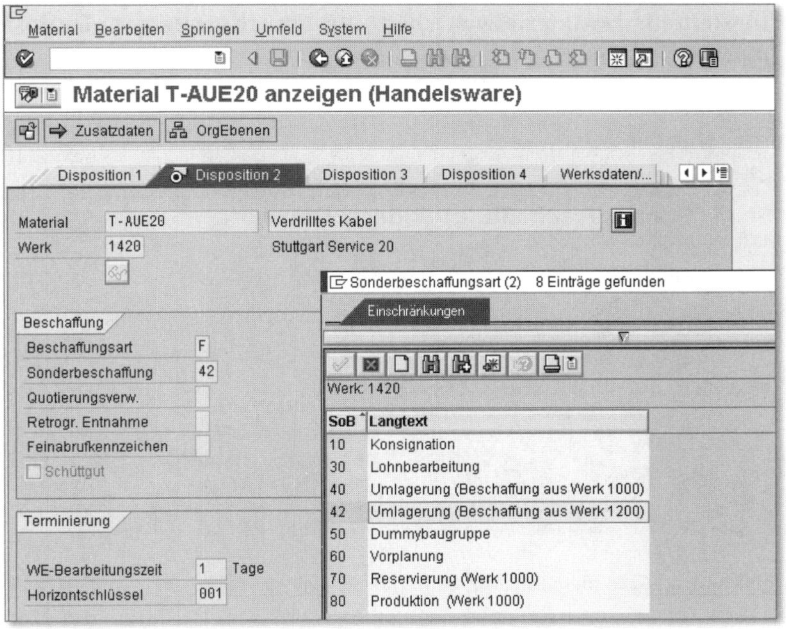

Abbildung 4.74 Sonderbeschaffungsschlüssel Materialstammsatz, Sicht »Disposition 2«

Sonderbeschaffungsschlüssel

Der Eintrag eines Sonderbeschaffungsschlüssels führt dazu, dass für Bestellanforderungspositionen, die zum Beispiel aufgrund eines Bedarfsplanungslaufs erzeugt werden, automatisch der Positionstyp

»Umlagerung (U)« und das »Lieferwerk 1200« eingestellt werden (siehe Abbildung 4.75).

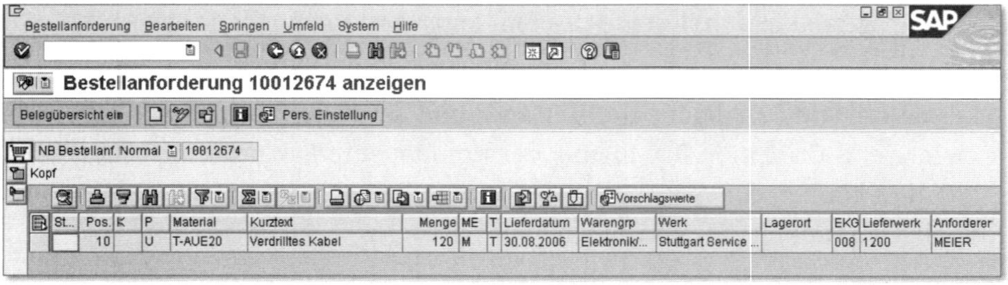

Abbildung 4.75 Bestellanforderungsposition mit Positionstyp U und Lieferwerk 1200

Sonderbeschaffungsschlüssel werden im Customizing der verbrauchsgesteuerten Disposition definiert (siehe Abbildung 4.76). Menüpfad: **SPRO • SAP Referenz-IMG • SAP Customizing Einführungsleitfaden • Materialwirtschaft • Verbrauchsgesteuerte Disposition • Stammdaten • Sonderbeschaffungsarten festlegen**.

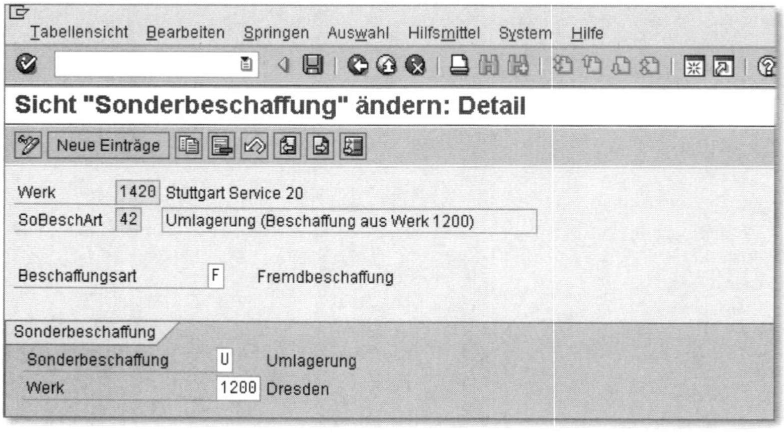

Abbildung 4.76 Sonderbeschaffungsarten festlegen

Vorbereitungen

Zur Realisierung der buchungskreisinternen Umlagerung im Einschrittverfahren mit Umlagerungsbestellung und Beteiligung des Versands müssen einige Vorbereitungen getroffen werden:

1. Aufgrund der Beteiligung der Komponente Versand muss für die Kombination aus Belegart (Umlagerungsbestellung) und Lieferwerk (1200) eine Lieferart im Customizing eingestellt werden.

Menüpfad: **SPRO • SAP Referenz-IMG • SAP Customizing Einführungsleitfaden • Materialwirtschaft • Einkauf • Bestellung • Umlagerungsbestellung einstellen • Lieferart und Prüfregel zuordnen** (siehe Abbildung 4.77).

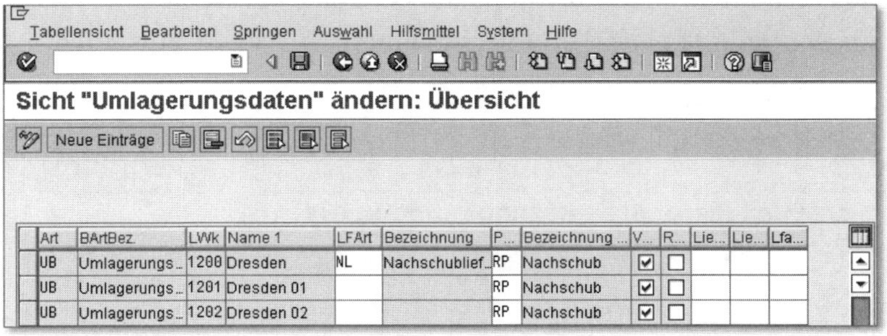

Abbildung 4.77 Lieferart NL bei Umlagerungsbestellung UB und Lieferwerk 1200

2. Die Einstellung des Einschrittverfahrens für Lieferwerk 1200 und Empfangswerk 1420 erfolgt über den Menüpfad **SPRO • SAP Customizing Einführungsleitfaden • SAP Referenz-IMG • Materialwirtschaft • Einkauf • Bestellung • Umlagerungsbestellung einstellen • Belegart, Einschrittverfahren, Unterlieferungstoleranz zuordnen** (siehe Abbildung 4.78).

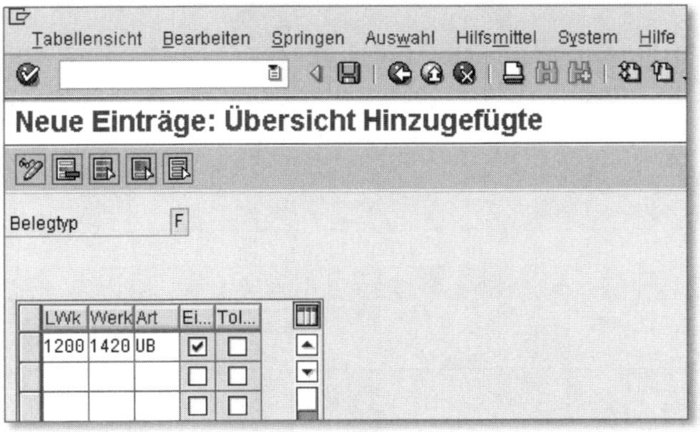

Abbildung 4.78 Einschrittverfahren für Umlagerungsbestellung und Lieferwerk 1200

Empfangendes Werk als Warenempfänger

3. Da das Empfangswerk 1420 als Warenempfänger fungiert, sind Versanddaten notwendig. Diese Versanddaten müssen in einem Kundenstammsatz für Werk 1420 hinterlegt werden (Kundenstammnummer: 14020).

4. Im Customizing muss dem Empfangswerk 1420 die im vorherigen Schritt angelegte Kundennummer (14020) zugeordnet werden (siehe Abbildung 4.79).

Menüpfad: **SPRO • SAP Referenz-IMG • SAP Customizing Einführungsleitfaden • Materialwirtschaft • Einkauf • Bestellung • Umlagerungsbestellung einstellen • Versanddaten für Werke einstellen.**

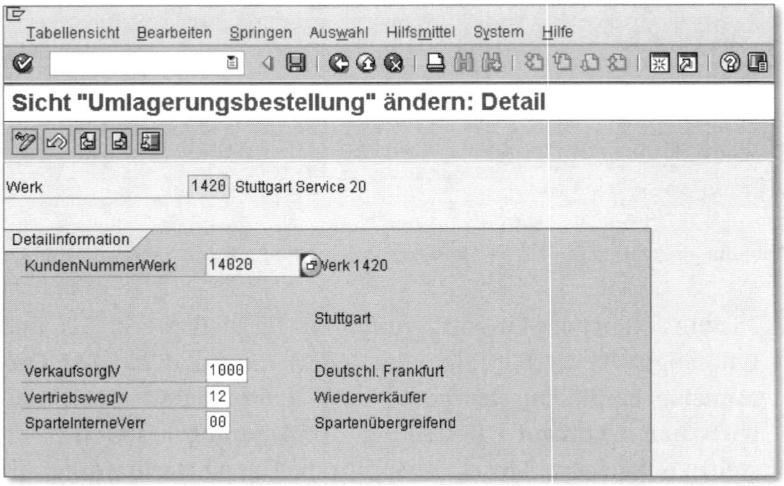

Abbildung 4.79 Customizing-Transaktion: Versanddaten für Werke einstellen

Nach diesen Vorbereitungen kann die Umlagerungsbestellung mit Positionstyp »Umlagerung (U)« angelegt werden (siehe Abb. 4.80).

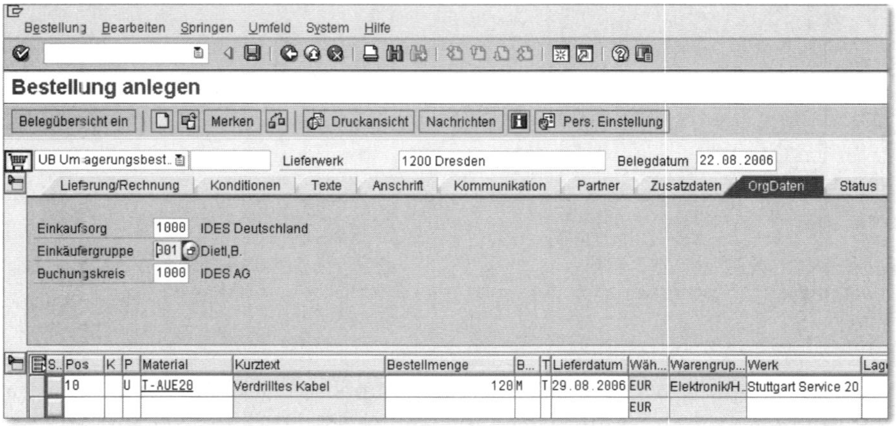

Abbildung 4.80 Bestellung mit Belegart »Umlagerungsbestellung«, Transaktion ME21N

Die Bestellposition kann auch kontiert werden, um das Material als Verbrauchsmaterial zu behandeln. Voraussetzung hierfür ist aber, dass das Material im Empfangswert nicht als unbewertetes Material behandelt wird.

Nachschublieferung

Die Anlage der Lieferung zu dieser Umlagerungsbestellung erfolgt in Form einer Nachschublieferung. Diese Nachschublieferung wird ausschließlich über die Sammelverarbeitung der Lieferungserstellung über die Transaktion VL10G angelegt.

Menüpfad: **SAP Menü • Logistik • Vertrieb • Versand und Transport • Auslieferung • Anlegen • Sammelverarbeitung versandfälliger Belege • Kundenaufträge und Bestellungen**. Als Selektionskriterien können zum Beispiel die Bestellnummer, die Versandstelle oder das Liefererstellungsdatum dienen (siehe Abbildung 4.81).

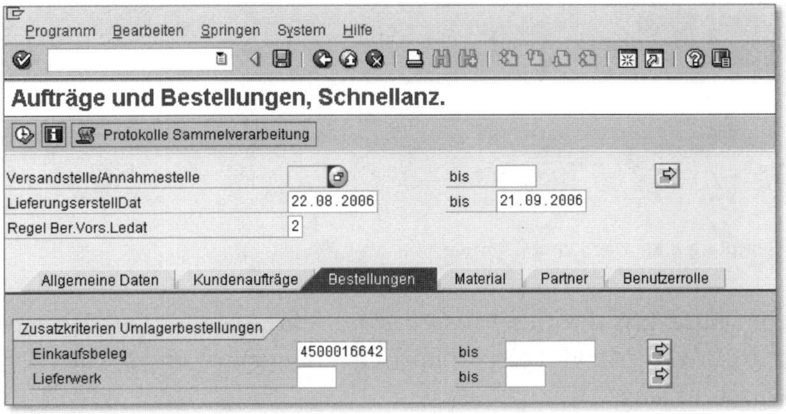

Abbildung 4.81 Transaktion VL10G, Selektionsbild zur Sammelverarbeitung versandfälliger Belege

Nach der Anzeige des Selektionsergebnisses (siehe Abbildung 4.82) kann die Nachschublieferung über die Drucktasten **Dialog** oder **Hintergrund** erzeugt werden.

Protokoll der Lieferungserstellung

Wenn Sie anschließend die Protokollanzeige der Lieferungserstellung über den Menüpfad **Bearbeiten • Protokoll** starten, den angezeigten Eintrag markieren und die Drucktaste **Belege** wählen, gelangen Sie zur Anzeige der Nachschublieferung (siehe Abbildung 4.83).

Abbildung 4.82 Transaktion VL10G, Selektionsbild zur Sammelverarbeitung versandfälliger Belege

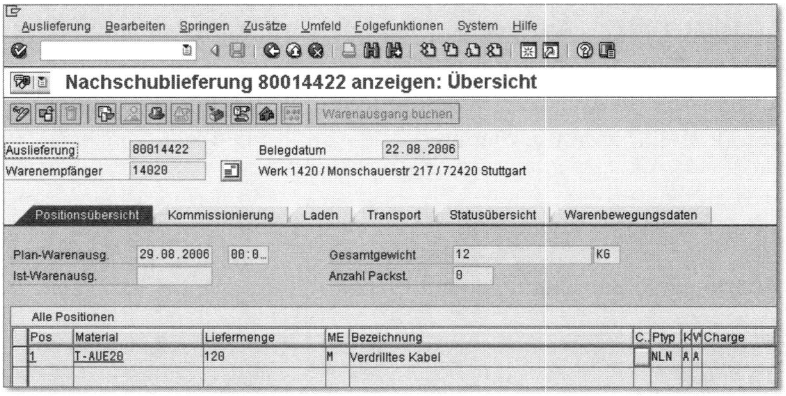

Abbildung 4.83 Nachschublieferung

Zum Abschluss des Geschäftsprozesses führen Sie im Vertriebsmodul (SD) von SAP ERP die Kommissionierung durch und buchen den Warenausgang.

Buchungskreisinterne vs. buchungskreisübergreifende Umlagerung

Hinweis

Die buchungskreisübergreifende Umlagerung mit Umlagerungsbestellung weist in Funktion und notwendigen Einstellungen einige Unterschiede zur buchungskreisinternen Umlagerung mit Umlagerungsbestellung auf.

Einige Beispiele:

- **Bewertung der Umbuchung**
  Bei der buchungskreisinternen Umlagerung wird die Umbuchung mit dem Bewertungspreis des Materials im Lieferwerk bewertet, während bei der buchungskreisübergreifenden Umlagerung die Preise aus der jeweiligen Preisfindung im Einkauf und Vertrieb stammen.

- **Belegarten und Positionstypen**
  Bei der buchungskreisinternen Umlagerung verwenden Sie die Belegart »Umlagerungsbestellung (UB)« mit dem Positionstyp »Umlagerung (U)« und geben direkt das Lieferwerk (im Beispiel 1200) ein. Bei der buchungskreisübergreifenden Umlagerung wird die Belegart »Normalbestellung (NB)« und der Positionstyp »Blank ( )« verwendet, und Sie geben einen Lieferanten ein, dem im Lieferantenstammsatz das Lieferwerk zugeordnet ist.
- **Interne Rechnung**
  Der Buchungskreis des Lieferwerks stellt dem Buchungskreis des Empfangswerks eine interne Rechnung. Der Buchungskreis des Empfangswerks bearbeitet diese interne Rechnung mit der Komponente Logistik-Rechnungsprüfung der Materialwirtschaft.

Abweichende Einstellungen im Customizing bei der buchungskreisübergreifenden Umlagerung im Gegensatz zur buchungskreisinternen Umlagerung sind:

- Zur Belegart »NB« wird die Lieferart »NLCC« eingestellt.
- Das Feld **Einschrittverfahren** wird nicht markiert.

4.3.8 Streckenbestellung

Bestellanforderung kann aus dem Kundenauftrag resultieren

Bei einer Streckenbestellung wird das Material auf der Basis eines Verkaufsvorgangs direkt an Ihren Kunden geliefert. Die Bestellanforderung wird direkt aus dem Kundenauftrag heraus erzeugt und im Einkauf mit den üblichen Instrumenten in eine Bestellung umgewandelt. Die Kontierung der Bestellanforderungsposition erfolgt auf den zugrunde liegenden Kundenauftrag mit dem Kontierungstyp »Strecke« (siehe Abbildung 4.84).

Abbildung 4.84 Kontierungsbild der Bestellanforderungsposition

Die Adresse des Warenempfängers wird automatisch aus dem Kundenauftrag in die Bestellanforderung und danach auch in die Bestellung übernommen. Verantwortlich für diese Textübernahme ist eine Customizing-Einstellung (siehe Abbildung 4.85). Menüpfad: **SPRO • SAP Referenz-IMG • SAP Customizing Einführungsleitfaden • Materialwirtschaft • Einkauf • Bestellanforderung • Texte für Bestellanforderungen • Kopierregeln festlegen**.

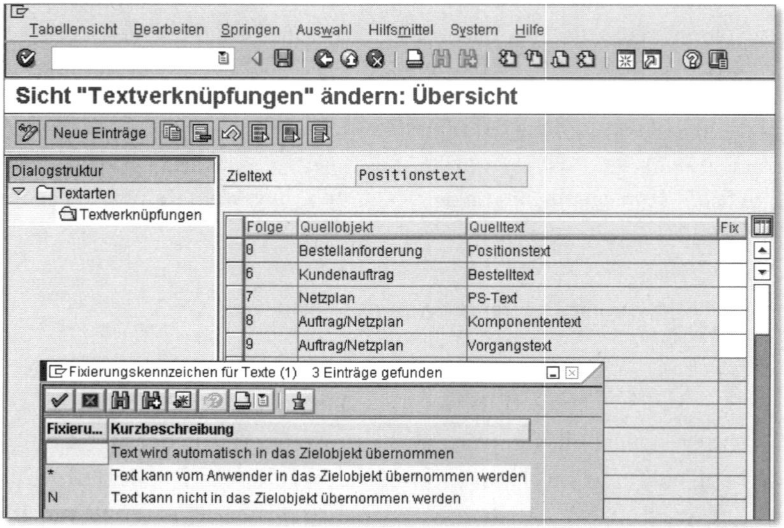

Abbildung 4.85 Textverknüpfungen in der Customizing-Transaktion »Kopierregeln festlegen«

Änderungen an den Adressdaten des Warenempfängers werden in bereits erstellte Bestellanforderungen und Bestellungen überführt.

Kontierungstyp und Positionstyp »Strecke«

Nach den Einstellungen im SAP ERP-Customizing zum Positionstyp »Strecke« ist ein Wareneingang grundsätzlich möglich. Jedoch können Sie für den Kontierungstyp »Strecke (1)« analoge Einstellungen vornehmen, die aber nicht im Widerspruch zu den Einstellungen zum Positionstyp stehen dürfen. In den Customizing-Einstellungen zum Kontierungstyp »Strecke (1)« ist ein Wareneingang nicht vorgesehen und somit auch nicht buchbar (siehe Abbildung 4.86). Menüpfad: **SPRO • SAP Referenz-IMG • SAP Customizing Einführungsleitfaden • Logistik • Materialwirtschaft • Einkauf • Kontierung • Kontierungstypen pflegen**.

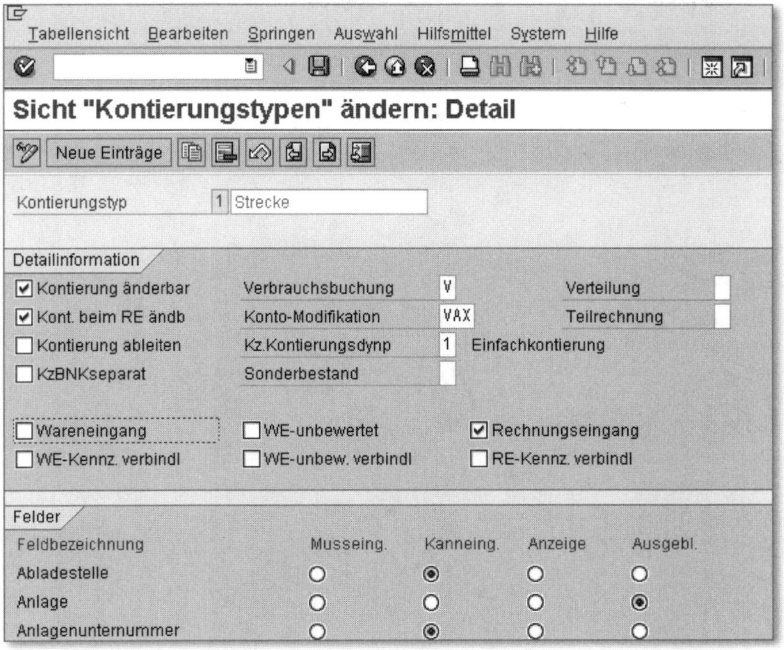

Abbildung 4.86 Einstellungen zum Kontierungstyp »Strecke (1)«

Wenn Sie dennoch einen Wareneingang buchen wollen, um den Eingang des Materials bei Ihrem Kunden zu kontrollieren, können Sie in den Detaildaten der Bestellposition auf der Registerkarte **Lieferung** oder in der Bestellanforderungsposition auf der Registerkarte **Bewertung** das Kennzeichen **Wareneingang** manuell setzen. Bei der Buchung des Wareneingangs wird der Lagerbestand nicht fortgeschrieben, und der Wareneingangswert wird direkt in den Verbrauch gebucht.

Hinweis

In der SAP-Standardauslieferung wird bei einer Streckenbestellung der Kontierungstyp »alle Nebenkontierungen (X)« gezogen. Dieser Kontierungstyp erlaubt eine Wareneingangsbuchung. Diesen Kontierungstyp findet SAP ERP über die Einstellungen im Vertriebs-Customizing zu den Einteilungstypen (siehe Abbildung 4.88). Menüpfad: **SPRO • SAP Referenz-IMG • SAP Customizing Einführungsleitfaden • Vertrieb • Verkauf • Verkaufsbelege • Einteilungen • Einteilungstypen definieren**.

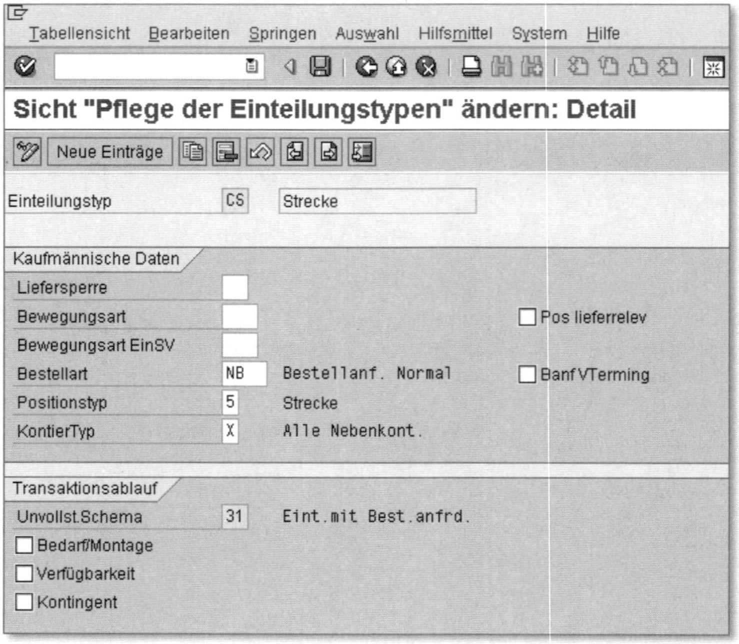

Abbildung 4.87 Einteilungstypen definieren, Customizing-Transaktion VOV6

4.3.9 Rechnungspläne

Einsatz von Rechnungsplänen

Der Einsatz der Rechnungsplanfunktionalität ist zweckmäßig für die Beschaffung von Verbrauchsmaterialien oder Dienstleistungen, bei denen Sie die Rechnungserstellung unabhängig vom Zeitpunkt des Wareneingangs oder der Leistungserfassung planen wollen. Sie warten nicht auf die Eingangsrechnung des Lieferanten, sondern lassen die Rechnungen auf der Basis der bereits in der Bestellung erfassten Daten automatisch von SAP ERP generieren. SAP ERP nutzt hierfür die Funktion *Automatische Abrechnungen* der Logistik-Rechnungsprüfung. Die Abrechnungstermine können manuell in der Bestellposition gepflegt oder über einen Vorlagerechnungsplan automatisch generiert werden. Die automatische Rechnungserstellung durch den Einsatz von Rechnungsplänen kommt für zwei verschiedene Beschaffungsvorgänge in Betracht:

- **Periodischer Rechnungsplan**
  Der periodische Rechnungsplan bietet sich für Beschaffungsvorgänge an, die zu einem gleich bleibenden, periodischen Rechnungsbetrag führen. Beispiele hierfür sind Zeitungsabonnements

oder Miet- und Leasingverträge. Bei einem periodischen Rechnungsplan wird der Gesamtbetrag der Bestellposition zu den in der Bestellung gepflegten Rechnungsterminen automatisch abgerechnet.

- **Teilrechnungsplan**
  Der Teilrechnungsplan eignet sich zur Beschaffung preisintensiver Verbrauchsmaterialien oder Dienstleistungen, die ebenfalls in Teilbeträgen automatisch abgerechnet werden sollen. Im Gegensatz zu periodischen Rechnungsplänen wird der Gesamtwert der Bestellposition auf die einzelnen Rechnungstermine aufgeteilt.

Vorgehensweise bei Rechnungsplänen

Die Vorgehensweise bei der Beschaffung mit der Rechnungsplanfunktionalität wird in den folgenden Abbildungen am Beispiel eines periodischen Rechnungsplans erörtert.

Voraussetzungen für den Einsatz von Rechnungsplänen sind:

- Im Lieferantenstammsatz muss das Kennzeichen für die automatische Wareneingangsabrechnung gesetzt sein. Dieses Kennzeichen wird in die Bestellposition überführt. Wenn dieses Kennzeichen nicht gesetzt ist, können Sie die Rechnungen nicht automatisch erzeugen.
- Mit der Bestellposition darf kein oder nur ein unbewerteter Wareneingang verbunden sein (siehe Abbildung 4.88).

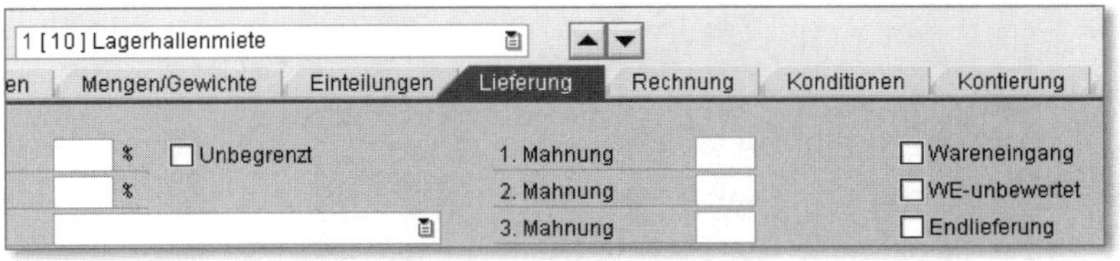

Abbildung 4.88 Detaildaten der Bestellposition, Registerkarte »Lieferung«

- Die Bestellposition muss kontiert sein. Somit eignen sich Rechnungspläne nicht für die Beschaffung von Lagermaterial.
- Für die Abrechnung von Rechnungsplänen wird die automatische Abrechnung der Logistik-Rechnungsprüfung genutzt (siehe Abbildung 4.89).
- Zudem muss das Kennzeichen **RechnEingang** gesetzt und ein Steuerkennzeichen eingegeben sein.

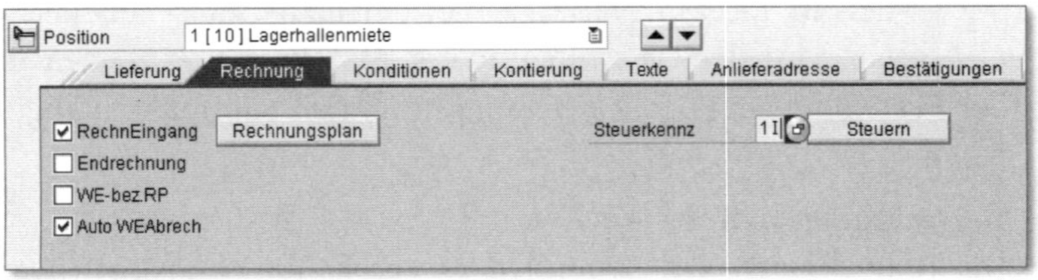

Abbildung 4.89 Detaildaten der Bestellposition, Registerkarte »Rechnung«

Belegart »Rahmenbestellung (FO)«

SAP empfiehlt zur Anlage der Bestellung die Verwendung der Belegart »Rahmenbestellung (FO)«. Dies bewirkt, dass die Eingabe einer Laufzeit im Bestellkopf notwendig ist und diese Laufzeit, bei entsprechenden Einstellungen im Customizing der Rechnungsplanart, automatisch in den Rechnungsplan übernommen wird.

Wenn Sie auf der Registerkarte **Rechnung** in den Positionsdaten der Bestellung die Drucktaste **Rechnungsplan** betätigen, können Sie aus den im Customizing eingestellten Rechnungsplanarten die gewünschte auswählen. Anschließend werden Ihnen die Rechnungstermine aufgelistet (siehe Abbildung 4.90).

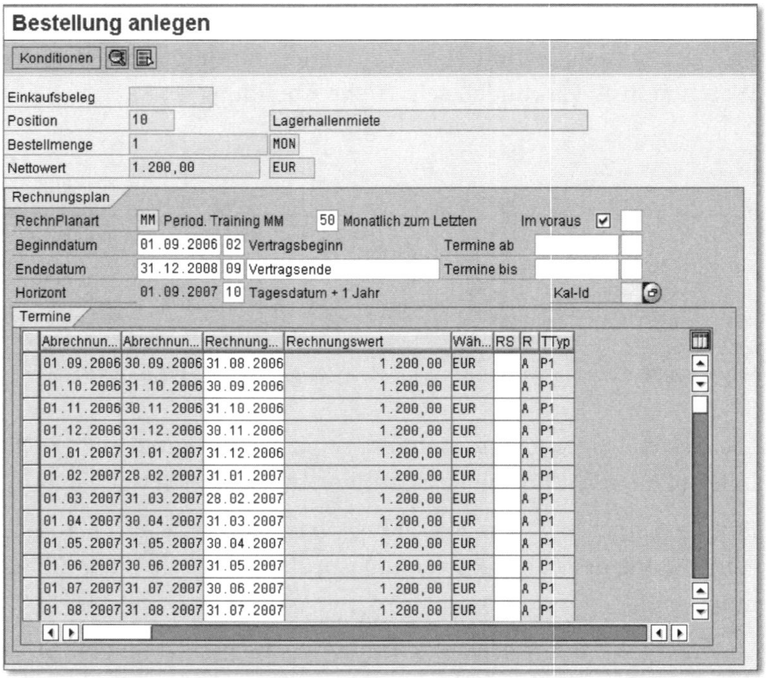

Abbildung 4.90 Rechnungstermine eines periodischen Rechnungsplans

Automatische Abrechnung des Rechnungsplans

Anschließend erfolgt die automatische Abrechnung mit der Transaktion MRIS (siehe Abbildung 4.91). Menüpfad: **SAP Menü • Logistik • Materialwirtschaft • Logistik-Rechnungsprüfung • Automatische Abrechnungen • Rechnungsplanabrechnung**.

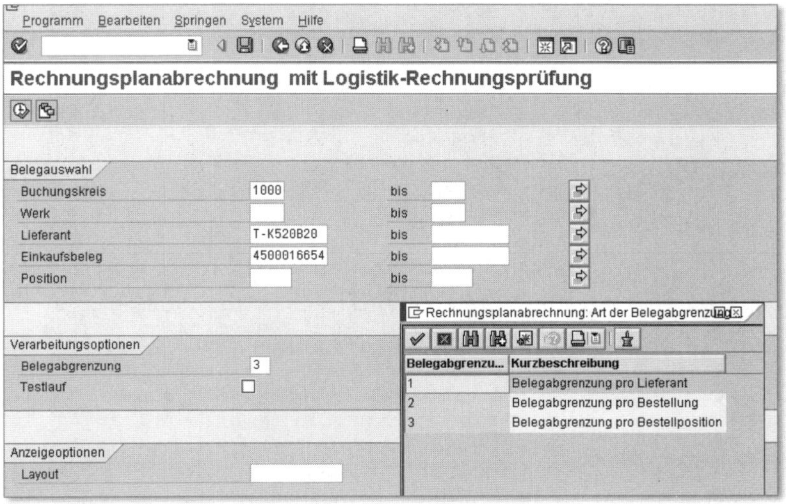

Abbildung 4.91 Einstiegsbild der Rechnungsplanabrechnung

Auf dem Selektionsbildschirm können Sie die abzurechnenden Positionen zum Beispiel werks- und lieferantenabhängig oder je Einkaufsbeleg auswählen. Über das Kennzeichen **Belegabgrenzung** steuern Sie, wie viele Rechnungsbelege erzeugt werden.

Customizing des periodischen Rechnungsplans

Im Customizing von SAP ERP können Sie Rechnungspläne definieren, die Sie als Vorlage für entsprechende Bestellungen verwenden können. Die Einstellungen finden Sie im Customizing über den Menüpfad **SPRO • SAP Referenz-IMG • SAP Customizing Einführungsleitfaden • Materialwirtschaft • Einkauf • Bestellung • Rechnungsplan • Rechnungsplanarten** (siehe Abbildung 4.92).

Customizing-Schritte

Im Customizing-Schritt **Terminbezeichnungen pflegen** werden die textlichen Bezeichnungen der Rechnungstermine gepflegt, die jedoch keine steuernden Funktionen aufweisen.

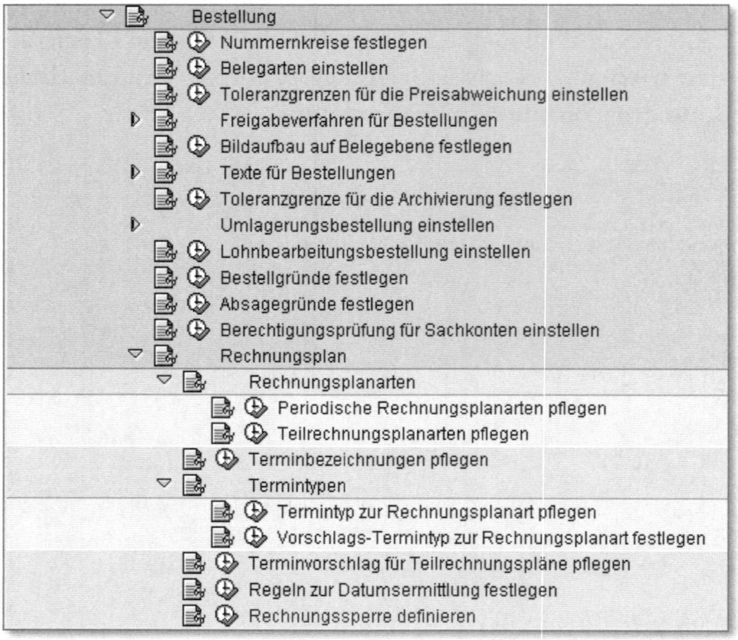

Abbildung 4.92 Menüpfad für das Customizing des Rechnungsplans

Im Customizing-Schritt **Rechnungssperre definieren** können Sie Schlüssel und Bezeichnungen für Sperrgründe hinterlegen. Sie haben diese Sperrgründe zur Auswahl, wenn Sie den Customizing-Schritt **Termintyp zur Rechnungsplanart pflegen** durchführen (siehe Abbildung 4.93).

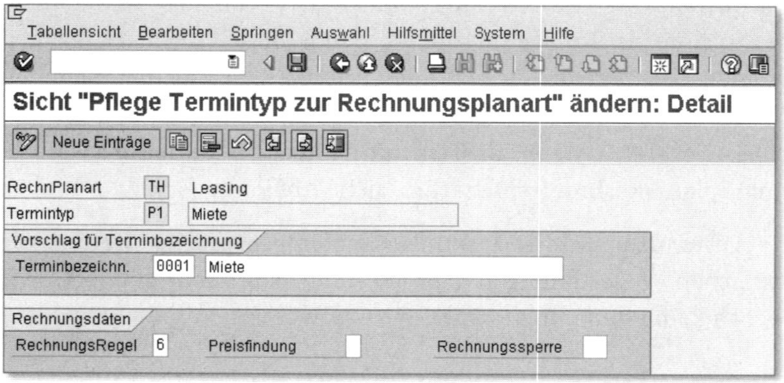

Abbildung 4.93 Customizing-Schritt »Termintyp zur Rechnungsplanart pflegen«

Termintyp

In diesem Customizing-Schritt können Sie zudem einen Termintyp zuordnen. Ein Termintyp steuert zum Beispiel, ob ein Rechnungstermin eine Rechnungssperre hat und wie der Rechnungsbetrag zu einem Rechnungstermin ermittelt werden soll. (Wird zum Beispiel pro Rechnungstermin ein bestimmter Teil des Gesamtwertes ermittelt oder besteht jeder Rechnungstermin aus dem Gesamtwert der Bestellposition?) Da Sie einer Rechnungsplanart auch mehrere Termintypen zuordnen können, müssen Sie im Customizing-Schritt **Vorschlags-Termintyp zur Rechnungsplanart festlegen** bestimmen, bei welcher Rechnungsplanart welcher Termintyp vorgeschlagen werden soll (siehe Abbildung 4.94).

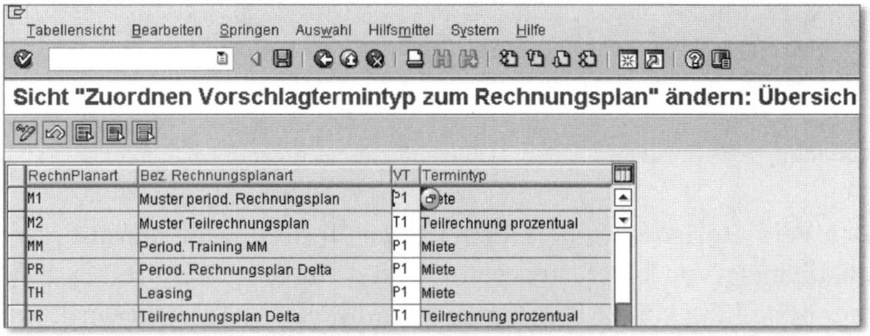

Abbildung 4.94 Customizing-Schritt: »Vorschlags-Termintyp zur Rechnungsplanart festlegen«

Die Einstellungen im Customizing-Schritt **Regeln zur Datumsermittlung festlegen** benötigt SAP ERP, um auf der Grundlage eines Basisdatums (zum Beispiel der Laufzeitbeginn eines Mietvertrags) einen Zeitraum und ein Zeitintervall für den Rechnungsplan zu erstellen und einen Vorschlag für den Rechnungstermin abzuleiten (zum Beispiel zum Monatsende).

Auf der Basis dieser Aktivitäten können Sie abschließend im Customizing-Schritt **Periodische Rechnungsplanarten pflegen** alle Steuerungsdaten Ihren Vorstellungen gemäß so gestalten, dass bei der Bestellbearbeitung der Zeitraum des Rechnungsplans mit den jeweiligen Rechnungsplanterminen ermittelt wird (siehe Abbildung 4.95).

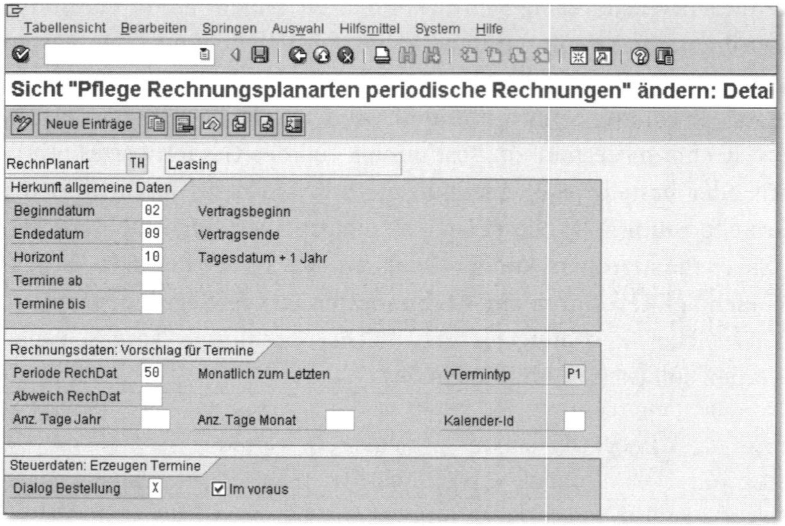

Abbildung 4.95 Customizing-Schritt »Periodische Rechnungsplanarten pflegen«

Das Feld **Horizont** steuert den letzten Rechnungsplantermin, der unabhängig von einer längeren Laufzeit im Bestellkopf einer Rahmenbestellung von SAP ERP im Rechnungsplan eingestellt wird. Mit der fortschreitenden Zeit werden die eingestellten Rechnungsplantermine bei erneuten Terminermittlungen ebenfalls in die Zukunft geschoben.

Durch die Belegung des Feldes **Dialog Bestellung** werden die Rechnungstermine in der Bestellung automatisch ermittelt. Das Ankreuzfeld **Im voraus** steuert, ob die Rechnungstermine im Voraus oder rückwirkend gelten sollen.

4.3.10 Beschaffung mit Herstellerteilenummern (HTN)

Einsatz von HTN-Material

Die Funktion *Herstellerteilenummer (HTN)* dient dazu, ein Material nach verschiedenen Herstellern zu unterscheiden. Zum Beispiel können Sie für ein Ersatzteil unterschiedliche Hersteller in SAP ERP pflegen und für dieses Material bei diesen Herstellern Herstellerteilenummern vergeben. Im Rahmen des Beschaffungsprozesses können Sie für das Ersatzteil eine Herstellerteilenummer verwenden, die zusätzlich zur firmeneigenen Materialnummer existiert. Zusätzlich können Sie Einkaufsinformationssätze für HTN-Materialien nutzen und die Bezugsquellenfindung auf die HTN-Materialien ausrichten (siehe Abschnitt 5.1). Neben dem Lieferantenstammsatz können Stammsätze für Hersteller und auch Herstellerwerke gepflegt werden. Die zur Realisierung der HTN-Abwicklung notwendigen Customizing-Einstellungen und Stammdaten sowie die Vorgehensweise bei der Verwendung von HTN-Materialien im Beschaffungsprozess werden in den folgenden Abschnitten erläutert.

Materialstammdaten und korrespondierende Customizing-Einstellungen zur HTN-Abwicklung

Bei der HTN-Abwicklung gibt es einen Materialstammsatz mit der firmeneigenen Materialnummer und gegebenenfalls weitere HTN-Materialstammsätze, sofern zum firmeneigenen Material mehrere Herstellerteilenummern existieren.

1. Fall: Zum eigenen Material existiert eine Herstellerteilenummer

Firmeneigenes Material

Sofern das Material nur von einem Hersteller bezogen werden soll, pflegen Sie die Felder **HerstellerteileNr** und **Hersteller** in der Einkaufssicht des Materialstammsatzes (siehe Abbildung 4.96).

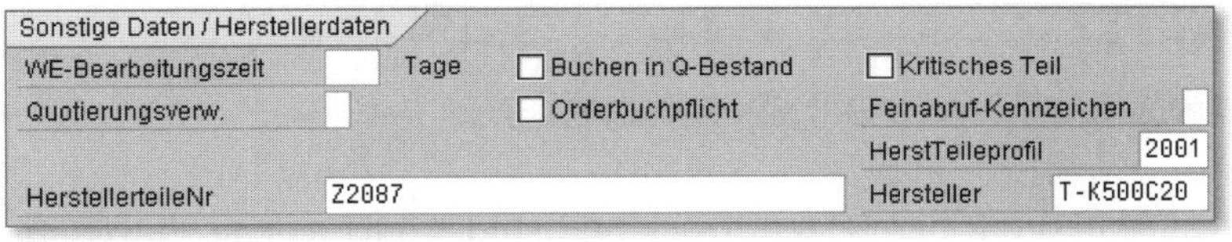

Abbildung 4.96 Einkaufssicht des firmeneigenen Materialstammsatzes

Die Herstellerteilenummer ist die Nummer, unter der dieses Material beim Hersteller oder Lieferanten geführt wird. Im Feld **Hersteller** können Sie einen Lieferanten, einen Hersteller oder ein Herstellerwerk angeben. Das Feld **HerstTeileprofil** steuert die Abwicklung mit Herstellerteilen und wird im Customizing des Einkaufs definiert.

2. Fall: Zum eigenen Material existieren mehrere Herstellerteilenummern

Materialart »Herstellerteil«

Sofern das Material von mehreren Herstellern bezogen werden kann, legen Sie für diese Herstellermaterialien HTN-Materialstammsätze mit der Materialart »Herstellerteil (HERS)« an. Auf der Einkaufssicht dieser HTN-Materialstammsätze stellen Sie über das Feld **BestGef. Material** (bestandsgeführtes Material) die Verbindung zur firmeneigenen Materialnummer her. Das Feld **HerstellerteileNr** nimmt die Nummer auf, unter der dieses Material beim Lieferanten oder Hersteller geführt wird. Im Feld **Hersteller** können Sie die Stammsatznummer eines Herstellers oder eines Herstellerwerks eingeben (siehe Abbildung 4.97).

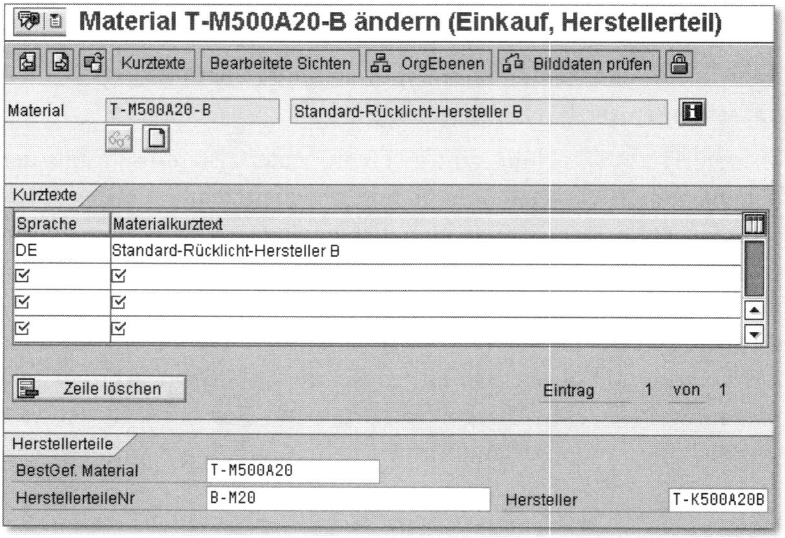

Abbildung 4.97 Einkaufssicht eines HTN-Material

Zur Abbildung der HTN-Abwicklung sind verschiedene Einstellungen im Customizing notwendig.

Customizing-Einstellungen zur HTN-AbwicklungZunächst muss die Verwendung von Herstellerteilenummern im Customizing des Bereichs **Logistik Allgemein** generell aktiviert werden. Das erfolgt mit der Transaktion OMT0 (Menüpfad: **SPRO • SAP Referenz-IMG • SAP Customizing Einführungsleitfaden • Logistik Allgemein • Materialstamm • Grundeinstellungen • Globale Einstellungen vornehmen**, siehe Abbildung 4.98).

Das Kennzeichen **Herstellerteilenummer** ist gesetzt, wodurch Herstellerteilenummern als Bezugsmaterial verwendet werden dürfen.

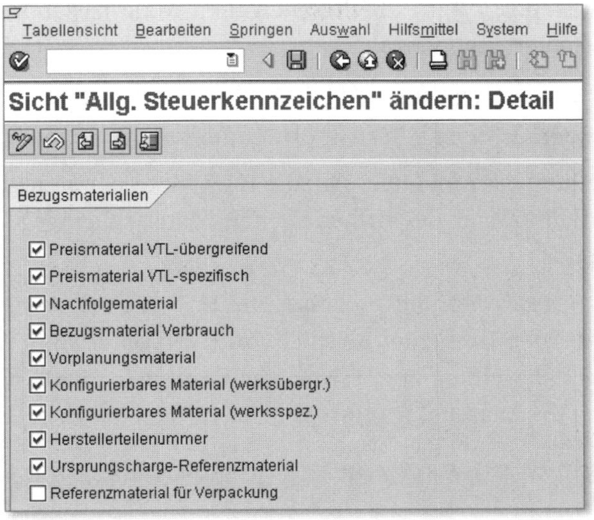

Abbildung 4.98 SAP-Customizing-Transaktion »Globale Einstellungen vornehmen«

Zur Steuerung der Abwicklung des Beschaffungsprozesses mit HTN-Materialien muss im Customizing ein Herstellerteileprofil definiert werden (Menüpfad: **SPRO • SAP Referenz-IMG • SAP Customizing Einführungsleitfaden • Materialwirtschaft • Einkauf • Materialstamm • Herstellerteileprofil definieren**, siehe Abbildung 4.99).

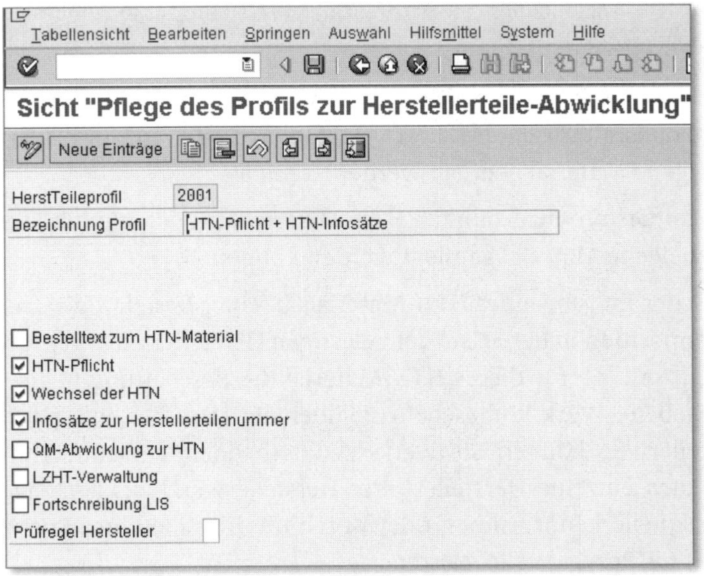

Abbildung 4.99 SAP-Customizing-Transaktion »Herstellerteileprofil definieren«

Dieses Herstellerteileprofil wird im firmeneigenen Materialstammsatz gepflegt und steuert zum Beispiel:

Herstellerteileprofil

- ob der Bestelltext des HTN-Materials oder der Bestelltext des firmeneigenen Materials in eine Bestellposition übernommen wird
- ob in der Bestellung oder im Lieferplan die HTN-Materialnummer oder die Materialnummer des firmeneigenen Materials eingegeben werden muss
- ob im Verlauf des Beschaffungsprozesses die HTN-Materialnummer geändert werden darf (zum Beispiel von HTN-Materialnummer 0815 in der Bestellung zur HTN-Materialnummer 1860 bei der Verbuchung des Wareneingangs)

Hinweis

Verschiedene HTN-Materialien eines firmeneigenen Materials können unterschiedliche Konditionen haben. Bei einem Wechsel der HTN-Materialnummer findet bei der Wareneingangsbuchung keine neue Preisfindung statt, und auch bei der Verbuchung der Eingangsrechnung werden die Konditionen des ursprünglichen HTN-Materials der Bestellung zur Abrechnung vorgeschlagen. In der Konsequenz könnten die Konditionen eines abgerechneten HTN-Materials von denen des im Wareneingang gebuchten HTN-Materials abweichen, ohne dass SAP ERP eine Meldung herausgibt. Um diesen Umstand zu verhindern, kann der Wechsel der HTN-Materialnummer im Herstellerteileprofil ausgeschlossen werden, oder die HTN-Materialnummer wird vor der Wareneingangsbuchung in der Bestellung geändert.

- ob Einkaufsinfosätze nur für HTN-Materialien oder nur für das firmeneigene Material gepflegt werden können
- ob Qualitätsinfosätze nur für HTN-Materialien oder nur für das firmeneigene Material gepflegt werden können
- ob bei der Eingabe eines HTN-Materials in einer Bestell- oder Lieferplanposition in der »Liste der zulässigen Herstellerteile« geprüft werden soll, ob für dieses HTN-Material die Beschaffung für das eingegebene Werk vorgesehen ist; über die Liste der zulässigen Herstellerteile können Sie werksspezifisch oder werksübergreifend auch einzelne Hersteller oder Herstellerwerke als zulässige Bezugsquelle kennzeichnen oder durch die Eingabe eines Sperrgrunds als Bezugsquelle sperren

- ob die Informationsstrukturen des Logistikinformationssystems (siehe Abschnitt 7.3) mit dem HTN-Material oder mit dem firmeneigenen Material fortgeschrieben werden sollen
- ob Herstellerangaben bzw. Herstellerwerkangaben in der »Liste der zulässigen Herstellerteile« möglich sind, obwohl Hersteller bzw. Herstellerwerke nicht als Partner im Hersteller- bzw. Lieferantenstammsatz definiert sind

Steuerungsfunktionen des firmeneigenen- und des HTN-Materials

Der Materialstammsatz des firmeneigenen Materials und die HTN-Materialstammsätze übernehmen unterschiedliche Steuerungsfunktionen in SAP ERP. Die Unterschiede sind in Tabelle 4.5 aufgeführt.

	Firmeneigene Materialnummer	HTN-Materialnummer
Bestandsführung	X	–
Bewertung	X	–
Materialbedarfsplanung	X	–
Einkaufsinfosatz	–	X
Bezugsquellenfindung	–	X
Herstellerangaben	–	X
Kurztexte, Einkaufsbestelltext	–	X

Tabelle 4.5 Steuerungsfunktionen von HTN-Material

Lieferanten-/Herstellerstammdaten und korrespondierende Customizing-Einstellungen zur HTN-Abwicklung

Verschiedene Hersteller/Herstellerwerke

Im Beschaffungsprozess für HTN-Materialien können Sie zwischen verschiedenen Herstellern und ggf. zwischen verschiedenen Herstellerwerken eines Herstellers wählen. Die Anzahl der zu pflegenden Stammsätze für Lieferanten, Hersteller und Herstellerwerke ist davon abhängig, ob Hersteller und Lieferant identisch sind und ob Sie das HTN-Material aus verschiedenen Herstellerwerken beziehen wollen.

1. Fall: Der Lieferant ist gleichzeitig Hersteller

Falls der Lieferant gleichzeitig Hersteller ist, können Sie mit Lieferantenstammsätzen arbeiten. Der Lieferant übernimmt gleichzeitig die

Rolle des Herstellers. Zusätzlich können Sie in den Partnerrollen des Einkaufs verschiedene Herstellerwerke pflegen (siehe Abbildung 4.100).

Abbildung 4.100 Partnerrollen in den Einkaufsorganisationsdaten des Kreditorenstammsatzes

Die Herstellerwerke sind selbst als Stammsätze mit der Kontengruppe »MNFR« angelegt.

2. Fall: Der Lieferant ist nicht gleichzeitig Hersteller

Kontengruppe MNFR

Sofern der Lieferant nicht gleichzeitig Hersteller ist, können Sie die Daten zum Hersteller (und auch zu Herstellerwerken) in einem Stammsatz mit der Kontengruppe MNFR ablegen. Die Herstellerwerke werden wiederum mit der Partnerrolle HS zugeordnet (siehe Abbildung 4.101).

Abbildung 4.101 Herstellerwerke in den Partnerrollen des Herstellerstammsatzes mit der Kontengruppe MNFR

Partnerrolle HS

Damit Herstellerwerke mit der Partnerrolle HS gepflegt werden können, müssen Sie sicherstellen, dass der Kontengruppe des Lieferantenstammsatzes ein Partnerschema zugeordnet ist, das die Partnerrolle HS beinhaltet. Die SAP-Customizing-Einstellung **Partnerschemata definieren** erreichen Sie über den Menüpfad **SPRO • SAP Referenz-IMG • SAP Customizing Einführungsleitfaden • Materialwirtschaft • Einkauf • Partnerfindung • Partnereinstellung im Lieferantenstammsatz • Partnerschemata definieren** (siehe Abbildung 4.102).

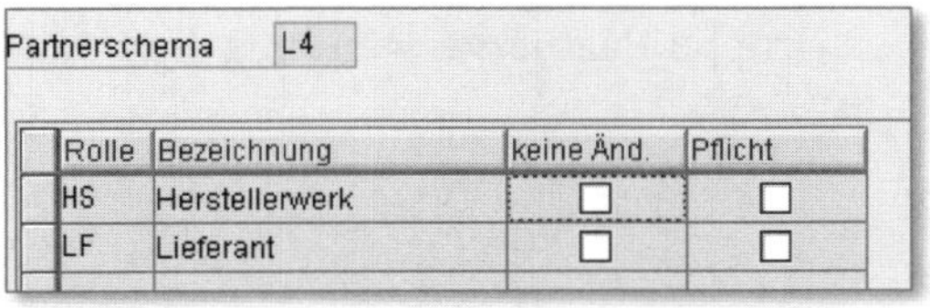
Partnerschema L4

Rolle	Bezeichnung	keine Änd.	Pflicht
HS	Herstellerwerk	☐	☐
LF	Lieferant	☐	☐

Abbildung 4.102 SAP-Customizing-Schritt: Partnerschemata definieren

Partnerschema

Dieses Partnerschema müssen Sie anschließend der Kontengruppe »Hersteller (MNFR)« zuordnen. Den SAP ERP-Customizing-Schritt **Zuordnung Partnerschemata zu Kontengruppe** erreichen Sie über den Menüpfad **SPRO • SAP Referenz-IMG • SAP Customizing Einführungsleitfaden • Materialwirtschaft • Einkauf • Partnerfindung • Partnereinstellung im Lieferantenstammsatz • Partnerschemata zu Kontengruppen zuordnen** (siehe Abbildung 4.103).

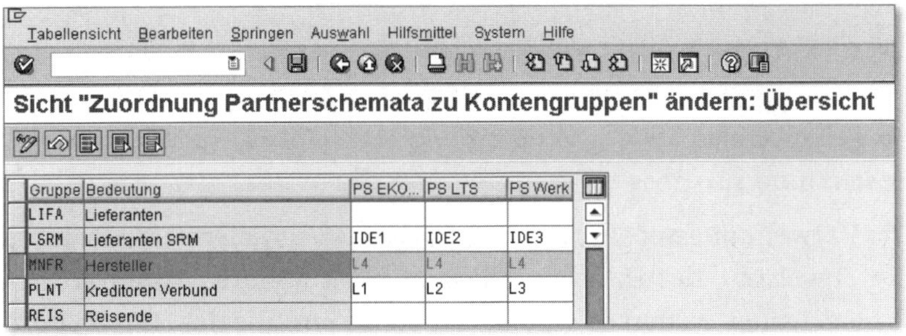

Gruppe	Bedeutung	PS EKO...	PS LTS	PS Werk
LIFA	Lieferanten			
LSRM	Lieferanten SRM	IDE1	IDE2	IDE3
MNFR	Hersteller	L4	L4	L4
PLNT	Kreditoren Verbund	L1	L2	L3
REIS	Reisende			

Abbildung 4.103 SAP ERP-Customizing-Schritt: Partnerschemata zu Kontengruppe zuordnen

Feldstatus

Um die Partnerrolle »Herstellerwerk (HS)« im Herstellerstammsatz mit der Kontengruppenzuordnung MNFR eintragen zu können, darf selbstverständlich der Feldstatus der Geschäftspartnerzuordnung nicht ausgeblendet sein. Den SAP ERP-Customizing-Schritt zur Einstellung des Feldstatus zur Geschäftspartnerzuordnung im Kreditorenstammsatz erreichen Sie über den Menüpfad **SPRO • SAP Referenz-IMG • SAP Customizing Einführungsleitfaden • Finanzwesen • Debitoren- und Kreditorenbuchhaltung • Kreditorenkonten • Stammdaten • Anlegen der Kreditorenstammdaten vorbereiten • Kontengruppe mit Bildaufbau definieren (Kreditoren)**. Anschließend wählen Sie **Ausführen**, markieren die Gruppe »Hersteller (MNFR)« und betätigen die Drucktaste **Detail**. Nun markieren Sie den Feldstatus **Einkaufsdaten**, klicken auf die Drucktaste **Feldstatus auflösen** und treffen in der Gruppe **Partnerverwendung** Ihre Auswahl (siehe Abbildung 4.104).

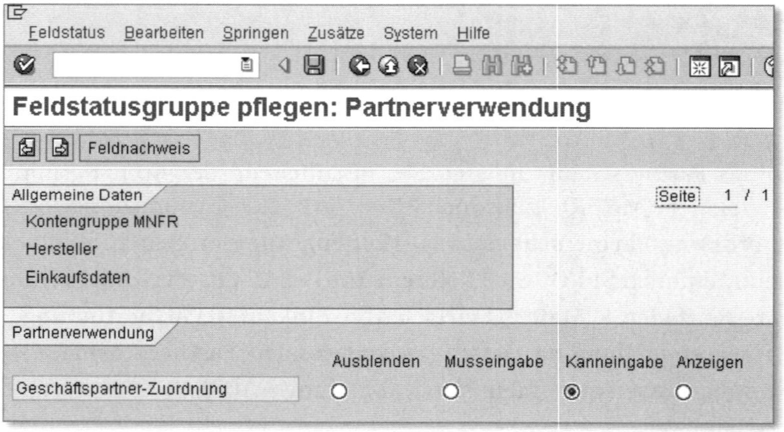

Abbildung 4.104 SAP ERP-Customizing-Schritt: Feldstatusgruppe pflegen

Vorgehensweise bei der Verwendung von HTN-Materialien im Beschaffungsprozess

Herstellerteileprofil

Die Verwendungsmöglichkeiten von HTN-Materialien werden durch die Zuweisung des Herstellerteileprofils im Materialstammsatz des firmeneigenen Materials gesteuert. Bei der Eingabe des HTN-Materials in der Bestellanforderung setzt SAP ERP das HTN-Material in das firmeneigene Material um. Auf der Registerkarte **Materialdaten** werden das HTN-Material und das firmeneigene Material sowie die Herstellerteilenummer angezeigt (siehe Abbildung 4.105).

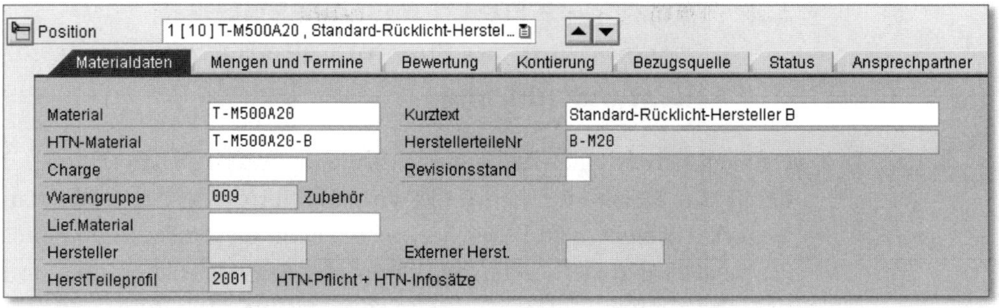

Abbildung 4.105 Positionsdetaildaten in der Bestellanforderung

Bezugsquellenfindung

Bei der Bezugsquellenfindung berücksichtigt SAP ERP alle Bezugsquellen, die zum HTN-Material wie auch zum firmeneigenen Material existieren, unabhängig davon, ob Sie das HTN-Material oder das firmeneigene Material eingegeben haben.

In diesem Beispiel sind lediglich Einkaufsinfosätze als Bezugsquellen vorhanden. Aufgrund der Einstellungen im Herstellerteileprofil sind diese Einkaufsinfosätze zu den HTN-Materialien angelegt. SAP ERP findet als Bezugsquellen die Einkaufsinfosätze zu Lieferanten, Herstellern und Herstellerwerken (siehe Abbildung 4.106).

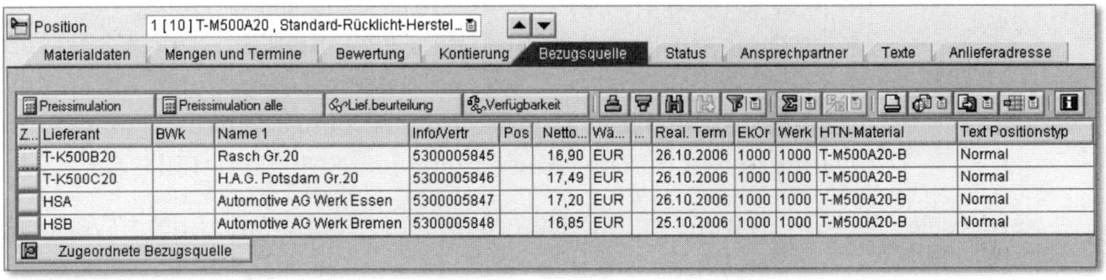

Abbildung 4.106 Bezugsquellenfindung in der Bestellanforderung

HTN-Material und Sonderbeschaffungsformen

Im Rahmen der Sonderbeschaffung können Sie bei Lohnbearbeitungs- und Streckenbestellpositionen mit HTN-Materialien arbeiten. Umlagerungs- und Konsignationsbestellpositionen sind nur mit der firmeneigenen Materialnummer möglich.

4.4 Besondere Funktionen der Materialbeschaffung im Zusammenhang mit der Bestandsführung

Gelegentlich erhalten Sie einen Wareneingang von Materialien, zu dem keine Bestellung in SAP ERP vorhanden ist, oder Sie wollen ein Material bestellen und gleichzeitig noch im Bestand vorhandenes Material an den Lieferanten zurücksenden. SAP ERP bietet Ihnen mit den Funktionen *Automatische Bestellerzeugung beim Wareneingang* und *Retourenbestellposition* komfortable Möglichkeiten zur Abbildung dieser Geschäftsprozesse.

4.4.1 Automatische Bestellerzeugung beim Wareneingang

Grundsätzlich haben Sie die Möglichkeit, einen Wareneingang auch ohne Bestellbezug zu verbuchen. Jedoch können Sie dann einen anschließenden Rechnungseingang nicht mit Bezug zur Bestellung oder zum Lieferschein erfassen. Bei der Verbuchung eines Wareneingangs von bewertetem Lagermaterial in den eigenen bewerteten Bestand ohne Bestellbezug kann SAP ERP im Hintergrund eine Bestellung erzeugen. Somit haben Sie anschließend auch die Möglichkeit, den Rechnungseingang mit Bezug zur Bestellung oder zum Lieferschein zu erfassen und den gesamten Einkaufsprozess im Modul Materialwirtschaft des SAP-Systems abzubilden. Zur Abbildung dieses Geschäftsprozesses müssen einige Voraussetzungen im Customizing und in der Anwendung von SAP ERP erfüllt sein:

Notwendige Einstellungen

- Im Customizing der Unternehmensstruktur muss dem Werk, in das der Wareneingang verbucht werden soll, eine Standardeinkaufsorganisation zugeordnet sein (siehe Abbildung 4.107).

Die Zuordnung der Werke zu einer Standardeinkaufsorganisation finden Sie über den Menüpfad **SPRO • SAP Referenz-IMG • SAP Customizing Einführungsleitfaden • Unternehmensstruktur • Zuordnung • Materialwirtschaft • Standardeinkaufsorganisation – Werk zuordnen**.

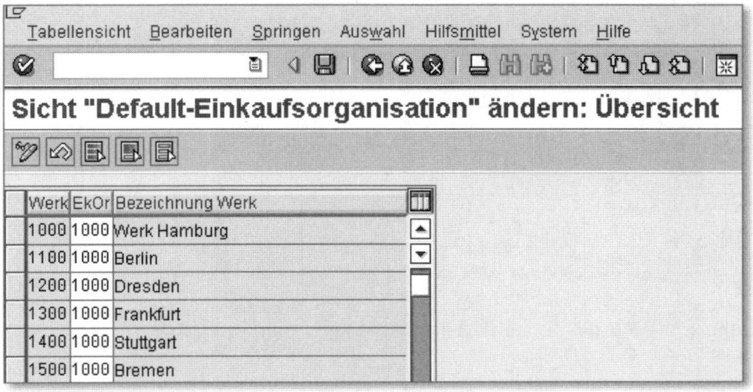

Abbildung 4.107 Zuordnung Werk zu Standardeinkaufsorganisation

Zur Ermittlung der Bestellbelegart muss für die Wareneingangstransaktion MB01 eine Vorschlagsbelegart vorhanden sein (siehe Abbildung 4.108).

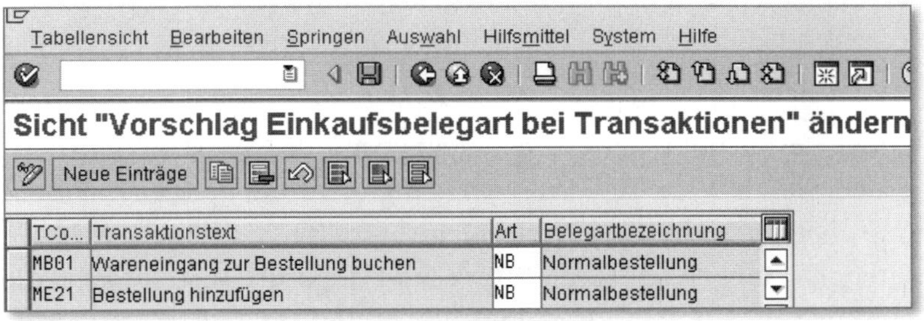

Abbildung 4.108 Vorschlag der Einkaufsbelegart für Transaktion MB01

Sie erreichen diese Customizing-Einstellung über den Menüpfad **SPRO • SAP Referenz-IMG • SAP Customizing Einführungsleitfaden • Materialwirtschaft • Einkauf • Vorschlagswerte für Belegart festlegen.**

Für die Bewegungsart muss die automatische Bestellerzeugung aktiviert sein (siehe Abbildung 4.109).

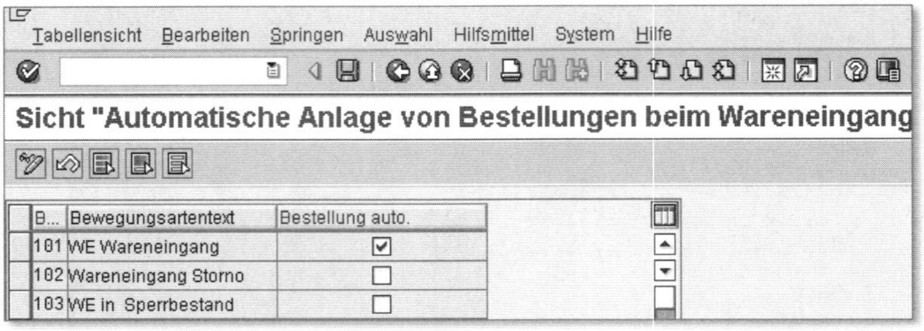

Abbildung 4.109 Automatische Bestellerzeugung für die Bewegungsart 101 erlauben

Sie erreichen diese Customizing-Einstellung über den Menüpfad **SPRO • SAP Referenz-IMG • SAP Customizing Einführungsleitfaden • Materialwirtschaft • Bestandsführung und Inventur • Wareneingang • Bestellung automatisch anlegen**.

Auf der Anwendungsebene von SAP ERP muss gewährleistet sein, dass ein Einkaufsinfosatz mit gültigen Konditionen oder mit einem Verweis auf den letzten Einkaufsbeleg vorhanden ist und dass das Material als bewertetes Material geführt wird.

Wareneingang nicht bestellter Positionen

Bei der Verbuchung des Wareneingangs mit der Transaktion MIGO wählen Sie als Vorgang »Wareneingang« und als Referenz »Bestellung«, betätigen die Drucktaste **nicht bestellte Positionen**, erfassen Material, Menge, Lieferant, Werk und Lagerort und ändern die Bewegungsart für die Wareneingangsposition auf 101.

4.4.2 Retourenbestellposition

Wenn Sie ein Material an einen Lieferanten zurückliefern wollen, ohne Bezug auf den Materialbeleg des Wareneingangs zu nehmen, dann können Sie eine Retourenbestellposition anlegen. Wenn Sie vom Lieferanten eine Gutschrift erhalten, dann können Sie auf diese Retourenbestellposition Bezug nehmen. Eine Retourenbestellposition eignet sich zum Beispiel auch für Einkaufsvorgänge, bei denen Sie ein Material bestellen und gleichzeitig ein gleichartiges, aber genutztes Material zurückgeben wollen (siehe Abbildung 4.110).

Abbildung 4.110 Retourenbestellposition

Beispiel

Im Beispiel bestellen Sie neue Tonerkartuschen und teilen dem Lieferanten in der Bestellung mit, dass Sie leere Tonerkartuschen zurückgeben. Das erfolgt durch die Kennzeichnung dieser Bestellposition 20 als Retoure. Bei der anschließenden Verbuchung des Wareneingangs über die Transaktion MIGO mit dem Vorgang »Wareneingang« und der Referenz »Bestellung« wird für die Retourenbestellposition automatisch die Bewegungsart »161 (Retoure zu Bestellung)« vorgeschlagen (siehe Abbildung 4.111).

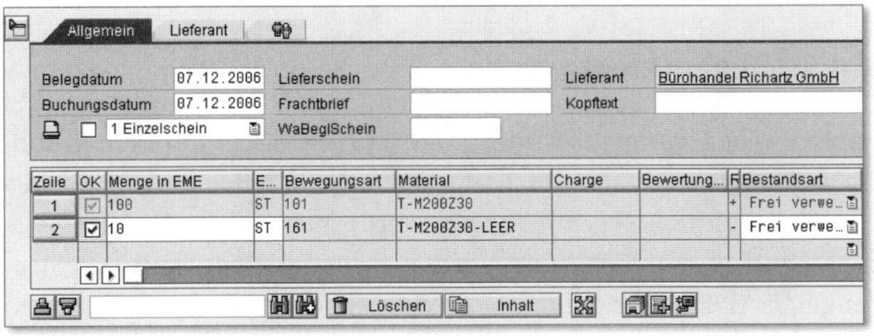

Abbildung 4.111 Vorgeschlagene Positionen in der Transaktion MIGO bei Bezugnahme auf die Bestellung

Hinweis

Sie können bei der Wareneingangsbuchung auch Material zurückliefern, das nicht als Retourenbestellposition erfasst wurde, indem Sie das Material über die Drucktaste **nicht bestellte Positionen** erfassen und die Bewegungsart auf »161 (Retoure zur Bestellung)« ändern. Wenn die entsprechenden Customizing-Einstellungen und Voraussetzungen gegeben sind, kann SAP ERP im Hintergrund automatisch eine Bestellung erzeugen.

Bei der abschließenden Verbuchung des Rechnungseingangs über die Transaktion MIRO mit Bestellbezug erzeugt SAP ERP eine Gutschriftposition zur Retoure (siehe Abbildung 4.114).

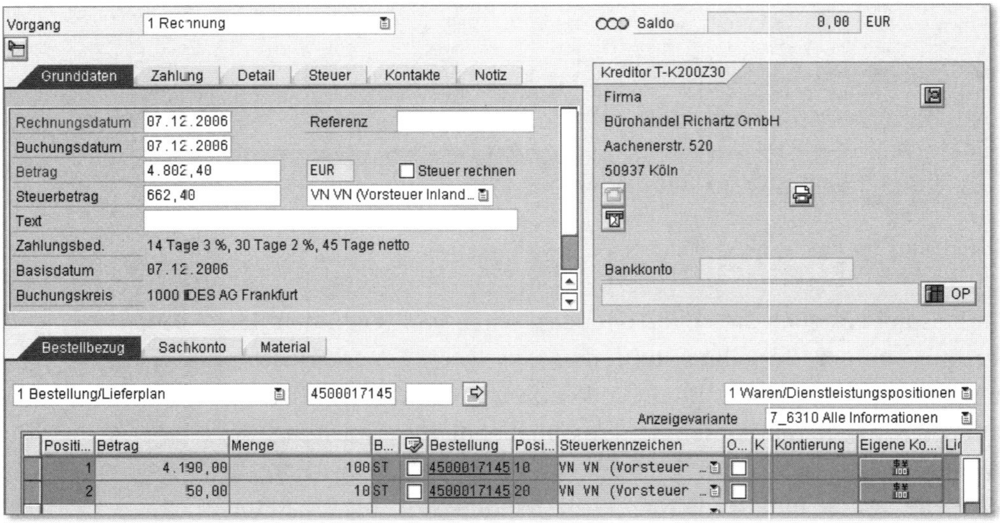

Abbildung 4.112 Verbuchung der Eingangsrechnung mit Bezug zu der Bestellung mit der Retourenbestellposition

4.5 Zusammenfassung

Kapitel 4, *Beschaffung mit mySAP ERP*, befasste sich mit dem grundlegenden Prozess in der Beschaffung von Materialien und Dienstleistungen. In diesem Zusammenhang wurde auch auf die Unterschiede zwischen Lagermaterial- und Verbrauchsmaterialbeschaffung eingegangen. SAP ERP bietet mit der Belegübersicht in den Transaktionen »Bestellanforderung anlegen, ändern, anzeigen« und »Bestellung anlegen, ändern, anzeigen« ein komfortables Instrument, um Beschaffungsprozesse durchzuführen und zu überwachen. Die verschiedenen Positionstypen im Einkauf bilden die Grundlage für die Abwicklung besonderer Geschäftsvorfälle, wie zum Beispiel die Konsignationsabwicklung oder die Lohnbearbeitung. Einige Besonderheiten bei der Beschaffung von Materialien mit Herstellerteilenummern und besondere Einkaufsfunktionen im Zusammenhang mit der Bestandsführung wurden zum Abschluss des Kapitels dargestellt.

Dieses Kapitel beschreibt die Möglichkeiten zur Optimierung des Beschaffungsprozesses durch den Zugriff auf die in SAP ERP vorhandenen Bezugsquellen. Weiterhin werden Möglichkeiten zur Massenverarbeitung von Bestellanforderungen vorgestellt und die Bestellmengenoptimierung und die Lieferantenbeurteilung behandelt.

5 Optimierung der Beschaffung mit mySAP ERP

Herkunft von Bestellanforderungen im Unternehmen

Aus den Fachabteilungen Ihres Unternehmens erreichen den Einkauf laufend Bedarfsmeldungen für Materialien und Dienstleistungen. Diese Bedarfsmeldungen werden entweder bereits in den Fachabteilungen oder erst in der Einkaufsabteilung über Bestellanforderungen konkretisiert. Bestellanforderungen werden manuell angelegt oder zum Beispiel über einen Bedarfsplanungslauf im Rahmen der Disposition automatisch erzeugt. Aufgabe der Einkaufsabteilung ist die Beschaffung des in der Bestellanforderungsposition konkretisierten Bedarfs.

5.1 Bezugsquellenfindung

Zur Umsetzung der Bestellanforderungspositionen in Bestellpositionen können Sie die Bezugsquellenfindung von SAP ERP nutzen. Grundlage der Bezugsquellenfindung sind die folgenden in SAP ERP vorhandenen Bezugsquellen:

- Einkaufsinformationssätze
- Rahmenvertragspositionen
- Werke Ihres Unternehmens

Verwaltung von Bezugsquellen

Diese Bezugsquellen können Sie mit Hilfe von Orderbüchern und der Quotierung verwalten (siehe Abbildung 5.1).

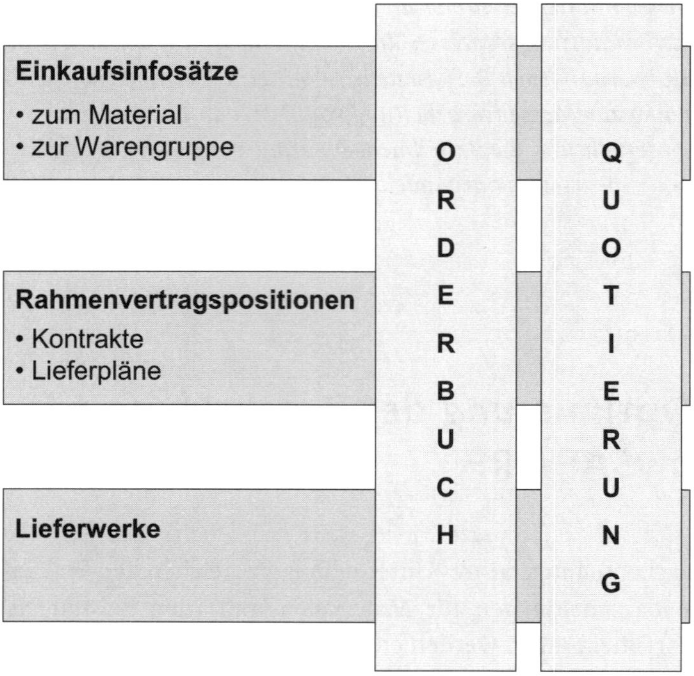

Abbildung 5.1 Bezugsquellen und deren Verwaltung durch Orderbucheinträge und Quotierungen

Kosteneinsparung durch eine automatische Bezugsquellenfindung

> **Hinweis**
>
> Die Verwendung von Orderbucheinträgen oder Quotierungen zur Verwaltung der Bezugsquellen ist optional. Sie können die Instrumente Orderbuch und Quotierung verwenden, um zum Beispiel bei gleichrangigen Bezugsquellen für ein Material (etwa zwei Einkaufsinfosätzen) durch die Einstellung einer Bezugsquelle als vorrangige Bezugsquelle eine eindeutige Bezugsquellenermittlung zu ermöglichen.

Ziel der Bezugsquellenfindung ist es, kostenintensive Anfrageaktionen zu vermeiden und den Beschaffungsprozess zu automatisieren.

5.1.1 Überblick über Arten und Verwendung von Bezugsquellen

Bezugsquellen in SAP ERP

Zu den Bezugsquellen in einem SAP ERP-System zählen Einkaufsinformationssätze, Rahmenvertragspositionen und andere Werke Ihres Unternehmens.

Automatische Bestellerzeugung

Sofern zahlreiche Bezugsquellen als Datengrundlage vorhanden sind, können Bestellanforderungspositionen automatisch in zum Beispiel Bestellpositionen umgewandelt werden. Voraussetzung für diese automatische Umwandlung von Bestellanforderungspositionen in Bestellpositionen ist zunächst, dass SAP ERP der Bestellanforderungsposition eine eindeutige Bezugsquelle zuordnen kann. Sofern mehrere gleichrangige Bezugsquellen vorhanden sind (zum Beispiel verschiedene Einkaufsinformationssätze zu einem Material), ist ein manuelles Eingreifen des Einkäufers notwendig. Diese zeit- und somit kostenintensiven manuellen Tätigkeiten des Einkäufers lassen sich vermeiden, indem bereits im Vorfeld für bestimmte Materialien und Dienstleistungen die Eindeutigkeit der Bezugsquellenfindung hergestellt wird.

Steuerung der Bezugsquellenfindung

Diese eindeutige Beziehung etwa zwischen einem Material und einer Bezugsquelle (Einkaufsinfosatz, Rahmenvertragsposition oder Werk) können Sie über Orderbucheinträge und Quotierungspositionen erreichen. Die eindeutige Zuordnung einer Bestellanforderungsposition zu einer Bezugsquelle ist selbstverständlich auch dann gegeben, wenn für die Bestellanforderungsposition nur genau eine Bezugsquelle in SAP ERP existiert. Diese Zuordnung einer Bestellanforderungsposition zu einer Bezugsquelle hat jedoch zunächst keine Außenwirkung. Die Übermittlung des Material- oder Dienstleistungsbedarfs an die Bezugsquelle in Form einer Bestellung (zum Beispiel Normalbestellung, Abrufbestellung oder Umlagerungsbestellung) oder eines Lieferplanabrufs kann wiederum manuell oder automatisch erfolgen.

Automatisierung der Beschaffung

Zusammenfassend lässt sich die Automatisierung des Beschaffungsprozesses in zwei Schritte unterteilen:

1. die automatische Zuordnung einer Bezugsquelle zu einer Bestellanforderungsposition
2. die Umwandlung der Bestellanforderungsposition in ein externes Dokument (zum Beispiel eine Bestellung)

Inwieweit diese beiden Schritte automatisiert ablaufen sollen oder ob manuelle Eingriffe erforderlich sind, ist einerseits – wie bereits beschrieben – von der Eindeutigkeit der Bezugsquellenfindung abhängig, andererseits von der von Ihnen zu definierenden Notwendigkeit manueller Kontrollen des Beschaffungsprozesses.

5.1.2 Priorität in der Bezugsquellenfindung

Die Suche nach Bezugsquellen können Sie in SAP ERP bei verschiedenen Transaktionen verwenden. Tabelle 5.1 zeigt eine Übersicht über verschiedene Transaktionen, bei denen eine Bezugsquellenfindung vorgenommen werden kann:

Transaktion	Vorgehen
ME23N Bestellanforderung anlegen (für alle Positionen der Banf)	Kennzeichen **Automatische Bezugsquellenfindung** im Kopf der Bestellanforderung setzen
ME23N Bestellanforderung anlegen (auf der Positionsebene)	Position markieren und **Bearbeiten • Bezugsquelle zuordnen**
ME25 Bestellung bei unbekannten Lieferanten	Kennzeichen **Bezugsquellenfindung** im Einstiegsbild setzen (Belegkopf) oder im Detailbild der Bestellposition **Bezugsquelle zuordnen** betätigen
ME57 Banf zuordnen	Bestellanforderungen im Einstiegsbild selektieren – selektierte Bestellanforderungen markieren – Drucktaste **Automatisch zuordnen**
ME56 Banf zuordnen und bearbeiten	Bestellanforderungen im Einstiegsbild selektieren – selektierte Bestellanforderungen markieren – Drucktaste **Automatisch zuordnen**

Tabelle 5.1 Übersicht über Transaktionen mit automatischer Bezugsquellenfindung

Bei der Suche nach Bezugsquellen für eine manuell erstellte Bestellanforderungsposition verfährt SAP ERP nach der folgenden Priorität:

Priorität in der Bezugsquellenfindung

1. Quotierung
2. Orderbuch
3. Rahmenvertragsposition
4. Einkaufsinfosatz

Sofern Sie die Bezugsquellenfindung auf der Kopfebene der Bestellanforderungsposition eingeleitet haben (erste Zeile von Tabelle 5.1), hat eine Rahmenvertragsposition Vorrang vor einem Einkaufsinfosatz. Beim Anstoß der Bezugsquellenfindung auf Positionsebene der Bestellanforderung (zweite Zeile von Tabelle 5.1) werden alle gültigen Bezugsquellen in einer Auswahlliste angezeigt.

Hinweis

Diese Priorität bei der manuellen Anlage von Bestellanforderungspositionen unterscheidet sich von der Ablauflogik der Bezugsquellenfindung bei Bestellanforderungspositionen, die im Rahmen eines Bedarfsplanungslaufs erzeugt werden. Bei einem Bedarfsplanungslauf ermittelt SAP ERP mögliche Bezugsquellen nach der folgenden Priorität:

1. Quotierung
2. Orderbuch mit Dispositionskennzeichen

Bezugsquellenfindung für Materialien ohne Stammsatz

Bei einer Bestellanforderungsposition ohne Materialstammsatz stellt SAP ERP bei der Bezugsquellenfindung auf Kopfebene eine Rahmenvertragsposition zu einer Warengruppe, vor einem Warengruppeninfosatz, als Bezugsquelle ein. Voraussetzung ist jedoch, dass Warengruppe und Bestellmengeneinheit des angeforderten Materials identisch sind mit der Warengruppe und der Bestellmengeneinheit des Rahmenvertragsmaterials bzw. des Materials im Einkaufsinfosatz. Beim Anstoß der Bezugsquellenfindung auf Positionsebene der Bestellanforderung werden – wie auch bei der Bezugsquellenfindung für eine Bestellanforderungsposition mit Materialstammsatz – alle gültigen Bezugsquellen in einer Auswahlliste angezeigt.

5.1.3 Regellieferant

Regellieferant und Infosätze

Wenn bei der manuellen Anlage von Bestellanforderungen Einkaufsinfosätze als Bezugsquellen gefunden werden, prüft SAP ERP, ob in einem Einkaufsinfosatz ein Lieferant als Regellieferant gekennzeichnet ist. Mit dem Kennzeichen **Regellieferant** in den allgemeinen Daten des Einkaufsinfosatzes können Sie festlegen, dass dieser Lieferant als Bezugsquelle für ein Material mandantenweit bevorzugt werden soll. Diese Funktionalität können Sie nutzen, wenn Sie auf Orderbücher zur Steuerung der Bezugsquellenfindung verzichten. Wenn Sie einen Orderbucheintrag für einen anderen Lieferanten als den Regellieferanten vornehmen, erhalten Sie von SAP ERP eine Warnmeldung. Bei Regellieferanten dürfen nur Infosätze im System sein, sonst findet das System einen Rahmenvertrag und ordnet diesen zu. Sie erhalten ebenfalls eine Warnmeldung, wenn Sie in der Quotierung einen anderen Lieferanten als den Regellieferanten eintragen wollen. Die Verwendung von Regellieferanten müssen Sie im Customizing des Einkaufs werksspezifisch zulassen. Diese Einstellungen erreichen Sie über den Menüpfad **SPRO • Materialwirtschaft • Einkauf • Bezugsquellenfindung • Regellieferant einstellen** (siehe Abbildung 5.2).

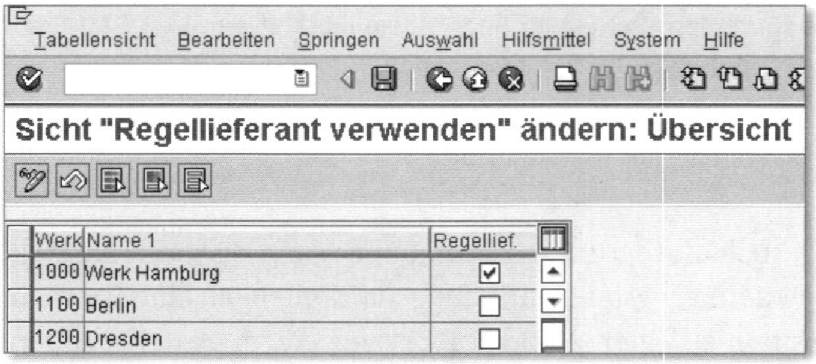

Abbildung 5.2 SAP ERP-Customizing-Transaktion: Regellieferant einstellen

5.2 Rahmenverträge

Lieferantenrahmenverträge dienen der längerfristigen Beschaffung von Materialien oder Dienstleistungen. Bei der Anlage eines Rahmenvertrags müssen Sie in den Kopfdaten Laufzeitbeginn und -ende des Rahmenvertrags angeben. Auf der Ebene der Rahmenvertragsposition erfassen Sie je nach Ausprägung des Rahmenvertrags Materialnummer, Materialkurztext, Zielmenge und Konditionen.

Kontrakte Der Begriff *Rahmenvertrag* steht als Oberbegriff für Kontrakte und Lieferpläne. Bei Kontrakten sind noch keine Angaben über Liefertermine und Liefermengen erforderlich. Der Abruf des Materials erfolgt bei Kontrakten über eine Abrufbestellung. In einem Lieferplan werden bereits Liefertermine und Liefermengen in Form von Einteilungen festgelegt. Der Abruf des Materials erfolgt je nach Lieferplanart durch die Übermittlung der Einteilungen an den Lieferanten oder über Lieferplanabrufe und optional über Feinabrufe. Zudem können Rahmenverträge für unterschiedliche Organisationsebenen Gültigkeit haben. Abbildung 5.3 zeigt Ihnen eine Übersicht über mögliche Rahmenverträge.

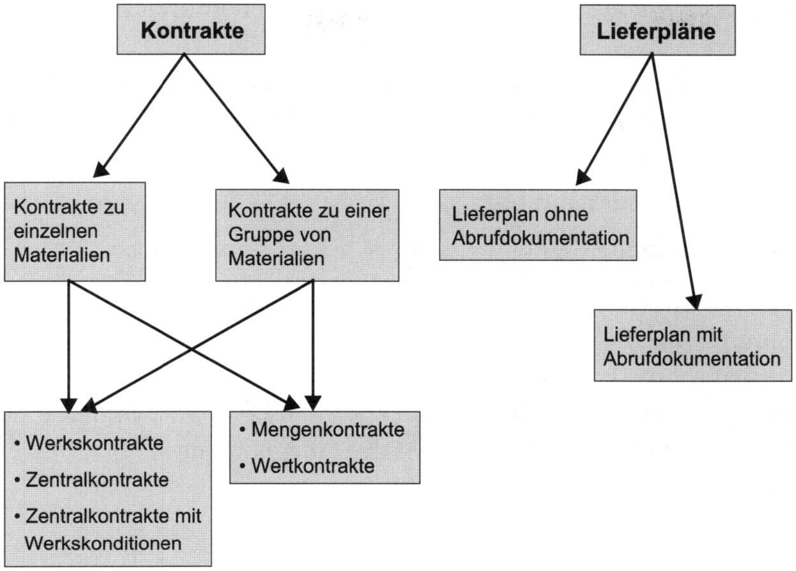

Abbildung 5.3 Rahmenvertragsarten

5.2.1 Kontrakte

Kontrakte können in Mengen- und Wertkontrakte unterschieden werden. Nach der Organisationsebene des Kontrakts werden Werks- und Zentralkontrakte unterschieden. Bei Zentralkontrakten haben Sie zudem die Möglichkeit, werksspezifische Konditionen zu hinterlegen. Kontrakte können auch für eine Gruppe von Materialien (Warengruppe) verwendet werden.

Mengenkontrakt

Ein Mengenkontrakt ist eine längerfristige Rahmenvereinbarung mit einem Lieferanten über eine zu bestellende Gesamtmenge. Nach der Eingabe der Laufzeit und optional des Gesamtwertes in den Kopfdaten des Kontrakts geben Sie auf der Positionsebene die Zielmenge, den Nettopreis und gegebenenfalls eine Materialnummer ein. Für die Beschaffung von Verbrauchsmaterialien können Sie auch den Kontierungstyp »unbekannt (U)« verwenden, so dass Sie die Kontierungsdaten erst in der Bestellung angeben müssen.

Positionstypen für Mengenkontrakte

Der Mengenkontrakt bietet Ihnen die folgenden Positionstypen:

- Normal ( )
- Konsignation (K)
- Lohnbearbeitung (L)
- Material unbekannt (M)
- Dienstleistung (D)

Positionstyp »Material unbekannt (M)«

Eine besondere Bedeutung kommt dem kontraktspezifischen Positionstyp »Material unbekannt (M)« zu. Sie verwenden diesen Positionstyp für die Beschaffung von unterschiedlichen Materialien einer Warengruppe, die einen einheitlichen Preis aufweisen. In der Kontraktposition können Sie keine Materialnummer eingeben.

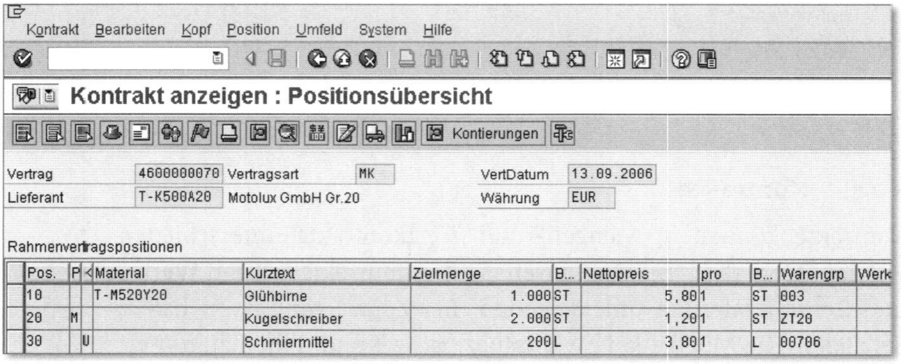

Abbildung 5.4 Mengenkontrakt

Mengenkontrakt

In Abbildung 5.4 (Menüpfad: **SAP Menü • Logistik • Materialwirtschaft • Einkauf • Rahmenvertrag • Kontrakt • Anzeigen**; Transaktionscode: ME33K) sehen Sie einen Mengenkontrakt als Zentralkontrakt (fehlende Werksangabe auf der Positionsebene) mit drei Positionen. Position 10 ist eine unkontierte Normalposition mit der Angabe einer Materialnummer. Position 20 ist ein unbekanntes (noch nicht genau spezifiziertes) Material einer Warengruppe mit dem Positionstyp »Material unbekannt (M)«. Position 30 ist eine Normalbeschaffung eines Verbrauchsmaterials mit unbekannter Kontierung.

Zur Erstellung der Abrufbestellung verwenden Sie die Transaktion ME21N und nehmen Bezug auf die einzelnen Mengenkontraktpositionen. Bei der Bezugnahme auf die Position 20 des Mengenkontrakts können Sie Materialien mit oder ohne Materialstammsatz bestellen, sofern Bestellmengeneinheit und Warengruppe übereinstimmen (siehe Abbildung 5.5).

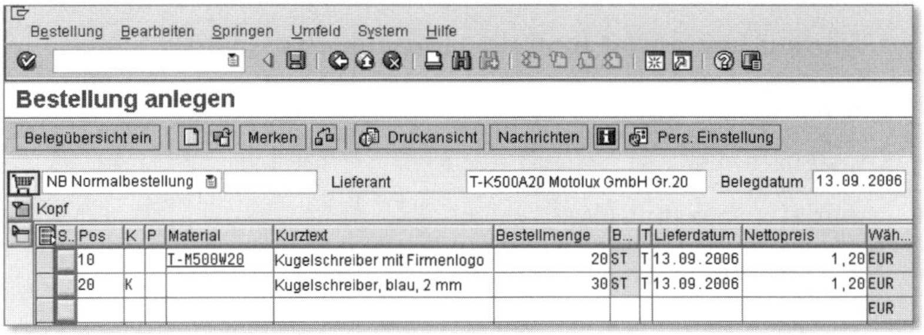

Abbildung 5.5 Abrufbestellung zum Mengenkontrakt

Abrufdokumentation

Mit Hilfe der Transaktion ME33 »Kontrakt anzeigen« finden Sie in der Positionsübersicht des Kontrakts eine Übersicht über die vorgenommenen Bestellungen zu der Kontraktposition. Markieren Sie dazu die Position und wählen den Menüpfad **Position • Statistik • Abrufdokumentation** (siehe Abbildung 5.6).

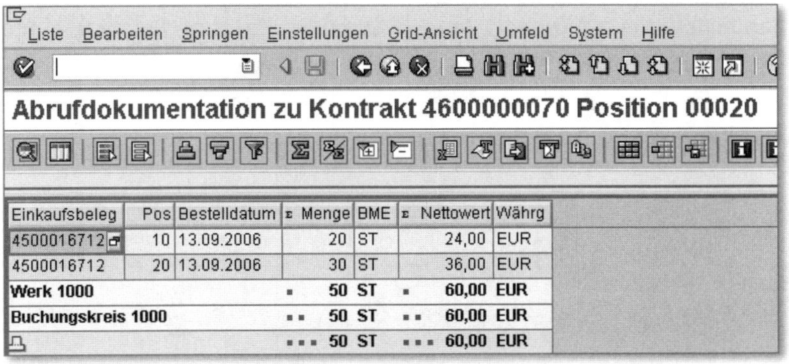

Abbildung 5.6 Abrufdokumentation zum Kontrakt

Wertkontrakt

Ein Wertkontrakt ist eine längerfristige Rahmenvereinbarung mit einem Lieferanten über einen zu bestellenden Gesamtwert. Der Wertkontrakt ist erfüllt, wenn für alle Positionen des Kontrakts der vereinbarte Gesamtwert erreicht wird. Nach der verpflichtenden Eingabe der Laufzeit und des Gesamtwertes auf der Kopfebene des

Kontrakts geben Sie auf der Positionsebene die gewünschten Materialien oder Materialkurztexte ein. Die Angabe von Zielmengen ist nicht erforderlich. Die Verwendung des Kontierungstyps »unbekannt (U)« ist für Wertkontraktpositionen ebenfalls zugelassen.

Kontierungstyp »unbekannt (U)« ist zulässig

Der Wertkontrakt bietet Ihnen die folgenden Positionstypen:

- Normal ( )
- Konsignation (K)
- Material unbekannt (M)
- Warengruppe (W)
- Dienstleistung (D)

Vergleich Mengen- und Wertkontrakt

Im Vergleich zu Mengenkontraktpositionen bietet Ihnen die Wertkontraktposition neben dem bereits bekannten Positionstyp »Material unbekannt (M)« auch den wertkontraktspezifischen Positionstyp »Warengruppe (W)« an. Sie können diesen Positionstyp für die Beschaffung von gleichartigen Materialien derselben Warengruppe mit unterschiedlichen Preisen verwenden. Hierzu geben Sie den Positionstyp »Warengruppe (W)«, einen Kurztext und die Warengruppe an. Die Erfassung von Positionskonditionen und einer Zielmenge ist nicht möglich. Jedoch können Sie zum Beispiel einen Rabatt oder einen Zuschlag auf der Ebene des Vertragskopfes erfassen. Diese Konditionsart wird bei jeder Bestellung mit Bezug zu dem Wertkontrakt berücksichtigt.

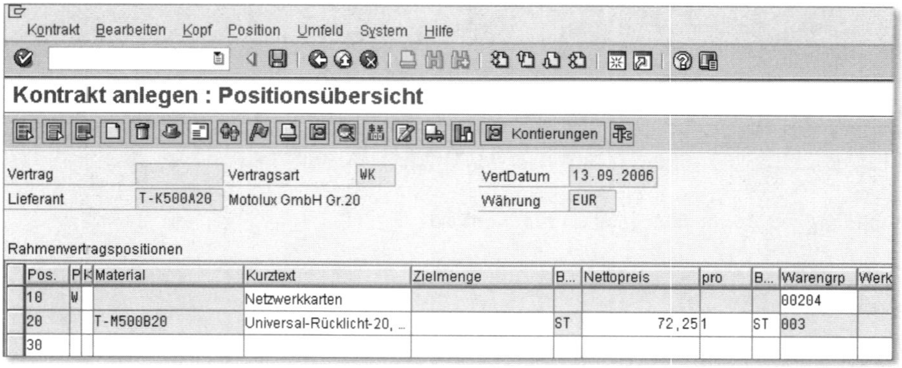

Abbildung 5.7 Wertkontrakt

Der Wertkontrakt in Abbildung 5.7 wurde auf der Ebene der Einkaufsorganisation angelegt (fehlende Werksangabe auf Positionsebene). Das Empfangswerk wird bei diesem Kontrakt erst zum Zeitpunkt der Bestellung festgelegt. Die Beschaffung kann auf der Basis dieses Kontrakts für alle Werke der im Kontrakt angegebenen Einkaufsorganisation vorgenommen werden, die im Customizing der Einkaufsorganisation zugeordnet sind (siehe Abbildung 5.8). Menüpfad: **SPRO • SAP Referenz-IMG • SAP Customizing Einführungsleitfaden • Unternehmensstruktur • Zuordnung • Materialwirtschaft • Einkaufsorganisation – Werk zuordnen.**

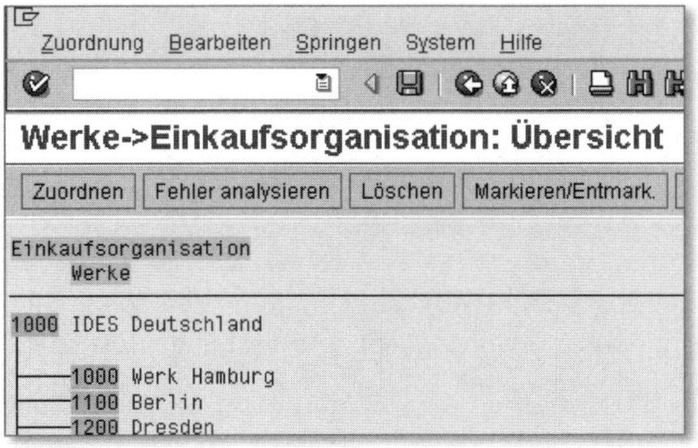

Abbildung 5.8 ERP-Customizing-Transaktion: Zuordnung Werk zu Einkaufsorganisation

Wertkontrakt als Zentralkontrakt

Sofern diese Einkaufsorganisation die Beschaffung für den gesamten Konzern vornimmt, handelt es sich um einen Zentralkontrakt. Falls weitere Einkaufsorganisationen existieren, kann dieser Kontrakt als Zentralkontrakt verwendet werden, wenn im SAP ERP-Customizing die Einkaufsorganisation des Kontrakts als Referenz für die anderen Einkaufsorganisationen zugeordnet wurde (siehe Abbildung 5.9). Menüpfad: **SPRO • SAP Referenz-IMG • SAP Customizing Einführungsleitfaden • Unternehmensstruktur • Zuordnung • Materialwirtschaft • Referenzeinkaufsorganisation – Einkaufsorganisation zuordnen.**

Referenzeinkaufsorganisation

Im Beispiel in Abbildung 5.9 ist die Einkaufsorganisation C100 die Referenzeinkaufsorganisation für die Einkaufsorganisationen 1000, 2000, 2100, 2200, 2300 und 3000. Diese Einkaufsorganisationen können auf die Kontrakte der Referenzeinkaufsorganisation zugreifen. Einen Zentralkontrakt können Sie mit den beiden Vertragsarten »Mengenkontrakt« und »Wertkontrakt« anlegen.

Abbildung 5.9 ERP-Customizing-Transaktion: Zuordnung der Einkaufsorganisation zur Referenzeinkaufsorganisation

Hinweis

Die Vertragsart »Verteilte Kontrakte (DC)« können Sie nutzen, wenn Sie einen Zentralkontrakt anderen, unabhängigen SAP-Systemen für Kontraktabrufe zur Verfügung stellen wollen.

Zentralkontrakt mit Werkskonditionen

Der angegebene Nettopreis von 72,25 € in der zweiten Kontraktposition des Kontrakts in Abbildung 5.7 hat Gültigkeit für alle Werke, die dieser Einkaufsorganisation zugeordnet sind. Ausgehend von der Positionsübersicht des Kontrakts haben Sie über den Menüpfad **Bearbeiten • Werkskonditionen • Übersicht** die Möglichkeit, werksspezifische Konditionen zu hinterlegen (siehe Abbildung 5.10).

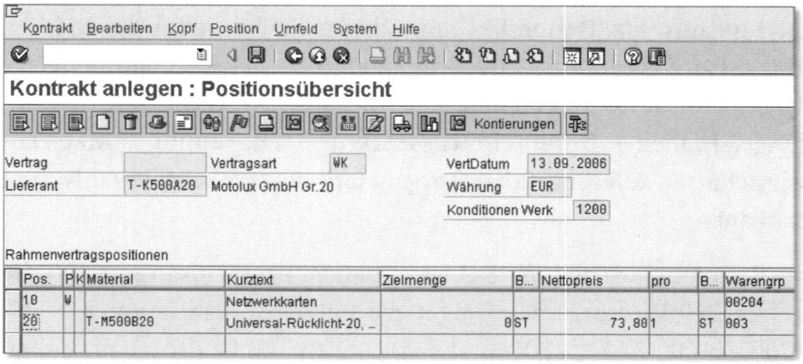

Abbildung 5.10 Werkskonditionen zum Zentralkontrakt

Über die Drucktaste **Positionskonditionen** erreichen Sie das Bild für die Zusatzkonditionen, auf dem Sie weitere Konditionsarten pflegen können (siehe Abbildung 5.11).

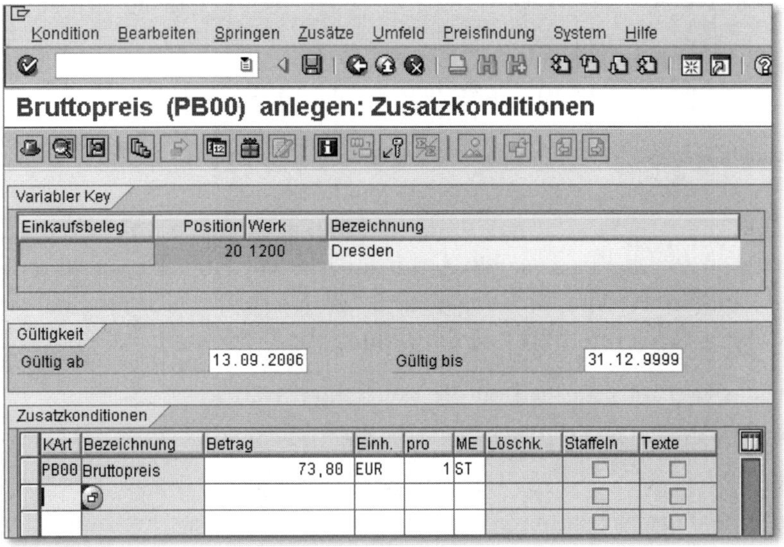

Abbildung 5.11 Zusatzkonditionen

Abrufbestellung

Zur Erstellung der Abrufbestellung verwenden Sie wie auch beim Mengenkontrakt die Transaktion ME21N »Bestellung anlegen« und nehmen Bezug auf die einzelnen Wertkontraktpositionen.

Customizing-Einstellungen zu Kontrakten am Beispiel des Wertkontrakts

Für die Verwendung von Kontrakten sind einige Einstellungen im Customizing von SAP ERP vorzunehmen. Über den Menüpfad **SPRO • SAP Referenz-IMG • SAP Customizing Einführungsleitfaden • Materialwirtschaft • Einkauf • Kontrakt • Belegarten einstellen** erreichen Sie das Einstiegsbild für die Pflege der Belegarten (siehe Abbildung 5.12).

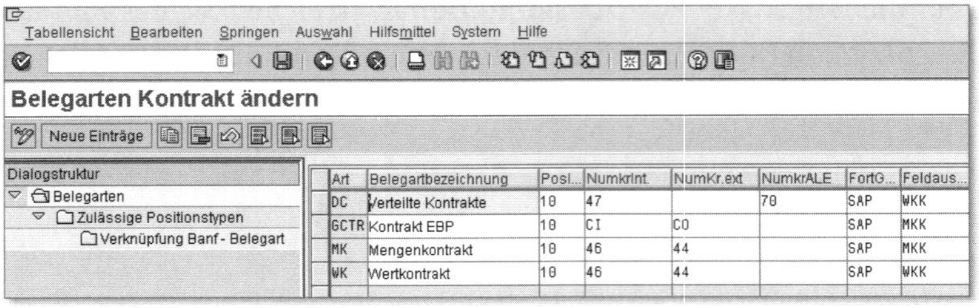

Abbildung 5.12 ERP-Customizing-Transaktion: Belegarten Kontrakt

Über die Drucktaste **Neue Einträge** können Sie neue Kontraktarten definieren oder in dieser Bildschirmmaske vorhandene Kontraktarten ändern. Neben der Belegart und der Belegartbezeichnung haben Sie unter anderem folgende Einstellungsmöglichkeiten:

Customizing-Einstellungen

- das Positionsintervall für die Kontraktart festlegen
- ein Nummernkreisintervall für die interne und externe Nummernvergabe festlegen
- eine Fortschreibungsgruppe für die Statistikfortschreibung der Belegkopfdaten auswählen
- den Feldauswahlreferenzschlüssel festlegen

Hinweis

Der Feldauswahlreferenzschlüssel steuert für Einkaufsbelege und Bestellanforderungen die Eingabeeigenschaften der einzelnen Felder (Mussfeld, Kannfeld, Anzeigefeld oder ausgeblendetes Feld).

Durch einen Doppelklick auf den Eintrag **zulässige Positionstypen** in der Dialogstruktur im linken Bildbereich erreichen Sie die zulässigen Positionstypen zur ausgewählten Belegart (siehe Abbildung 5.13).

Ein Doppelklick auf den Eintrag **Verknüpfung Banf – Belegart** führt Sie zu der Bildschirmmaske für die zulässigen Belegarten der Bestellanforderung. Hier können Sie festlegen, auf welche Kombination von Belegart der Bestellanforderung und Positionstyp der Bestellanforderungsposition Sie bei der Anlage eines Kontrakts Bezug nehmen können (siehe Abbildung 5.14).

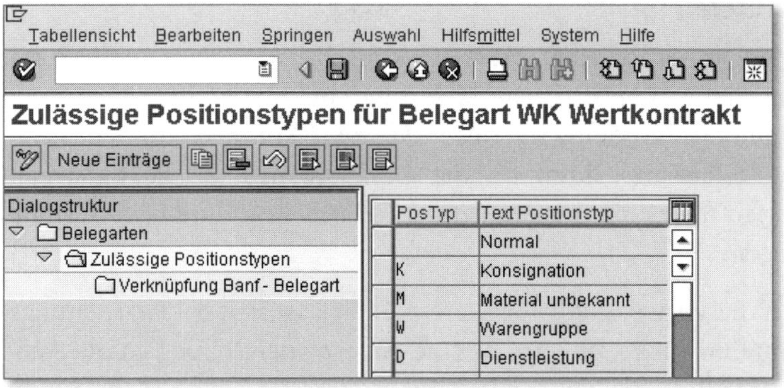

Abbildung 5.13 ERP-Customizing-Transaktion: Zulässige Positionstypen für Belegart WK Wertkontrakt

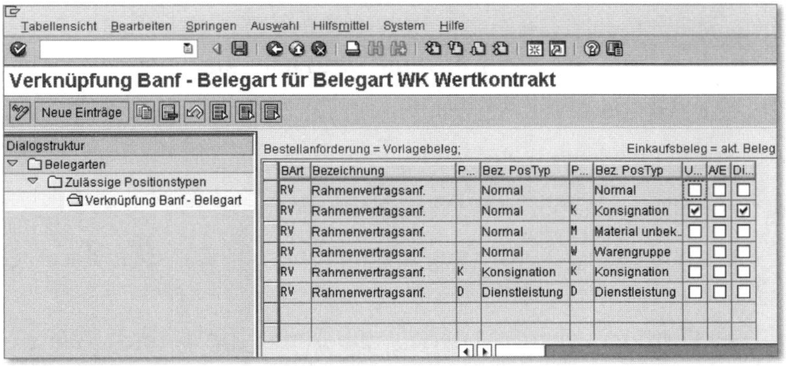

Abbildung 5.14 ERP-Customizing-Transaktion: Verknüpfung Banf – Belegart

Belegart »Rahmenvertragsanforderung«

Im Beispiel können Sie auf der Basis einer Bestellanforderung mit der Belegart »Rahmenvertragsanforderung« (RV) mit dem Positionstyp »Normal« Wertkontraktpositionen mit den Positionstypen »Normal«, »Konsignation«, »Material unbekannt« und »Warengruppe« anlegen. Der Positionstyp »Konsignation« in der Bestellanforderungsposition kann nur in eine Kontraktposition mit ebenfalls dem Positionstyp »Konsignation« überführt werden. Für die Anlage einer Dienstleistungskontraktposition mit Bezug auf eine Bestellanforderung ist in dieser Bestellanforderungsposition der Positionstyp Dienstleistung notwendig.

5.2.2 Lieferpläne

Lieferplaneinteilungen

Der Lieferplan ist ebenso wie ein Kontrakt ein Rahmenvertrag mit einem Lieferanten über die Lieferung von Materialien über einen bestimmten Zeitraum. Im Gegensatz zum Kontrakt können Sie in einer Lieferplanposition für die Gesamtmenge des zu liefernden Materials über Einteilungen bereits Liefermengen und Liefertermine festlegen.

Durch die Verwendung von Lieferplänen lässt sich die Bearbeitungszeit im Einkauf verringern, da eine Lieferplaneinteilung an die Stelle mehrerer Bestellungen treten kann. Zudem sind auch automatische Lieferplaneinteilungen über die Bedarfsplanung möglich.

Da Lieferplaneinteilungen Bestandteil des Lieferplans sind, können Belegvolumen und der Papieraufwand verringert werden. Durch Lieferplaneinteilungen lassen sich Liefertermine über einen langen Zeitraum vorgeben, wodurch Just-in-Time-Lieferungen möglich sind und sich der Lagerbestand geringer halten lässt.

Kennzeichen von Lieferplänen

Weitere Kennzeichen von Lieferplänen sind:

- Lieferpläne sind nur auf Werksebene möglich.
- Eine unbekannte Kontierung (Kontierungstyp »U«) ist nicht möglich.
- Die Positionstypen »Material unbekannt (M)« und »Warengruppe« (W)« sind nicht zulässig.
- Lieferpläne können manuell oder mit Bezug auf Rahmenvertragsanforderungen (Bestellanforderung), Anfragen/Angebote, Zentralkontrakte und andere Lieferpläne angelegt werden.
- Lieferplaneinteilungen können mit Bezug auf eine Bestellanforderung gepflegt werden.
- Bei entsprechender Einstellung der Lieferplanbelegart können Konditionen mit mehreren Gültigkeitszeiträumen erfasst werden (zeitraumabhängige Konditionen).
- Je nach Belegart des Lieferplans können Sie mit oder ohne Abrufdokumentation arbeiten.

Arten von Lieferplänen

Abrufdokumentation

Sie können Lieferpläne mit oder ohne Abrufdokumentation verwenden. Ob eine Abrufdokumentation zum Lieferplan vorliegt, wird über die Belegart des Lieferplans gesteuert (siehe Abbildung 5.15, Transaktionscode **SPRO • SAP Referenz-IMG • SAP Customizing Einführungsleitfaden • Materialwirtschaft • Einkauf • Lieferplan • Belegarten einstellen**).

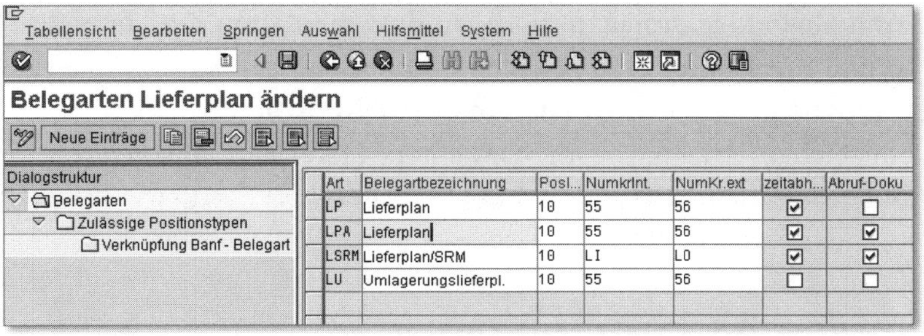

Abbildung 5.15 ERP-Customizing-Transaktion: Belegart Lieferplan

In Abbildung 5.15 können Sie erkennen, dass für beide Belegarten »Lieferplan« (LP) und »Lieferplan mit Abrufdokumentation« (LPA) zeitabhängige Konditionen zulässig sind. Belegart LP arbeitet ohne Abrufdokumentation. Für die Lieferplanart LPA ist eine Abrufdokumentation vorgesehen. Das Kennzeichen **Abrufdokumentation** steuert die Übermittlung der Einteilungen an den Lieferanten wie folgt:

Belegart LP

- **Lieferplan ohne Abrufdokumentation**
  In der Standardauslieferung von SAP ERP ist für einen Lieferplan ohne Abrufdokumentation die Belegart LP eingestellt. Diese Lieferplanart hat zur Folge, dass die vorgenommenen Lieferplaneinteilungen mit dem Sichern automatisch an den Lieferanten übermittelt werden.

Belegart LPA

- **Lieferplan mit Abrufdokumentation**
  In der Standardauslieferung von SAP ERP ist für einen Lieferplan mit Abrufdokumentation die Belegart LPA eingestellt. Bei dieser Lieferplanart haben die Lieferplaneinteilungen nur internen Charakter und können noch beliebig geändert werden. Die Übermittlung der Lieferplaneinteilungen an den Lieferanten erfolgt über Lieferabrufe und optional über zusätzliche Feinabrufe. Mit Liefer-

abrufen werden mittelfristige Bedarfe übermittelt. Feinabrufe dienen zur Übermittlung kurzfristiger stundengenauer Bedarfe.

SAP empfiehlt die Verwendung von Lieferplänen mit Abrufdokumentation.

Vorgehensweise und Customizing-Einstellungen bei Lieferplänen mit Abrufdokumentation (LPA)

Belegart LPA mit Liefer- und Feinabrufen

Damit Sie bei Lieferplänen mit Abrufdokumentation mit Lieferabrufen und mit Feinabrufen arbeiten können, müssen Sie im Materialstammsatz in den Sichten **Einkauf** oder **Disposition 2** das Feinabrufkennzeichen setzen, bevor Sie einen Lieferplan anlegen (siehe Abbildung 5.16).

Abbildung 5.16 Feinabrufkennzeichen im Materialstammsatz

Abruferstellungsprofil

Wenn das Feinabrufkennzeichen im Materialstammsatz nicht gesetzt ist, können keine Feinabrufe durchgeführt werden. Das Feinabrufkennzeichen wird in die Zusatzdaten zur Lieferplanposition überführt.

Erstellungsstrategie

Zusätzlich können Sie ein Abruferstellungsprofil im Lieferplan verwenden. Das werksabhängige Abruferstellungsprofil steuert zum Beispiel:

Aggregationshorizont

- die Erstellungsstrategie von Abrufen, d.h., bei welchem Ereignis wird ein Abruf erstellt (zum Beispiel bei Erreichen des nächsten Übermittlungsdatums)
- den Aggregationshorizont von Abrufen, d.h., wie sollen die Lieferplaneinteilungen aggregiert werden (zum Beispiel die wochenbezogene Aggregation von Einteilungen bei Lieferabrufen für die nächsten 50 Arbeitstage und die tagesbezogene Aggregation von Einteilungen bei Feinabrufen für die Arbeitstage 6 bis 10). (Siehe Abbildung 5.17, Menüpfad: **SPRO • SAP Referenz-IMG • SAP Customizing Einführungsleitfaden • Materialwirtschaft • Einkauf •**

Lieferplan • Abruferstellungsprofil für Lieferplan mit Abrufdoku pflegen.

Erstellungsrhythmus

- den Erstellungsrhythmus von Abrufen, d.h., ob ein Abruf periodisch erstellt werden soll und wenn ja mit welchem Rhythmus

Toleranzprofil

- das Toleranzprofil, d.h., ob bei einer Änderung von Einteilungen generell ein neuer Abruf erstellt werden soll oder für die Erstellung neuer Abrufe Toleranzgrenzen beachtet werden sollen (zum Beispiel führt eine Änderung einer Einteilungsmenge von 100 auf 102 nicht zu einem neuen Abruf, wenn die Toleranzgrenze auf 3% festgelegt wurde); Toleranzgrenzen können Sie für Liefer- und Feinabrufe festlegen

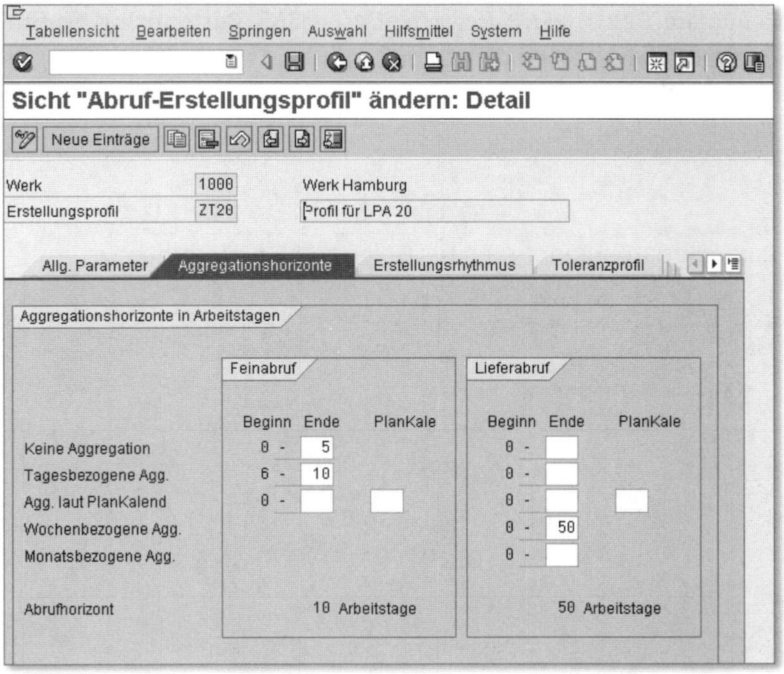

Abbildung 5.17 ERP-Customizing-Transaktion: Abruferstellungsprofil für Lieferplan mit Abrufdokumentation pflegen

Zusatzdaten der Lieferplanposition

Wenn Sie das Erstellungsprofil in den werksspezifischen Daten des Lieferantenstammsatzes pflegen, wird dieses Erstellungsprofil automatisch in die Zusatzdaten der Lieferplanposition überführt (aus der Positionsübersicht des Lieferplans: **Position • weitere Funktion • Zusatzdaten**, siehe Abbildung 5.18).

Abbildung 5.18 Zusatzdaten der Lieferplanposition

Sofern Sie das Erstellungsprofil nicht in den werksspezifischen Daten des Lieferantenstammsatzes hinterlegt haben, können Sie es auch manuell eingeben.

Positionstypen zur Lieferplanposition

Für einzelne Lieferplanpositionen wird die Beschaffungsart über einen Positionstyp festgelegt. Die möglichen Positionstypen werden im Customizing der Lieferplanart festgelegt (siehe Abbildung 5.19). Menüpfad: **SPRO • SAP Referenz-IMG • SAP Customizing Einführungsleitfaden • Materialwirtschaft • Einkauf • Lieferplan • Belegarten einstellen**.

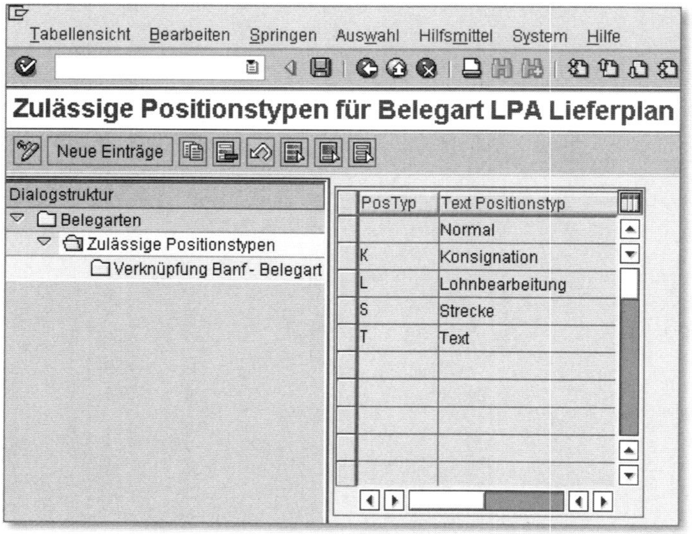

Abbildung 5.19 ERP-Customizing-Transaktion: Zulässige Positionstypen für Belegart LPA

Sie verwenden für die Anlage eines Lieferplans die Transaktion ME31 (Menüpfad: **Logistik • Materialwirtschaft • Einkauf • Rahmenvertrag • Lieferplan • Anlegen • Lieferant bekannt**). In Abbildung 5.20 sehen Sie einen Lieferplan mit einer werksabhängigen Normalposition.

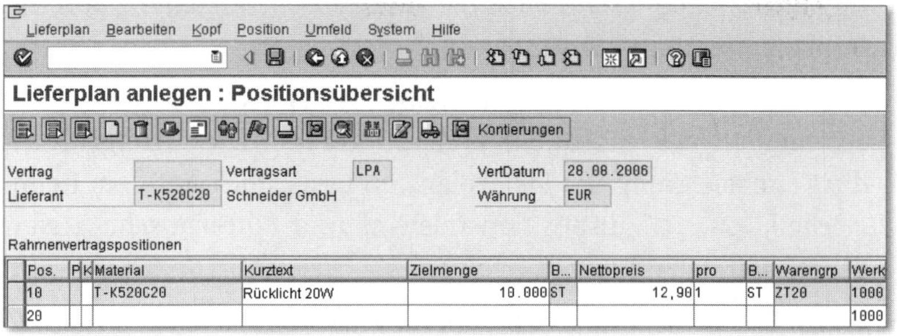

Abbildung 5.20 Lieferplan

Manuelle Lieferplaneinteilungen

Zur manuellen Pflege von Lieferplaneinteilungen wählen Sie die Transaktion ME38 (Menüpfad: **Logistik • Materialwirtschaft • Einkauf • Rahmenverträge • Lieferplan • Einteilungen • Pflegen**). Im Einstiegsbild zur Lieferplaneinteilung geben Sie die Lieferplannummer ein und bestätigen mit **Enter**. In der Positionsübersicht des Lieferplans markieren Sie die Position, für die Sie Einteilungen pflegen möchten und wählen **Position • Einteilungen**. Auf dem Einteilungsbild können Sie Lieferdatum, Einteilungsmenge und optional eine Uhrzeit eingeben (siehe Abbildung 5.21).

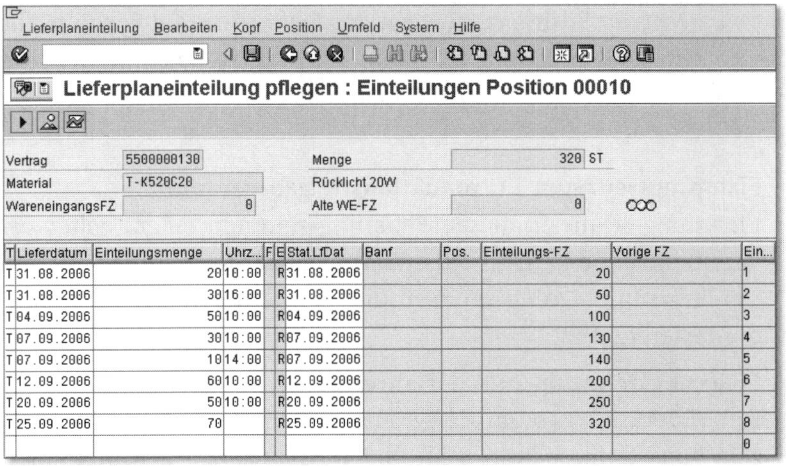

Abbildung 5.21 Einteilungen im Lieferplan

Tagesgenaue Lieferplaneinteilungen können auch aus einem Bedarfsplanungslauf (Disposition) heraus erzeugt werden. Hierzu müssen die folgenden Voraussetzungen erfüllt sein:

Lieferplaneinteilungen im Bedarfsplanungslauf

- Im Bedarfsplanungslauf muss die automatische Erstellung von Lieferplaneinteilungen zulässig sein.
- Die Lieferplanposition muss im Rahmen des Bedarfsplanungslaufs als eindeutige Bezugsquelle erkannt werden. Dies erfolgt durch die Kennzeichnung des Lieferplans im Orderbuch mit dem Kennzeichen »Satz ist dispositionsrelevant und automatische Lieferplaneinteilungen können erfolgen (2)« (siehe Abschnitt 5.3).
- Wenn Sie nicht mit einer Quotierung (siehe Abschnitt 5.4) arbeiten, müssen Sie im Materialstammsatz das Beschaffungskennzeichen »Fremdbeschaffung (F)« setzen (Sicht Disposition 2).

Material- und Produktionskosten

Mit der Übermittlung von Einteilungen können beim Lieferanten Material- und Produktionskosten entstehen. Sie können mit dem Lieferanten vertragliche Vereinbarungen darüber treffen, welche Einteilungen in welchen Zeiträumen verbindlich sind. Aus Änderungen oder Stornierungen von Einteilungen resultieren dann Erstattungen von Material- und/oder Produktionskosten an den Lieferanten. Den Verbindlichkeitsgrad von Einteilungen können Sie über Fixierungszeiträume festlegen. Fixierungszeiträume werden in Kalendertagen ab dem heutigen Datum berechnet. Diese Fixierungszeiträume können Sie in den Zusatzdaten des Lieferplans eingeben. Hierzu markieren Sie in der Positionsübersicht des Lieferplans die Position, für die Sie Zusatzdaten pflegen möchten, und wählen **Position • weitere Funktionen • Zusatzdaten**. Sie können folgende Fixierungszeiträume eingeben:

Fixierungszeiträume

- **Fixierungszeitraum 1 (Produktionsfreigabezeitraum)**
  Einteilungen, die in diesen Fixierungszeitraum fallen, gelten als verbindlich und können bei Änderung oder Stornierung – je nach Vereinbarung – zu einer Erstattung von Material- und Produktionskosten führen.
- **Fixierungszeitraum 2 (Materialfreigabezeitraum)**
  Der Fixierungszeitraum 2 beginnt mit dem Ende des Fixierungszeitraums 1. Einteilungen im Fixierungszeitraum 2 haben einen geringeren Verbindlichkeitsgrad als Einteilungen im Fixierungszeitraum 1 und führen bei Änderung oder Stornierung gegebenenfalls nur zur Erstattung der Materialkosten.

Der Zeitraum nach dem Fixierungszeitraum 2 fällt in die Planungsvorschau. Einteilungen in diesem Fixierungszeitraum 3 gelten nicht als verbindlich.

Übermittlung der Einteilungen

Nach der Erstellung der Lieferplaneinteilungen müssen diese Einteilungen an den Lieferanten übermittelt werden. Bei Lieferplänen mit der Belegart LP (Lieferplan ohne Abrufdokumentation) wird direkt eine entsprechende Nachricht erzeugt. Bei Lieferplänen mit der Belegart LPA (Lieferplan mit Abrufdokumentation) erfolgt die Übermittlung der Einteilungen durch Lieferabrufe und optional durch Feinabrufe.

Abrufe geben dem Lieferanten über die mitgeteilten Einteilungen einen Überblick über Liefertermine und Liefermengen. Ihnen stehen die folgenden Arten von Abrufen zur Verfügung:

- **Lieferabruf**
  Lieferabrufe geben dem Lieferanten einen mittel- und längerfristigen Überblick über Liefertermine und Liefermengen.
- **Feinabruf**
  Feinabrufe geben dem Lieferanten einen Überblick über die in naher Zukunft liegenden Einteilungen.

Erstellung von Abrufen

Für die Erstellung von Abrufen haben Sie verschiedene Möglichkeiten:

- manuelle Erstellung
- aus der Pflege der Lieferplaneinteilungen (siehe Abbildung 5.21) heraus über **Bearbeiten • LAB/FAB**
- über den Report RM06EFLB (online oder über die Hintergrundverarbeitung)

Mit der Transaktion ME84 (Menüpfad: **Logistik • Materialwirtschaft • Einkauf • Rahmenvertrag • Lieferplan • Einteilungen • Abruf erstellen** erreichen Sie das Einstiegsbild zum Report RM06EFLB (siehe Abbildung 5.22).

Lieferplanabrufdokumentation

Liefer- und Feinabrufe werden in der Abrufdokumentation des Lieferplans aufgeführt. Sie erreichen die Lieferplanabrufdokumentation aus der Positionsübersicht des Lieferplans über **Position • LP-Abrufdoku** (siehe Abbildung 5.23).

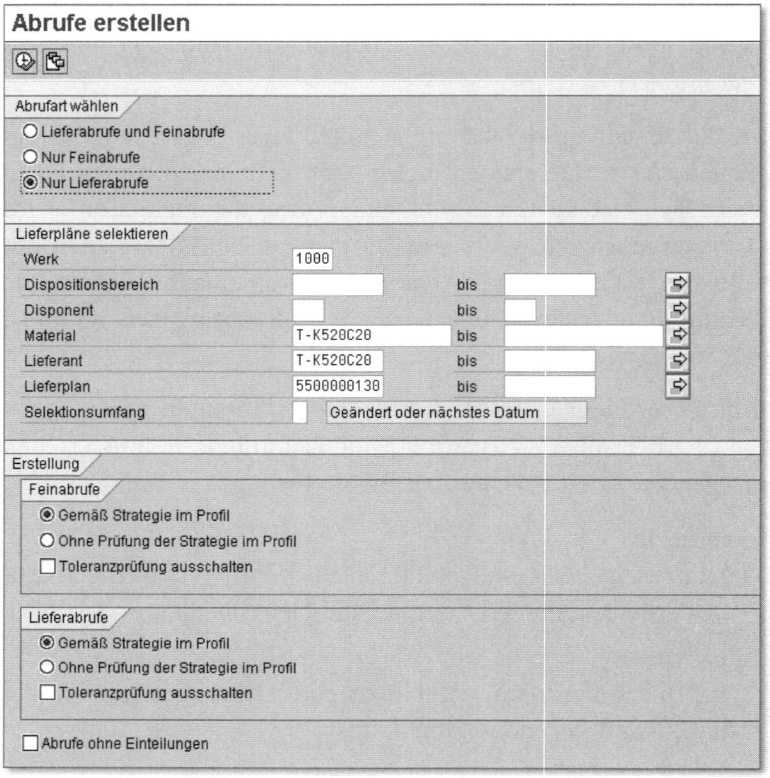

Abbildung 5.22 Abrufe erstellen mit der Transaktion ME84

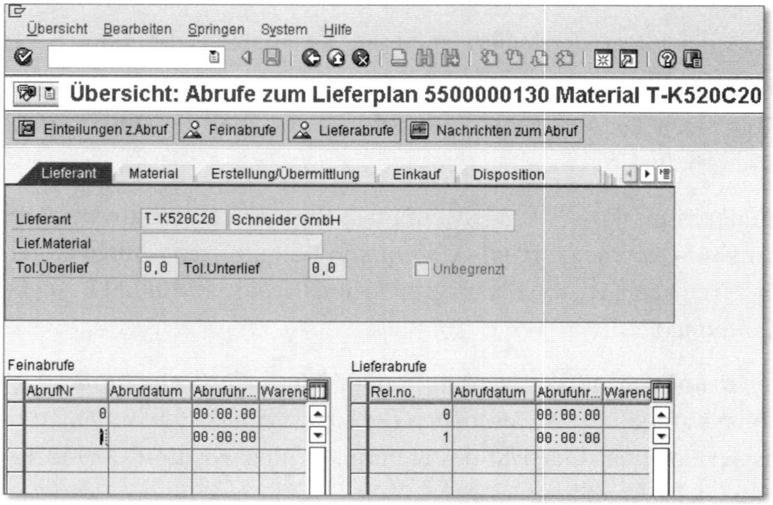

Abbildung 5.23 Lieferplanabrufdokumentation

In Abbildung 5.23 können Sie erkennen, dass jeweils ein Feinabruf und ein Lieferabruf erzeugt wurden.

Aus der Lieferplanabrufdokumentation heraus können Sie sich über die Registerkarte **Erstellung/Übermittlung** die Einstellungen zum Erstellungsprofil des Lieferplans anzeigen lassen (siehe Abbildung 5.24).

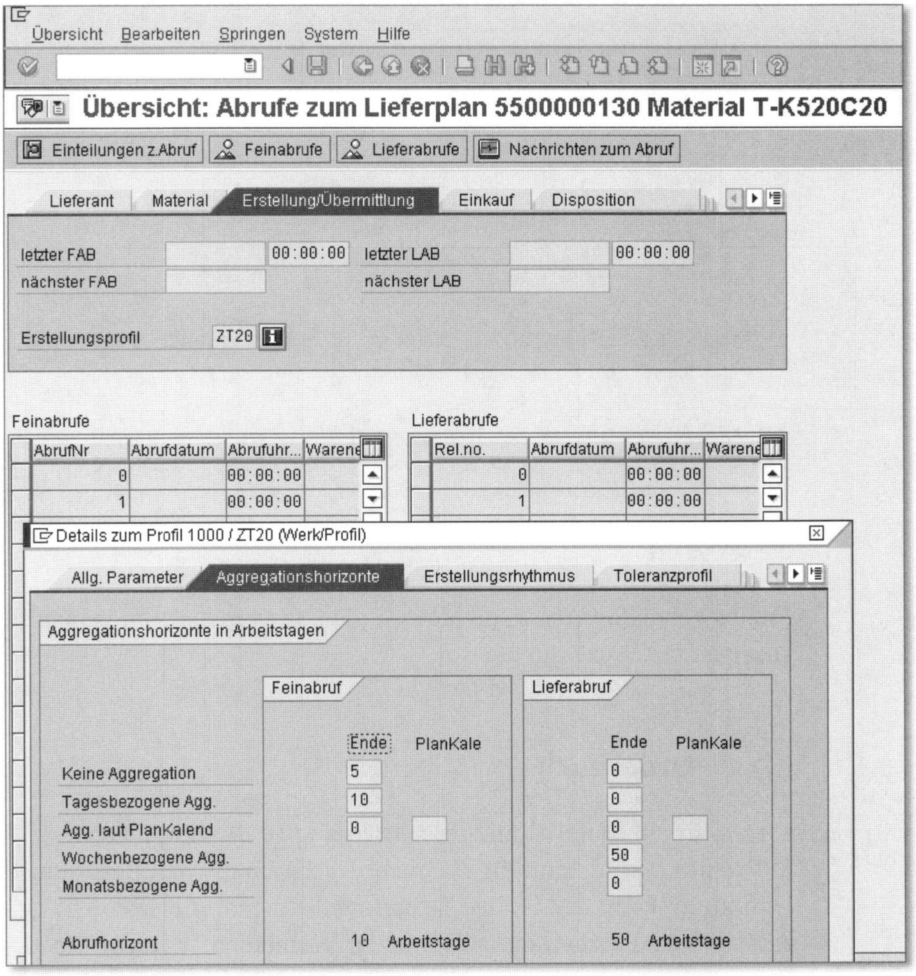

Abbildung 5.24 Abruferstellungsprofil

Einteilungen zum Abruf

Wie bereits besprochen, bestimmt das Erstellungsprofil unter anderem die Aggregation von Einteilungen. Im Beispiel ist für Lieferabrufe eine wochenbezogene Aggregation für Einteilungen in den folgenden 50 Kalendertagen vorgesehen. In eine Übersicht der Einteilungen zum Lieferabruf gelangen Sie aus der Lieferplanabrufdokumentation, indem Sie den Lieferabruf markieren und anschließend die Drucktaste **Einteilungen zum Abruf** betätigen (siehe Abbildung 5.25).

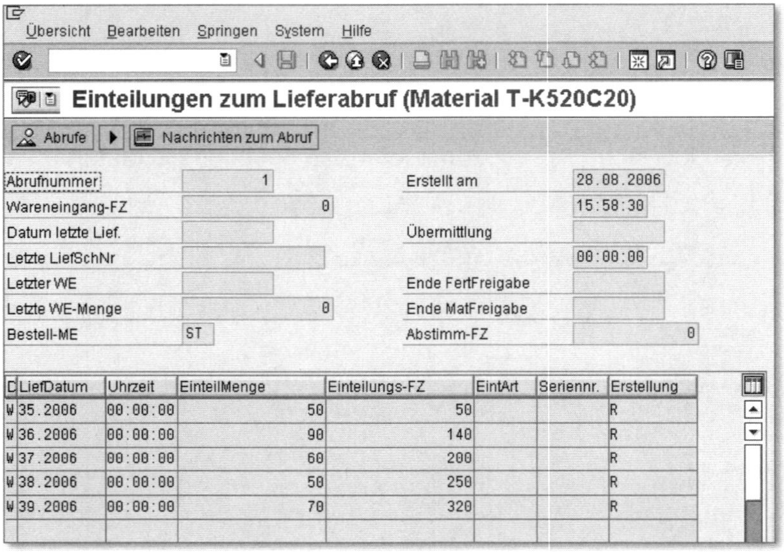

Abbildung 5.25 Einteilungen zum Lieferabruf

Analog gehen Sie vor, wenn Sie sich die Einteilungen zum Feinabruf anzeigen lassen möchten.

5.3 Orderbuch

Verwaltung von Bezugsquellen

Sofern für ein Material mehrere gleichrangige Bezugsquellen in SAP ERP gepflegt sind, kann im Rahmen der automatischen Bezugsquellenfindung keine eindeutige Bezugsquelle zugeordnet werden. Um zusätzlichen Bearbeitungsaufwand zu vermeiden, können Sie die Bezugsquellen »Rahmenvertragsposition«, »Einkaufsinfosatz« und »Werk« mit Hilfe von Orderbüchern verwalten.

5.3.1 Orderbuchsätze für Materialien mit Materialstammsatz

Orderbuchsätze können Sie für Materialien mit Materialstammsatz pflegen oder für Warengruppenkontrakte. In diesem Abschnitt werden zunächst die Orderbuchsätze für Materialien mit Materialstammsatz behandelt.

Aufbau, Verwendung und Funktionen eines Orderbuchs

Orderbuchsätze werden material- und werksspezifisch angelegt. In den einzelnen Orderbuchsätzen werden die Bezugsquellen aufgeführt. Hierdurch können Sie dann festlegen, ob:

Einstellungen im Orderbuch

- eine Bezugsquelle für einen vorgegebenen Zeitraum eine feste Bezugsquelle ist
- eine Bezugsquelle für einen vorgegebenen Zeitraum gesperrt ist
- die Bezugsquellenfindung auf die im Orderbuch gelisteten Bezugsquellen eingeschränkt wird
- eine Bezugsquelle im Rahmen eines Bedarfsplanungslaufs berücksichtigt wird

Die Transaktion ME01 zur Pflege eines Orderbuchs erreichen Sie über den Menüpfad **SAP Menü • Logistik • Materialwirtschaft • Einkauf • Stammdaten • Orderbuch • Pflegen** (siehe Abbildung 5.26).

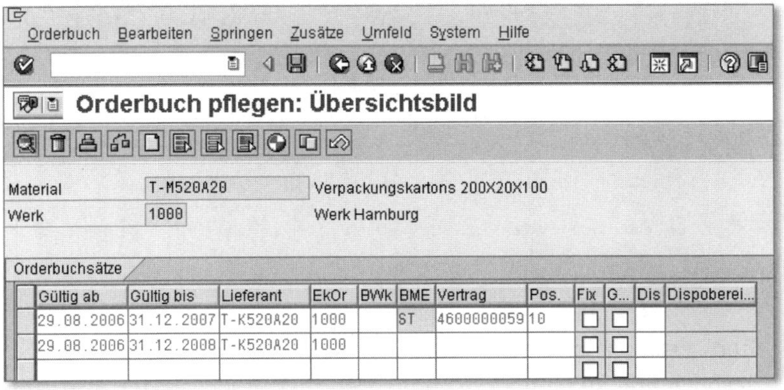

Abbildung 5.26 Orderbuchsätze

Beispiel

In Abbildung 5.26 ist in der ersten Zeile des Orderbuchs eine Rahmenvertragsposition eingetragen. Bei der Bezugsquelle in der zweiten Zeile des Orderbuchs handelt es sich um einen Einkaufsinfosatz (erkennbar an der fehlenden Eingabe einer Rahmenvertragsnummer). Für beide Bezugsquellen sind Gültigkeitszeiträume und Lieferantenstammsatznummern angegeben. Die Kennzeichen **Fix**, **Gesperrt** und **Dispositionsrelevant** sind nicht gesetzt.

Hinweis

Innerhalb eines vorgegebenen Zeitraums darf es nur eine feste Bezugsquelle gleicher Art (Einkaufsinfosatz und Rahmenvertragsposition) geben.

Das Feld **BWk** (Beschaffungswerk) dient zur Aufnahme der Werksnummer Ihres Unternehmens bei Beschaffungsvorgängen mit dem Positionstyp »Umlagerung (U)«. Im Rahmen einer manuell angelegten Bestellanforderungsposition und bei Anstoß der Bezugsquellenfindung auf Kopfebene der Bestellanforderung würde SAP ERP aufgrund der Prioritätsregeln die Rahmenvertragsposition als Bezugsquelle einstellen. Bei einem Anstoß der Bezugsquellenfindung auf Positionsebene würden beide Bezugsquellen in einer Auswahlliste vorgeschlagen werden (siehe Abbildung 5.27).

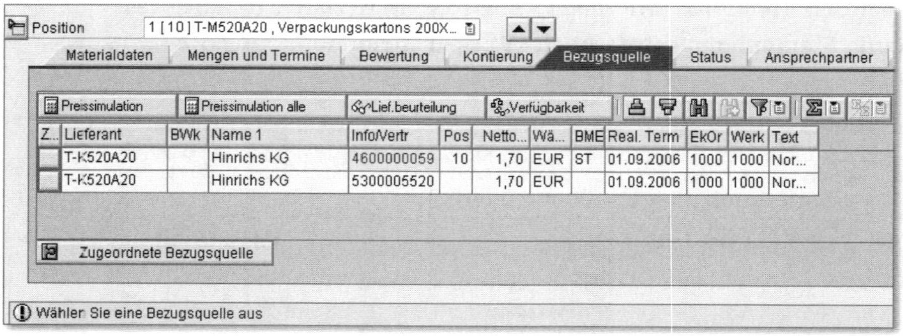

Abbildung 5.27 Auswahlliste der Bezugsquellen einer Bestellanforderungsposition

Sollten zusätzliche Bezugsquellen existieren, die jedoch nicht im Orderbuch eingetragen sind, so werden diese nicht in der Auswahlliste aufgelistet.

Sperrung der Bezugsquelle

Wenn Sie eine Orderbuchposition nur mit einem Gültigkeitszeitraum und dem Kennzeichen **Gesperrt** versehen, so ist für dieses

Material generell keine Fremdbeschaffung möglich (siehe Abbildung 5.28, zweite Orderbuchzeile).

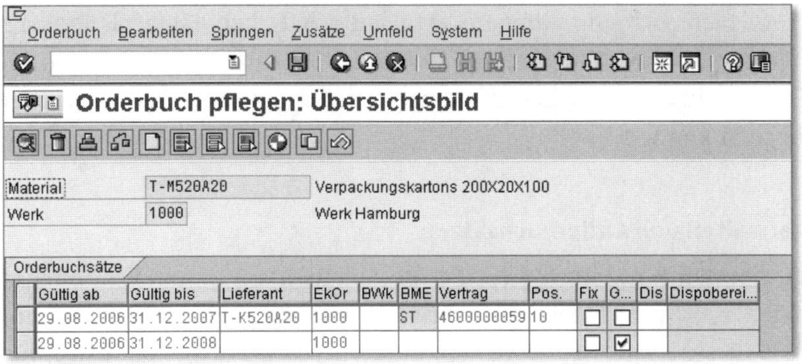

Abbildung 5.28 Ausschluss der Fremdbeschaffung für ein Material

In diesem Fall können Sie für dieses Material keine Bestell- oder Bestellanforderungsposition erfassen. Sie erhalten die Fehlermeldung »Die Fremdbeschaffung des Materials XYZ wurde im Orderbuch ausgeschlossen«.

Wenn Sie im Orderbuch eine Rahmenvertragsposition mit dem Kennzeichen **Gesperrt** gesetzt haben, so ist noch die Beschaffung mit Bezug zum Einkaufsinfosatz möglich. Ist der Einkaufsinfosatz im Orderbuch ebenfalls mit **Gesperrt** gekennzeichnet, so ist selbstverständlich noch eine Beschaffung bei einem anderen Lieferanten möglich, auch wenn der entsprechende Einkaufsinfosatz nicht im Orderbuch eingetragen ist.

Bezugsquellenfindung in der Disposition

Das Feld **Dispositionsrelevant** ist von Bedeutung bei einer Bezugsquellenfindung für Bestellanforderungspositionen, die aus einem Bedarfsplanungslauf resultieren. Ihnen stehen die folgenden Kennzeichen zur Verfügung (siehe Abbildung 5.29).

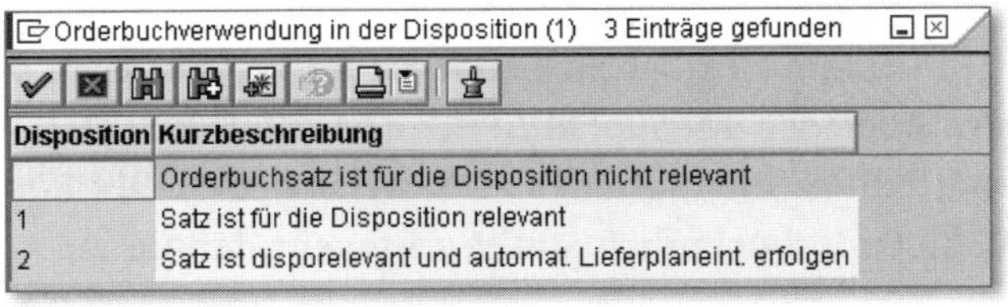

Abbildung 5.29 Disporelevanzkennzeichen im Orderbuch

Das Kennzeichen 1 »Satz ist für die Disposition relevant« steuert, dass diese Bezugsquelle bei einem Bedarfsplanungslauf vorgeschlagen wird. Das Kennzeichen 2 »Satz ist disporelevant und automatische Lieferplaneinteilungen erfolgen« hat bei Lieferplänen als Bezugsquelle zur Folge, dass – bei entsprechenden Einstellungen im Einstiegsbild der Bedarfsplanung – Lieferplaneinteilungen erzeugt werden können.

Verwalten von Orderbuchsätzen

Orderbuchpflicht

Sie können für jedes Material werksabhängig im Materialstammsatz eine Orderbuchpflicht vereinbaren. Hierdurch können Sie erreichen, dass dieses Material nur bei Lieferanten beschafft werden kann, für die eine Bezugsquelle im Orderbuch eingetragen ist. Darüber hinaus können Sie im Customizing eine Orderbuchpflicht für alle Materialien eines Werkes festlegen (siehe Abbildung 5.30). Dadurch wird es notwendig, für jedes Material dieses Werkes eine gültige Bezugsquelle im Orderbuch zu pflegen, bevor dieses Material bestellt werden kann. Es ist dann auch nicht möglich, in einer Bestellanforderungsposition für ein Material ohne Orderbucheintrag eine Bezugsquelle einzutragen.

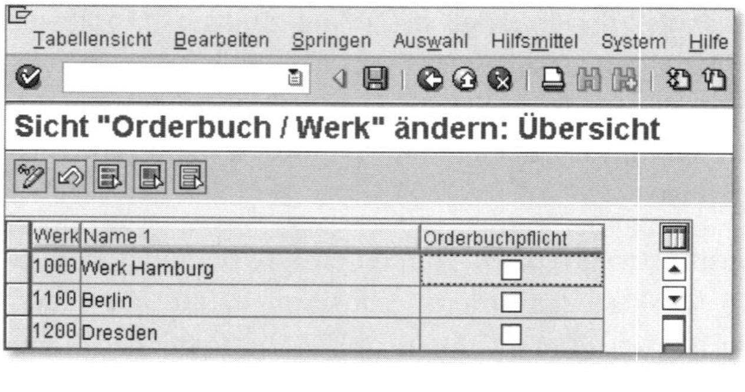

Abbildung 5.30 ERP-Customizing-Transaktion: Orderbuchpflicht

Sie erreichen den Customizing-Schritt **Orderbuchpflicht auf Werksebene definieren** über den Menüpfad **SPRO • SAP Referenz-IMG • SAP Customizing Einführungsleitfaden • Materialwirtschaft • Einkauf • Orderbuch • Orderbuchpflicht auf Werksebene definieren.**

Orderbuchanalyse

Zur Analyse der fehlenden Orderbuchsätze bei Werken mit Orderbuchpflicht ist die Transaktion ME06 »Orderbuchanalyse« sinnvoll.

Mit der Orderbuchanalyse können Sie sich durch die Selektion auf bestimmte Materialien und/oder Werke bzw. Material- und/oder Werksintervalle die Materialien ohne Orderbucheintrag auflisten lassen (siehe Abbildung 5.31). Zusätzlich können Sie den Umfang Ihrer Analyse, zum Beispiel auf die Werke mit Orderbuchpflicht, eingrenzen.

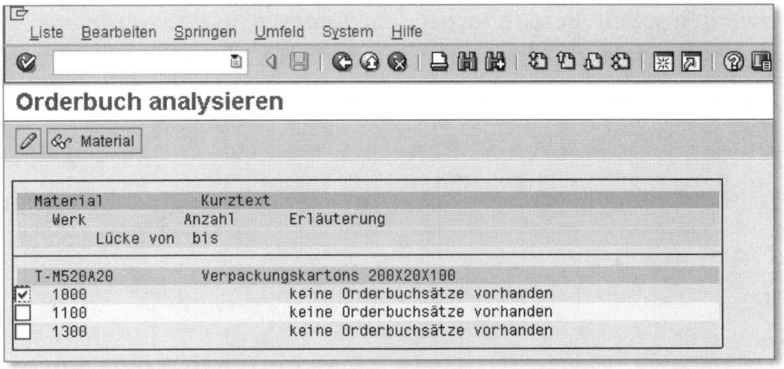

Abbildung 5.31 Orderbuch analysieren

Die Funktion *Orderbuchanalyse* erreichen Sie über den Menüpfad **SAP Menü • Logistik • Materialwirtschaft • Einkauf • Stammdaten • Orderbuch • Folgefunktionen • Analysieren**.

Zur Pflege von Orderbuchsätzen stehen Ihnen die folgenden Möglichkeiten zur Verfügung:

Manuelle Pflege von Orderbuchsätzen

- **Manuell**
  Bei der manuellen Pflege von Orderbuchsätzen durch die Transaktion ME01 (Menüpfad: **SAP Menü • Logistik • Materialwirtschaft • Einkauf • Stammdaten • Orderbuch • Pflegen**) erfassen Sie die einzelnen werksspezifischen Orderbuchsätze für ein Material, indem Sie Gültigkeitszeitraum und Bezugsquelle (Lieferantenstammsatznummer, Rahmenvertragsposition oder Beschaffungswerk) eingeben oder die Drucktaste **Erzeugen Sätze** betätigen. Zusätzlich können Sie die Kennzeichen **Fix** und **Gesperrt** setzen und das Eingabefeld **Disporelevant** pflegen. Bei mehreren Orderbuchsätzen für ein Material dürfen sich deren Gültigkeitszeiträume nicht überschneiden. Sie können eine mögliche Überschneidung von Orderbuchsätzen über **Orderbuch • Prüfen** von SAP ERP ermitteln lassen.

Automatische Erzeugung von Orderbuchsätzen

- **Automatisch**
  Bei der automatischen Erzeugung von Orderbuchsätzen stellt SAP ERP für mehrere Materialien (Sammelverfahren) oder für ein einzelnes Material (Einzelverfahren) die vorhandenen Einkaufsinfosätze und Rahmenvertragspositionen in ein Orderbuch ein. Sie können auswählen, ob Rahmenvertragspositionen oder Einkaufsinfosätze oder beide Bezugsquellen als Orderbuchsätze erstellt werden sollen. Bereits vorhandene Orderbuchsätze werden dabei nicht aktualisiert, können aber alternativ als unverändert, gelöscht oder ungültig behandelt werden (siehe Abbildung 5.32).

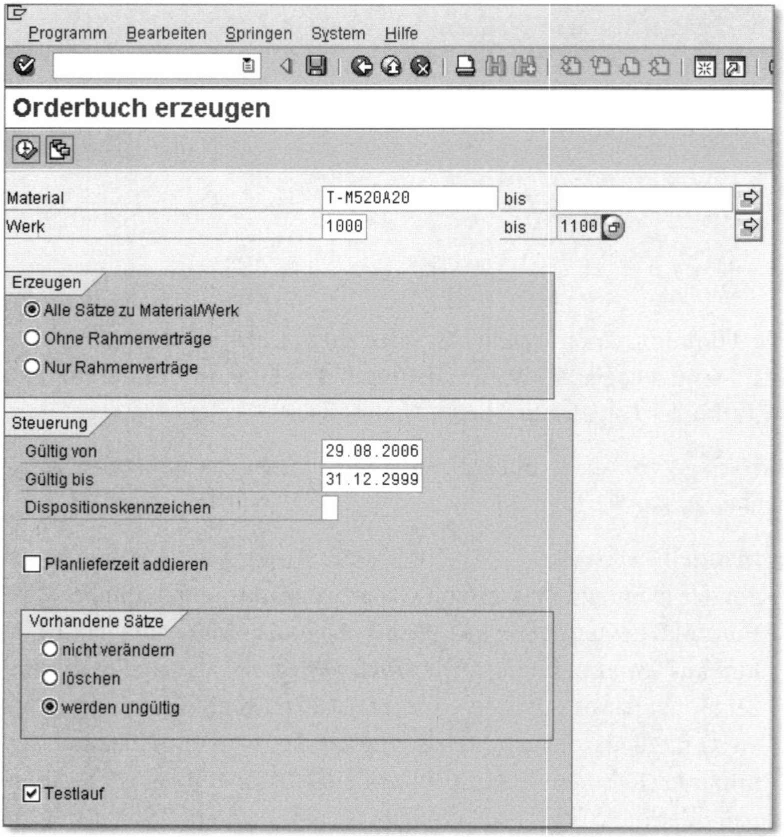

Abbildung 5.32 Selektionsbild: Orderbuch erzeugen

Erzeugung von Orderbüchern simulieren

Die Transaktion ME05 »Orderbuch erzeugen« erreichen Sie über den Menüpfad **SAP Menü • Logistik • Materialwirtschaft • Einkauf • Stammdaten • Orderbuch • Erzeugen**. Sie können die automatische

Erzeugung von Orderbüchern auch zunächst simulieren, um die Auswirkungen zu überprüfen (siehe Abbildung 5.33).

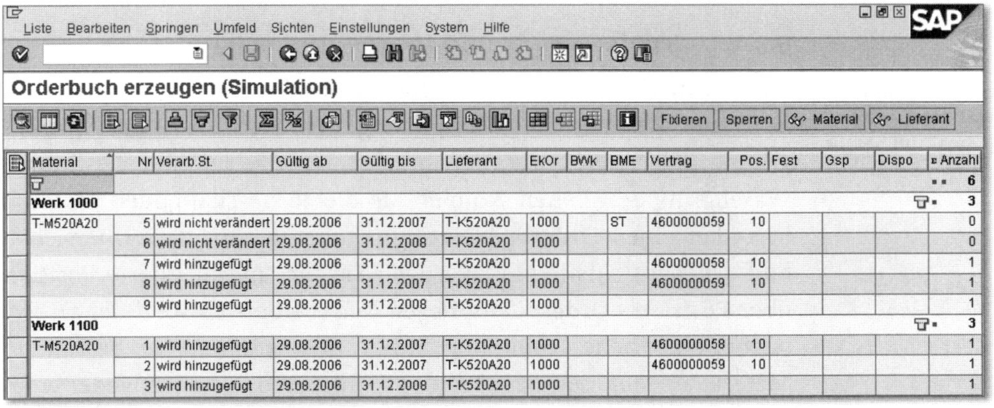

Material	Nr	Verarb.St.	Gültig ab	Gültig bis	Lieferant	EkOr	BWk	BME	Vertrag	Pos.	Fest	Gsp	Dispo	Anzahl
														6
Werk 1000														3
T-M520A20	5	wird nicht verändert	29.08.2006	31.12.2007	T-K520A20	1000		ST	4600000059	10				0
	6	wird nicht verändert	29.08.2006	31.12.2008	T-K520A20	1000								0
	7	wird hinzugefügt	29.08.2006	31.12.2007	T-K520A20	1000			4600000058	10				1
	8	wird hinzugefügt	29.08.2006	31.12.2007	T-K520A20	1000			4600000059	10				1
	9	wird hinzugefügt	29.08.2006	31.12.2008	T-K520A20	1000								1
Werk 1100														3
T-M520A20	1	wird hinzugefügt	29.08.2006	31.12.2007	T-K520A20	1000			4600000058	10				1
	2	wird hinzugefügt	29.08.2006	31.12.2007	T-K520A20	1000			4600000059	10				1
	3	wird hinzugefügt	29.08.2006	31.12.2008	T-K520A20	1000								1

Abbildung 5.33 Orderbuch erzeugen – Simulation

- **Aus einem Infosatz heraus**
  Beim Anlegen oder Ändern eines Einkaufsinfosatzes können Sie über **Zusätze • Orderbuch** direkt in die Pflege des Orderbuchs verzweigen. Bei der Pflege eines einkaufsorganisationsweiten Infosatzes können Sie über **Springen • nächstes Werk** die Orderbücher für alle dieser Einkaufsorganisation zugeordneten Werke pflegen.
- **Aus einem Rahmenvertrag heraus**
  Wenn Sie einen Rahmenvertrag anlegen oder ändern, überführt SAP ERP die markierte Rahmenvertragsposition über **Position • Orderbuch pflegen** in das Orderbuch. Bei einer Rahmenvertragsposition ohne Werksangabe müssen Sie für den Orderbucheintrag ein Werk eingeben.
- **Über Vorlage anlegen**
  Im Übersichtsbild der Orderbuchpflege erscheint über **Bearbeiten • Kopieren Vorlage** ein Dialogfenster, in dem Sie die Materialnummer und das Werk des zu kopierenden Orderbuchs eingeben können.

Orderbuchsätze löschen

Im Rahmen der Verwaltung von Orderbüchern können Sie Orderbuchsätze für einzelne oder mehrere Materialien löschen (Menüpfad: **Logistik • Materialwirtschaft • Einkauf • Stammdaten • Orderbuch • Folgefunktionen • Löschen**) oder sich Änderungen von Orderbuchsätzen auflisten lassen (Menüpfad: **Logistik • Materialwirtschaft • Einkauf • Stammdaten • Orderbuch • Änderungen**).

5.3.2 Orderbuchsätze für Warengruppenkontrakte

Orderbuchpflege aus der Kontraktposition heraus

Für Kontraktpositionen, die keine Materialnummer enthalten, sich also zum Beispiel bei Verwendung der Positionstypen »Warengruppe (W)« oder »Material unbekannt (M)« auf eine bestimmte Warengruppe beziehen, können Sie die zu beschaffenden Materialien über einen Orderbucheintrag regulieren. Aus dem Übersichtsbild des Kontrakts heraus gelangen Sie für eine markierte Position über **Position • Orderbuch pflegen** in das Übersichtsbild der Orderbuchpflege (siehe Abbildung 5.34). Hier können Sie bestimmte Materialien auf der Basis dieser Kontraktposition entweder vom Bezug ausschließen oder einschließen.

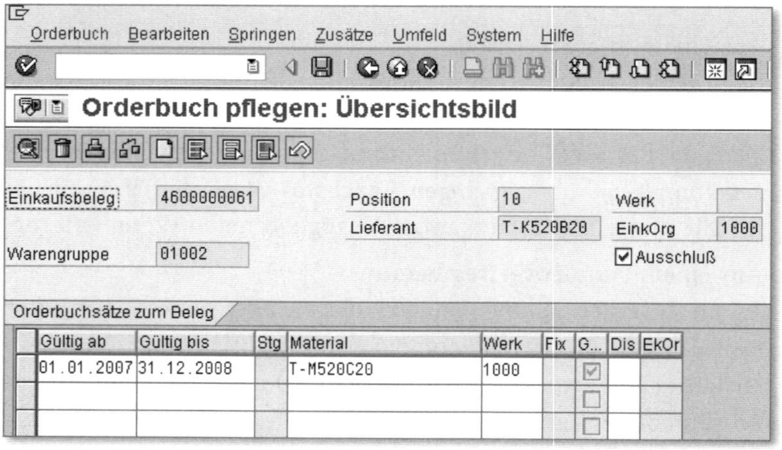

Abbildung 5.34 Orderbuch für eine Warengruppenkontraktposition

Ausschluss und Einschluss von Materialien

Bei einem Ausschluss von Materialien setzen Sie das Kennzeichen **Ausschluß** und erfassen Gültigkeitszeitraum und Materialnummer der Materialien, die nicht auf Basis dieser Kontraktposition beschafft werden können.

Bei einem Einschluss von Materialien setzen Sie das Ausschlusskennzeichen nicht, gehen aber bezüglich der einzuschließenden Materialien analog vor.

5.4 Quotierung

Zweck einer Quotierung

Die Quotierung ist wie auch das Orderbuch ein Instrument zur Verwaltung von Bezugsquellen. Die Quotierung dient dazu, anfallende Bedarfe für ein Material abwechselnd verschiedenen Bezugsquellen zuzuordnen oder auf verschiedene Bezugsquellen aufzuteilen. Über die Quotierung ordnen Sie auf Werksebene verschiedenen Bezugsquellen eine Quote zu, die angibt, welcher Anteil des anfallenden Bedarfs von diesen Bezugsquellen bezogen werden soll. Eine Quotierung kann im Einkauf (für manuell angelegte Bestellanforderungen) und in der Materialbedarfsplanung verwendet werden. Bei der automatischen Bezugsquellenfindung hat die Quotierung die höchste Priorität.

Hinweis

Die Zuschlagsbezugsquelle gemäß Quotierung wird nur dann als Bezugsquelle eingestellt, wenn diese Bezugsquelle im Orderbuch nicht als gesperrt gekennzeichnet wurde.

5.4.1 Die Quotierung im Einkauf

Die Pflege einer Quotierung erreichen Sie im SAP-Menü über den Menüpfad **SAP Menü • Logistik • Materialwirtschaft • Einkauf • Stammdaten • Quotierung • Pflegen** (MEQ1). Zur Pflege der Quotierung geben Sie nach der Material- und Werksnummer und dem Gültigkeitszeitraum der Quotierung die folgenden Daten ein:

Pflege einer Quotierung

- **Beschaffungsart**
  Als Beschaffungsart können Sie »Fremdbeschaffung (F)« oder »Eigenfertigung (E)« wählen.
- **Sonderbeschaffungsart**
  Als Sonderbeschaffungsart können Sie zum Beispiel »Konsignation (K)« oder »Lohnbearbeitung (L)« eintragen.
- **Lieferantennummer**
  Die Lieferantennummer geben Sie für Quotierungspositionen mit der Beschaffungsart »Fremdbeschaffung (F)« ein.
- **Beschaffungswerk**
  Im Eingabefeld **BWk** pflegen Sie das Beschaffungswerk, wenn Sie als Beschaffungsart »Eigenfertigung (E)« gewählt haben.

- **Quote**
  In der Spalte **Quote** pflegen Sie für jede Quotierungsposition deren Anteil am anfallenden Bedarf.

Die Quote in Prozent ermittelt SAP ERP automatisch, nachdem Sie **Enter** betätigt haben (siehe Abbildung 5.35).

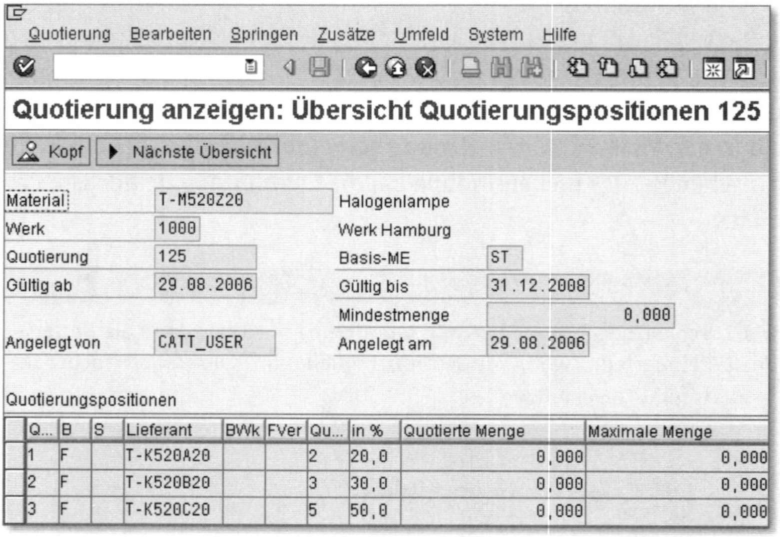

Abbildung 5.35 Quotierungspositionen

Quotierungsverwendungskennzeichen

Bevor eine Quotierung für ein Material angelegt werden kann, müssen Sie auf Werksebene in den Einkaufsdaten oder den Dispositionsdaten des Materialstammsatzes das Quotierungsverwendungskennzeichen pflegen. Das Quotierungsverwendungskennzeichen steuert, in welchen Beschaffungsfunktionen die Quotierung berücksichtigt werden soll. Sie können die Materialmengen der folgenden Beschaffungsinstrumente in die quotierte Menge einer Quotierung einfließen lassen (siehe Abbildung 5.36):

- **Bestellanforderungen**
- **Bestellungen**
  Die Bestellmenge geht in die quotierte Menge ein, sofern nicht auf eine Bestellanforderungsposition Bezug genommen wurde, deren Menge ihrerseits bereits in die quotierte Menge eingegangen ist.
- **Lieferplaneinteilungen**
- **Planaufträge**

- **Fertigungsaufträge**
  Die Materialmenge von Fertigungsaufträgen geht in die quotierte Menge ein, sofern die Materialmenge des Fertigungsauftrags nicht bereits durch einen zugrunde liegenden Planauftrag in der Quotierungsmenge berücksichtigt wurde.
- **Disposition**
  Sofern die Bezugsquellenfindung durch eine Quotierung auch in der Disposition berücksichtigt wird, geht die Materialbedarfsmenge in Form von Planaufträgen und Bestellanforderungen ebenfalls in die quotierte Menge ein.

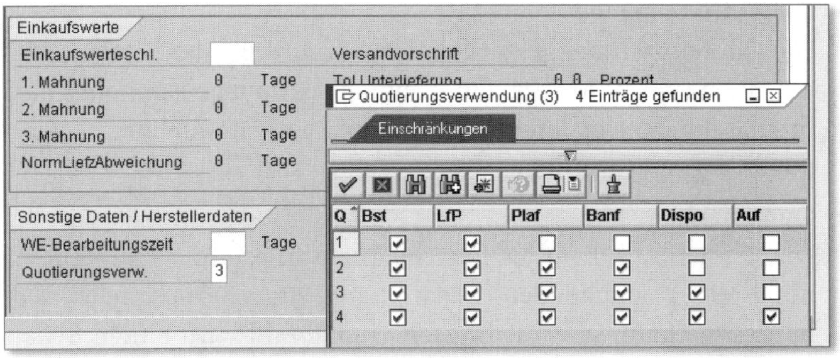

Abbildung 5.36 Quotierungsverwendungskennzeichen in der Einkaufssicht des Materialstammsatzes

Die Kombination verschiedener Verwendungen können Sie im Customizing des Einkaufs in einem Quotierungsverwendungsschlüssel festhalten (Menüpfad: **SPRO • SAP Referenz-IMG • SAP Customizing Einführungsleitfaden • Materialwirtschaft • Einkauf • Quotierung • Quotierungsverwendung festlegen**).

Zum Verständnis der Quotierung ist die Klärung einiger Begriffe erforderlich:

Begriffe in der Quotierung

- **Quote**
  Durch die Zuordnung einer Quote zu einzelnen Bezugsquellen wird deren Anteil an der Deckung des anfallenden Bedarfs zugeordnet (ein Beispiel sehen Sie in Tabelle 5.2).

  SAP ERP ermittelt aufgrund der Quotenvergabe den prozentualen Anteil der einzelnen Bezugsquellen.

Lieferant	Quote	Quote in Prozent
A	2	20
B	3	30
C	5	50

Tabelle 5.2 Quotenzuordnung

- **Quotierte Mengen**
  Die quotierte Menge ist die Gesamtmenge aller Bedarfe, die einer Bezugsquelle bereits zugeordnet wurde.
- **Quotenbasismenge**
  Die Quotenbasismenge wirkt bei der Ermittlung der Bezugsquelle wie die quotierte Menge. Eine Quotenbasismenge kann einer neu in eine bereits existierende Quotierung aufgenommenen Bezugsquelle zugeteilt werden.
- **Quotenzahl**
  Die Quotenzahl dient als Entscheidungskriterium für die Zuordnung eines anfallenden Bedarfs auf eine Bezugsquelle. Der Bezugsquelle mit der niedrigsten Quotenzahl wird einem Bedarf als Bezugsquelle zugeordnet.

Die Berechnung der Quotenzahl basiert auf der folgenden Formel:

$$Quotenzahl = \frac{quotierte\ Menge + Quotenbasismenge}{Quote}$$

Beispiel zur Quotierung

Zur Verdeutlichung der Berechnung der Quotenzahl soll das Beispiel in Tabelle 5.3 mit zusätzlichen Daten fortgeführt werden.

Lieferant	Quote	Quotierte Menge	Quotenbasismenge	Quotenzahl
A	2	100	0	(100+0)/2 = 50
B	3	120	0	(120+0)/3 = 40
C	5	150	0	(150+0)/5 = **30**

Tabelle 5.3 Berechnung der Quotenzahl vor der Bezugsquellenzuordnung

Im Beispiel in Tabelle 5.3 erhält der Lieferant C aufgrund der niedrigsten Quotenzahl den anfallenden Bedarf von beispielsweise 50 Stück eines Materials. In Fortführung des Beispiels ergibt sich die neue Situation in Tabelle 5.4.

Lieferant	Quote	Quotierte Menge	Quotenbasismenge	Quotenzahl
A	2	100	0	(100+0)/2 = 50
B	3	120	0	(120+0)/3 = 40
C	5	**200**	0	(**200**+0)/5 = **40**

Tabelle 5.4 Berechnung der Quotenzahl nach der Bezugsquellenzuordnung

Soll zu einem späteren Zeitpunkt ein weiterer Bedarf im Rahmen der Quotierung einer Bezugsquelle zugeordnet werden, so ermittelt SAP ERP auf der Basis der Formel zur Ermittlung der Quotenzahl für Lieferanten A und B jeweils eine Quotenzahl von 40. Bei einem Gleichstand der Quotenzahl ist die Bezugsquelle mit der höheren Quote die gültige Bezugsquelle. In diesem Beispiel also Lieferant C mit der höheren Quote von 5 im Vergleich zu Lieferant B mit einer Quote von 3. Diese Vorgehensweise gilt auch bei einer Quotenzahl von null.

Soll eine neue Bezugsquelle an der Quotierung teilnehmen, so würden dieser Bezugsquelle aufgrund einer quotierten Menge von null so lange alle Bedarfe zugeordnet werden, bis deren Quotenzahl die Quotenzahl einer anderen Bezugsquelle überschreitet. Die Zuordnung einer Quotenbasismenge zur neuen Bezugsquelle verhindert eine Bevorzugung dieser neuen Bezugsquelle. Die neue Bezugsquelle wird dadurch so gestellt, als hätte sie von Beginn an an der Quotierung teilgenommen. Die Quotenbasismenge können Sie manuell einstellen oder von SAP ERP über die folgenden zwei Verfahren ermitteln lassen:

- **Einzelrechnung**

  Berechnung der Quotenbasismenge

  Für die Einzelrechnung markieren Sie in der Transaktion zur Pflege der Quotierung (MEQ1) die Quotierungsposition, für die eine Quotenbasismenge berechnet werden soll, und wählen **Bearbeiten • Basismengen • Einzelrechnung**. Die Ermittlung der Quotenbasismenge können Sie auch durchführen, um ein Missverhältnis von quotierter Menge und Quote zu bereinigen. Dabei berechnet die Einzelrechnung die Quotenbasismenge so, dass die entsprechende Quotierungsposition auf den letzten Rang zurückfällt (siehe Abbildung 5.37).

  Im Beispiel in Abbildung 5.37 wurde für die dritte Quotierungsposition eine Quotenbasismenge von 90 ermittelt. Aufgrund dieser Quotenbasismenge fällt diese Bezugsquelle mit einer Quotenzahl von 20 = (10 + 90)/5 zusammen mit der ersten Quotierungsposition (20 = 40/2) auf den letzten Rang der Quotierung.

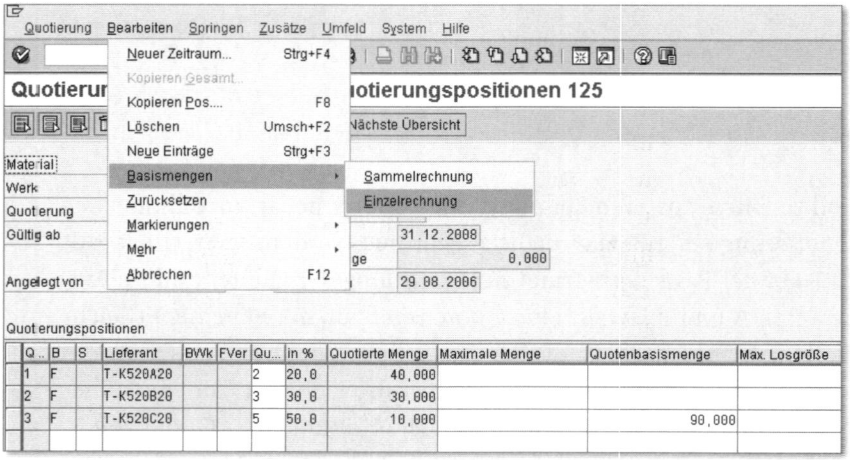

Abbildung 5.37 Quotenbasismenge in der Einzelrechnung

- **Sammelrechnung**
  Die Sammelrechnung ermittelt für alle Quotierungspositionen die Quotenbasismenge in der Form, dass alle Bezugsquellen anschließend die gleiche Quotenzahl aufweisen. Für die Sammelrechnung wählen Sie in der Transaktion zur Pflege der Quotierung (MEQ1) **Bearbeiten • Basismengen • Sammelrechnung** (siehe Abb. 5.38).

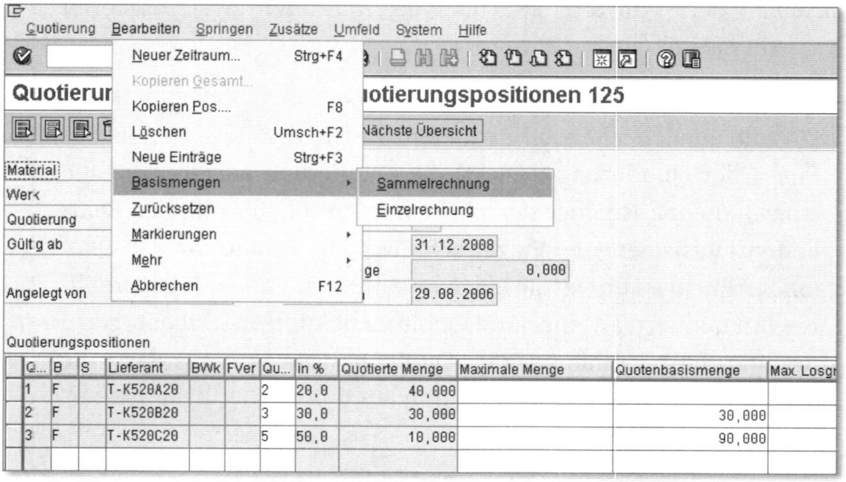

Abbildung 5.38 Quotenbasismenge in der Sammelrechnung

Im Beispiel in Abbildung 5.38 weisen alle Lieferanten aufgrund der Zuordnung von Quotenbasismengen für die Quotierungspositionen 2 und 3 eine Quotenzahl von 20 auf.

5.4.2 Die Quotierung in der Materialbedarfsplanung

Durch die Zuordnung eines entsprechenden Quotierungsverwendungskennzeichens im Materialstammsatz kann die Quotierung für dieses Material auch im Rahmen eines Bedarfsplanungslaufs erfolgen. Die in Abschnitt 5.4.1 beschriebenen Mechanismen, die über die Zuteilung eines Bedarfs zu einer Bezugsquelle entscheiden, gelten auch bei dieser so genannten Zuteilungsquotierung.

Zuteilungs- und Splittungsquotierung

Splittungsquotierung in der Disposition möglich

Zusätzlich zu dieser Zuteilungsquotierung haben Sie bei der Verwendung der Quotierung in der Disposition die Möglichkeit, den ermittelten Bedarf auf mehrere Bezugsquellen der Quotierung aufzuteilen. Für diese so genannte Splittungsquotierung müssen folgende Voraussetzungen erfüllt sein:

Voraussetzungen für die Splittungsquotierung

- **Erreichen der Mindestmenge für die Splittung**
  Die Bedarfsmenge (Losgröße) muss die Mindestmenge für die Splittung erreichen, die Sie im Kopf der Quotierung im Feld **Mindestmenge** eingegeben haben.
  - **Losgrößenverfahren mit Splittungsquote**
    Das für das Material in der Dispositionssicht 1 eingestellte Losgrößenverfahren muss eine Splittungsquote vorsehen. Im Standard von SAP ERP ist das Losgrößenverfahren »Exakte Losgrößenberechnung mit Splittung (ES)« mit dem Splittungskennzeichen ausgestattet.

Customizing des Losgrößenverfahrens

Die Customizing-Einstellungen für Losgrößenverfahren erreichen Sie über den Menüpfad **SPRO • SAP Referenz-IMG • SAP Customizing Einführungsleitfaden • Materialwirtschaft • Verbrauchsgesteuerte Disposition • Planung Losgrößenrechnung • Losgrößenverfahren festlegen**.

Wenn diese Voraussetzungen erfüllt sind, wird die Bedarfsmenge auf die einzelnen quotierten Bezugsquellen entlang der Quote aufgeteilt.

Die Formel für die Ermittlung der Zuschlagsmenge für jede Bezugsquelle lautet:

$$Zuschlagsmenge = \frac{Bedarfsmenge \times Quote\ der\ Bezugsquelle}{Summe\ aller\ Quoten}$$

Somit spielen die bereits quotierten Mengen oder die Quotenzahl bei Erreichen der Mindestmenge zur Quotierung keine Rolle bei der Ermittlung der Zuschlagsmenge.

Mindestmenge von null

Zur Verdeutlichung soll das Beispiel aus Tabelle 5.4 für eine Bedarfsmenge von 100 Stück und eine Mindestmenge von null fortgeführt werden (siehe Tabelle 5.5).

Lieferant	Quote	Zuschlagsmenge	Neue quotierte Menge
A	2	20	120
B	3	30	150
C	5	50	250

Tabelle 5.5 Zuschlagsmengen bei der Zuteilungsquotierung

Der Bedarf von 100 Stück wird also in drei Bestellanforderungspositionen im Verhältnis 2:3:5 aufgeteilt, wobei die Bezugsquelle mit der höchsten Quote die erste Zuteilung erhält.

Wenn es eine Mindestmenge für die Splittung gibt, stellt sich das Ergebnis der Zuteilung jedoch anders dar. Dann wird nach jeder Splittung geprüft, ob die Restmenge die Mindestmenge für eine weitere Splittung erreicht. Ist die Restmenge nach einer oder mehreren Splittungen kleiner als die Mindestmenge, schaltet SAP ERP von der Splittungsquotierung auf die Zuteilungsquotierung um. Somit spielen Quotenzahl und quotierte Menge einer quotierten Position zur Ermittlung der gültigen Bezugsquelle wieder eine Rolle.

Das Beispiel aus Tabelle 5.5 soll für einen Bedarf von 100 Stück und eine Mindestmenge für die Splittung von 60 Stück fortgeführt werden (siehe Tabelle 5.6).

Lieferant	Quote	Zuschlagsmenge	Neue quotierte Menge
A	2		120
B	3		150
C	5	50	**300**

Tabelle 5.6 Zuschlagsmengen nach der ersten Runde der Zuschlagsquotierung

Lieferant C erhält aufgrund der höchsten Quote den ersten Zuschlag. Die verbleibende Bedarfsmenge beträgt 50 Stück. Die Zuschlagsmenge für den Liefernten mit der nächsthöheren Bezugsquelle (Lieferant B) ergibt sich nach der Formel

$$Zuschlagsmenge = \frac{Bedarfsmenge \times Quote\ der\ Bezugsquelle}{Summe\ aller\ Quoten}$$

somit

$$15 = \frac{50 \times 3}{10}$$

Da diese Zuschlagsmenge niedriger ist als die Mindestmenge für die Splittung von 60 Stück, stellt SAP ERP auf die Zuteilungsquotierung um und teilt der Bezugsquelle mit der niedrigsten Quotenzahl die Restmenge zu (siehe Tabelle 5.7).

Lieferant	Quote	Zuschlagsmenge	Neue quotierte Menge	Quotenzahl
A	2		120	(120+0)/2 = 60
B	3	**50**	**200**	(150+0)/3 = **50**
C	5	50	300	

Tabelle 5.7 Zuschlagsmenge aufgrund der Umstellung auf Zuteilungsquotierung

Da dem Lieferanten C bereits eine Bedarfsmenge zugeteilt wurde, wird dessen Quotenzahl nicht berücksichtigt. Lieferant B weist gegenüber Lieferant A die niedrigere Quotenzahl auf und erhält den Zuschlag über die Restmenge von 50 Stück.

Die Reihenfolge, nach der eine Splittung erfolgt, ergibt sich aus den zugeteilten Quoten. Jedoch können Sie diese Reihenfolge durch die Vergabe von Prioritäten in den Quotierungspositionen übersteuern.

Besonderheiten der Quotierung in der Bedarfsplanung

Zusätzliche Einstellungen

Für die Quotierung in der Bedarfsplanung können Sie unabhängig von der Quotierungslogik (Splittungs- oder Zuteilungsquotierung) für jede Quotierungsposition auch mit den folgenden Einstellungen arbeiten:

- minimale Losgröße
- maximale Losgröße mit 1x-Kennzeichen
- maximale Menge (auch bei der Quotierung im Einkauf verwendbar)

Minimale Losgröße

Minimale Losgröße

Die minimale Losgröße einer Quotierungsposition bezeichnet die Mindestlosgröße, die bei dieser Bezugsquelle beschafft wird. Wenn die Bedarfsmenge diese minimale Losgröße unterschreitet, wird die Beschaffungsmenge auf die Mindestlosgröße angehoben.

Beispiel

Die Vorgehensweise soll anhand eines neuen Beispiels mit einer Bedarfsmenge von 100 Stück demonstriert werden (siehe Tabelle 5.8).

Lieferant	Quote	Minimale Losgröße	Quotierte Menge	Quotenzahl
A	2	120	100	(100+0)/2 = **50**
B	3		165	(165+0)/3 = 55
C	5		600	(600+0)/5 = 120

Tabelle 5.8 Quotierung mit einer minimalen Losgröße

Aufgrund der niedrigsten Quotenzahl erhält Lieferant A den Zuschlag. Die Menge im Beschaffungsvorschlag wird jedoch von 100 Stück auf 120 Stück erhöht.

Maximale Losgröße

Maximale Losgröße

Bei der maximalen Losgröße wird die Beschaffungsmenge einer gültigen Bezugsquelle auf deren maximale Losgröße reduziert und die verbleibende Bedarfsmenge neu quotiert. Gegeben ist die folgende Ausgangssituation (siehe Tabelle 5.9) mit einem Bedarf von 120 Stück.

Beispiel

Lieferant	Quote	Maximale Losgröße	Kennzeichen 1x	Quotierte Menge	Quotenzahl
A	2			220	(220+0)/2 = 110
B	3	90		165	(165+0)/3 = **55**
C	5			600	(600+0)/5 = 120

Tabelle 5.9 Ausgangssituation der Quotierung mit einer maximalen Losgröße

Aufgrund der niedrigsten Quotenzahl erhält Lieferant B den Zuschlag. Da für Lieferant B eine maximale Losgröße von 90 Stück gilt, wird nur diese Bedarfsmenge zugeteilt. Hieraus ergibt sich die Situation in Tabelle 5.10.

Lieferant	Quote	Maximale Losgröße	Kennzeichen 1x	Neue quotierte Menge	Neue Quotenzahl
A	2			220	(220+0)/2 = 110
B	3	90		**255**	(255+0)/3 = **85**
C	5			600	(600+0)/5 = 120

Tabelle 5.10 Ergebnis der Quotierung mit einer maximalen Losgröße

Der Restbedarf von 30 Stück wird neu quotiert. Dabei kann die Situation eintreten, dass der Restbedarf von 30 Stück wieder dem Lieferanten B zugeteilt wird. Dessen Quotenzahl hat sich erhöht, ist aber immer noch niedriger als die Quotenzahlen der anderen Bezugsquellen.

Zuteilung durch 1x-Kennzeichen

Um zu verhindern, dass dem Lieferanten B auch der Restbedarf von 30 Stück zugeteilt wird, können Sie in dessen Quotierungsposition das 1x-Kennzeichen setzen. Daraus würde sich die Zuteilung in Tabelle 5.11 ergeben.

Lieferant	Quote	Maximale Losgröße	Kennzeichen 1x	Zuschlagsmenge
A	2			**30**
B	3	90	**X**	
C	5			

Tabelle 5.11 Quotierungsergebnis bei 1x-Kennzeichen

Lieferant A erhält aufgrund seiner Quotenzahl den Zuschlag vor Lieferant C mit der höheren Quotenzahl und Lieferant B, der für diese Bedarfsmenge nicht weiter berücksichtigt wird.

Maximale Menge

Maximale Menge

Eine maximale Menge einer Quotierungsposition wird bei manuell und automatisch erstellten Bestellanforderungen berücksichtigt. Bei der Eingabe einer maximalen Menge einer Quotierungsposition wird die gültige Bezugsquelle nur dann berücksichtigt, wenn die Beschaffungsmenge die maximale Menge der Bezugsquelle nicht überschreitet. Ansonsten wird die Bezugsquelle mit der zweitniedrigsten Quotenzahl zur gültigen Bezugsquelle (siehe Tabelle 5.12).

Beispiel

Lieferant	Quote	Maximale Menge	Quotierte Menge	Quotenzahl
A	2		220	(220+0)/2 = 110
B	3	300	255	(255+0)/3 = 85
C	5		600	(600+0)/5 = 120

Tabelle 5.12 Maximale Menge

Lieferant B ist aufgrund der niedrigsten Quotenzahl die gültige Bezugsquelle. Bei einer Bedarfsmenge von 50 Stück würde die quotierte Menge die maximale Menge überschreiten. Als Konsequenz wird Lieferant A die gültige Bezugsquelle.

5.5 Folgebearbeitung von Bestellanforderungen

Umsetzung der zugeordneten Bestellanforderungen

Durch die Bezugsquellenzuordnung befinden sich zahlreiche Bestellanforderungspositionen mit einer zugeordneten Bezugsquelle in SAP ERP. Diese Bestellanforderungspositionen müssen im Einkauf in Bestellungen, Kontraktabrufen oder in Lieferplaneinteilungen umgesetzt oder gegebenenfalls zur Anfragebearbeitung vorgemerkt werden. Die Verfahren, die SAP ERP zur Umsetzung anbietet, werden in Abschnitt 5.5.2 vorgestellt. Für Bestellanforderungspositionen, denen noch keine Bezugsquelle zugeordnet werden konnte, bietet SAP ERP verschiedene Funktionen und Arbeitsschritte an. Die Bearbeitung nicht zugeordneter Bestellanforderungspositionen ist Gegenstand des Abschnitts 5.5.1.

5.5.1 Bearbeitung nicht zugeordneter Bestellanforderungspositionen

Zur Bearbeitung nicht zugeordneter Bestellanforderungen stehen Ihnen verschiedene Bearbeitungsmöglichkeiten zur Verfügung:

- **Einzelbearbeitung von Bestellanforderungen**
  Die Einzelbearbeitung von Bestellanforderungen nehmen Sie beim Anlegen oder Ändern einer Bestellanforderung vor. In der Enjoy-Bestellanforderung der Transaktionen ME51N bzw. ME52N wählen Sie auf der Registerkarte **Bezugsquelle** der Positionsdetaildaten die Drucktaste **Bezugsquelle zuordnen**. Findet SAP ERP eine eindeutige Bezugsquelle, so wird diese eingestellt. Sofern mehrere gleichrangige Bezugsquellen vorhanden sind, erhalten Sie eine Liste der möglichen Bezugsquellen. Aus dieser Liste können Sie auch in die Lieferantenbeurteilung oder in einen Preisvergleich verzweigen.
- **Sammelbearbeitung von Bestellanforderungen**
  Zur Sammelbearbeitung von Bestellanforderungen bietet SAP ERP die Transaktionen ME56 und ME57 an (Menüpfad: **SAP Menü • Logistik • Materialwirtschaft • Einkauf • Banf • Folgefunktionen • Zuordnen** oder **Zuordnen und bearbeiten**). Der Unterschied zwischen beiden Transaktionen besteht im Arbeitsergebnis:

Bestellanforderungen zuordnen

Bei der ausschließlichen Zuordnung von Bestellanforderungen erhalten Sie eine Banf-Zuordnungsliste, die eine Aufstellung der zugeordneten Bestellanforderungspositionen enthält. Die Weiterbearbeitung dieser Banf-Zuordnungsliste erfolgt über die Transaktion ME58 (Menüpfad: **SAP Menü • Logistik • Materialwirtschaft • Einkauf • Banf • Folgefunktionen • Bestellung anlegen • über Banf-Zuordnungsliste**).

Bestellanforderungen zuordnen und bearbeiten

Die Transaktion ME57 bietet Ihnen die Folgebearbeitung der zugeordneten Bestellanforderungen an, indem Sie aus der Banf-Zuordnungsliste zum Beispiel Bestellungen oder Lieferplaneinteilungen erstellen (siehe Abschnitt 5.5.2).

Somit können Sie entweder in einem ersten Arbeitsschritt die nicht zugeordneten Bestellanforderungen zunächst zuordnen (**Banf zuordnen**, Transaktion ME56) und anschließend in einem zweiten Arbeitsschritt die zugeordneten Bestellanforderungen auf der Basis der Banf-Zuordnungsliste weiterbearbeiten (**Bestellung anlegen über**

Banf-Zuordnungsliste, Transaktion ME58), oder Sie führen die Bearbeitung in einem einzigen Arbeitsschritt durch (**Banf zuordnen und bearbeiten**, Transaktion ME57). Die Transaktion **Banf zuordnen und bearbeiten** (ME57) kombiniert die Transaktionen **Banf zuordnen** (ME56) und **Bestellung anlegen über die Banf-Zuordnungsliste** (ME58). Bei der Sammelzuordnung von Bestellanforderungen mit der Transaktion ME56 selektieren Sie die Bestellanforderungen beispielsweise nach Ihrer Einkäufergruppe und erhalten eine Liste nicht zugeordneter Bestellanforderungen (siehe Abbildung 5.39).

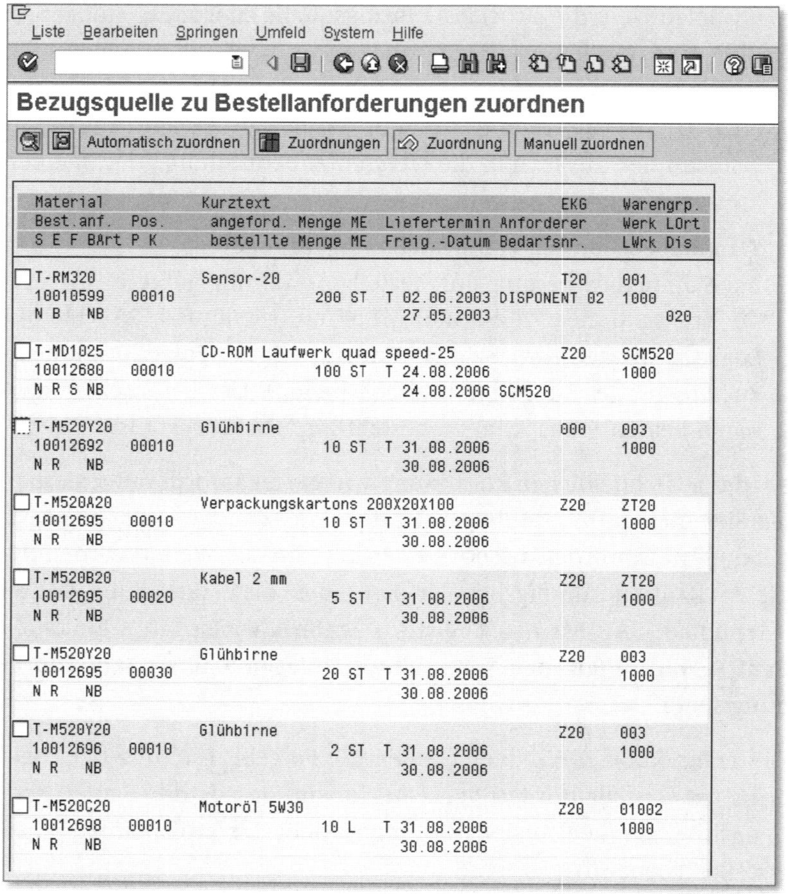

Abbildung 5.39 Liste der offenen Bestellanforderungen

In dieser Grundliste markieren Sie manuell einzelne oder über **Bearbeiten • Markieren** mehrere Bestellanforderungspositionen, denen Sie eine Bezugsquelle zuordnen möchten. Danach betätigen Sie

Automatisch zuordnen, und SAP ERP versucht, den markierten Bestellanforderungspositionen eine Bezugsquelle zuzuordnen. Als Ergebnis sind drei Fälle möglich:

Ergebnis der automatischen Zuordnung

- Es konnte einer Bestellanforderungsposition keine Bezugsquelle zugeordnet werden.
- Es konnte einer Bestellanforderungsposition eine eindeutige Bezugsquelle zugeordnet werden.
- Für eine Bestellanforderungsposition stehen mehrere gleichrangige Bezugsquellen zur Verfügung (siehe Abbildung 5.40).

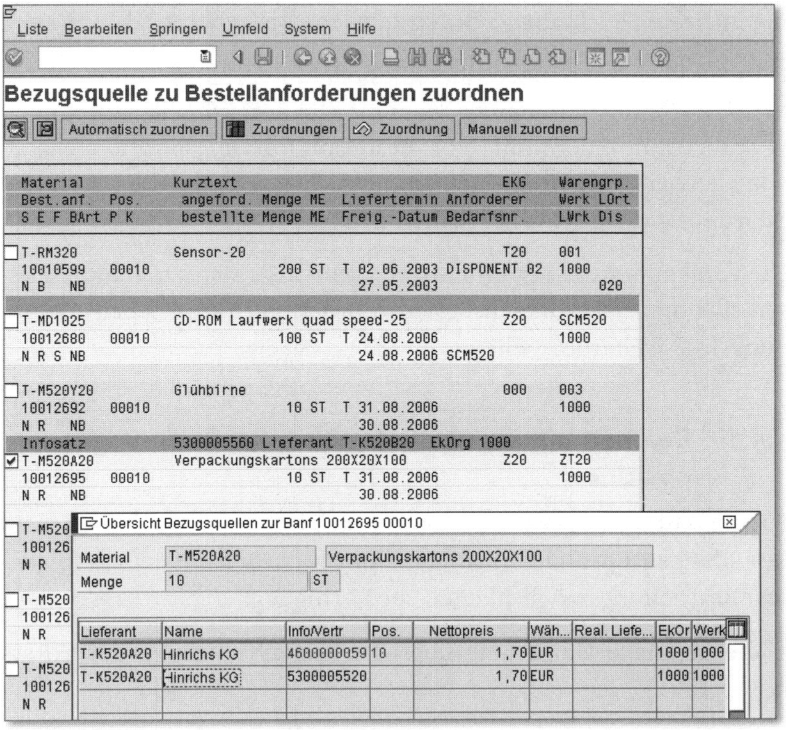

Abbildung 5.40 Liste der Zuordnungsergebnisse

Zur Anfragebearbeitung vormerken

In Abbildung 5.40 können Sie erkennen, dass für die ersten beiden Bestellanforderungspositionen keine Zuordnung erfolgt ist. Diese Bestellanforderungspositionen können Sie zur Anfragebearbeitung vormerken, indem Sie die Bestellanforderungspositionen markieren und **Bearbeiten • Vormerken für Anfrage • ohne Lieferant** wählen oder sie über **Bearbeiten • Bezugsquelle manuell zuordnen** manuell einem Lieferanten zuordnen.

Für die dritte Bestellanforderungsposition wurde eine eindeutige Bezugsquelle zugeordnet.

Gleichrangige Bezugsquellen

Für die vierte Bestellanforderungsposition wurden mehrere gleichrangige Bezugsquellen ermittelt, die in einem Dialogfenster aufgeführt werden. Aus diesem Dialogfenster heraus können Sie eine Bezugsquelle durch Doppelklick auswählen, in die Lieferantenbeurteilung verzweigen oder einen Preisvergleich durchführen. Dieses Dialogfenster erscheint für alle Bestellanforderungspositionen, für die mehrere gleichrangige Bezugsquellen vorhanden sind.

Falls Sie für bereits zugeordnete Bestellanforderungspositionen eine neue Zuordnung vornehmen, geht die alte Bezugsquellenzuordnung verloren. Eine Zuordnung von Bestellanforderungspositionen können Sie über **Bearbeiten • Zuordnung rücksetzen** oder die Drucktaste **Zuordnung rücksetzen** zurücknehmen.

Zurdnungen in der Zuordnungsliste weiter bearbeiten

Die vorgenommenen Zuordnungen können Sie sichern. Dadurch lassen sich die zugeordneten Bestellanforderungen in der Banf-Zuordnungsliste weiterbearbeiten.

5.5.2 Bearbeitung zugeordneter Bestellanforderungspositionen

Für die Umsetzung zugeordneter Bestellanforderungspositionen in Bestellungen oder Lieferplaneinteilungen stehen Ihnen die folgenden Bearbeitungsmöglichkeiten zur Verfügung:

- die manuelle Umsetzung über die Belegübersicht in der Enjoy-Bestellung
- die halbautomatische Umsetzung über die Banf-Zuordnungsliste
- die automatische Umsetzung über die Funktion *automatische Bestellerzeugung*

Manuelle Umsetzung über die Belegübersicht in der Enjoy-Bestellung (ME21N)

Alternativ zur Nutzung der Banf-Zuordnungsliste können Sie in der Belegübersicht der Transaktion »Bestellung anlegen (ME21)« die offenen und zugeordneten Bestellanforderungen nach Lieferanten gruppieren und Bestellungen anlegen (siehe Abbildung 5.41).

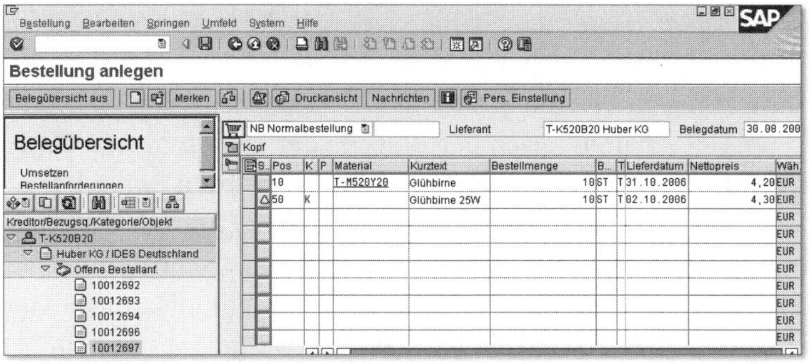

Abbildung 5.41 Offene, zugeordnete Bestellanforderungen in der Belegübersicht der Bestelltransaktion

Halbautomatische Umsetzung über die Banf-Zuordnungsliste

Banf-Zuordnungsliste

Sofern Sie in einem ersten Arbeitsschritt die offenen Bestellanforderungen lediglich einer Bezugsquelle zugeordnet haben, erreichen Sie die Banf-Zuordnungsliste über die Transaktion ME58 (Menüpfad: **SAP Menü • Logistik • Materialwirtschaft • Einkauf • Banf • Folgefunktionen • Bestellung anlegen • über Banf-Zuordnungsliste**). Sofern Sie die Funktion **Banfen zuordnen und bearbeiten** über die Transaktion ME57 gewählt haben, gelangen Sie über die Drucktaste **Übersicht Zuordnungen** in die Banf-Zuordnungsliste. Die Banf-Zuordnungsliste enthält die nach Lieferanten sortierten zugeordneten Bestellanforderungen (siehe Abbildung 5.42).

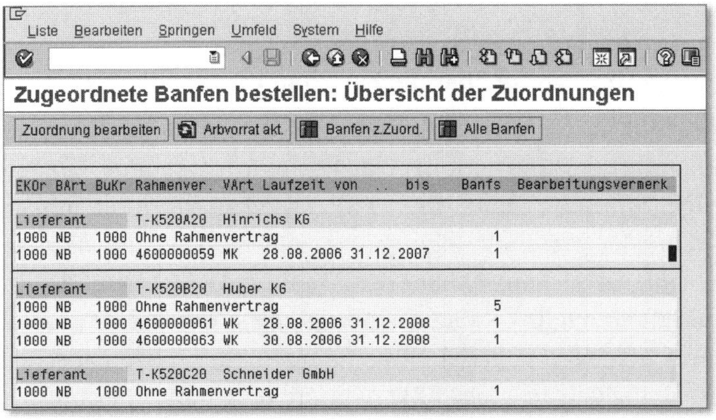

Abbildung 5.42 Banf-Zuordnungsliste

Die einem Lieferanten über Einkaufsinfosätze (ohne Rahmenvertrag) zugeordneten Bestellanforderungspositionen können Sie in einem Bearbeitungsschritt in eine Bestellung umsetzen. Bestellanforderungspositionen, denen ein Rahmenvertrag (Kontrakt oder Lieferplan) als Bezugsquelle zugeordnet ist, müssen Sie separat umsetzen. Zur Umsetzung markieren Sie die gewünschte Zeile und betätigen **Zuordnung bearbeiten**. Nach der Eingabe der erforderlichen Daten im folgenden Fenster gelangen Sie in die Transaktion **Enjoy-Bestellung** und können die in der Belegübersicht aufgeführten Bestellanforderungspositionen markieren und in das Einkaufskorbsymbol ziehen. Nach dem **Sichern** der Bestellung springt SAP ERP zurück in die Banf-Zuordnungsliste und erstellt einen Bearbeitungsvermerk in der gewählten Zeile (siehe Abbildung 5.43).

EKOr	BArt	BuKr	Rahmenver.	VArt	Laufzeit von ..	bis	Banfs	Bearbeitungsvermerk
Lieferant			T-K520A20	Hinrichs KG				
1000	NB	1000	Ohne Rahmenvertrag				1	
1000	NB	1000	4600000059	MK	28.08.2006	31.12.2007	1	
Lieferant			T-K520B20	Huber KG				
1000	NB	1000	Ohne Rahmenvertrag				5	bestellt 2
1000	NB	1000	4600000061	WK	28.08.2006	31.12.2008	1	
1000	NB	1000	4600000063	WK	30.08.2006	31.12.2008	1	

Abbildung 5.43 Banf-Zuordnungsliste mit Bearbeitungsvermerk

Aus der Banf-Zuordnungsliste können Sie über **Banfen zur Zuordnung** oder **Alle Banfen** in eine Liste der Bestellanforderungen verzweigen. Über **Arbeitsvorrat aktualisieren** werden die bearbeiteten Bestellanforderungspositionen aus der Banf-Zuordnungsliste entfernt.

Automatische Umsetzung über die Funktion »automatische Bestellerzeugung«

Automatische Bestellerzeugung

Für Bestellanforderungspositionen, denen eine eindeutige Bezugsquelle zugeordnet ist, kann SAP ERP automatisch Bestellungen (jedoch keine Lieferplaneinteilungen) erzeugen. Die *automatische Bestellerzeugung* erreichen Sie über den Menüpfad **SAP Menü • Logistik • Materialwirtschaft • Einkauf • Bestellung • Anlegen • Automatisch über Banfen** (ME59N). Im Rahmen der automatischen Bestellerzeugung versucht SAP ERP, mehrere Bestellanforderungspositionen je Einkaufsorganisation, Lieferant und Kontrakt zusammenzufassen. Zudem können Sie mit Hilfe von Einstellungen im Feldbereich **Neue Bestellung** im Einstiegsbild der automatischen Bestellerzeugung die Anzahl der Bestellungen zum Beispiel über die Kennzeichen **je Einkäufergr.** oder **je Werk** beeinflussen (siehe Abbildung 5.44).

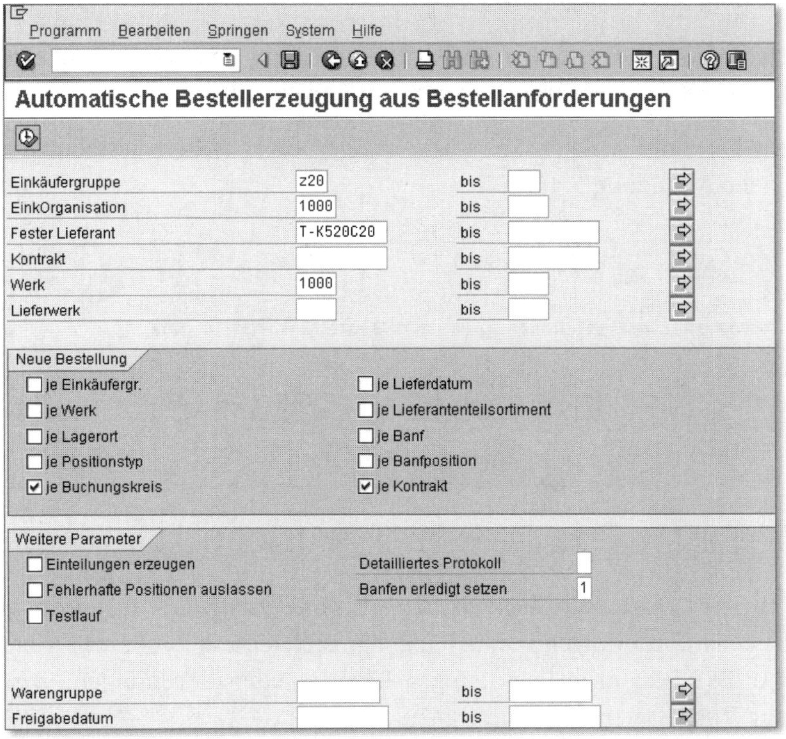

Abbildung 5.44 Einstiegsbild zur automatischen Bestellerzeugung

Über das Kennzeichen **Einteilungen erzeugen** steuern Sie, dass Bestellanforderungspositionen, die sich lediglich im Lieferdatum unterscheiden, in eine Bestellposition mit mehreren Einteilungen zusammengefasst werden. Das Kennzeichen **Fehlerhafte Positionen auslassen** steuert, ob Bestellungen mit den fehlerfreien Bestellanforderungspositionen auch dann erzeugt werden sollen, wenn einzelne Bestellanforderungspositionen zum Beispiel aufgrund einer fehlenden Bezugsquelle fehlerhaft sind. Wenn Sie das Kennzeichen setzen, wird beispielsweise aus fünf Bestellanforderungspositionen eine Bestellung mit vier Bestellpositionen. Die fehlerhafte Bestellanforderungsposition wird in einem Protokoll dokumentiert und muss nachbearbeitet werden. Dadurch ist der inhaltliche Zusammenhang zwischen Bestellanforderungspositionen und Bestellung nicht mehr gegeben. Wenn Sie das Kennzeichen nicht setzen, dann erstellt SAP ERP keine Bestellung.

Testlauf

Über das Kennzeichen **Testlauf** können Sie erkennen, wie viele Bestellungen erzeugt würden.

Sie können die automatische Bestellerzeugung über **Programm • im Hintergrund ausführen** auch im Hintergrund ausführen.

Als Ergebnis erhalten Sie eine Anzeige der erstellten Bestellungen (siehe Abbildung 5.45).

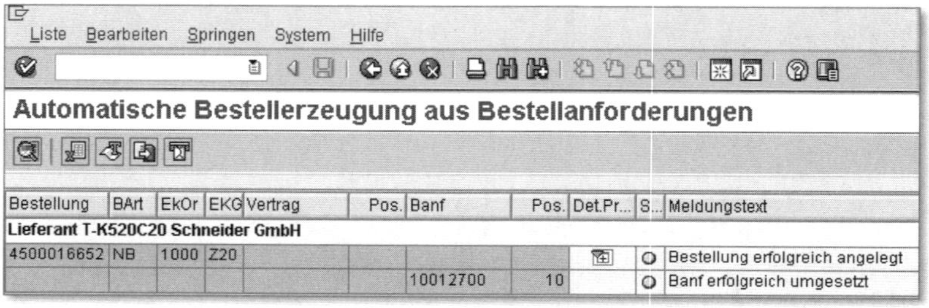

Abbildung 5.45 Protokoll der automatischen Bestellerzeugung

Da die Transaktion *automatische Bestellerzeugung* zugeordnete Bestellanforderungen voraussetzt, eignet sich diese Funktion für ein SAP ERP-System mit eindeutigen Bezugsquellenzuordnungen. Weitere Voraussetzungen sind:

Voraussetzungen für die automatische Bestellerzeugung

- Das Kennzeichen **Automatische Bestellung** ist in den Einkaufsdaten des Lieferantenstammsatzes gepflegt (siehe Abbildung 5.46).

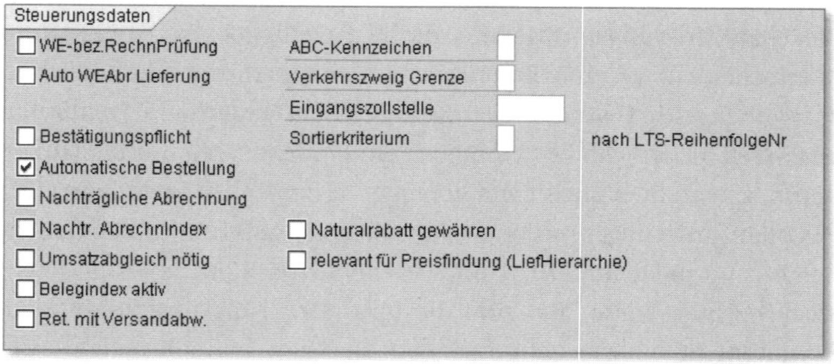

Abbildung 5.46 Lieferantenstammsatz

- Das Kennzeichen **Autom.Bestell.** ist in der Einkaufssicht des Materialstammsatzes gepflegt (siehe Abbildung 5.47).

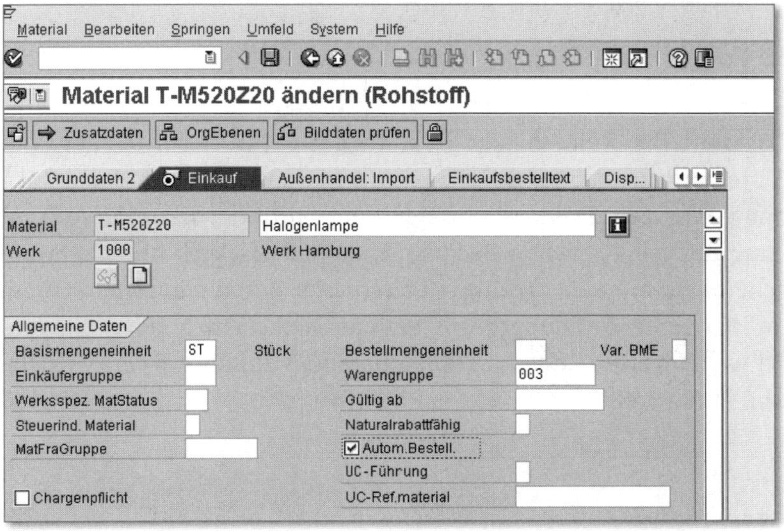

Abbildung 5.47 Materialstammsatz

5.6 Bestellmengenoptimierung

Im Rahmen der Bestellmengenoptimierung rundet SAP ERP die in Bestellungen und Kontraktabrufen eingegebene Bestellmenge oder nimmt einen Auf- oder Abschlag auf diese eingegebene Bestellmenge vor. Diese Rundungen bzw. Auf- und Abschläge erfolgen nach den im Customizing durch Rundungsprofile eingestellten Regeln. Die Definition von Rundungsprofilen finden Sie im SAP ERP-Customizing unter **SPRO • Materialwirtschaft • Einkauf • Bestelloptimierung • Mengenoptimierung und erlaubte logistische Mengeneinheiten • Rundungsprofil pflegen**. Anschließend werden diese Rundungsprofile dem Materialstammsatz in der Dispositionssicht 1 oder dem Einkaufsinfosatz in den Einkaufsorganisationsdaten zugeordnet. Die in SAP ERP zur Verfügung stehenden Rundungsprofile unterscheiden sich danach, ob die eingegebene Bedarfsmenge nur aufgerundet oder sowohl auf- als auch abgerundet (bzw. mit Auf- und Abschlägen versehen) werden kann, und danach, ob eine Rundung in variable Bestellmengeneinheiten erfolgen kann:

Rundungsprofile

- statisches Rundungsprofil
- Auf- und Abschlagsrundung
- dynamisches Rundungsprofil

5.6.1 Statisches Rundungsprofil

Das statische Rundungsprofil können Sie für die Erfassung von Bestellungen und Kontraktabrufen nutzen und in der Bedarfsplanung einsetzen. Das statische Rundungsprofil bewirkt eine Aufrundung der eingegebenen Bedarfsmenge auf das Vielfache der Mengeneinheit, ohne Anpassung auf alternative Bestellmengeneinheiten. Im statischen Rundungsprofil definieren Sie einen oder mehrere Schwellenwerte und korrespondierende Rundungswerte (siehe Abbildung 5.48).

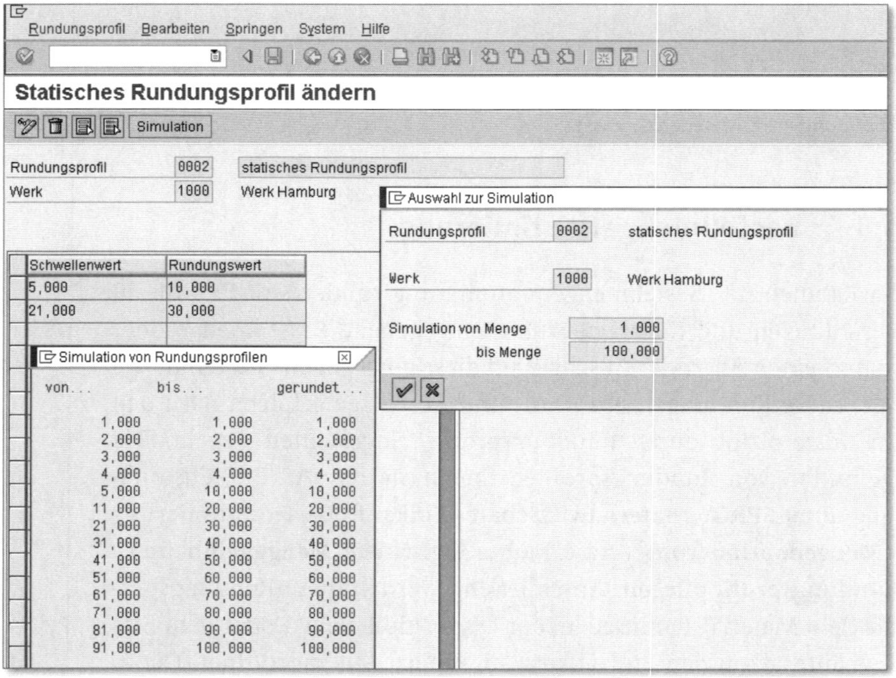

Abbildung 5.48 Statisches Rundungsprofil

Rundungslogik

Die Rundungslogik verläuft beginnend mit der höchsten Stufe abwärts, bis durch eine Rundung das Verfahren abbricht oder die niedrigste Stufe erreicht wird (siehe Abbildung 5.48). Ist die Bedarfsmenge (etwa 21 Stück) größer oder gleich dem Schwellenwert der höchsten Stufe (im Beispiel 30 Stück), so rundet SAP ERP die Bedarfsmenge auf das nächste Vielfache des Rundungswertes der aktuellen Stufe auf (im Beispiel 30 Stück). Ist die Bedarfsmenge niedriger als der Schwellenwert der höchsten Stufe, so wird das Verfahren auf der nächstniedrigeren Stufe des Rundungsprofils wiederholt, solange diese Stufe nicht die niedrigste Stufe ist. Wenn die niedrigste Stufe erreicht ist, rundet SAP ERP die Bedarfsmenge auf das nächste Vielfache des Rundungswertes dieser niedrigsten Stufe, wenn die Bedarfsmenge größer oder gleich dem Schwellenwert ist. Ansonsten wird die Bedarfsmenge nicht gerundet. Zur besseren Analyse der einzugebenden Schwellen- und Rundungswerte können Sie **Simulation** betätigen und anschließend einen Bereich der zu simulierenden Mengen eingeben. Das Simulationsergebnis erhalten Sie in einem zusätzlichen Anzeigefenster.

5.6.2 Auf- und Abschlagsrundung

In einem Auf- und Abschlagsrundungsprofil können Sie Schwellenwerte eingeben, ab denen die eingegebene Bedarfsmenge um einen prozentualen Aufschlag oder Abschlag erhöht oder verringert wird (siehe Abbildung 5.49).

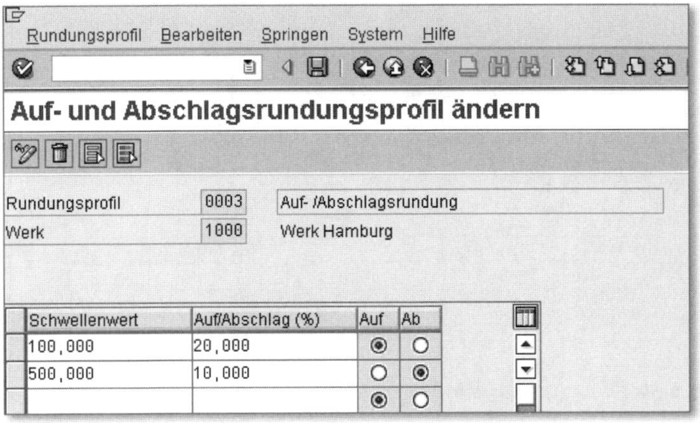

Abbildung 5.49 Profil für Auf- und Abschlagsrundung

Beispiel zur Auf- und Abschlagsrundung

Im Beispiel in Abbildung 5.49 wird ab einer Eingabemenge von 100 Stück bis unter 500 Stück die Eingabemenge um 20% erhöht. Ab einer Eingabemenge von 500 Stück wird die Eingabemenge um 10% reduziert. Für dieses Rundungsprofil ergeben sich in Abhängigkeit verschiedener Eingabemengen zum Beispiel die Ergebnisse in Tabelle 5.13.

Eingabemenge	Rundungsmenge
100 Stück	120 Stück
220 Stück	264 Stück
520 Stück	468 Stück
620 Stück	558 Stück

Tabelle 5.13 Eingabe- und Rundungsmengen

5.6.3 Dynamisches Rundungsprofil

Im Gegensatz zum statischen Rundungsprofil und zur Auf- und Abschlagsrundung kann bei einem dynamischen Rundungsprofil auch die Mengeneinheit wechseln. Ein dynamisches Rundungsprofil besteht aus verschiedenen Parametern:

Parameter des dynamischen Rundungsprofils

- **Rundungsregel**
  In der Rundungsregel legen Sie Mengeneinheiten und prozentuale Auf- und Abschlagswerte fest (siehe Abbildung 5.50). Die Rundungsregel ordnen Sie Ihrem Rundungsprofil zu.

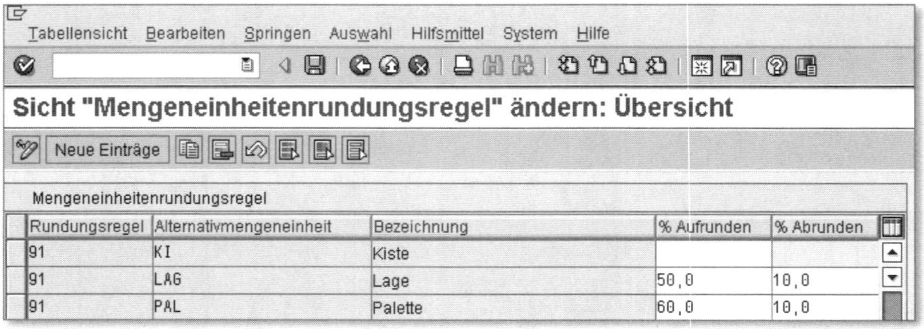

Abbildung 5.50 Rundungsregel (Mengeneinheiten)

Im Beispiel in Abbildung 5.50 wird die Eingabemenge in Stück auf eine Lage aufgerundet, sobald 50% einer Lage erreicht werden. Ist die Eingabemenge kleiner oder gleich 10% der Füllmenge einer Lage, wird abgerundet. Analog rundet SAP ERP auf eine Palette auf, wenn die Eingabemenge mindestens 60% einer Palettengröße erreicht. Bei null Prozent Aufrundung wird immer gerundet. Bei null Prozent Abrundung wird nicht gerundet.

Umrechnungsregeln

Die Umrechnungsregeln zwischen verschiedenen Mengeneinheiten (Lage, Palette, Kiste, Stück) legen Sie in den Zusatzdaten des Materialstammsatzes fest (siehe Abbildung 5.51).

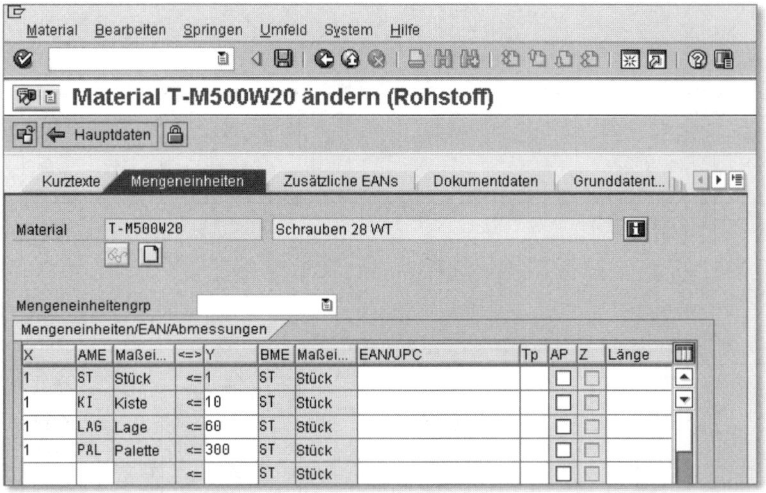

Abbildung 5.51 Mengeneinheiten in den Zusatzdaten des Materialstammsatzes

- **Rundungsmethode**
  Die Rundungsmethode steuert die Art der Rundung, zum Beispiel auf das Vielfache der Bestellmengeneinheit ohne Änderung der Mengeneinheit oder auf das Vielfache der Bestellmengeneinheit mit Änderung der Mengeneinheit.
- **Mengeneinheitengruppe**
  Durch eine optionale Mengeneinheitengruppe können Sie die bei Liefernden und/oder beim Warenempfänger für die Rundung erlaubten logistischen Mengeneinheiten definieren.

Das dynamische Rundungsprofil zeigt im Beispiel folgende Einstellungen (siehe Abbildung 5.52).

Organisatorische Zuordnung des Rundungsprofils

Sie können das Rundungsprofil werksabhängig oder werksunabhängig definieren. Rundungsmethode und Rundungsregel sind als Profileigenschaften zugeordnet. Über die Drucktaste **Simulation** können Sie materialabhängig für verschiedene Eingabemengen oder Eingabemengenintervalle die Rundung simulieren (siehe Abbildung 5.53).

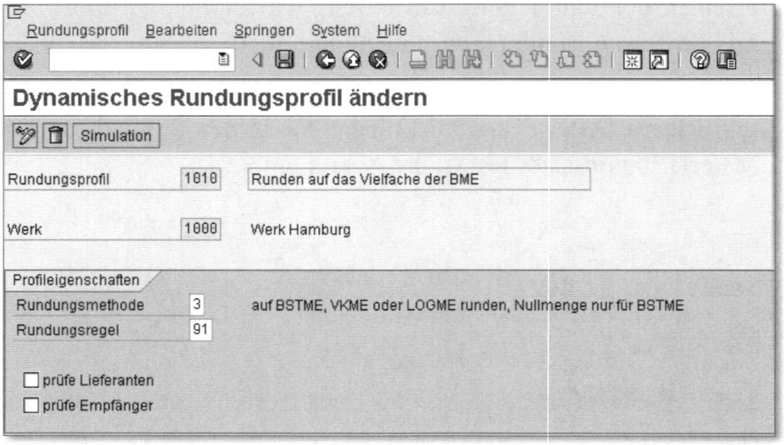

Abbildung 5.52 Dynamisches Rundungsprofil

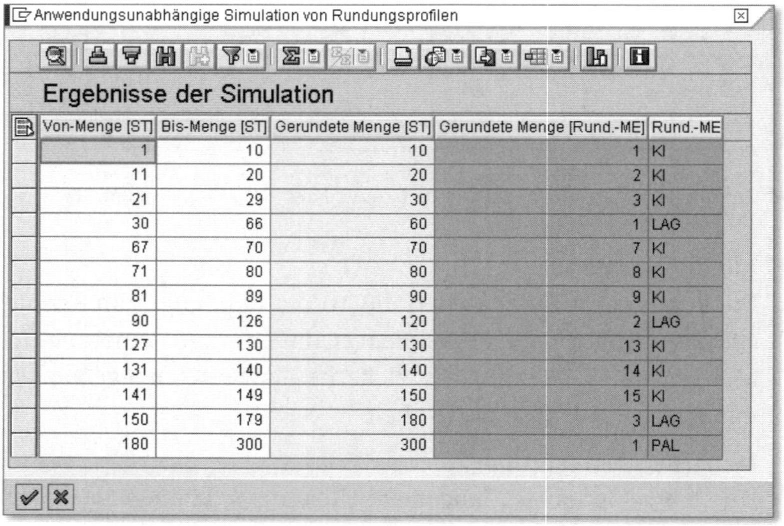

Von-Menge [ST]	Bis-Menge [ST]	Gerundete Menge [ST]	Gerundete Menge [Rund.-ME]	Rund.-ME
1	10	10	1	KI
11	20	20	2	KI
21	29	30	3	KI
30	66	60	1	LAG
67	70	70	7	KI
71	80	80	8	KI
81	89	90	9	KI
90	126	120	2	LAG
127	130	130	13	KI
131	140	140	14	KI
141	149	150	15	KI
150	179	180	3	LAG
180	300	300	1	PAL

Abbildung 5.53 Simulation des Rundungsprofils

Tabelle 5.14 zeigt beispielhaft die Rundungen verschiedener Eingabemengen (die Umrechnungsregeln sehen Sie in Abbildung 5.51).

Beispiele

Eingabemenge	Rundungsmenge	Berechnung
2 Stück	1 Kiste	Aufrundung, da bei 0% Aufrundungsregel gerundet wird
30 Stück	1 Lage	Aufrundung, da 50% der Füllmenge einer Lage erreicht wird
66 Stück	1 Lage	Abrundung, da nur 10% der Füllmenge der zweiten Lage erreicht wird
67 Stück	7 Kisten	Keine Abrundung, da 10% der Füllmenge einer Lage überschritten wird
90 Stück	2 Lagen	Aufrundung, da 50% der Füllmenge der zweiten Lage erreicht wird

Tabelle 5.14 Berechnungen der Rundung

5.7 Lieferantenbeurteilung

Lieferantenbeurteilung aus verschiedenen Einkaufsfunktionen erreichbar

Die Komponente Lieferantenbeurteilung innerhalb des Moduls Materialwirtschaft unterstützt Sie bei der Optimierung der Beschaffung von Materialien und Dienstleistungen. Sie können die Lieferantenbeurteilung nutzen, um Ihre Lieferantenbeziehungen nach verschiedenen Kriterien mit Hilfe von Noten zu bewerten, oder Sie lassen sich bei der Bezugsquellenfindung unterstützen. Die Lieferantenbeurteilung erfolgt auf der Ebene der Einkaufsorganisation. Die Komponente Lieferantenbeurteilung beruht auf Daten aus dem Einkauf, der Bestandsführung, dem Qualitätsmanagement und dem Logistikinformationssystem. Aus verschiedenen Anwendungen des Einkaufs heraus können Sie in die Lieferantenbeurteilung verzweigen, so zum Beispiel bei der Zuordnung von Bezugsquellen zu einer Bestellanforderungsposition oder bei der Vornahme eines Angebotspreisvergleichs im Rahmen der Funktion *Preisspiegel*. Die Komponente Lieferantenbeurteilung erreichen Sie über den Menüpfad **SAP Menü • Logistik • Materialwirtschaft • Einkauf • Stammdaten • Lieferantenbeurteilung**.

5.7.1 Beurteilungskriterien und Notenermittlung in der Lieferantenbeurteilung

Im Standard von SAP ERP steht Ihnen zur genauen Abstufung der Lieferantenleistungen eine Notenskala von 1 bis 100 Punkten zur Verfügung. Die Notenvergabe erfolgt auf verschiedenen Ebenen:

Notenebenen

- **Teilkriteriumsnoten**
  Teilkriteriumsnoten bilden die kleinste Einheit der Lieferantenbeurteilung. Teilkriteriumsnoten ergeben sich aus der Benotung einzelner Materialien oder Leistungen. Aus den Teilkriteriumsnoten werden die Noten für die Hauptkriterien gebildet, wobei maximal 20 Teilkriterien pro Hauptkriterium möglich sind.
- **Hauptkriteriumsnoten**
  Hauptkriteriumsnoten dienen zur Lieferantenbeurteilung in übergeordneten Beurteilungsbereichen. In der Standardauslieferung von SAP ERP existieren die Hauptkriterien Preis, Lieferung, Qualität und Service. Das Hauptkriterium Leistung dient zur Beurteilung von Dienstleistungen. Zur Beurteilung Ihrer Lieferanten können Sie sich auch auf einzelne Hauptkriterien beschränken oder zusätzliche Hauptkriterien definieren. SAP ERP unterstützt maximal 99 Hauptkriterien. Für die Hauptkriterien Preis, Lieferung und Qualität stehen Teilkriterien zur Verfügung, für die SAP ERP automatisch Noten ermittelt.

Hinweis

Noten für zusätzlich definierte Teil- und Hauptkriterien können nicht automatisch von SAP ERP ermittelt werden, wodurch sich der Aufwand zur manuellen Pflege dieser Kriterien erhöht.

- **Gesamtnote**
  Die Gesamtnote ergibt sich aus den Einzelnoten für die Hauptkriterien. Eine Übersicht der Notenebenen in der Lieferantenbeurteilung ergibt sich aus Abbildung 5.54.

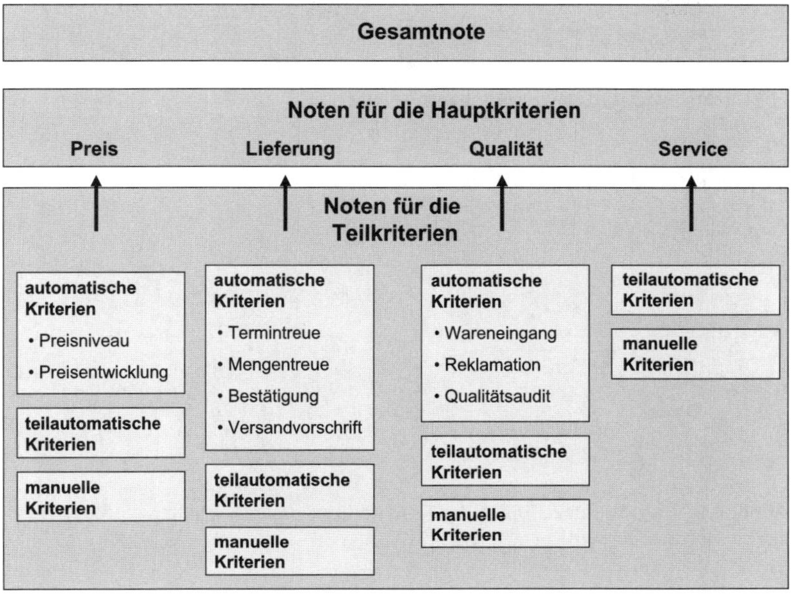

Abbildung 5.54 Gesamtdarstellung der Notenebenen

Ermittlung der Noten für Teilkriterien

Nach dem Pflegeaufwand unterscheidet SAP ERP folgende Arten von Teilkriterien:

- **Manuelle Teilkriteriumsnoten**
  Vor dem Beurteilungsvergleich können Sie für einzelne Teilkriterien manuell Noten vergeben. Diese Noten gelten nicht für einzelne Materialien, sondern beziehen sich pauschal auf den Lieferanten.
- **Teilautomatische Teilkriteriumsnoten**
  Sie können auf der Einkaufsinfosatzebene (siehe Abbildung 5.55) Beurteilungssätze für Teilkriterien (zum Beispiel zur Termintreue oder zur Qualität) vergeben, oder Sie pflegen Ihre Noten zu Dienstleistungen auf der Ebene des Leistungserfassungsblatts. In der Standardauslieferung von SAP ERP existieren für das Hauptkriterium Service drei teilautomatische Teilkriterien (Innovation, Zuverlässigkeit und Kundendienst) und für das Hauptkriterium Leistung zwei teilautomatische Kriterien (Qualität und Termin).

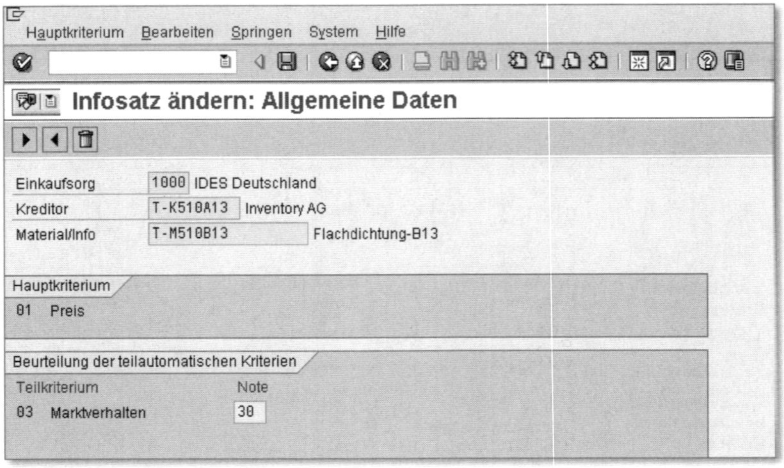

Abbildung 5.55 Manuelle Pflege des Teilkriteriums »Marktverhalten« aus der Transaktion »Infosatz ändern«

- **Automatische Teilkriterien**
  Bei automatischen Teilkriterien ermittelt SAP ERP automatisch Noten aufgrund von Vorgängen, die außerhalb der Lieferantenbeurteilung stattfanden (zum Beispiel bei der Verbuchung eines Wareneingangs zur Bestellung). Somit reichen zur Lieferantenbeurteilung grundsätzlich die automatisch ermittelten Teilkriteriumsnoten aus. Für jedes automatische Teilkriterium kann die Vorgehensweise bei der Notenermittlung eingestellt werden.

Tabelle 5.15 zeigt eine Aufstellung der automatischen Teilkriterien für die Hauptkriterien Preis, Lieferung und Qualität:

Automatische Teilkriterien

Hauptkriterium	Automatische Teilkriterien	
Preis	▸ Preisniveau ▸ Preisentwicklung	
Lieferung	▸ Mengentreue ▸ Termintreue ▸ Versandvorschrift ▸ Bestätigungsdatum	
Qualität	▸ Qualitätsaudit ▸ Wareneingang ▸ Reklamation	

Tabelle 5.15 Lieferantenbeurteilungskriterien

Die automatischen Teilkriterien haben folgende Bedeutungen:

Beurteilungskriterien durch automatische Teilkriterien

- **Preisniveau**
  Beurteilung des Preisniveaus eines Lieferanten auf der Basis eines Vergleichs des Effektivpreises für ein Material des Lieferanten mit dem Marktpreis oder dem Durchschnitt der Effektivpreise aller anderen Lieferanten für dieses Material. Für einen im Vergleich zum Markt- oder Durchschnittspreis niedrigeren Effektivpreis des Lieferanten erhält der Lieferant eine gute Note.
- **Preisentwicklung**
  Beurteilung der Preisentwicklung eines Materials des Lieferanten auf der Basis des Vergleichs der Effektivpreisentwicklung für ein Material des Lieferanten mit der Marktpreisentwicklung oder der Entwicklung des Durchschnitts der Effektivpreise aller anderen Lieferanten für dieses Material.
- **Mengentreue**
  Beurteilung, ob der Lieferant die Bestellmenge geliefert hat.
- **Termintreue**
  Beurteilung der Einhaltung der Liefertermine.
- **Versandvorschrift**
  Beurteilung, ob der Lieferant die vereinbarten Versandvorschriften eingehalten hat (zum Beispiel Verpackungseinheiten).
- **Bestätigungsdatum**
  Beurteilung, ob der Lieferant die Vereinbarungen zu Bestätigungen eingehalten hat (zum Beispiel Verladebestätigung oder Lieferavis).
- **Qualitätsaudit**
  Beurteilung der Qualitätsaudits beim Lieferanten auf der Basis der für Auditlose vergebenen Noten.
- **Wareneingang**
  Beurteilung der Qualität des gelieferten Materials auf der Basis der Noten des Qualitätsmanagements für Wareneingangsprüflose.
- **Reklamationen**
  Beurteilung der Reklamationen des Qualitätsmanagements auf der Basis der erfassten Qualitätsmeldungen.

Beispielhaft stelle ich Ihnen die Notenberechnung beim automatischen Teilkriterium Mengentreue vor. Zur Beurteilung der Mengentreue berücksichtigt SAP ERP Wareneingänge mit Bezug zu

Bestellungen oder Lieferscheinen und Freigaben aus dem Wareneingangssperrbestand. Die Notenberechnung erfolgt, sobald die Bestellposition erledigt ist. Eine Bestellposition gilt in den folgenden Fällen als erledigt:

Wann gilt eine Bestellposition als erledigt?

- Die Wareneingangsmenge ist gleich oder größer als die Bestellmenge.
- Bei einer Unterlieferung wird manuell oder automatisch das Kennzeichen **Endlieferung** gesetzt.
- Bei einer Unterlieferung wird die Bestellmenge in der Bestellung manuell auf die Wareneingangsmenge reduziert.
- Die Bestellposition wird gelöscht.

Ermittlung des Punktewertes

SAP ERP berechnet bei einem Wareneingang zur Bestellung die prozentuale Abweichung zwischen Bestellmenge und Wareneingangsmenge und vergibt einen Punktewert. Dieser Punktewert wird aus den Einstellungen im Customizing der Lieferantenbeurteilung gezogen (siehe Abbildung 5.56). Menüpfad: **SPRO • SAP Referenz-IMG • SAP Customizing Einführungsleitfaden • Materialwirtschaft • Einkauf • Lieferantenbeurteilung • Einkaufsorganisationsdaten zur Lieferantenbeurteilung festlegen**.

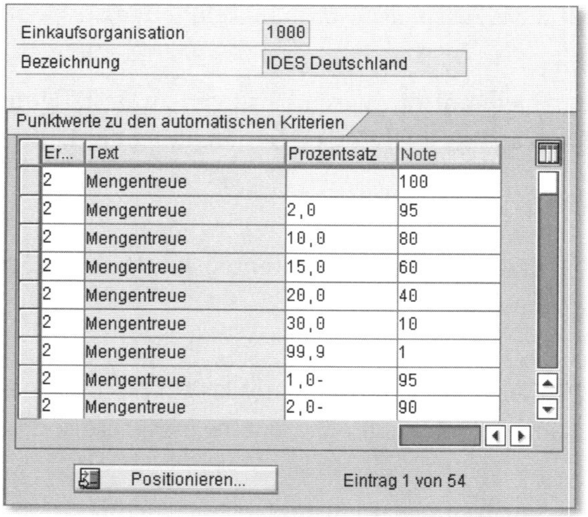
Einkaufsorganisation: 1000
Bezeichnung: IDES Deutschland

Punktwerte zu den automatischen Kriterien

Er...	Text	Prozentsatz	Note
2	Mengentreue		100
2	Mengentreue	2,0	95
2	Mengentreue	10,0	80
2	Mengentreue	15,0	60
2	Mengentreue	20,0	40
2	Mengentreue	30,0	10
2	Mengentreue	99,9	1
2	Mengentreue	1,0-	95
2	Mengentreue	2,0-	90

Positionieren... Eintrag 1 von 54

Abbildung 5.56 Punktewerte zum automatischen Teilkriterium Mengentreue

Glättungsfaktor

Bei einer prozentualen Abweichung von zum Beispiel bis zu +2% werden 95 Punkte vergeben. Diese neue Einzelnote wird in die bereits vorhandenen Einzelnoten zur Mengentreue einbezogen, wobei das Gewicht dieser neuen Note an der Gesamtnote durch Glättungsfaktoren bestimmt wird (siehe Abbildung 5.57).

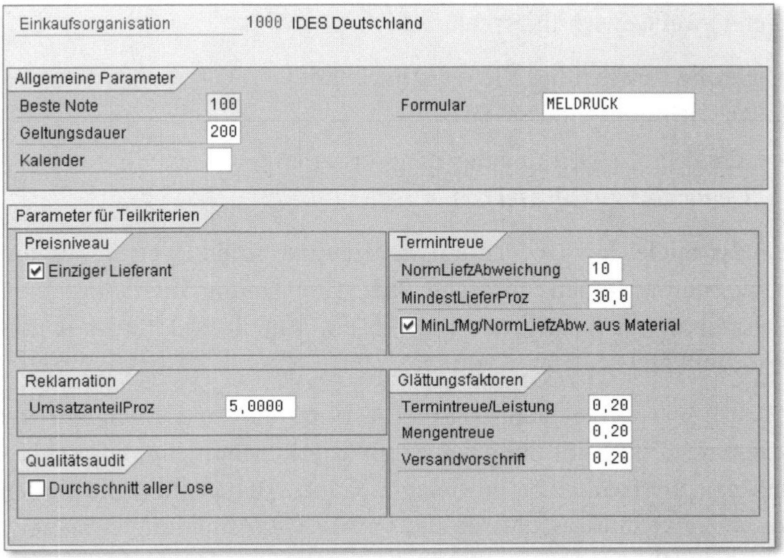

Abbildung 5.57 Detaildaten zur Lieferantenbeurteilung – Glättungsfaktoren

Zur Ermittlung der neuen Einzelnote verwendet SAP ERP die Formel:

alte Einzelnote × (1-Glättungsfaktor)
\+ *Mengentreuenote für die Warenbewegung × Glättungsfaktor*
= *neue Einzelnote*

Beispiel zur Notenermittlung mit Glättungsfaktor

Am Beispiel einer alten Note von 80 Punkten und einer zweiprozentigen Abweichung von Bestellmenge und Wareneingangsmenge ergibt sich die folgende neue Note für die Mengentreue:

$80 \times (1 - 0{,}2) + 95 \times 0{,}2 = 83$

Der Einfluss der Mengentreuenote für die Warenbewegung auf die neue Einzelnote ist also umso höher, je größer der Glättungsfaktor ist.

Ermittlung der Noten für Hauptkriterien und der Gesamtnote

Die Verfahren zur Ermittlung der Noten für einzelne Hauptkriterien entsprechen denen zur Ermittlung der Gesamtnote. Die Gewichtung der Hauptkriteriumsnoten zur Ermittlung der Gesamtnote nehmen Sie durch einen Gewichtungsanteil vor. Gewichtungsanteile für eine Gruppe von Hauptkriterien können Sie in einem Gewichtungsschlüssel zusammenfassen und abspeichern. Der Standard von SAP ERP bietet zwei Gewichtungsschlüssel an:

Gewichtungsschlüssel

- gleiche Gewichtung aller Hauptkriterien (Gewichtungsschlüssel 01)
- ungleiche Gewichtung der Hauptkriterien (Gewichtungsschlüssel 02)

Bei der ungleichen Gewichtung der Hauptkriterien legen Sie für einzelne Hauptkriterien unterschiedliche Gewichtungsanteile fest (zum Beispiel für das Hauptkriterium Preis drei Anteile und für das Hauptkriterium Lieferung zwei Anteile).

Auch Teilkriterien (zum Beispiel Termintreue und Mengentreue) können Sie zur Ermittlung der Hauptkriteriumsnote (im Beispiel Lieferung) unterschiedlich gewichten. Jedoch stehen für Teilkriterien keine Gewichtungsschlüssel zur Verfügung. Abbildung 5.58 zeigt eine Gewichtung der automatischen Teilkriterien für das Hauptkriterium Lieferung.

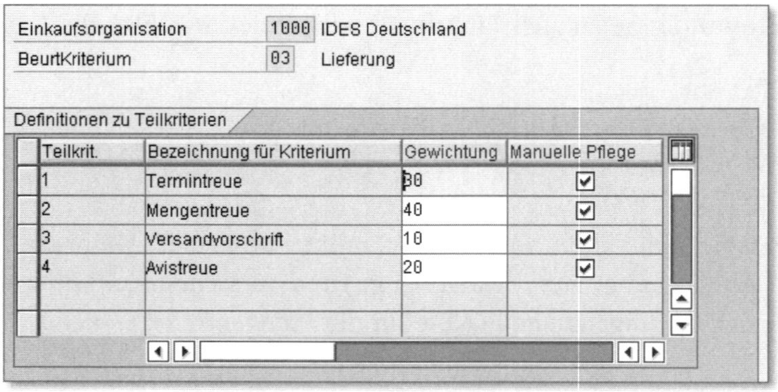

Abbildung 5.58 Gewichtungsanteile der Teilkriterien

Aus dieser Gewichtung und beispielhaften Noten für die Teilkriterien ergibt sich der Anteil der Teilkriterien an der Gesamtnote wie in Tabelle 5.16.

Somit ergibt sich für das Hauptkriterium die Note 74,70.

Beispiel

Teilkriterium	Note	In Gewichtungsanteil umgerechnete Note
Termintreue	65	65 × 30/100 = 19,50
Mengentreue	72	72 × 40/100 = 28,80
Versandvorschrift	80	80 × 10/100 = 08,00
Avistreue	92	92 × 20/100 = 18,40
	Summe	74,70

Tabelle 5.16 Notenumrechnung nach Gewichtungsanteil

5.7.2 Customizing-Einstellungen zur Lieferantenbeurteilung

Die Lieferantenbeurteilung wird auf der Ebene der Einkaufsorganisation vorgenommen. Dementsprechend müssen Sie die Beurteilungskriterien (Haupt- und Teilkriterien), Gewichtungsschlüssel und die Punktewerte für die automatischen Kriterien auf der Einkaufsorganisationsebene pflegen (siehe Abbildung 5.59).

Hinweis

Sofern Lieferanten von mehreren Einkaufsorganisationen beurteilt werden sollen, muss zur Vergleichbarkeit der Beurteilungsergebnisse gewährleistet sein, dass sich die Systemeinstellungen nicht unterscheiden.

Menüpfad: **SPRO • SAP Referenz-IMG • SAP Customizing Einführungsleitfaden • Materialwirtschaft • Einkauf • Lieferantenbeurteilung • Einkaufsorganisationsdaten zur Lieferantenbeurteilung festlegen.**

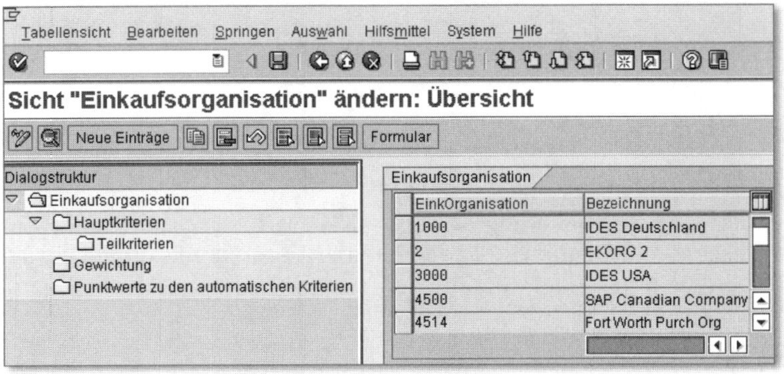

Abbildung 5.59 Einstiegsbild zur Einstellung der Lieferantenbeurteilung im SAP ERP-Customizing

Vorgehensweise im Customizing

Nachdem Sie die zu pflegende Einkaufsorganisation markiert haben, gelangen Sie mit einem Doppelklick auf **Hauptkriterien** in der Dialogstruktur zur Pflege der Hauptkriterien (siehe Abbildung 5.60).

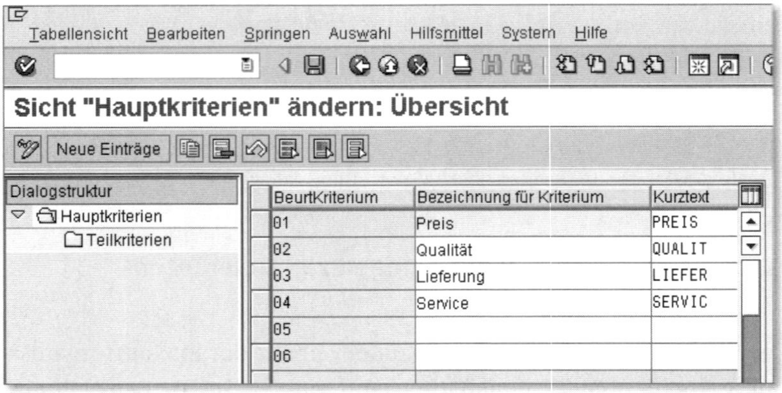

Abbildung 5.60 Hauptkriterien der Lieferantenbeurteilung

Nachdem Sie das zu pflegende Hauptkriterium markiert haben, gelangen Sie mit einem Doppelklick auf **Teilkriterien** in der Dialogstruktur zur Pflege der Teilkriterien (siehe Abbildung 5.61).

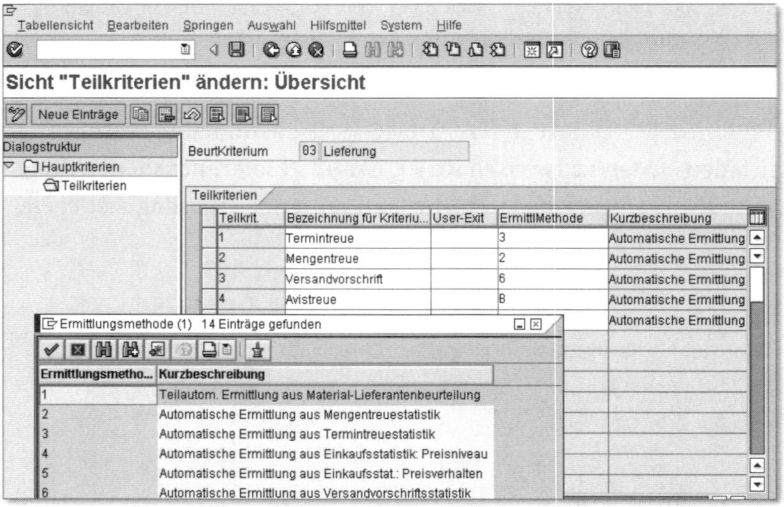

Abbildung 5.61 Teilkriterien zum Hauptkriterium Lieferung

Auf diesem Bild pflegen Sie die einzelnen Teilkriterien und ordnen diesen Teilkriterien eine Ermittlungsmethode zu. Für die Methoden zur Notenermittlung automatischer Teilkriterien sind die Schlüssel 2 bis 9 sowie A und B vorgesehen. Für die Ermittlungsmethoden teilautomatischer Teilkriterien gelten die Schlüssel 1 sowie C und D. Auf der Ebene der Teilkriterien legen Sie auch die Gewichtung dieser Teilkriterien zur Ermittlung der Hauptkriteriumsnote fest (siehe Abbildung 5.62).

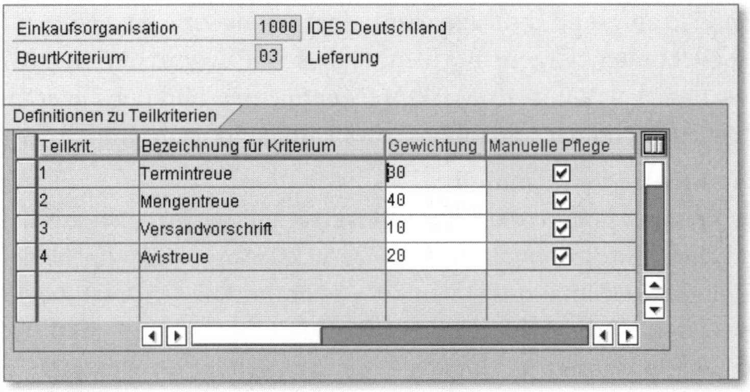

Abbildung 5.62 Gewichtungsanteile der automatischen Teilkriterien

Durch das Kennzeichen **Manuelle Pflege** können Sie festlegen, ob die einzelnen Teilkriteriumsnoten manuell gepflegt oder geändert werden dürfen.

Die Punktewerte (siehe Abbildung 5.56) bestimmen die Noten bei verschiedenen Intervallen von prozentualen Abweichungen. Als Steuerungsparameter müssen Sie die folgenden Eingaben vornehmen (siehe Abbildung 5.57):

Steuerungsparameter

- **Beste Note**
  Die beste Note, die ein Lieferant für Teilkriterien und somit auch für Hauptkriterien und die Gesamtnote erzielen kann.
- **Geltungsdauer**
  Das maximale Alter von Daten in Kalendertagen zur Berücksichtigung in der Lieferantenbeurteilung.
- **Kalender**
  Der zur Prüfung von Termintreue und Bestätigungsdatum zu verwendende Fabrikkalender.

- **Einziger Lieferant**
  Das Kennzeichen **Einziger Lieferant** wird bei der Notenermittlung des Teilkriteriums Preisniveau berücksichtigt. Dieses Kennzeichen wird gesetzt, sofern für die Beschaffung eines bestimmten Materials aufgrund einer Monopolstellung (Sole Sourcing) oder überragender Lieferantenleistungen (Single Sourcing) nur ein Lieferant zur Verfügung steht. Sie setzen das Kennzeichen **Einziger Lieferant**, wenn Sie aufgrund Ihrer Lieferantenbeziehung eine gute Note für den Lieferanten vergeben wollen. In diesem Fall wird der Effektivpreis des Lieferanten als Marktpreis betrachtet, und der Lieferant erhält aufgrund der fehlenden Abweichung eine gute Note.
- **Prozentualer Umsatzanteil**
  Das Kennzeichen **Prozentualer Umsatzanteil** bezieht sich auf das Teilkriterium Reklamation und berücksichtigt, wie hoch der Anteil der Reklamationskosten am Gesamtumsatz sein darf, bevor der Lieferant die schlechteste Note (1 Punkt) erhält. Sind die Reklamationskosten geringer als der eingestellte Prozentsatz an dem Gesamtumsatz, so erhält der Lieferant im Endergebnis eine Note zwischen 2 und 100 Punkten.
- **Durchschnitt aller Lose**
  Das Kennzeichen **Durchschnitt aller Lose** berücksichtigt zur Notenermittlung des Teilkriteriums Reklamation die Durchschnittsnote aller Qualitätsaudits.
- **Normierung Lieferzeitabweichung**
  Das Feld **Normierung der Lieferzeitabweichung** wird mit Kalendertagen gefüllt und beim Teilkriterium Termintreue berücksichtigt. Der Normierungswert im Verhältnis zur Terminabweichung bestimmt, wie stark eine Terminabweichung prozentual zum Ausdruck kommt. Bei einem niedrigen Normierungswert ergibt sich bei einer bestimmten Terminabweichung eine höhere prozentuale Abweichung (und somit eine schlechtere Note) als bei einem höheren Normierungswert.
- **Mindestlieferprozentsatz**
  Der Mindestlieferprozentsatz ist der Prozentsatz der Bestellmenge, der mindestens geliefert werden muss, damit der Wareneingang für die Beurteilung des Teilkriteriums Termintreue berücksichtigt wird. Dieser Mindestlieferprozentsatz wird nur berücksichtigt, wenn das Kennzeichen **MinLfMg/NormLiefzAbw aus Material** (Mindestliefermenge in Prozent/Normierungswert

Lieferterminabweichung) nicht gesetzt ist. Ansonsten werden diese Daten aus dem Einkaufswerteschlüssel des Materialstammsatzes übernommen.

5.7.3 Durchführung der Lieferantenbeurteilung

Zur Beurteilung von Lieferanten stehen Ihnen verschiedene Auswertungsmöglichkeiten zur Verfügung. Sie können allgemeine Hitlisten für Lieferanten erstellen oder die Hitlisten für Lieferanten auf ein bestimmtes Material oder eine bestimmte Warengruppe beziehen.

Hitlisten und Beurteilungsvergleich

Ferner können Sie die allgemeine Beurteilung eines Lieferanten vergleichen mit der Beurteilung dieses Lieferanten für ein bestimmtes Material oder eine bestimmte Warengruppe.

Notenpflege von teilautomatischen Teilkriterien

Teilautomatische Teilkriterien können Sie aus der Lieferantenbeurteilung oder aus der Bearbeitung eines Einkaufsinfosatzes heraus vornehmen. Aus der Einkaufsinfosatzpflege heraus wählen Sie **Zusätze • Lieferantenbeurteilung**. Aus der Lieferantenbeurteilung heraus wählen Sie, ausgehend vom Übersichtsbild der Hauptkriterien, **Springen • Beurteilung pro Infosatz**.

Lieferantenbeurteilung mit automatischen Teilkriterien durchführen

Zur Durchführung der Lieferantenbeurteilung mit automatischen Teilkriterien wählen Sie den Menüpfad **Logistik • Materialwirtschaft • Einkauf • Stammdaten • Lieferantenbeurteilung pflegen**. Nachdem Sie im Einstiegsbild die Einkaufsorganisation und den Lieferanten eingegeben haben, gelangen Sie nach **Enter** auf ein Übersichtsbild für die Hauptkriterien dieser Einkaufsorganisation. Anschließend geben Sie einen Gewichtungsschlüssel ein und wählen in der Menüleiste **Bearbeiten • Automatische Neubeurteilung**. SAP ERP ermittelt zunächst die Noten für die automatischen Teilkriterien, hieraus die Hauptkriteriumsnoten und aus den Hauptkriteriumsnoten die Gesamtnote.

Sofern Sie nur die Note für ein einzelnes Hauptkriterium ermitteln möchten, wählen Sie **Automatische Neubeurteilung/Hauptkriterium**.

Lieferantenbeurteilung mit manuellen Teilkriterien pflegen

Über den Menüpfad **Logistik • Materialwirtschaft • Einkauf • Stammdaten • Lieferantenbeurteilung pflegen** gelangen Sie in das Übersichtsbild der Hauptkriterien (siehe Abbildung 5.63).

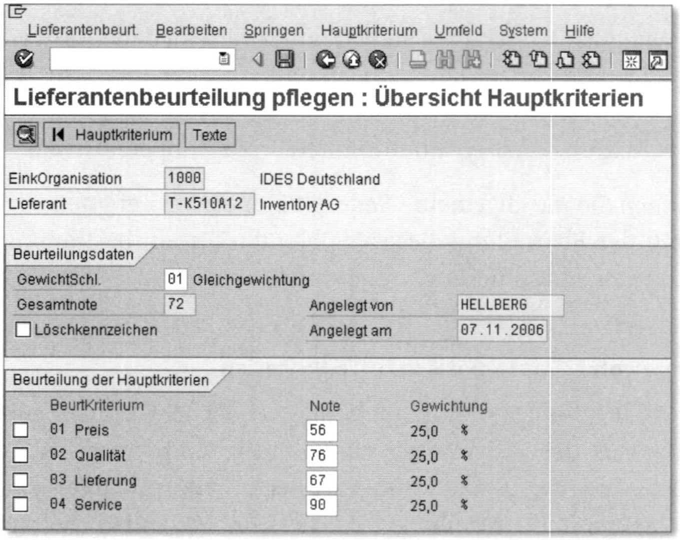

Abbildung 5.63 Übersichtsbild Hauptkriterien

Von dem Übersichtsbild aus können Sie in die Pflege der manuellen Teilkriteriumsnoten verzweigen (siehe Abbildung 5.64).

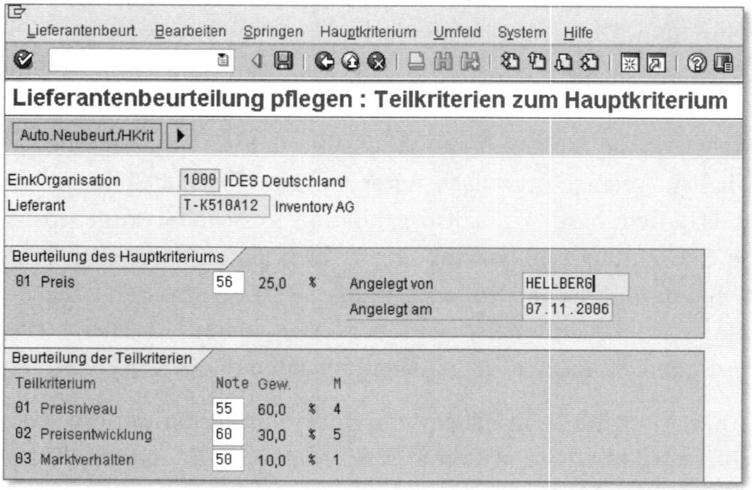

Abbildung 5.64 Manuelle Pflege der Teilkriterien für das Hauptkriterium Preis

Neubeurteilung auf der Basis aller teilautomatischen und automatischen Teilkriterien

Zur automatischen Neubeurteilung eines Lieferanten auf der Basis aller teilautomatischen und automatischen Teilkriterien wählen Sie den Menüpfad **SAP Menü • Logistik • Materialwirtschaft • Einkauf • Stammdaten • Lieferantenbeurteilung • Automatische Neubeurteilung**. Als Beurteilungsergebnis erhalten Sie eine Liste mit einer Gegenüberstellung von alten und neuen Noten (siehe Abbildung 5.65).

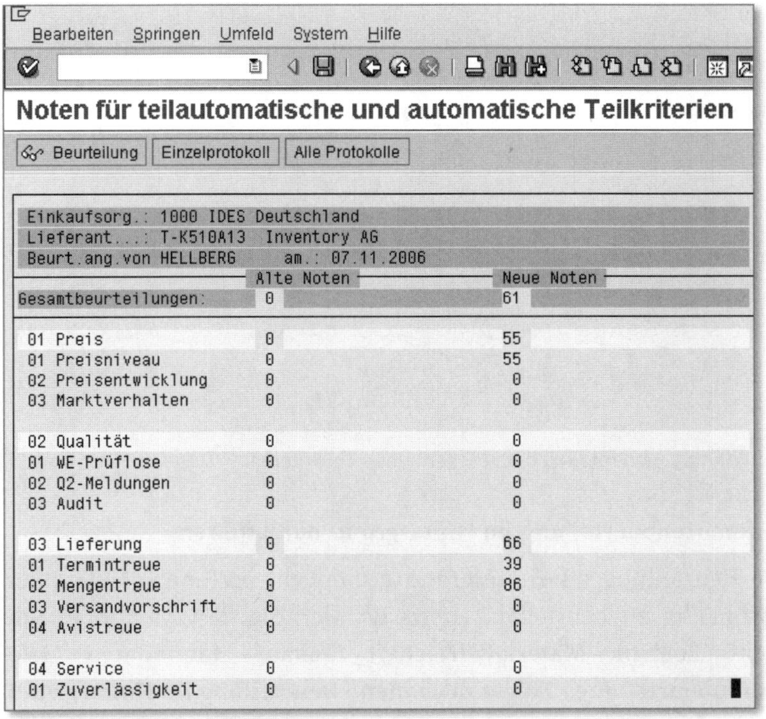

Abbildung 5.65 Protokoll der automatischen Neubeurteilung

Über **Alle Protokolle** können Sie sich die detaillierte Beurteilung aller automatischen Teilkriterien anzeigen lassen (siehe Abbildung 5.66).

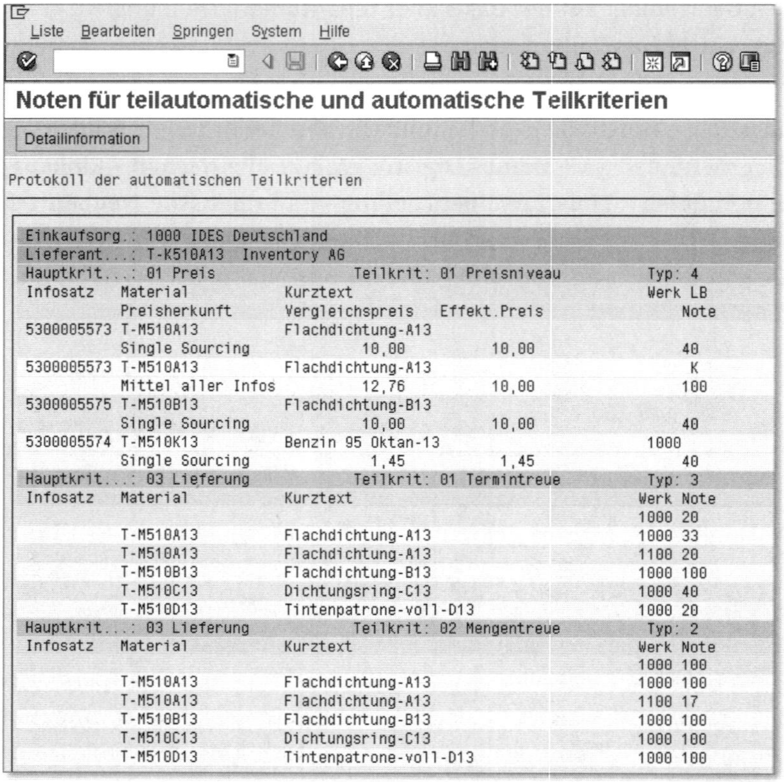

Abbildung 5.66 Protokoll der automatischen Teilkriterien

Regelmäßige Beurteilung in der Hintergrundverarbeitung

Lieferantenbeurteilung im Hintergrund durchführen

Die Beurteilung im Hintergrund ermöglicht es Ihnen, Lieferanten regelmäßig zu beurteilen. Hierzu wählen Sie den Menüpfad **SAP Menü • Logistik • Materialwirtschaft • Einkauf • Stammdaten • Lieferantenbeurteilung • Folgefunktionen • Beurteilung im Hintergrund**. Zur Lieferantenbeurteilung im Hintergrund benötigen Sie eine Variante, in der Ihre Selektionsbedingungen zur Auswahl der zu beurteilenden Lieferanten abgespeichert sind. Zusätzlich geben Sie einen Jobnamen, den Zeitpunkt und eventuell die Wiederholungsperioden an (siehe Abbildung 5.67).

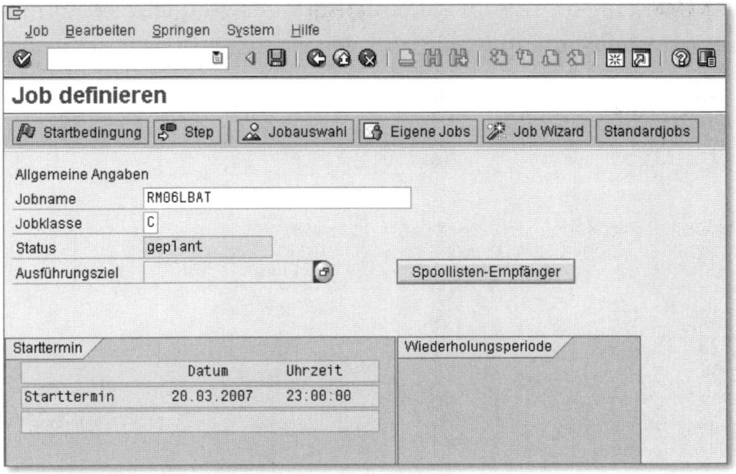

Abbildung 5.67 Joberstellung für die Lieferantenbeurteilung im Hintergrund

5.7.4 Auswertungen in der Lieferantenbeurteilung

Verschiedene Auswertungsmöglichkeiten

Zur Beurteilung von Lieferanten stehen Ihnen verschiedene Möglichkeiten der Auswertung zur Verfügung. So können Sie sich die Beurteilung eines Lieferanten auf der Basis der Noten aller Materialien anzeigen lassen oder diese Gesamtbeurteilung im Vergleich zu bestimmten Materialien betrachten. Nach der Gesamtnote, nach einzelnen Materialien oder Warengruppen lassen sich Hitlisten der Lieferanten erstellen. Sie können sich eine Liste der Lieferanten ohne Beurteilung erstellen lassen, oder Sie selektieren die Lieferanten, die seit einem bestimmten Stichtag nicht beurteilt wurden. Sie können auch Standardanalysen des Logistikinformationssystems durchführen.

Auswertungen der Lieferantenbeurteilung erreichen Sie über den Menüpfad **SAP Menü • Logistik • Materialwirtschaft • Einkauf • Stammdaten • Lieferantenbeurteilung • Listanzeigen**.

Beurteilungsvergleich

Bei einem Beurteilungsvergleich setzen Sie die Beurteilung eines Lieferanten für alle Materialien in Beziehung zu der Beurteilung zu einem Material oder einer Warengruppe. Ausgehend von den Stammdaten des Einkaufs wählen Sie den Menüpfad **Lieferantenbeurteilung • Beurteilungsvergleich**. Nach der Eingabe des Lieferanten und der Einkaufsorganisation können Sie das Vergleichskriterium eingeben (siehe Abbildung 5.68).

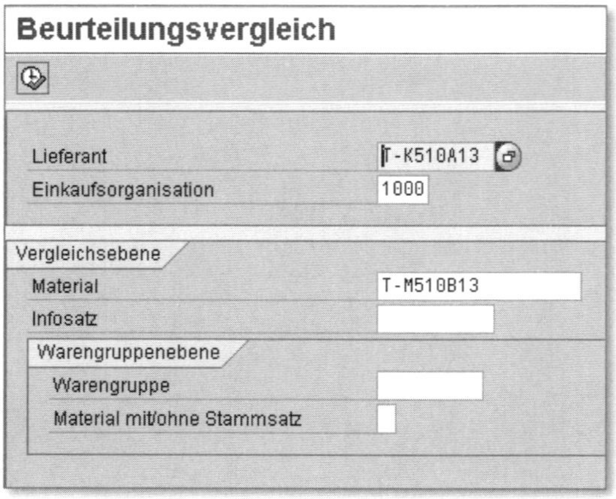

Abbildung 5.68 Einstiegsbild des Beurteilungsvergleichs

Nachdem Sie die Drucktaste **Ausführen** betätigt haben, erhalten Sie die Gegenüberstellung der Gesamtbewertung mit der Bewertung des eingegebenen Materials (siehe Abbildung 5.69).

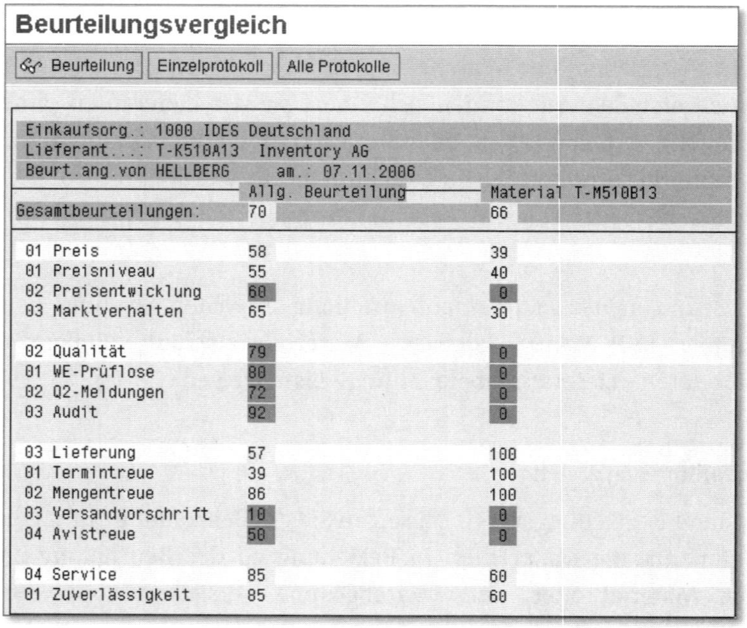

Abbildung 5.69 Beurteilungsvergleich

Über die Drucktasten **Detailinformationen**, **Einzelprotokoll** und **Alle Protokolle** erhalten Sie entweder die Protokolle der Teilkriterien für ein bestimmtes Hauptkriterium, das Protokoll für ein bestimmtes Teilkriterium oder alle vorhandenen Protokolle.

Lieferantenhitlisten

Hitlisten liefern Ihnen eine Darstellung der Lieferantenbeurteilung nach absteigender Gesamtnote. Hitlisten können sich auf die Gesamtnote aller Materialien oder auf ein bestimmtes Material oder eine bestimmte Warengruppe beziehen (siehe Abbildung 5.70).

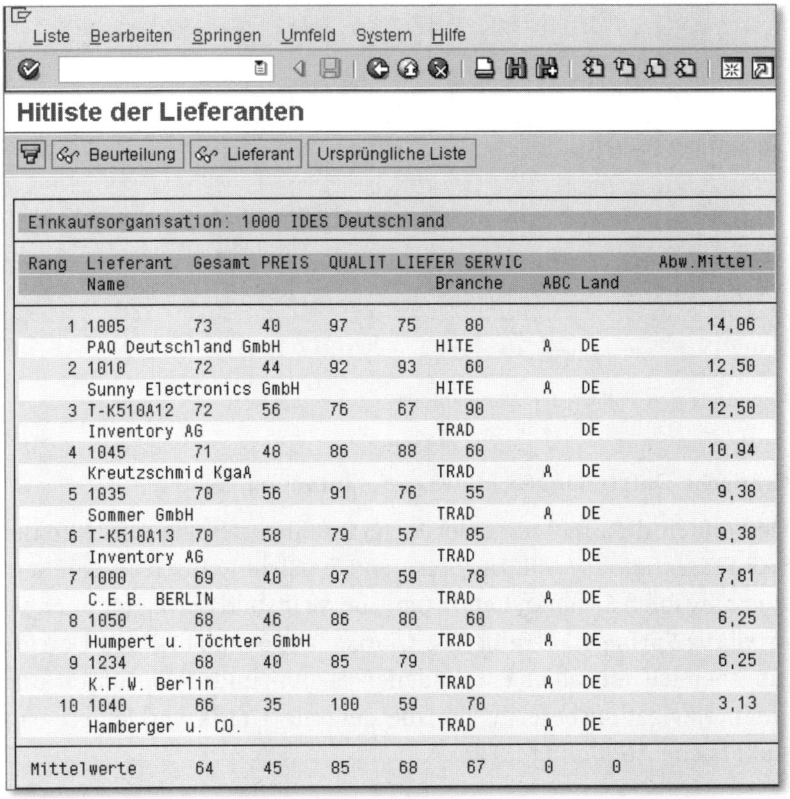

Abbildung 5.70 Hitliste nach der Gesamtnote

Aus der Hitliste können Sie in die Lieferantenbeurteilung oder in den Lieferantenstammsatz verzweigen.

Hitliste zu einer Warengruppe

Mit der Hitliste zu einer Warengruppe können Sie erkennen, wie Lieferanten in Bezug auf bestimmte Materialien beurteilt werden. Die Transaktion zur Erstellung der Hitliste zu einer Warengruppe erreichen Sie über den Menüpfad **SAP Menü • Logistik • Materialwirtschaft • Einkauf • Stammdaten • Lieferantenbeurteilung • Listanzeigen • Beurteilung zu Material/Warengruppe**. Nach der Eingabe von Einkaufsorganisation, Material oder Warengruppe und Listumfangsparameter erhalten Sie als Einstiegsliste die Hitliste der Lieferanten. Über **Bezug Material/Warengruppe** erhalten Sie die materialspezifische Hitliste (siehe Abbildung 5.71).

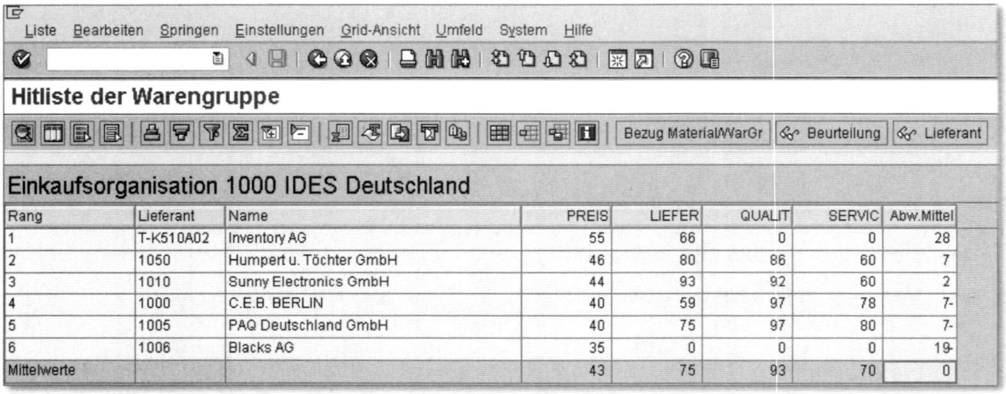

Rang	Lieferant	Name	PREIS	LIEFER	QUALIT	SERVIC	Abw.Mittel
1	T-K510A02	Inventory AG	55	66	0	0	28
2	1050	Humpert u. Töchter GmbH	46	80	86	60	7
3	1010	Sunny Electronics GmbH	44	93	92	60	2
4	1000	C.E.B. BERLIN	40	59	97	78	7-
5	1005	PAQ Deutschland GmbH	40	75	97	80	7-
6	1006	Blacks AG	35	0	0	0	19-
Mittelwerte			43	75	93	70	0

Abbildung 5.71 Hitliste der Warengruppe

Grafische Darstellungen in der Lieferantenbeurteilung

Bereiche der Grafikanzeige

Sie können die Ergebnisse der Lieferantenbeurteilung mit Hilfe der SAP-Präsentationsgrafik zur besseren Übersicht grafisch aufbereiten. Hierzu wählen Sie ausgehend vom Übersichtsbild der Lieferantenbeurteilung **Springen • Grafik**. Die Grafikanzeige enthält einen Darstellungsbereich mit allen vorhandenen Haupt- und Teilkriterien und einen Navigationsbereich, der die gesamte Grafik verkleinert darstellt (siehe Abbildung 5.72).

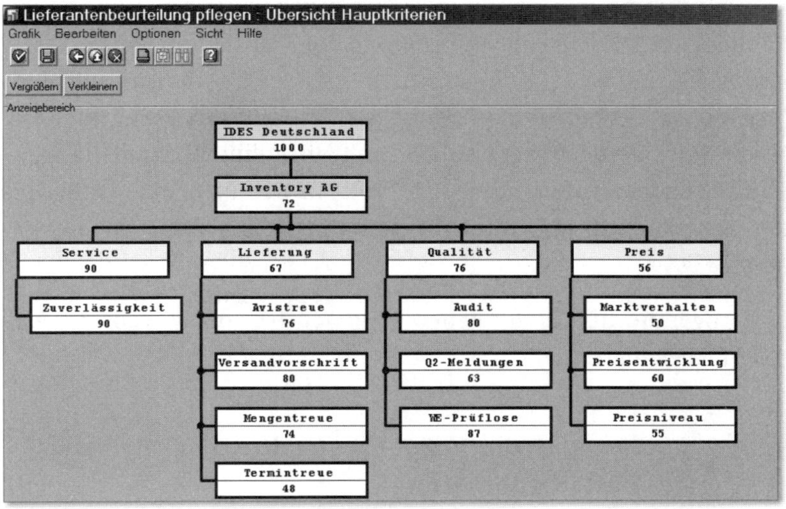

Abbildung 5.72 Darstellungsbereich der SAP-Präsentationsgrafik zur Lieferantenbeurteilung

5.8 Versionsverwaltung

Erweiterung der Änderungsdokumentation

Wenn in Ihrem Unternehmen Einkaufsbelege und Bestellanforderungen im Rahmen eines länger andauernden Beschaffungsprozesses häufiger geändert werden, so kann die vorhandene Änderungsdokumentation durch eine Versionsverwaltung erweitert werden. Die Versionsverwaltung im Einkauf erlaubt es, die Änderungsbelege in einer Version zu sammeln und sich in der Kommunikation mit einem Lieferanten auf eine bestimmte Version zu beziehen. Zudem werden durch die Versionsverwaltung auch Änderungen an Langtexten dokumentiert, und eine Weiterverarbeitung durch Folgebelege oder Freigabeverfahren wird unterbunden, solange eine Version nicht als »Fertig« gekennzeichnet wird.

Verwendungsmöglichkeiten der Versionsverwaltung

Die Versionsverwaltung können Sie für die folgenden Belege im Einkauf verwenden:

- Enjoy-Bestellanforderung
- Bestellung
- Anfrage
- Kontrakt
- Lieferplan

Für Bestellanforderungen können Sie die Versionsverwaltung nur im Rahmen der Enjoy-Bestellanforderung der Transaktion ME51, ME52 und ME53 nutzen. Die Versionen werden auf Positionsebene angelegt. Für die Einkaufsbelege erfolgt die Versionsverwaltung auf Kopfebene. Für Bestellanforderungen, die im Rahmen der Bedarfsplanung erzeugt werden, kann eine Version nur über eine Änderung der Bestellanforderung mit Hilfe der Transaktion ME52 erstellt werden.

Für Angebote und Lieferplaneinteilungen ist eine Versionsverwaltung nicht möglich.

5.8.1 Customizing der Versionsverwaltung am Beispiel der Bestellanforderung

Im Customizing des Einkaufs müssen Sie die Versionsverwaltung für Bestellanforderungen und Bestellungen aktivieren, und Sie können verschiedene steuernde Funktionen zur Versionsverwaltung einstellen. Sie erreichen die Customizing-Transaktion über den Menüpfad **SPRO • SAP Referenz-IMG • SAP Customizing-Einführungsleitfaden • Materialwirtschaft • Einkauf • Versionsverwaltung • Versionsverwaltung für Bestellanforderungen einstellen** oder **Versionsverwaltung für Einkaufsbelege einstellen**.

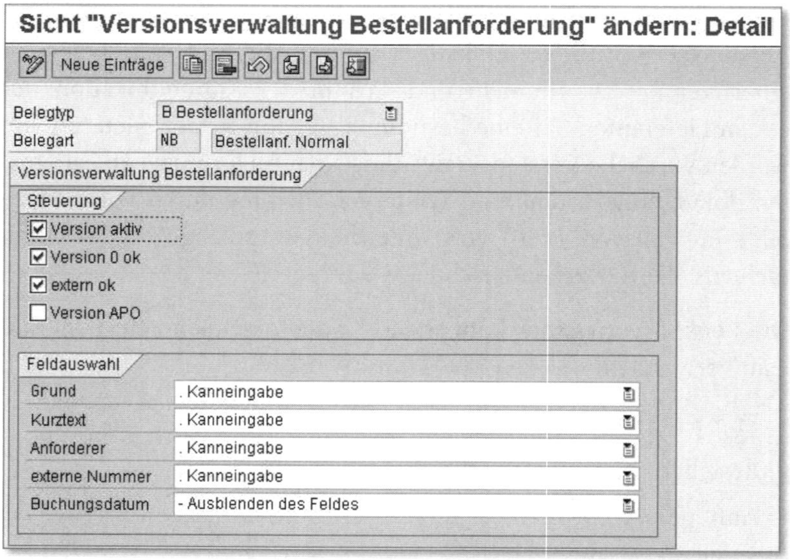

Abbildung 5.73 Versionsverwaltung für Bestellanforderungen

Aktivierung der Versionsverwaltung im Customizing notwendig

Für Einkaufsbelege aktivieren Sie die Versionsverwaltung in Abhängigkeit von der Einkaufsorganisation, dem Belegtyp und der Belegart. Für Bestellanforderungen erfolgt diese Aktivierung nur für den Belegtyp und die Belegart (siehe Abbildung 5.73).

Im Feld **Version 0 ok** können Sie kennzeichnen, dass die automatisch mit der Anlage eines Belegs erzeugte Version 0 von SAP ERP als »fertig« gekennzeichnet wird. Dadurch kann sofort eine Weiterbearbeitung des Belegs erfolgen (beispielsweise kann eine Bestellanforderungsposition freigegeben bzw. in einen Folgebeleg umgewandelt werden). Ansonsten müsste der Beleg manuell als fertig gekennzeichnet werden. Im Bildbereich **Feldauswahl** können Sie beispielsweise einstellen, ob vom Bearbeiter eine externe Änderungsnummer oder ein Änderungsgrund eingegeben werden muss.

Änderungsrelevante Felder für Bestellanforderungen

Für Bestellanforderungen können Sie zudem einstellen, für welche Felder Änderungen zu einer neuen Version führen. Menüpfad: **SPRO • SAP Referenz-IMG • SAP Customizing-Einführungsleitfaden • Materialwirtschaft • Einkauf • Versionsverwaltung • Versionsrelevante Felder für Bestellanforderungen.**

5.8.2 Funktionsumfang der Versionsverwaltung

Innerhalb einer Änderungsversion werden die Änderungsbelege zu einer Bestellanforderungsposition oder zu einem Einkaufsbeleg gespeichert (siehe Abbildung 5.74).

Abbildung 5.74 Bestellanforderung – Registerkarte »Versionen«

Änderungsbelege werden, solange noch keine neue Version angelegt wurde, immer der aktuellen Version zugeordnet, auch wenn diese Version als »fertig« gekennzeichnet ist. Erst wenn für eine aktuelle Version das Kennzeichen »Fertig« gesetzt ist, können Sie die Bestellanforderungsposition in einen Folgebeleg überführen oder ggf. das Freigabeverfahren starten.

Dokumentation der Änderungen einer Version

Über die Drucktaste **Änderungen anzeigen** gelangen Sie in die Anzeige der innerhalb einer Version vorgenommenen Änderungen (siehe Abbildung 5.75).

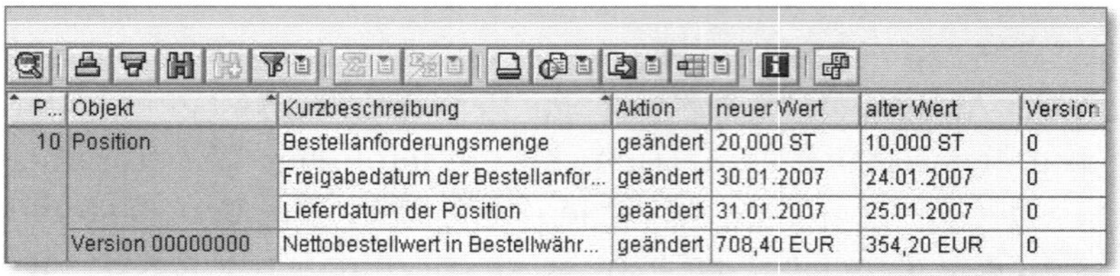

P...	Objekt	Kurzbeschreibung	Aktion	neuer Wert	alter Wert	Version
10	Position	Bestellanforderungsmenge	geändert	20,000 ST	10,000 ST	0
		Freigabedatum der Bestellanfor...	geändert	30.01.2007	24.01.2007	0
		Lieferdatum der Position	geändert	31.01.2007	25.01.2007	0
	Version 00000000	Nettobestellwert in Bestellwähr...	geändert	708,40 EUR	354,20 EUR	0

Abbildung 5.75 Bestellanforderung – Drucktaste »Änderungen anzeigen«

5.9 Benutzerparameter

Über Benutzerparameter können Sie einzelnen Benutzern Vorschlagswerte und Funktionsberechtigungen zuordnen und somit die Bearbeitungsmöglichkeiten der Einkäufer wesentlich beeinflussen. Hierzu stehen Ihnen die folgenden Benutzerparameter zur Verfügung:

- EVO (Vorschlagswerte für Einkäufer)
- EFB (Funktionsberechtigungen für Einkäufer)

Sie können Benutzerparameter im Customizing des Einkaufs definieren und anschließend in der Benutzerpflege einzelnen Benutzern zuordnen.

5.9.1 Benutzerparameter EVO

Mit dem Benutzerparameter EVO können Sie benutzerabhängig die Standardeinstellungen der folgenden beispielhaft aufgeführten Felder und Funktionen ändern:

Felder und Funktionen des Benutzerparameters EVO

- Das **InfoUpdate-Kennzeichen** kann in Bestellungen und Angeboten vorgeschlagen werden.
- Das Kennzeichen **Auftragsbestätigungspflicht** kann unterschiedlich für Bestellungen, Lieferpläne und Kontrakte vorgeschlagen werden.
- Im Rahmen der Funktion **Bestellanforderungen zuordnen und bearbeiten** können für die zugeordneten Bestellanforderungs-

positionen automatisch Folgebelege generiert werden, ohne dass ein Übersichtsbild zur Auswahl der Bestellanforderungen angezeigt wird.

- Für die **Variantenkonfiguration** kann in Listen oder der Positionsübersicht von Einkaufsbelegen eingestellt werden, ob nur das konfigurierbare Material, nur die Varianten zu dem konfigurierbaren Material oder beides angezeigt wird.
- Bei der Funktion **Bestellung anlegen bei einem unbekannten Lieferanten** können Sie die Anzeige eines Popup-Fensters für einen Belegartenwechsel einstellen, wenn die Positionen in einer Bestellanforderung gesichert werden sollen. Falls die verwendete Bestellbelegart nicht für Bestellanforderungen eingestellt ist, könnten Sie ohne diese Möglichkeit zum Belegartenwechsel die Positionen nicht sichern.
- Das Kennzeichen **Preis aus letzter Bestellung kopieren** bewirkt die Übernahme des Preises aus der letzten Bestellung in den aktuellen Beleg, sofern die automatische Preisfindung keinen gültigen Preis ermitteln konnte.
- Die automatische Bezugsquellenfindung kann für die Funktionen **Bestellung anlegen bei einem unbekannten Lieferanten** und **Bestellanforderung anlegen** als Vorschlagswert voreingestellt werden (siehe Abbildung 5.76).

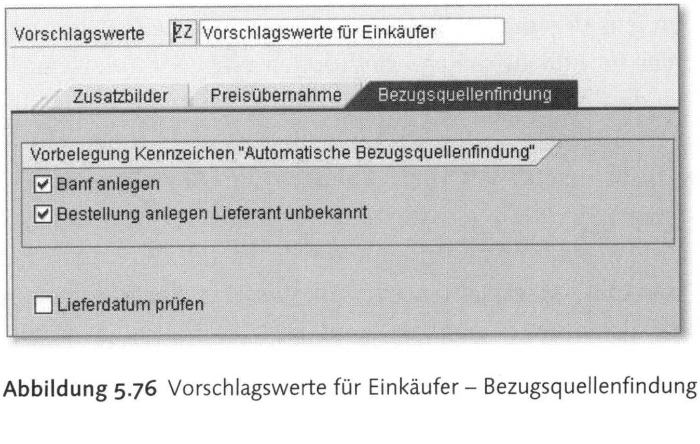

Abbildung 5.76 Vorschlagswerte für Einkäufer – Bezugsquellenfindung

Customizing des Benutzerparameters EVO

Die Customizing-Transaktion zur Pflege des Benutzerparameters EVO erreichen Sie über den Menüpfad **SPRO • SAP Referenz-IMG • SAP Customizing-Einführungsleitfaden • Materialwirtschaft • Einkauf • Umfelddaten • Vorschlagswerte für Einkäufer festlegen**. Die vorgenommenen Einstellungen werden anschließend in der Benutzerpflege der Transaktion SU03 auf der Registerkarte **Parameter** eingestellt (siehe Abbildung 5.77).

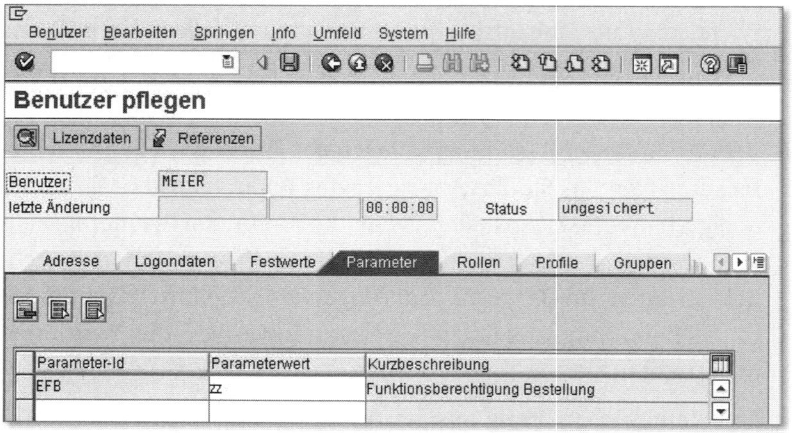

Abbildung 5.77 Benutzerpflege

5.9.2 Benutzerparameter EFB

Mit dem Benutzerparameter EFB können Sie die Berechtigungen einzelner Benutzer für die Bestellanforderungs- oder Bestellbearbeitung einschränken. Zum Beispiel können Sie die folgenden Einstellungen vornehmen:

Felder und Funktionen des Benutzerparameters EFB

- Im Bildbereich **Allgemeine Parameter** können Sie einstellen, ob ein Benutzer im Einkaufsbeleg Konditionen eingeben oder anzeigen lassen darf und ob bei fehlender Eingabeberechtigung die Konditionen angezeigt oder ausgeblendet werden (über einen Feldauswahlschlüssel). Mit dem Kennzeichen **Bestellpreisübernahme** steuern Sie, ob der Bewertungspreis aus der Bestellanforderung in die Bestellung übernommen werden soll. Wenn Sie das Kennzeichen **ohne Material** setzen, kann eine Bestellposition auch ohne Materialstammsatz angelegt werden.
- Im Bildbereich **Mögliche Bezugsobjekte** können Sie einstellen, ob und auf welche Bezugsobjekte beim Anlegen einer Bestellung Bezug genommen werden muss.
- Im Bildbereich **Manuelle Bezugsquellenzuordnung** können Sie einstellen, ob der Benutzer neben der automatischen Bezugsquel-

lenfindung auch eine manuelle Bezugsquellenzuordnung vornehmen kann (siehe Abbildung 5.78).

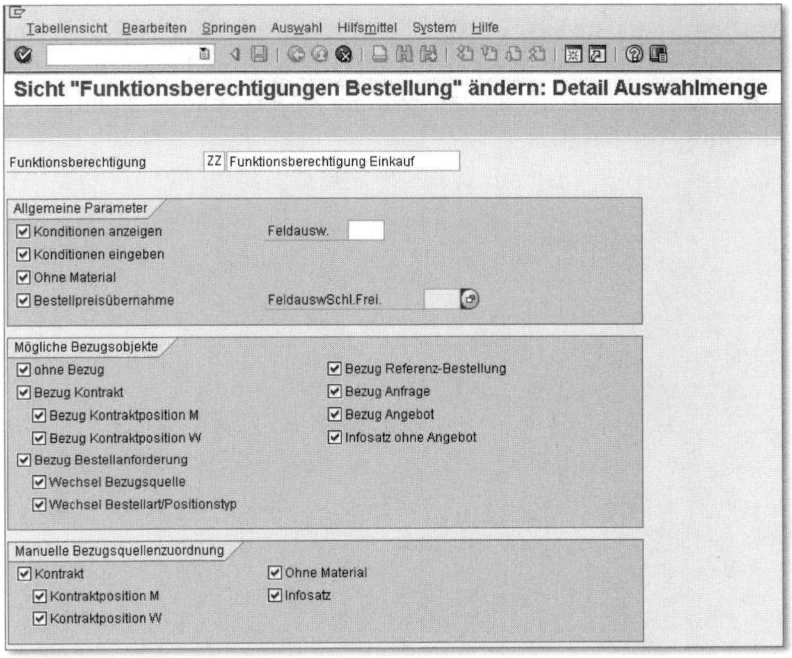

Abbildung 5.78 Customizing der Funktionsberechtigungen im Einkauf

Auch der Benutzerparameter EFB muss durch den Eintrag von Parameter-ID und Parameterwert im Benutzerstammsatz entsprechenden Benutzern zugeordnet werden.

Die Customizing-Transaktionen zur Pflege des Benutzerparameters ETB erreichen Sie über den Menüpfad **SPRO • SAP Referenz IMG • SAP Customizing – Einführungsleitfaden • Materialwirtschaft • Einkauf • Berechtigungsverwaltung • Funktionsberechtigungen für Einkäufer festlegen**.

5.10 Zusammenfassung

In Kapitel 5, *Optimierung der Beschaffung mit mySAP ERP*, haben Sie die Anwendungen und das Customizing der Bezugsquellen und der automatischen Bezugsquellenfindung kennen gelernt. In diesem Zusammenhang wurden auch verschiedene Kontrakt- und Lieferplanarten besprochen und die Funktionen von Orderbuch und Quotierung ausführlich dargestellt. Die verschiedenen Möglichkeiten der Bestellmengenoptimierung wurden besprochen. Ein weiterer Abschnitt befasste sich mit Pflege, Auswertungsmöglichkeiten und Customizing-Einstellungen der Lieferantenbeurteilung. Die Versionsverwaltung und die Benutzerparameter EVO und EFB bilden den Abschluss des Kapitels.

Mit Belegfreigabeverfahren können Sie die Möglichkeit zur Weiterverarbeitung beziehungsweise Übermittlung von Bestellanforderungen und Einkaufsbelegen einem elektronischen Genehmigungsverfahren unterlegen.

6 Belegfreigabeverfahren

In diesem Kapitel werden zunächst die Arten von Belegfreigabeverfahren besprochen, bevor auf die wesentlichen Begriffe der Freigabeverfahren eingegangen wird. Anschließend stelle ich Ihnen die Vorgehensweise bei der Freigabe von Bestellanforderungen vor und erläutere die notwendigen Customizing-Einstellungen.

Das Belegfreigabeverfahren in SAP ERP nutzen Sie, wenn Sie zum Beispiel Bestellanforderungen, die einen bestimmten Wert überschreiten, genehmigen lassen wollen, bevor diese Bestellanforderung in eine Anfrage oder Bestellung umgewandelt wird. Ebenso können Sie Freigabeverfahren für Einkaufsbelege definieren. In Folge müssen zum Beispiel Bestellungen genehmigt werden, bevor sie an einen Lieferanten übermittelt werden können. Freigabeverfahren unterscheiden sich darin, ob das Klassensystem von SAP ERP genutzt wird oder nicht. Mit Hilfe der anwendungsübergreifenden Komponente Klassensystem (CA-CL) können Sie die Eigenschaften beliebiger Objekte (zum Beispiel Materialien oder Bestellungen) über Merkmale beschreiben und klassifizieren.

6.1 Mögliche Freigabeverfahren

Ihnen stehen die folgenden Freigabeverfahren in SAP ERP zur Verfügung:

- **Freigabeverfahren für Einkaufsbelege (Anfragen, Bestellungen, Rahmenverträge) mit Nutzung des Klassensystems**
  Zur Einrichtung eines Freigabeverfahrens für Einkaufsbelege müssen Sie das Klassensystem nutzen. Einkaufsbelege werden immer

komplett, also auf Kopfebene freigegeben. Zudem können Bestellungen nicht nur einzeln, sondern auch gesammelt freigegeben werden (Sammelfreigabe).

- **Freigabeverfahren für Bestellanforderungen ohne Nutzung des Klassensystems**
  Bei Freigabeverfahren für Bestellanforderungen ohne Klassifizierung steht Ihnen nur eine beschränkte Auswahl an Merkmalen (Wert, Werk, Kontierungstyp und Warengruppe) zur Verfügung. Darüber hinaus können Sie Bestellanforderungen bei diesem Verfahren nur auf der Positionsebene freigeben.
- **Freigabeverfahren für Bestellanforderungen mit Nutzung des Klassensystems**
  Freigabeverfahren für Bestellanforderungen mit Klassifizierung erlauben, sofern Sie im Klassensystem jeweils eine Klasse anlegen, die Freigabe auf der Positionsebene und die Freigabe auf der Belegebene. Wenn Sie sich für Bestellanforderungen für das Freigabeverfahren mit Klassifizierung entscheiden, ist das Freigabeverfahren ohne Klassifizierung deaktiviert.

SAP empfiehlt für Bestellanforderungen das Freigabeverfahren mit Klassifizierung. Infolgedessen werden die notwendigen Customizing-Einstellungen und die Vorgehensweise bei der Freigabe anhand des Freigabeverfahrens für Bestellanforderungen mit Klassifizierung vorgestellt.

6.2 Grundbegriffe eines Freigabeverfahrens und erforderliche Customizing-Einstellungen

Zur Erstellung eines Freigabeverfahrens sind die folgenden Fragen zu beantworten:

- Welche Merkmalsausprägungen (zum Beispiel ein Wert größer als 5 000 €) soll eine Bestellanforderung oder eine Bestellanforderungsposition aufweisen, damit ein bestimmtes Genehmigungsverfahren zur Anwendung kommt (Freigabebedingungen oder Freigabekriterien)?
- Welche Personen im Unternehmen sollen über die Freigabe entscheiden können (Freigabecode)?

- Welche Voraussetzungen müssen erfüllt sein, damit eine Person eine Freigabe durchführen kann (Freigabevoraussetzungen)?
- Welche Folgeaktivitäten sollen durchführbar sein, wenn eine Freigabe erfolgt ist (Freigabekennzeichen oder Freigabezustand)?
- Welche unterschiedlichen Freigabeverfahren können durch eine Kombination unterschiedlicher Freigabebedingungen, Freigabevoraussetzungen, Freigabecodes und Freigabezustände definiert werden (Freigabestrategie)?
- Wollen Sie bei Bestellanforderungen auf der Positionsebene oder auf der Ebene des Gesamtbelegs freigeben (Freigabegruppe)?

6.2.1 Freigabebedingungen

Freigabebedingungen sind die Merkmalswerte (Merkmalsausprägungen), die erfüllt sein müssen, damit eine bestimmte Freigabestrategie zur Anwendung kommt. Hierfür müssen Sie unter Nutzung des Klassensystems Merkmale anlegen und anschließend diesen Merkmalen Klassen zuordnen. Die Kommunikationsstruktur CEBAN enthält für Bestellanforderungen alle Felder, die Sie als Freigabemerkmale für Bestellanforderungen verwenden können (siehe Abbildung 6.1).

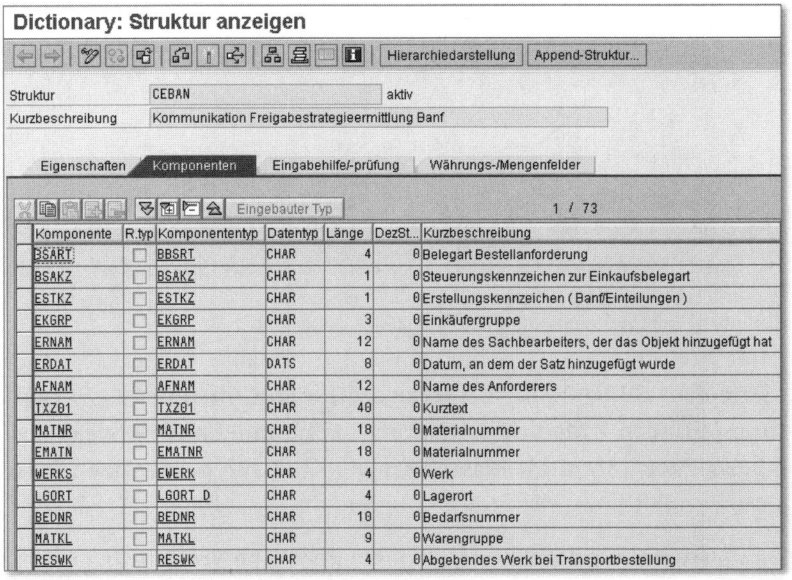

Komponente	R.typ	Komponententyp	Datentyp	Länge	DezSt...	Kurzbeschreibung
BSART		BBSRT	CHAR	4	0	Belegart Bestellanforderung
BSAKZ		BSAKZ	CHAR	1	0	Steuerungskennzeichen zur Einkaufsbelegart
ESTKZ		ESTKZ	CHAR	1	0	Erstellungskennzeichen (Banf/Einteilungen)
EKGRP		EKGRP	CHAR	3	0	Einkäufergruppe
ERNAM		ERNAM	CHAR	12	0	Name des Sachbearbeiters, der das Objekt hinzugefügt hat
ERDAT		ERDAT	DATS	8	0	Datum, an dem der Satz hinzugefügt wurde
AFNAM		AFNAM	CHAR	12	0	Name des Anforderers
TXZ01		TXZ01	CHAR	40	0	Kurztext
MATNR		MATNR	CHAR	18	0	Materialnummer
EMATN		EMATNR	CHAR	18	0	Materialnummer
WERKS		EWERK	CHAR	4	0	Werk
LGORT		LGORT_D	CHAR	4	0	Lagerort
BEDNR		BEDNR	CHAR	10	0	Bedarfsnummer
MATKL		MATKL	CHAR	9	0	Warengruppe
RESWK		RESWK	CHAR	4	0	Abgebendes Werk bei Transportbestellung

Abbildung 6.1 Kommunikationsstruktur CEBAN

Menüpfad: **SAP Menü • Werkzeuge • ABAP Workbench • Entwicklung • Dictionary**; anschließend geben Sie als View »CEBAN« ein (Transaktionscode SE11).

Kommunikationsstruktur CEBAN

Die Felder der Kommunikationsstruktur CEBAN stehen Ihnen als Klassifizierungsmerkmale zur Definition einer Freigabestrategie zur Verfügung. Klassifizierungsmerkmale können auch mehrwertig sein. Dadurch können Sie einer Freigabestrategie zum Beispiel mehrere Merkmalswerte als Freigabebedingungen zuordnen (zum Beispiel die Werke 1000 und 1200). Weiterhin müssen Sie den ausgewählten Merkmalen Klassen zuordnen. Sie können eine Klasse für Bestellanforderungen mit Gesamtfreigabe und eine Klasse für Bestellanforderungen mit Positionsfreigabe bilden. Diese Klassen werden der Klassenart 032 zugeordnet (siehe Abbildung 6.2).

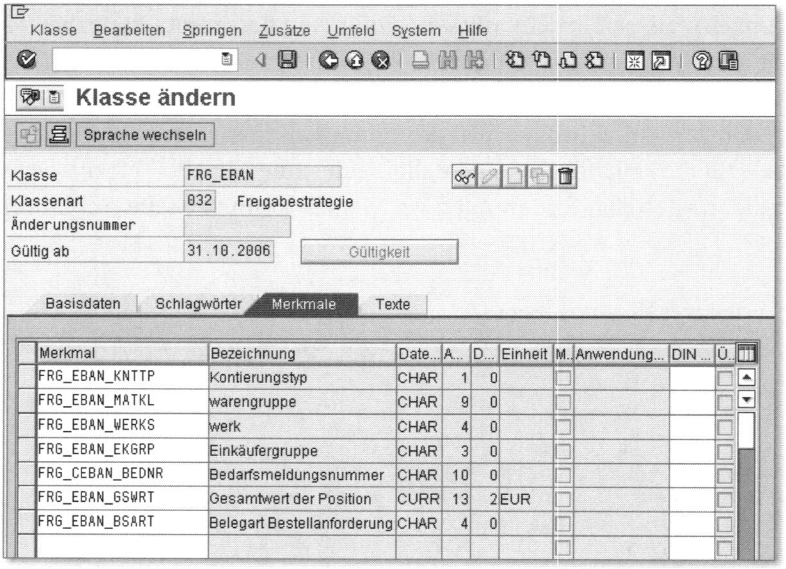

Abbildung 6.2 Merkmale der Freigabeklasse FRG_EBAN

Menüpfad: **SPRO • SAP Referenz IMG • SAP Customizing Einführungsleitfaden • Materialwirtschaft • Einkauf • Banf • Freigabeverfahren • Verfahren mit Klassifizierung • Klassen bearbeiten** (Transaktionscode CL02).

Anschließend wird die Freigabeklasse über eine Freigabegruppe mit dem Freigabeobjekt (Bestellanforderung) verknüpft (siehe Abbildung 6.3).

Abbildung 6.3 Freigabegruppen

Die Verknüpfung der Freigabeklasse FRG_EBAN mit dem Freigabeobjekt »Bestellanforderung« erfolgt durch die Zuweisung in eine Freigabegruppe. Es existiert jeweils eine Freigabegruppe zur Gesamtfreigabe und zur Positionsfreigabe. Menüpfad: **SPRO • SAP Referenz-IMG • SAP Customizing Einführungsleitfaden • Materialwirtschaft • Einkauf • Banf • Freigabeverfahren • Verfahren mit Klassifizierung • Verfahren mit Klassifizierung einrichten** • Drucktaste **Freigabegruppen**.

In der Definition der Freigabestrategie pflegen Sie über **Klassifizierung** die Merkmale und Merkmalswerte (siehe Abbildung 6.4).

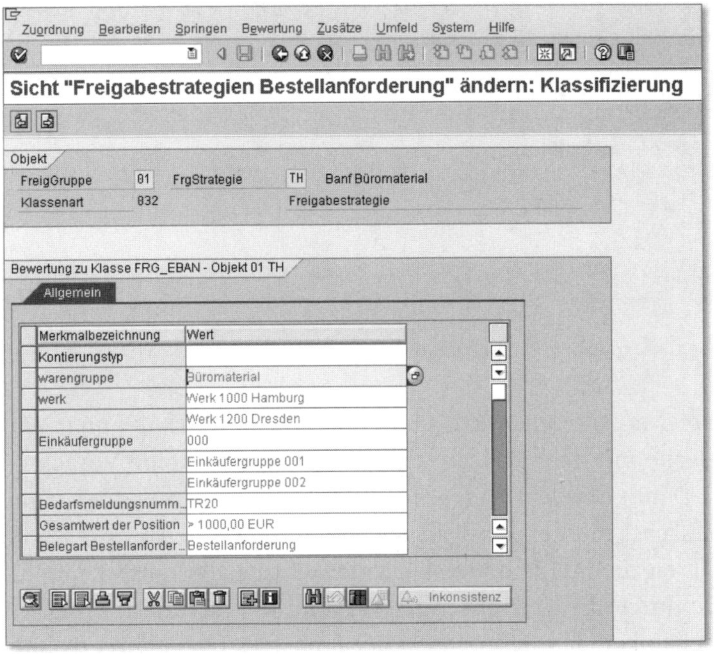

Abbildung 6.4 Merkmale und Merkmalswerte der Freigabestrategie für Bestellanforderungen mit Klassifizierung

6.2.2 Freigabecode

Der Freigabecode ist ein zweistelliges Kürzel, mit dem berechtigte Personen die Freigabe einer Bestellanforderung oder eines Einkaufsbelegs erteilen können. Die Zuordnung eines Freigabecodes zu Benutzern erfolgt über Berechtigungen. Das Berechtigungsobjekt M_EINK_FRG enthält die Felder **Freigabegruppe** und **Freigabecode**. Über die Freigabegruppe können Sie zum Beispiel unterschiedliche Einkaufsbelege gruppieren und sie Freigabecodes zuordnen. Hierdurch steuern Sie, welche Benutzer welche Einkaufsbelege freigeben können.

Die Berechtigungspflege erreichen Sie über **SAP Menü • Werkzeuge • Administration • Berechtigungen und Profile (manuelle Pflege) • Berechtigungen/Profile manuell bearbeiten** (Transaktionscode SU03).

6.2.3 Freigabevoraussetzungen

Mit den Freigabevoraussetzungen bestimmen Sie, in welcher Reihenfolge eine Bestellanforderung oder ein Einkaufsbeleg genehmigt werden muss. Die Freigabevoraussetzungen legen Sie in der Definition einer Freigabestrategie fest.

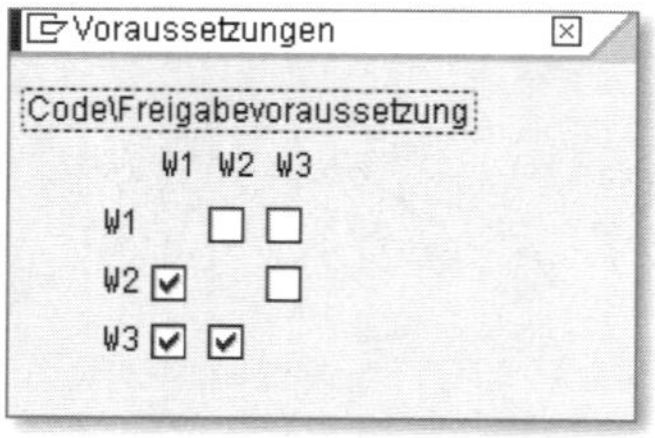

Abbildung 6.5 Freigabevoraussetzungen

Im Beispiel in Abbildung 6.5 sind drei Freigabecodes definiert. Für die Freigabe mit dem Freigabecode W1 existieren keine Voraussetzungen. Damit mit dem Freigabecode W2 freigegeben werden kann, muss zunächst mit dem Freigabecode W1 freigegeben worden sein. Für die Freigabe mit dem Freigabecode W3 ist als Voraussetzung die Freigabe durch die Freigabecodes W1 und W2 definiert. Freigabevoraussetzungen definieren Sie in der Freigabestrategie im Customizing des Einkaufs.

6.2.4 Freigabekennzeichen

Ein Freigabekennzeichen dokumentiert den Genehmigungsstand einer Bestellanforderung oder eines Einkaufsbelegs und kennzeichnet die weiteren Bearbeitungsmöglichkeiten.

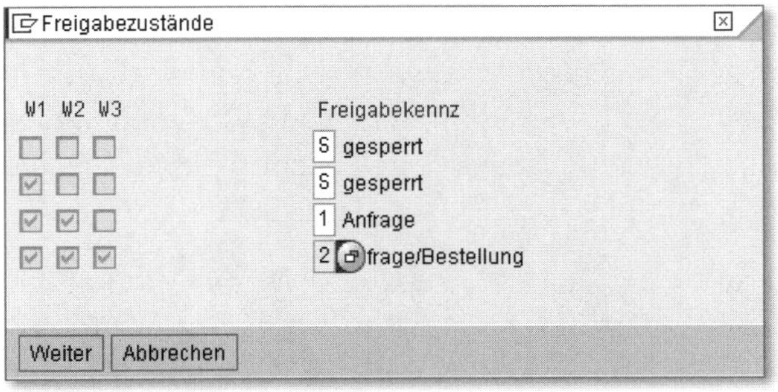

Abbildung 6.6 Freigabezustände

Im Beispiel in Abbildung 6.6 ist die Bestellanforderung zur Weiterverarbeitung gesperrt, solange mit keinem Freigabecode genehmigt wurde oder solange nur mit dem Freigabecode W1 genehmigt wurde. Wurde mit den Freigabecodes W1 und W2 genehmigt, kann eine Anfrage mit Bezug zur Bestellanforderung erstellt werden. Für eine Bestellung ist zusätzlich die Genehmigung durch W3 notwendig. Freigabezustände definieren Sie ebenfalls in der Freigabestrategie im Customizing des Einkaufs.

6.2.5 Freigabestrategie

Die Freigabestrategie nimmt alle Einstellungen zu den Freigabemerkmalen (siehe Abbildung 6.4), zu den Freigabecodes, zu den Freigabevoraussetzungen (siehe Abbildung 6.5) und zu den Freigabezuständen auf (siehe Abbildung 6.6). Zusätzlich haben Sie die Möglichkeit, die Einstellungen Ihrer Freigabestrategie über die Drucktaste **Freigabesimulation** zu testen (siehe Abbildung 6.7).

Hinweis

Sie können Freigabeverfahren mit Klassifizierung auch an den SAP Business Workflow anbinden. Dadurch wird ein Benutzer durch ein Workitem in seinem Eingangskorb automatisch zur Freigabe aufgefordert. Hierzu müssen Sie im Customizing des Business Workflow eine Aufbauorganisation und Standardaufgaben definieren.

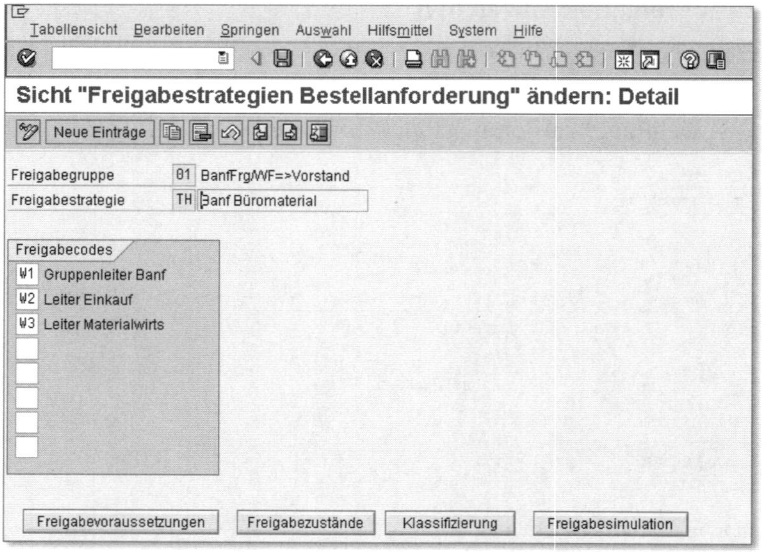

Abbildung 6.7 Freigabestrategie – Gesamtbild

6.3 Vorgehensweise bei der Freigabe von Bestellanforderungen

Für die Freigabe von Bestellanforderungen gibt es zwei Möglichkeiten:

- die Einzelfreigabe von Bestellanforderungen
- die Sammelfreigabe von Bestellanforderungen

Diese Freigabemöglichkeiten beziehen sich darauf, ob Sie einzelne Bestellanforderungspositionen oder einzelne Bestellanforderungen freigeben oder ob mehrere in einer Liste aufgeführte Bestellanforderungen gesammelt freigegeben werden.

6.3.1 Einzelfreigabe von Bestellanforderungen

Bei der Einzelfreigabe von Bestellanforderungen erfolgt die Freigabe entweder für einzelne Bestellanforderungspositionen oder für die gesamte Bestellanforderung, sofern für die Freigabegruppe in der Klassifizierung das Kennzeichen **Gesamtfreigabe** gesetzt ist. Zur Freigabe einer Bestellanforderung müssen Sie sich zunächst die Freigabestrategie und den Freigabezustand anzeigen lassen. Diese Freigabeinformationen erhalten Sie in der Enjoy-Bestellanforderung auf der Kopfebene (bei Gesamtfreigabe) oder im Positionsdetail auf der Registerkarte **Freigabestrategie** (bei Positionsfreigabe). Im Beispiel in Abbildung 6.8 sehen Sie die Informationen zu Freigabegruppe, -strategie und -kennzeichen sowie alle Codes mit den bisher erfolgten Freigaben.

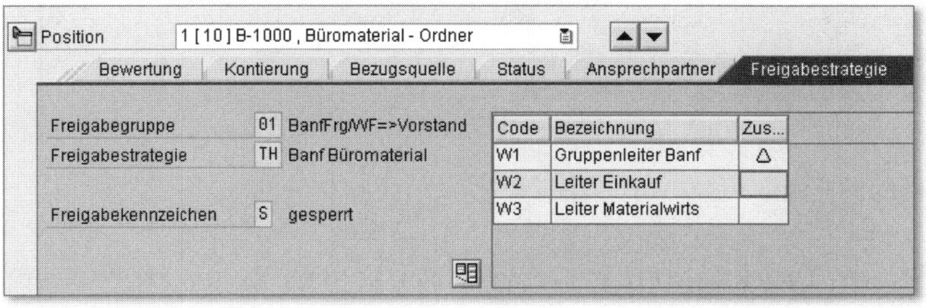

Abbildung 6.8 Freigabeinformationen im Positionsdetail der Banf

Zur Einzelfreigabe einer Banf wählen Sie den Menüpfad **SAP Menü • Logistik • Materialwirtschaft • Einkauf • Banf • Freigeben • Einzelfreigabe**, geben Ihren Freigabecode und die Bestellanforderungsnummer ein und betätigen **Enter**. Indem Sie die Drucktaste **Freigabe** in der entsprechenden Freigabecodezeile betätigen, können Sie eine Freigabe durchführen oder sie wieder zurücksetzen (siehe Abb. 6.9).

Abbildung 6.9 Einzelfreigabe einer Bestellanforderungsposition

Sofern für die Bestellanforderung eine Gesamtfreigabe vorgesehen ist, werden durch die Freigabe einer Bestellanforderungsposition auch alle übrigen Positionen freigegeben.

Sie können eine Freigabe auch simulieren, indem Sie sich über die Einzelfreigabe einer Banf deren Freigabestrategie anzeigen lassen und die Drucktaste **Freigabestrategie** und anschließend **Freigabe simulieren** betätigen (siehe Abbildung 6.10).

Abbildung 6.10 Freigabesimulation

Mit der Drucktaste **Freig. setzen/rücks.** können Sie die Freigabesituation für verschiedene Freigabecodes simulieren.

Hinweis

Diese Simulation ist nicht möglich in der Enjoy-Bestellanforderung oder der Enjoy-Bestellung. An dieser Stelle können Sie sich nur die Freigabemöglichkeiten und die möglichen Kombinationen zur Endfreigabe anzeigen lassen.

6.3.2 Sammelfreigabe von Bestellanforderungen

Zur Sammelfreigabe von Bestellanforderungen wählen Sie den Menüpfad **SAP Menü • Logistik • Materialwirtschaft • Einkauf • Banf • Freigeben • Sammelfreigabe** und geben im Selektionsbild Ihren Freigabecode und eventuell weitere Selektionsbedingungen an. Wenn Sie **Programm • Ausführen** auswählen oder die Drucktaste **Ausführen** betätigen, wird Ihnen eine Liste mit freizugebenden Bestellanforderungen angezeigt. In dieser Liste können Sie einzelne oder alle Bestellanforderungen markieren und freigeben (siehe Abbildung 6.11).

Eine Liste der Bestellanforderungen, die mit einem bestimmten Freigabecode freigegeben werden können, erhalten Sie über die Freigabeerinnerung. Wählen Sie hierzu den Menüpfad **SAP Menü • Logistik • Materialwirtschaft • Einkauf • Banf • Freigeben • Freigabeerinnerung**, und geben Sie Ihre Selektionsbedingungen ein. In der Liste der freizugebenden Bestellanforderungen können Sie wieder eine Freigabesimulation durchführen (siehe Abbildung 6.12).

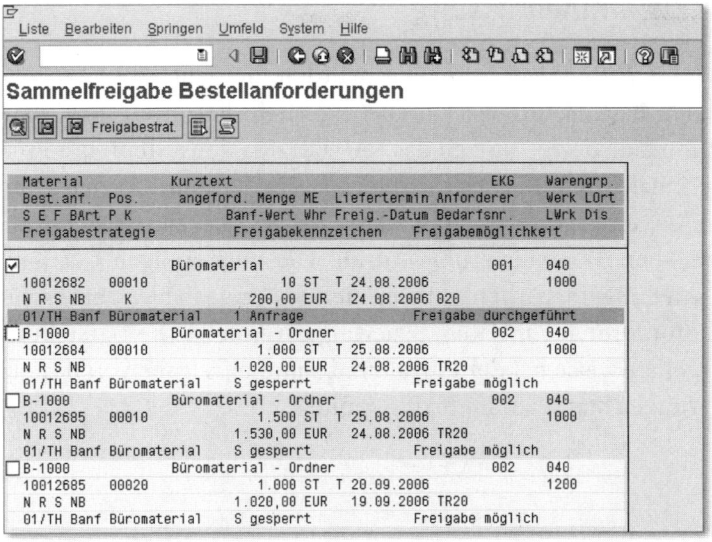

Abbildung 6.11 Sammelfreigabe von Bestellanforderungen

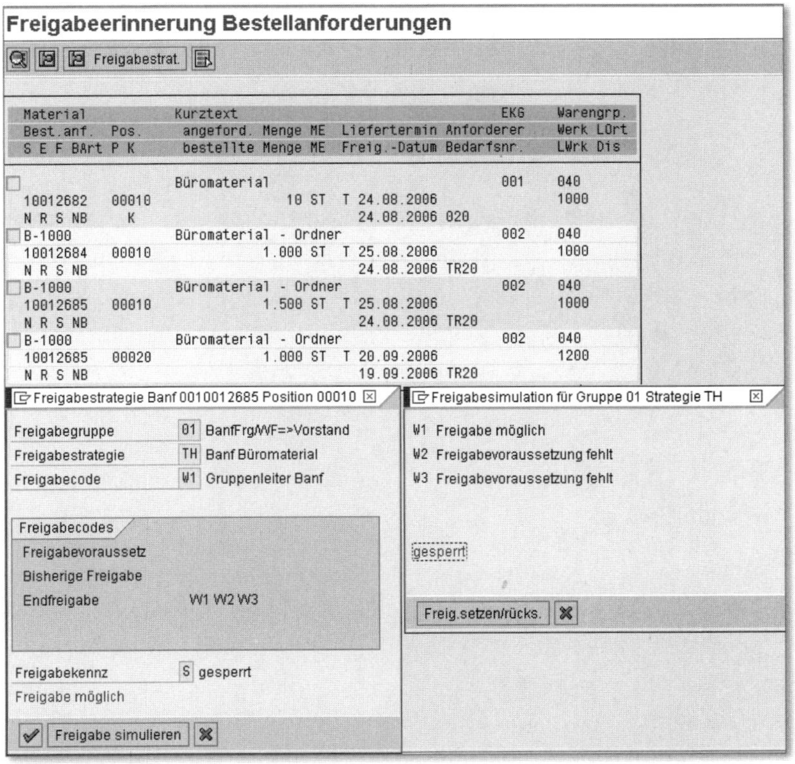

Abbildung 6.12 Freigabeerinnerung mit Freigabesimulation

6.4 Zusammenfassung

In Kapitel 6, *Belegfreigabeverfahren*, wurden die Grundzüge der verschiedenen Belegfreigabeverfahren vorgestellt. Belegfreigabeverfahren für Einkaufsbelege nutzen das SAP ERP-Klassensystem, um Freigabemerkmale und Klassen anzulegen. Für Bestellanforderungen können Sie, entgegen der Empfehlung der SAP, auch das Freigabeverfahren ohne Klassifizierung nutzen. Die notwendigen Customizing-Einstellungen wurden am Beispiel des Freigabeverfahrens für Bestellanforderungen mit Klassifizierung dargestellt. Die Darstellung der Vorgehensweise bei der Einzel- und Sammelfreigabe von Bestellanforderungen stand am Ende des Kapitels.

Die Möglichkeit zur Abfrage zielgerichteter, aktueller und integrierter Geschäftsinformationen stellt in globalisierten Märkten zunehmend einen Wettbewerbsvorteil dar. SAP ERP bietet zahlreiche Funktionen, um diese Informationen in Echtzeit abzufragen und aufzubereiten.

7 Listanzeigen, Auswertungen und das Logistikinformationssystem

In diesem Kapitel werden die Tools zur Darstellung und Aufbereitung von Informationen durch Listanzeigen, Auswertungen und durch das Logistikinformationssystem (am Beispiel des Einkaufsinformationssystems) von SAP ERP dargestellt. Zu Beginn werden die Grundlagen zur optimalen Verwendung der entsprechenden Tools gelegt.

7.1 Grundlagen zur Verwendung von Auswertungen und Listanzeigen

Bearbeitungsschritte

Zur Arbeitserleichterung und zur Optimierung der Arbeit mit Berichten in SAP ERP stehen Ihnen bei den einzelnen Bearbeitungsschritten verschiedene Funktionen zur Verfügung. Die Bearbeitungsschritte im Einzelnen sind:

1. Auffinden eines Berichts
2. Eingabe von Selektionsbedingungen für einen Bericht
3. Ausführung, Ausgabe und Weiterverarbeitung des Berichts

7.1.1 Auffinden eines Berichts

Um eine Auswertung durchzuführen, stehen Ihnen verschiedene Menüpfade zur Verfügung. Zur Auswertung »Bestellung zum Material (ME2M)« gelangen Sie zum Beispiel über die folgenden Menüpfade:

- **Allgemeine Berichtsauswahl der Infosysteme**
  Menüpfad: **SAP Menü • Infosysteme • Allgemeine Berichtsauswahl • Materialwirtschaft • Einkauf • Bestellung • Bestellung zum Material**
- **Arbeitsgebiet des Infosystems**
  Menüpfad: **SAP Menü • Infosysteme • Logistik • Einkauf • Einkaufsbelege • Bestellungen • zum Material**
- **Arbeitsgebiet der Logistik**
  Menüpfad: **SAP Menü • Logistik • Materialwirtschaft • Einkauf • Bestellung • Listanzeigen • zum Material**

Logistikinformationsbibliothek

Zum Auffinden des benötigten Berichts können Sie die Logistikinformationsbibliothek nutzen. Die Logistikinformationsbibliothek ist Teil des Logistikinformationssystems und dient dazu, Kennzahlen der Logistik zu erfassen, zu klassifizieren und aufzufinden. Die Info-Bibliothek erreichen Sie zum Beispiel über den Menüpfad **SAP Menü • Logistik • Logistik-Controlling • Logistikinfosystem • Info-Bibliothek.** Zur Kennzahlensuche stehen Ihnen verschiedene Selektionsformen zur Verfügung:

- Selektion von Kennzahlen über Textelemente
- Selektion von Kennzahlen mit Hilfe der Klassifizierung
- Selektion von Kennzahlen über Info-Sets

Selektion von Kennzahlen über Textelemente

Kennzahlensuche

Bei der Kennzahlsuche über Textelemente können Sie einen oder mehrere Begriffe eingeben. Diese Begriffe können mit »und«-Konjunktion und »oder«-Konjunktion verknüpft werden (siehe Abbildung 7.1).

Über **Bearbeiten • Suchen** werden Ihnen alle Kennzahlen aufgelistet, deren Beschreibung die gewählten Begriffe enthält. Im obigen Beispiel erhalten Sie eine Liste mit Kennzahlen, in denen die Begriffe »Lieferant« und »Bestellmenge« oder »Bestellwert« enthalten sind (siehe Abbildung 7.2).

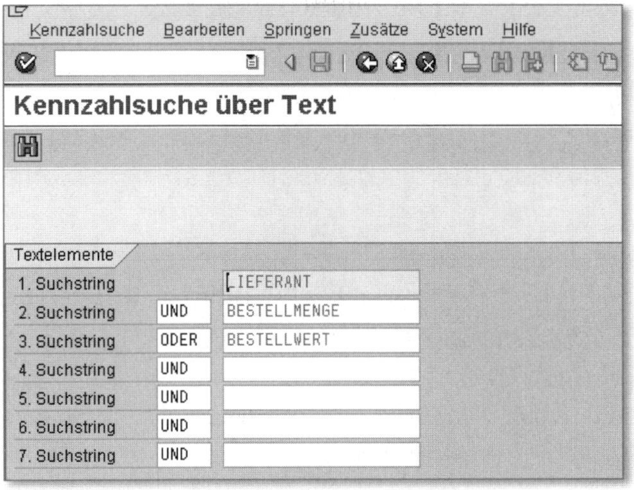

Abbildung 7.1 Kennzahlsuche über Text in der Info-Bibliothek

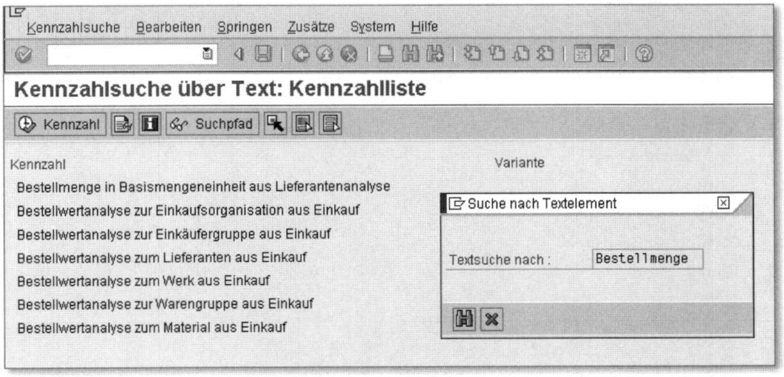

Abbildung 7.2 Kennzahlliste bei Suche über Text

Ausgehend von dieser Liste wird Ihnen über **Bearbeiten • Textsuche** ein Eingabefenster angezeigt, in dem Sie die Kennzahlsuche durch die Eingabe eines Suchbegriffs weiter eingrenzen können. Alternativ können Sie mit **Zurück** die eingegebenen Begriffe korrigieren und einen neuen Suchlauf starten.

Aus der Ergebnisliste in das Selektionsbild des Berichts springen

Wenn Sie sich für einen Bericht der Ergebnisliste entschieden haben, so können Sie direkt in das Selektionsbild dieses Berichts verzweigen, indem Sie den Cursor auf der gewünschten Kennzahl positionieren und **Bearbeiten • Kennzahl aufrufen** wählen.

Selektion von Kennzahlen mit Hilfe der Klassifizierung

Bei der Kennzahlsuche über Klassifizierung können Sie in einer Liste mit Schlüsselbegriffen aus der Logistik ein oder mehrere Klassifizierungsmerkmale markieren (siehe Abbildung 7.3).

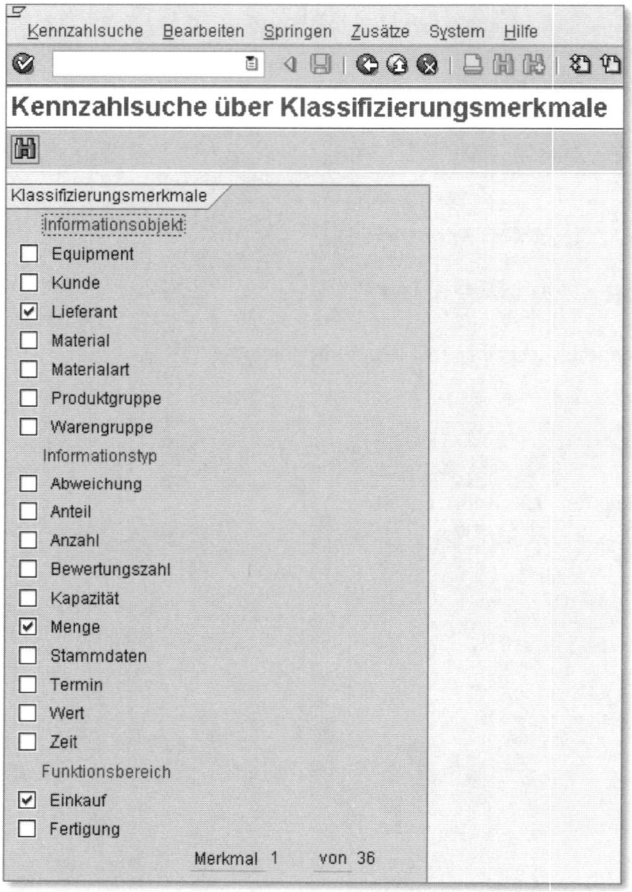

Abbildung 7.3 Kennzahlsuche über Klassifizierungsmerkmale

Über **Bearbeiten • Suchen** erhalten Sie wiederum eine Ergebnisliste mit allen Kennzahlen, die den gewählten Klassifizierungsmerkmalen zugeordnet sind (siehe Abbildung 7.4).

Auch aus dieser Liste heraus können Sie wiederum die Kennzahlsuche neu starten, das Suchergebnis über Textelemente weiter eingrenzen oder direkt in das Selektionsbild des Berichts verzweigen.

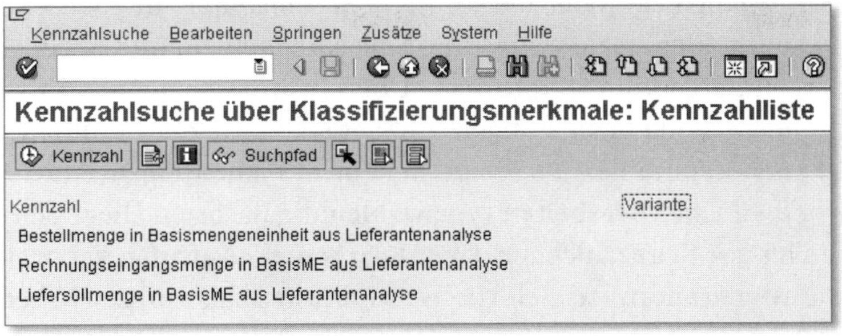

Abbildung 7.4 Kennzahlliste bei Suche über Klassifizierungsmerkmale

Selektion von Kennzahlen über Info-Sets

Info-Sets sind eine Zusammenfassung mehrerer Kennzahlen zu einer Gruppe. Info-Sets eignen sich zum Beispiel dann zur Kennzahlensuche, wenn die Ausprägungen mehrerer Kennzahlen wiederholt gemeinsam aufgelistet werden sollen. Bei der Suche von Kennzahlen über Info-Sets erhalten Sie einen Hierarchiebaum mit den zu den einzelnen Komponenten und Merkmalen vorhandenen Info-Sets (siehe Abbildung 7.5).

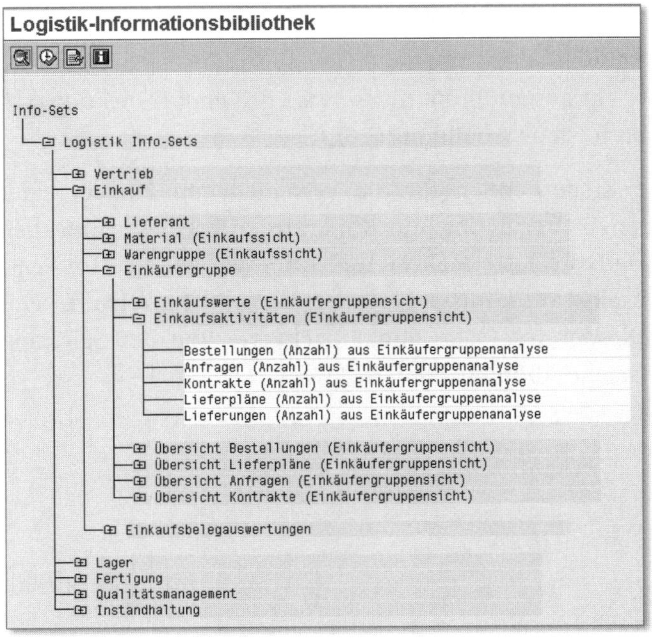

Abbildung 7.5 Kennzahlsuche über Info-Sets

Ein- und mehrstufige Info-Sets

Info-Sets können ein- oder mehrstufig sein. Einstufige Info-Sets enthalten Kennzahlen, mehrstufige Info-Sets enthalten ein Info-Set oder mehrere untergeordnete Info-Sets. Über **Bearbeiten • Auswählen** wird Ihnen bei einem einstufigen Info-Set eine Liste der im Info-Set enthaltenen Kennzahlen angezeigt. Bei einem mehrstufigen Info-Set erreichen Sie über **Bearbeiten • Auswählen** die nächsten Hierarchieebenen bis zur Kennzahlebene. Über **Bearbeiten • Aufrufen** verzweigen Sie wiederum in das Selektionsbild des Berichts zur gewählten Kennzahl.

7.1.2 Eingabe von Selektionsbedingungen für einen Bericht

Die bestmögliche Auswahl der Selektionskriterien auf dem Einstiegsbild eines Berichts sorgt dafür, dass nur die von Ihnen benötigten Informationen in überschaubarer und aussagekräftiger Form selektiert werden. Durch die Verwendung von Selektionskriterien wird zudem die Länge der Ausgabeliste begrenzt und die Zeitdauer bis zur Präsentation der Ergebnisliste reduziert.

Selektionsoptionen, Mehrfachselektion, Mehrfachauswahl und freie Abgrenzungen

Selektionskriterien

Um einen Bericht auszuführen, müssen Sie geeignete Selektionskriterien definieren (siehe Abbildung 7.6).

Grundsätzlich stehen Ihnen für die verschiedenen Eingabefelder Von/bis-Felder zur Verfügung. Zur Konkretisierung dieser Eingaben können Sie die Drucktaste **Mehrfachselektion** verwenden. Im Fenster **Mehrfachselektion** können Sie Intervalle und Einzelwerte einschließen und/oder Intervalle und Einzelwerte von der Selektion ausschließen (siehe Abbildung 7.7).

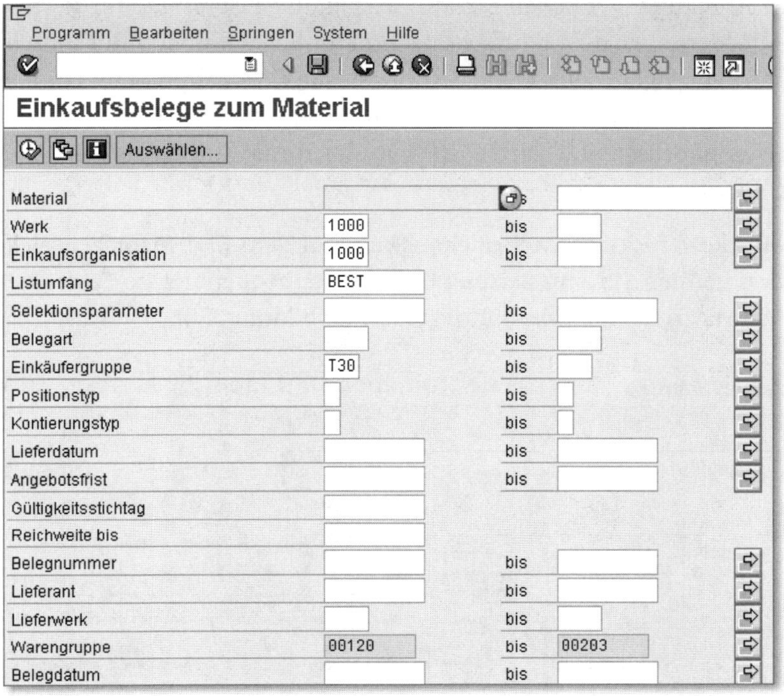

Abbildung 7.6 Selektionsbildschirm zur Transaktion »Einkaufsbelege zum Material« (ME2M)

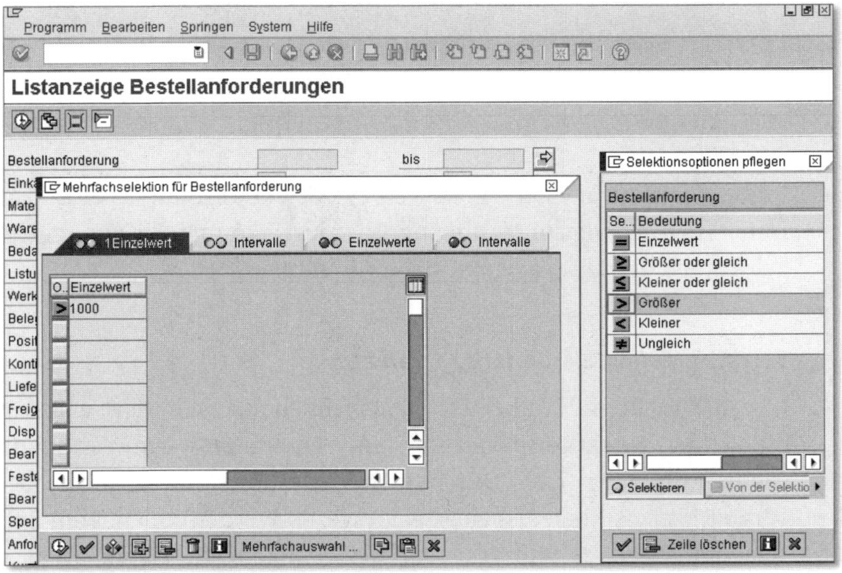

Abbildung 7.7 Mehrfachselektion und Selektionsoptionen

Mehrfachselektion

In Abbildung 7.7 sehen Sie am Beispiel der Listanzeige für Bestellanforderungen die Mehrfachselektion für Belegnummern für Bestellanforderungen. Durch die Drucktaste **Selektionsoptionen** können Sie zusätzlich bestimmen, ob Sie sich in der Liste nur Werte anzeigen lassen möchten, die zum Beispiel größer als die eingegebenen Werte sind.

Mit der Drucktaste **Mehrfachauswahl** auf dem Bild **Mehrfachselektion** können Sie zum Beispiel Einzelwerte bequem in die Felder der Mehrfachselektion überführen (siehe Abbildung 7.8).

Abbildung 7.8 Mehrfachauswahl für Mehrfachselektion am Beispiel des Berichts »Einkaufsbelege zum Material«

Freie Abgrenzungen

Für einige Berichte stehen, als Teil des Selektionsbildes, Felder zur freien Abgrenzung zur Verfügung. Hierdurch können Sie zusätzliche Selektionskriterien eingeben (siehe Abbildung 7.9).

Selektions- und Listumfangsparameter

In den Berichten des Einkaufs stehen Ihnen zur weiteren Selektion die Felder **Selektionsparameter** und **Listumfang** zur Verfügung (siehe Abbildung 7.6). Durch den Selektionsparameter wird bestimmt, welche Einkaufsbelege ausgewertet werden sollen (zum Beispiel nur erledigte Anfrage oder Bestellungen mit einem offenen Wareneingang). Über den **Matchcode** oder **F4** erhalten Sie die Liste der Selektionsparameter. Diese Selektionsparameter werden im Customizing von SAP ERP eingestellt (siehe Abbildung 7.10).

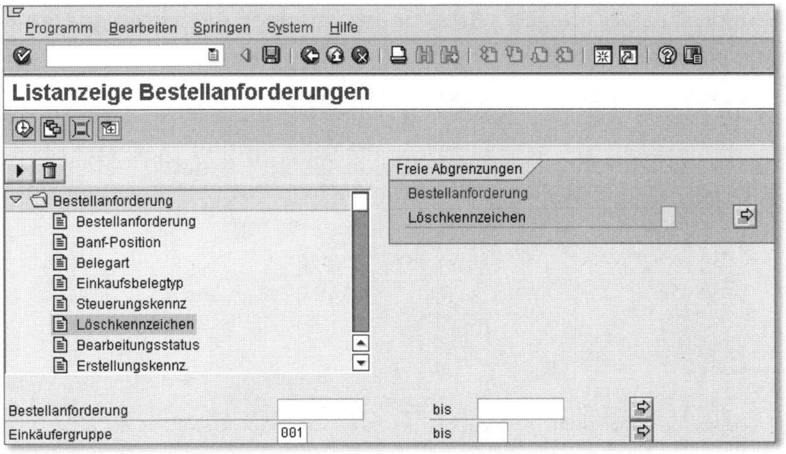

Abbildung 7.9 Freie Abgrenzungen am Beispiel der Listanzeige für Bestellanforderungen

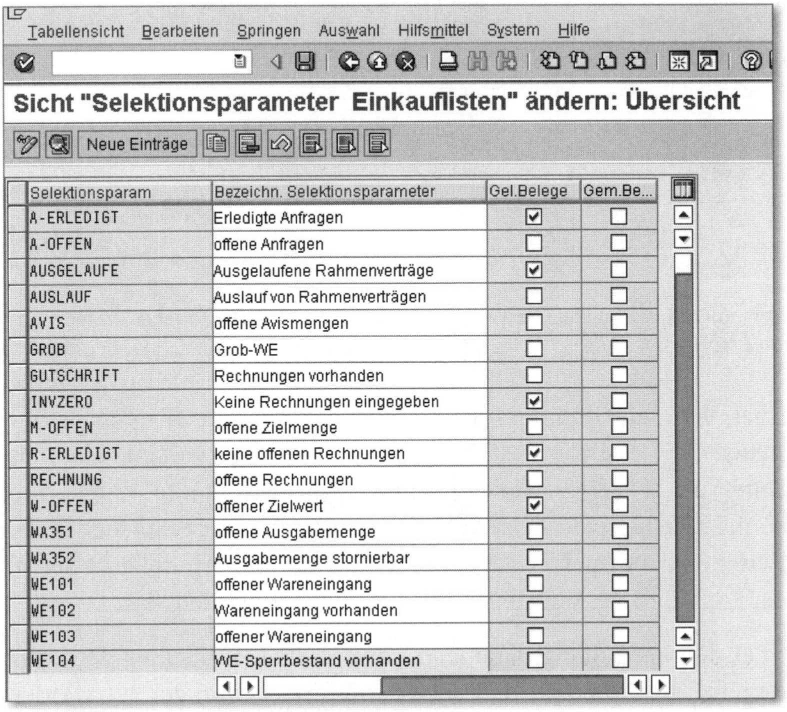

Abbildung 7.10 Selektionsparameter für Einkaufslisten

Customizing der Selektionsparameter

Sie erreichen die Transaktion zur Pflege der Selektionsparameter über den Menüpfad **SPRO • SAP Referenz-IMG • SAP Customizing Einführungsleitfaden • Materialwirtschaft • Einkauf • Berichtswesen • Einkaufslisten pflegen • Selektionsparameter • Selektionsparameter definieren**. Über die Drucktaste **Detail** zum markierten Selektionsparameter erreichen Sie die Detaildaten (siehe Abbildung 7.11).

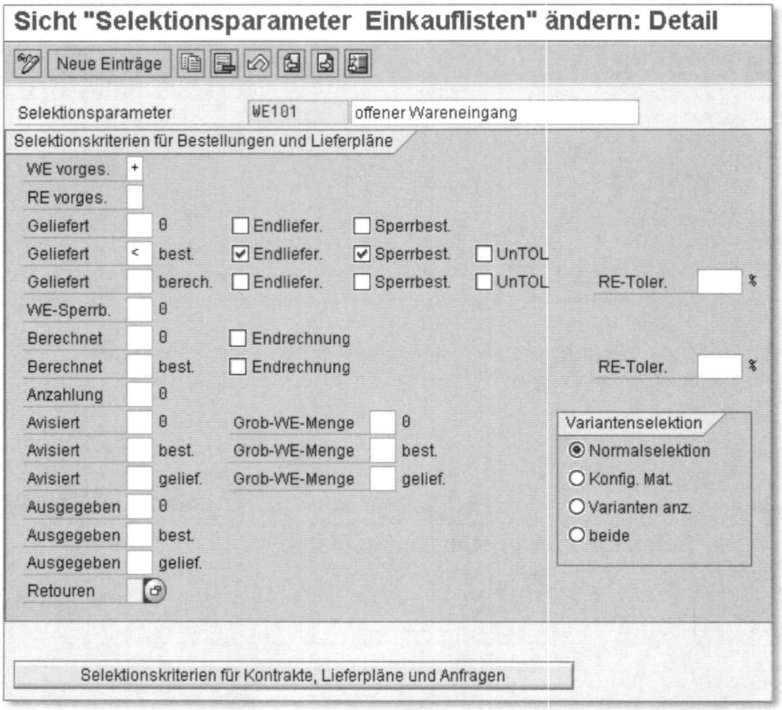

Abbildung 7.11 Detailbild des Selektionsparameters »WE101 (offener Wareneingang)«

Selektionsparameter

Über den Selektionsparameter »WE 101 (offener Wareneingang)« steuern Sie, dass nur Bestellungen berücksichtigt werden sollen, bei denen die gelieferte Menge kleiner ist als die bestellte Menge. Hier können Sie beispielsweise auch einstellen, ob Wareneingänge in den Wareneingangssperrbestand berücksichtigt werden sollen oder ob ein Endlieferungskennzeichen berücksichtigt werden soll.

Listumfangsparameter

Über den Listumfangsparameter können Sie den Umfang der Daten steuern, die Ihnen zu den selektierten Belegen angezeigt werden. Somit entscheiden Sie über den Listumfangsparameter den Umfang der anzuzeigenden Informationen zu den selektierten Einkaufsbelegen. Auch der Listumfangsparameter wird im Customizing von SAP ERP definiert. Menüpfad: **SPRO • SAP Referenz-IMG • SAP Customizing Einführungsleitfaden • Materialwirtschaft • Einkauf • Berichtswesen • Einkaufslisten pflegen • Listumfang • Listumfang definieren** (siehe Abbildung 7.12).

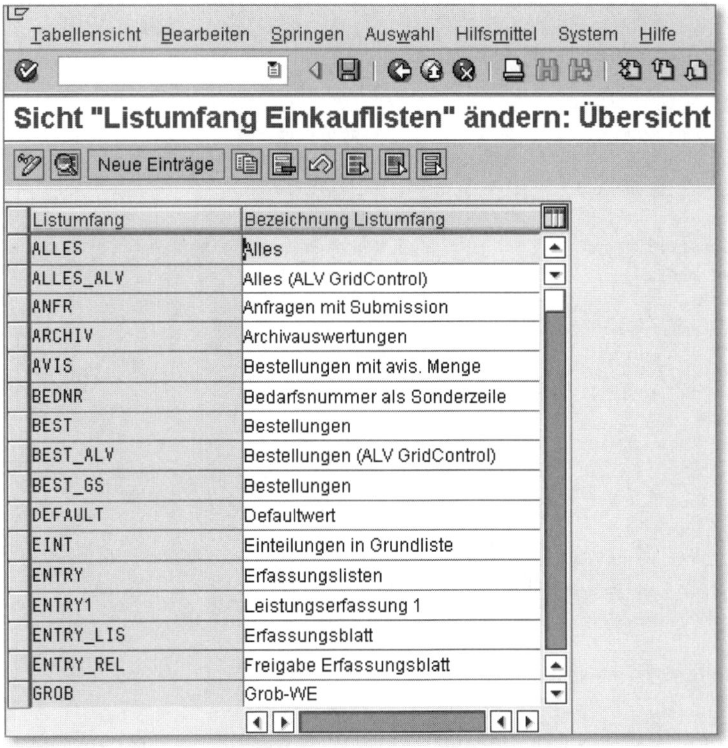

Abbildung 7.12 Listumfangsparameter

Über die Drucktaste **Detail** des markierten Listumfangsparameters erhalten Sie die Detaildaten (siehe Abbildung 7.13).

Customizing des Listumfangsparameters

Hier können Sie einstellen, welche zusätzlichen Informationen in der Ergebnisliste, die zu diesem Listumfangsparameter generiert wird, angezeigt werden sollen. Zu diesen zusätzlichen Informationen zählen zum Beispiel Menge und Wert von Anfragepositionen, der offene Zielwert von Rahmenverträgen oder die Umlagerungsmenge.

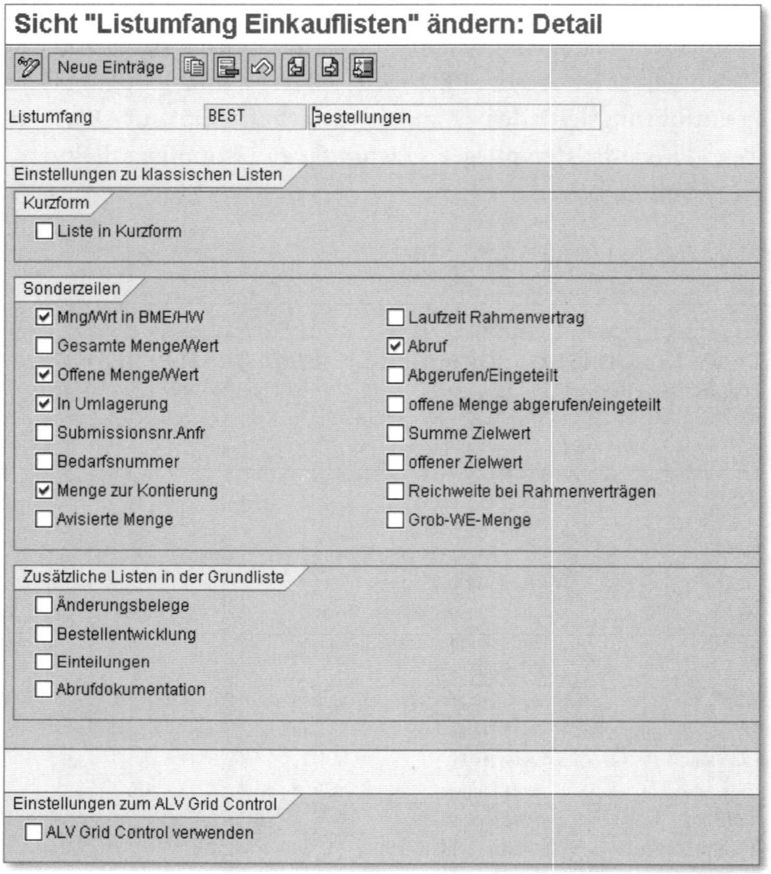

Abbildung 7.13 Detaildaten zum Listumfangsparameter »BEST«

Listumfangsparameter können Sie als Vorschlagswerte einzelnen Transaktionen zuordnen. Das erfolgt über den Menüpfad **SPRO • SAP Referenz-IMG • SAP Customizing Einführungsleitfaden • Materialwirtschaft • Einkauf • Berichtswesen • Einkaufslisten pflegen • Listumfang • Vorschlagswerte für Transaktionen einstellen** (siehe Abbildung 7.14).

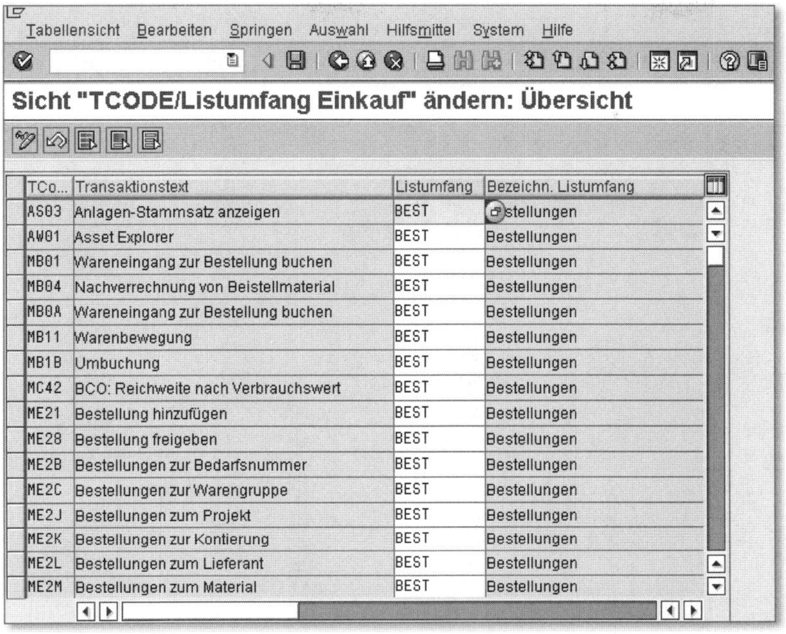

TCo...	Transaktionstext	Listumfang	Bezeichn. Listumfang
AS03	Anlagen-Stammsatz anzeigen	BEST	Bestellungen
AW01	Asset Explorer	BEST	Bestellungen
MB01	Wareneingang zur Bestellung buchen	BEST	Bestellungen
MB04	Nachverrechnung von Beistellmaterial	BEST	Bestellungen
MB0A	Wareneingang zur Bestellung buchen	BEST	Bestellungen
MB11	Warenbewegung	BEST	Bestellungen
MB1B	Umbuchung	BEST	Bestellungen
MC42	BCO: Reichweite nach Verbrauchswert	BEST	Bestellungen
ME21	Bestellung hinzufügen	BEST	Bestellungen
ME28	Bestellung freigeben	BEST	Bestellungen
ME2B	Bestellungen zur Bedarfsnummer	BEST	Bestellungen
ME2C	Bestellungen zur Warengruppe	BEST	Bestellungen
ME2J	Bestellungen zum Projekt	BEST	Bestellungen
ME2K	Bestellungen zur Kontierung	BEST	Bestellungen
ME2L	Bestellungen zum Lieferant	BEST	Bestellungen
ME2M	Bestellungen zum Material	BEST	Bestellungen

Abbildung 7.14 Zuordnung Listumfangsparameter zu Transaktionen

Selektionsvariante (Berichtsvariante)

Eingegebene Selektionsbedingungen für eine weitere Verwendung sichern

Um die gewählten Selektionsbedingungen zu sichern, legen Sie eine Selektionsvariante an. Anschließend können Sie über die Selektionsvariante diese Auswahlkriterien wieder aufrufen, um den Bericht auszuführen, ohne die Selektionsbedingungen erneut einzugeben. Je nach Bericht nutzen Sie zur Anlage einer Selektionsvariante aus dem Selektionsbildschirm die Drucktaste **Sichern** oder wählen **Springen • Varianten • als Variante sichern**. Im Bild **Variantenattribute** geben Sie einen Variantennamen und eine Bezeichnung für die Varianten ein (siehe Abbildung 7.15).

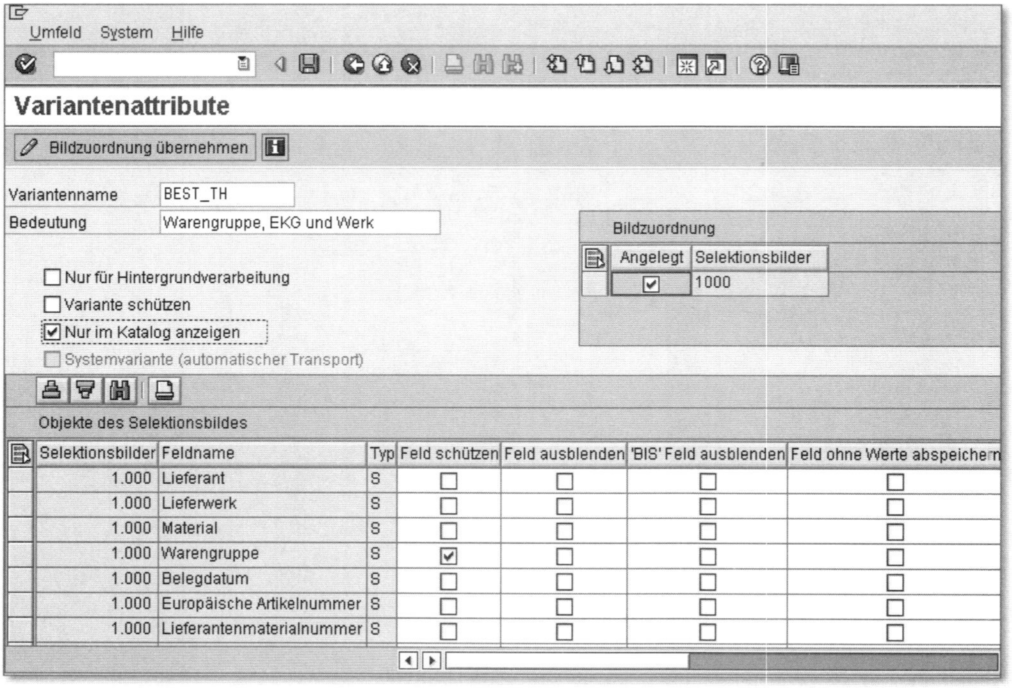

Abbildung 7.15 Variantenattribute

Zusätzlich können Sie beispielsweise die folgenden Einstellungen vornehmen:

Einstellungen zur Selektionsvariante

- **Nur für Hinterverarbeitung**
  Wenn dieses Kennzeichen gesetzt ist, wird die Ergebnisliste nur über die Hintergrundverarbeitung erstellt.
- **Variante schützen**
  Über dieses Kennzeichen steuern Sie, dass eine Veränderung dieser Variante nur von dem User vorgenommen werden kann, der diese Variante angelegt bzw. zuletzt geändert hat.
- **Nur im Katalog anzeigen**
  Über dieses Kennzeichen steuern Sie, dass die Variante nur im Variantenkatalog, aber nicht über die Matchcodeanzeige angezeigt wird.

Die verfügbaren Varianten können Sie sich im Einstiegsbild eines Berichts über **Springen • Varianten • Anzeigen** auflisten lassen.

7.1.3 Ausführen, Ausgabe, Layouteinstellungen und weitere Bearbeitungsmöglichkeiten eines Berichts

Zum Ausführen eines Berichts betätigen Sie die Drucktaste **Ausführen** und erhalten eine Listanzeige (zum Beispiel die Einkaufsbelege zum Lieferanten, siehe Abbildung 7.16).

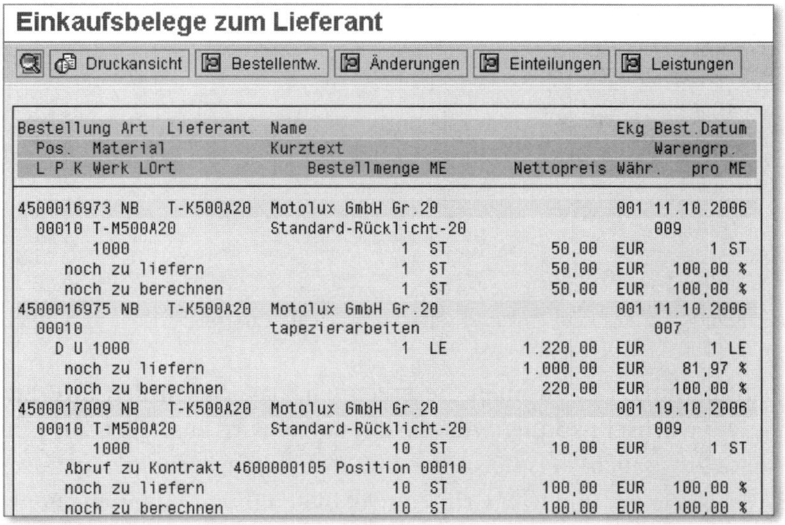

Abbildung 7.16 Listanzeige Einkaufsbelege zum Lieferant

Zusatzinformationen

Sie haben aus dieser Liste heraus vielfältige Möglichkeiten, an Zusatzinformationen zu gelangen. Über die entsprechenden Drucktasten verzweigen Sie zum Beispiel direkt in den Einkaufsbeleg, in die Druckansicht des Einkaufsbelegs oder in die Liste der Einteilungen oder der Bestellentwicklung.

SAP List Viewer und ALV Grid Control

Für die Ausgabe von Listen stehen zwei Instrumente zur Verfügung: SAP List Viewer und ALV Grid Control. Durch eine einheitliche Oberfläche wird die Bedienung von Listen in SAP ERP vereinfacht (siehe Abbildung 7.17).

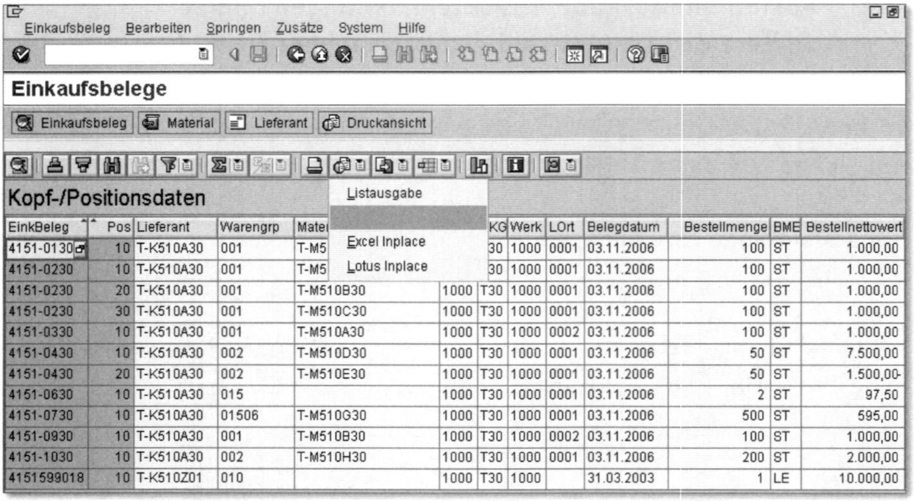

Abbildung 7.17 Liste der Einkaufsbelege mit ALV Grid Control

In Abbildung 7.17 können Sie erkennen, dass Sie in den SAP List Viewer wechseln können. ALV Grid Control wird zusätzlich zur Listdarstellung auch beispielsweise in Bestellanforderungen genutzt. SAP List Viewer und ALV Grid Control bieten Ihnen zahlreiche Funktionen zur Bearbeitung von Listen:

Funktionen

- **Detail auswählen**
  Über die Drucktaste **Detail auswählen** können Sie sich Zusatzinformationen zur markierten Zeile anzeigen lassen.
- **Sortieren**
  Über die Drucktasten **aufsteigend/absteigend sortieren** können Sie die Sortierung der markierten Spalte ändern.
- **Filter**
  Über die Drucktaste **Filter setzen** können Sie sich für die markierte Spalte (die markierten Spalten) nur die Zeilen anzeigen lassen, die bestimmte Kriterien erfüllen (zum Beispiel nur Bestellpositionen für eine bestimmte Warengruppe).
- **Werte summieren**
  Über die Drucktaste **Werte summieren** sind Sie in der Lage, für Werte- und Mengenspalten Summen zu bilden.
- **Zwischensummen**
  Sobald für eine Spalte eine Summierung vorliegt, können Sie für eine oder mehrere Spalten Zwischensummen bilden (zum Beispiel

ist die Spalte Nettowert summiert, und Sie bilden Zwischensummen für die Nettowerte nach Einkäufergruppen, siehe Abbildung 7.18).

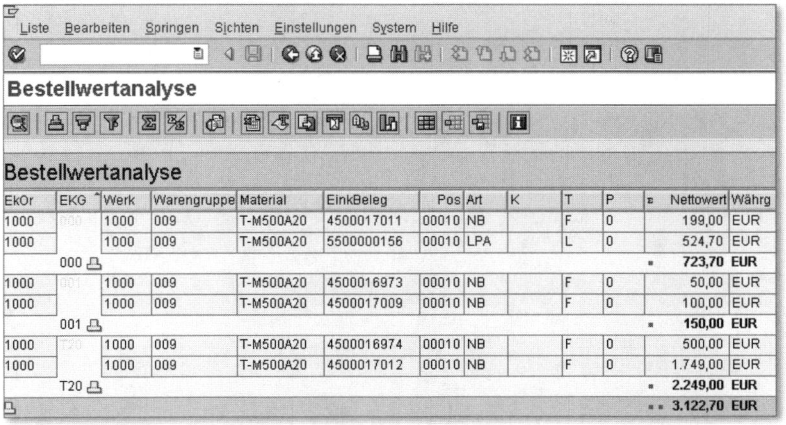

Bestellwertanalyse

EkOr	EKG	Werk	Warengruppe	Material	EinkBeleg	Pos	Art	K	T	P	Σ	Nettowert	Währg
1000	000	1000	009	T-M500A20	4500017011	00010	NB		F	0		199,00	EUR
1000		1000	009	T-M500A20	5500000156	00010	LPA		L	0		524,70	EUR
	000										•	**723,70**	**EUR**
1000	001	1000	009	T-M500A20	4500016973	00010	NB		F	0		50,00	EUR
1000		1000	009	T-M500A20	4500017009	00010	NB		F	0		100,00	EUR
	001										•	**150,00**	**EUR**
1000	T20	1000	009	T-M500A20	4500016974	00010	NB		F	0		500,00	EUR
1000		1000	009	T-M500A20	4500017012	00010	NB		F	0		1.749,00	EUR
	T20										•	**2.249,00**	**EUR**
											••	**3.122,70**	**EUR**

Abbildung 7.18 SAP List Viewer mit Summierung des Nettowertes und Zwischensummen für Einkäufergruppen

Ausführen von Berichten im Hintergrund

Hintergrundverarbeitung

Um Berichte im Hintergrund auszuführen, wählen Sie in der Menüleiste des Selektionsbildes **Programm • Im Hintergrund ausführen**. Anschließend erscheint ein Dialogfenster mit den Hintergrund-Druckparametern, in dem Sie den Drucker auswählen, an den der Bericht gesendet werden soll, und in dem Sie weitere Druckparameter angeben können. Anschließend erscheint das Dialogfenster **Startterminwerte** (siehe Abbildung 7.19).

In diesem Dialogfenster können Sie den Start der Hintergrundverarbeitung zum Beispiel datumsabhängig einstellen oder für eine bestimmte Betriebsart (zum Beispiel im Nachtbetrieb) vorsehen.

Überwachung der Hintergrundjobs

Die Überwachung von Hintergrundjobs erfolgt mit der Transaktion **Jobübersicht** mit dem Transaktionscode SM37. Der Menüpfad aus der Menüleiste des SAP Easy Access lautet: **System • Dienste • Jobs • Jobübersicht**. Im Einstiegsbild dieser Transaktion geben Sie die Selektionskriterien zur Jobauswahl an und betätigen die Drucktaste **Ausführen**. Anschließend werden Ihnen die selektierten Jobs angezeigt, und Sie können den Jobstatus kontrollieren. Mit der Drucktaste **Freigeben** können Sie Jobs zur Verarbeitung freigeben (siehe Abbildung 7.20).

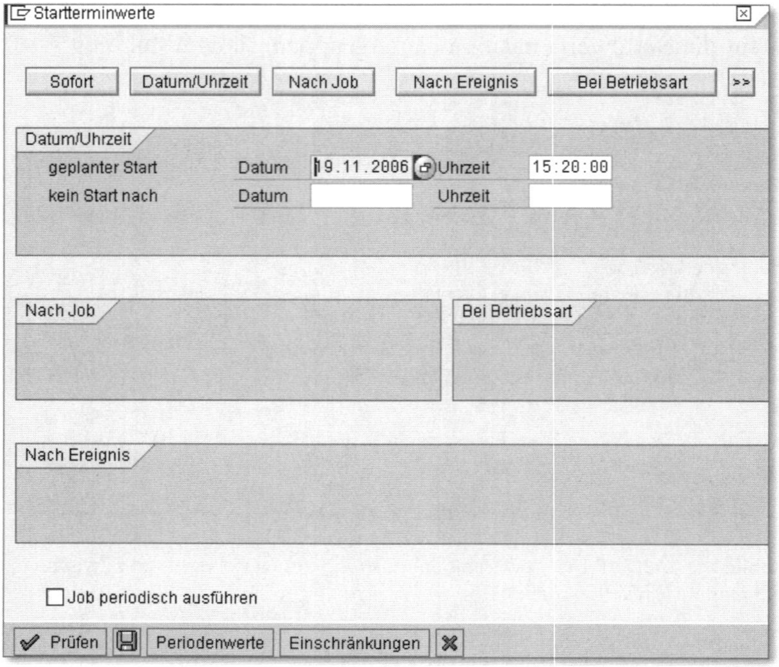

Abbildung 7.19 Startterminwerte für die Hintergrundverarbeitung

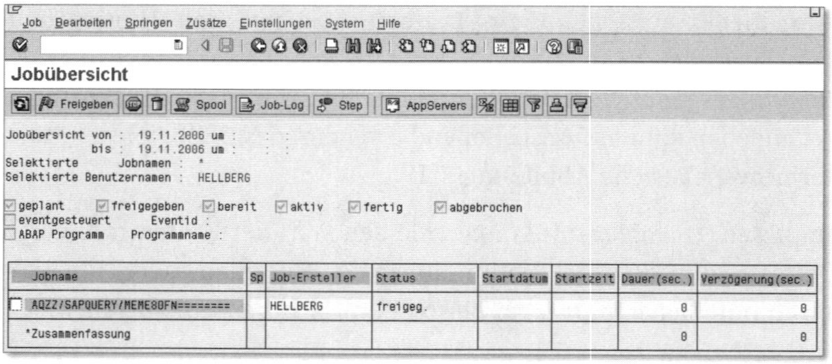

Abbildung 7.20 Jobübersicht der Transaktion SM37

Durch einen Doppelklick in die Jobzeile gelangen Sie zu den Detaildaten des Jobs.

Alternative Programmausführung mit der Transaktion SA38

Zur Ausführung eines Berichts (online oder im Hintergrund) können Sie auch die Funktion **ABAP: Programmausführung** nutzen (Transaktionscode SA38). Sie erreichen diese Funktion ausgehend vom SAP Easy Access über die Menüleiste und den Menüpfad **System** •

Dienste • Reporting. Im Einstiegsbild dieser Transaktion müssen Sie einen Reportnamen eingeben (siehe Abbildung 7.21).

Abbildung 7.21 ABAP: Programmausführung

Die Ausführung des Programms erfolgt über **Programm • Ausführen** oder **Programm • Im Hintergrund ausführen**. Den Programmnamen können Sie sich in der Anzeige des Berichts über den Menüpfad **System • Status** anzeigen lassen (siehe Abbildung 7.22).

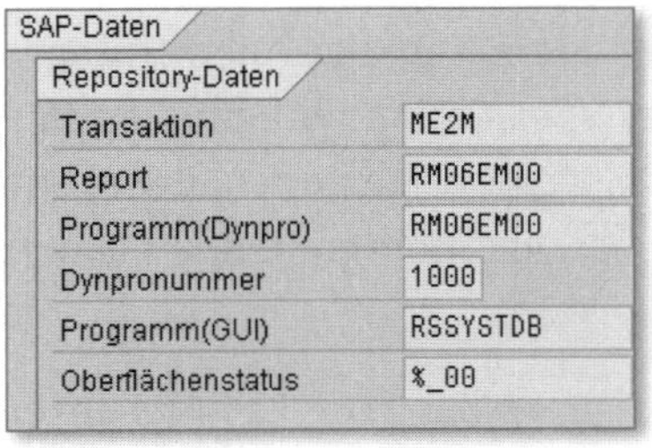

Abbildung 7.22 Reportname der Transaktion »Einkaufsbelege zum Material (ME2M)«

Variantenkatalog

Sofern die Ausführung des Reports mit einer Variante erforderlich oder möglich ist, erhalten Sie über die Drucktaste **Variante holen** eine Bildschirmanzeige mit den gepflegten Varianten. Eine Variante ist eine Gruppe gespeicherter Selektionskriterien (siehe Abschnitt 7.1.2). Sie können sich die gespeicherte Variante anzeigen lassen oder den Report mit den Selektionsbedingungen der Variante ausführen. Die Transaktion **ABAP: Programmausführung** (SA38) erreichen Sie über den Menüpfad **System • Dienste • Reporting** (siehe Abbildung 7.23).

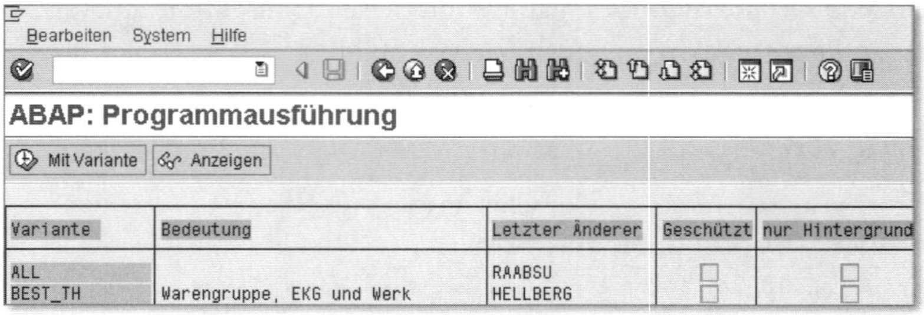

Abbildung 7.23 ABAP: Programmausführung mit Varianten

Berichtslayout in Auswertungen

Layout einstellen

In den Auswertungen der Einkaufskomponente von SAP ERP steht Ihnen zum Design der Ergebnisliste die Funktion **Layout auswählen** zur Verfügung. Ist die Ergebnisliste in Form des ALV Grid Control dargestellt, so finden Sie eine Drucktaste **Layout auswählen** mit den Menüeinträgen **Layout auswählen/ändern/sichern/verwalten**. Bei einer Listausgabe finden Sie diese Funktionen über den Menüpfad **Einstellungen • Layout • ändern/auswählen/sichern/verwalten**. In allen Auswertungen können Sie ein Standardlayout auswählen und das Layout ändern. Zusätzlich können Sie in einigen Auswertungen Ihr eigenes definiertes Layout benutzerspezifisch oder benutzerübergreifend ändern. Benutzerspezifische Layouts beginnen dabei mit einem Buchstaben von A bis Z und benutzerübergreifende Layouts mit dem Zeichen »/« (siehe Abbildung 7.24).

Layoutverwaltung

In der Layoutverwaltung lassen Sie sich vorhandene Layouts anzeigen. Hierbei können Sie über Drucktasten zum Beispiel zwischen der Anzeige von Standard- und Benutzerlayouts wechseln, Layouts löschen, für ein Layout eine Voreinstellung setzen, sich Detaildaten zu einem Layout anzeigen lassen und Layouteinstellungen sichern (siehe Abbildung 7.25).

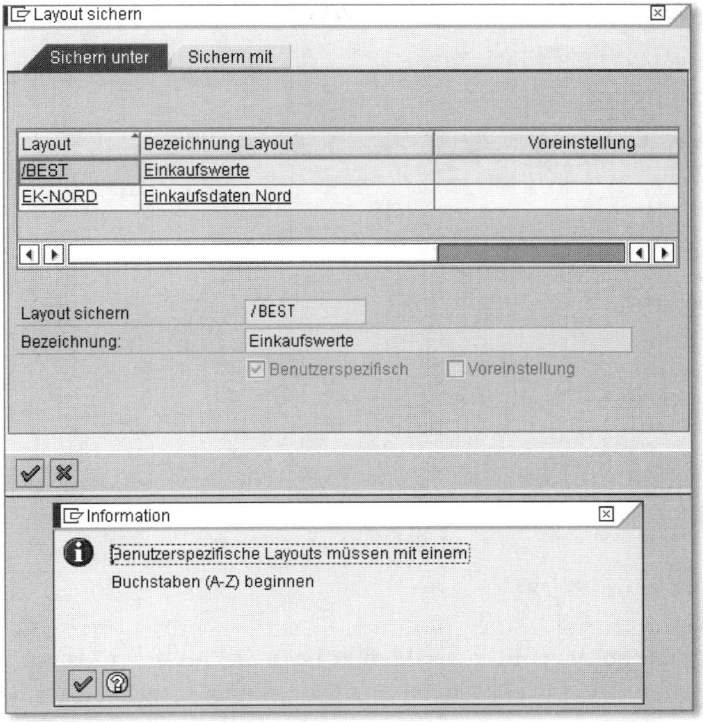

Abbildung 7.24 Layout sichern

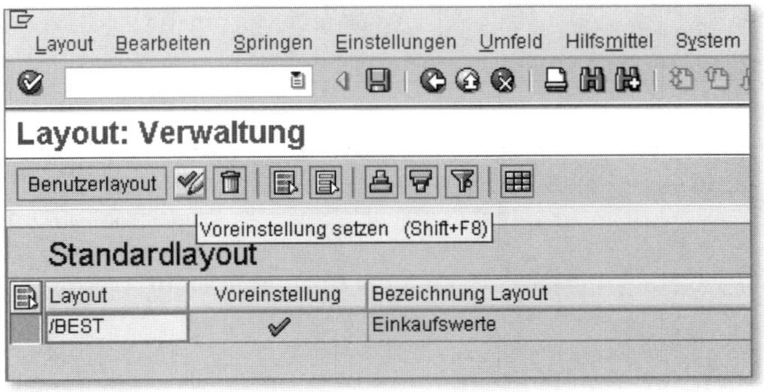

Abbildung 7.25 Layout verwalten

Mit der Funktion **Layout ändern** können Sie zum Beispiel die Spaltenauswahl, die Spaltenreihenfolge und die Sortierung bestimmen (siehe Abbildung 7.26).

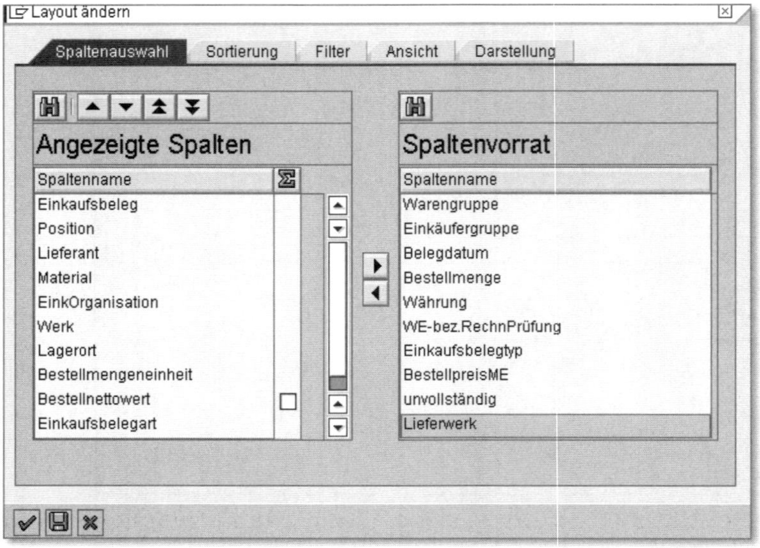

Abbildung 7.26 Layout ändern

Mit der Funktion **Layout auswählen** können Sie aus einer Liste der vorhandenen Layouts ein Layout zur Darstellung auswählen (siehe Abbildung 7.27).

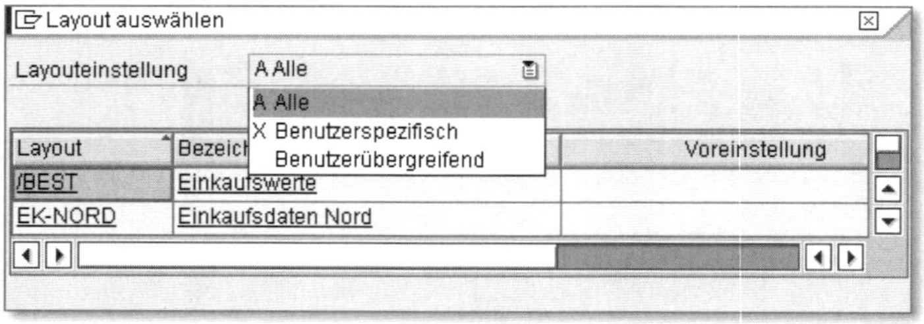

Abbildung 7.27 Layout auswählen

Weitere Bearbeitungsmöglichkeiten

Ausgabesteuerung

Berichte (aber auch andere Nachrichten, wie zum Beispiel Absageschreiben oder Bestellungen) werden in SAP ERP in der Regel nicht sofort ausgedruckt, sondern über einen Spool-Auftrag zwischengespeichert. Zudem wird ein Ausgabeauftrag erstellt, der Informationen zum Ausgabegerät und zum Status des Auftrags enthält. In der Ausgabesteuerung lassen sich die Spool-Aufträge und Ausgabeaufträge kontrollieren (siehe Abbildung 7.28).

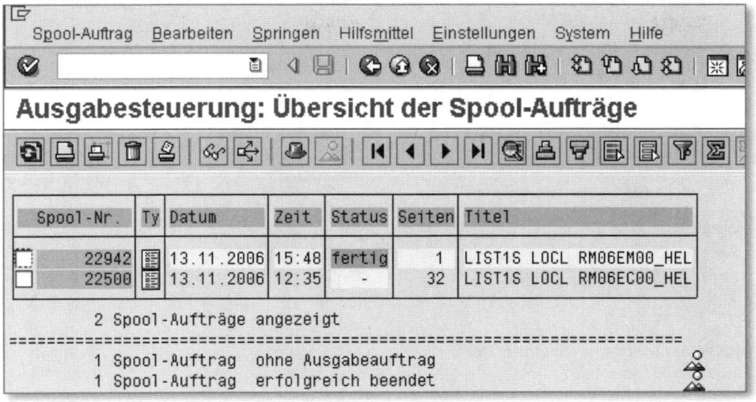

Abbildung 7.28 Ausgabesteuerung

Sie erreichen die Ausgabesteuerung der Transaktion SP01 über den Menüpfad **SAP Menü • CCMC • Drucken • Ausgabesteuerung**.

In der Ausgabesteuerung erkennen Sie, ob ein Ausgabeauftrag bereits gedruckt wurde. Sie können beispielsweise auch nicht mehr benötigte Spool-Aufträge löschen oder Spool-Aufträge an ein Ausgabegerät senden.

SAPMail

Zum Versand Ihrer Berichtsergebnisse an andere Benutzer in SAP ERP können Sie SAPMail verwenden. Hierzu wählen Sie aus der Berichtsausgabe heraus beispielsweise die Drucktaste **Senden** in der Anwendungsfunktionsleiste. Im Bild **Dokument erstellen und senden** geben Sie den Empfänger und einen Mailtext ein (siehe Abbildung 7.29).

Das Expresskennzeichen auf der Registerkarte **Empfänger** sorgt dafür, dass der Empfänger bei seiner nächsten Aktion in SAP ERP sofort eine Meldung über den Eingang einer E-Mail erhält. Der Empfänger kann über eine Drucktaste sofort in seinen E-Mail-Eingang verzweigen.

Berichtsdaten exportieren

In SAP ERP ist auch der Export der Berichtsdaten in Tabellen oder andere Dateien möglich. Über die Drucktaste **Exportieren** erhalten Sie das Dialogfenster **Sichern in Datei**, in dem Sie das gewünschte Exportformat wählen können. Anschließend werden die Berichtsdaten zum Beispiel in eine Excel-Liste überführt (siehe Abbildung 7.30).

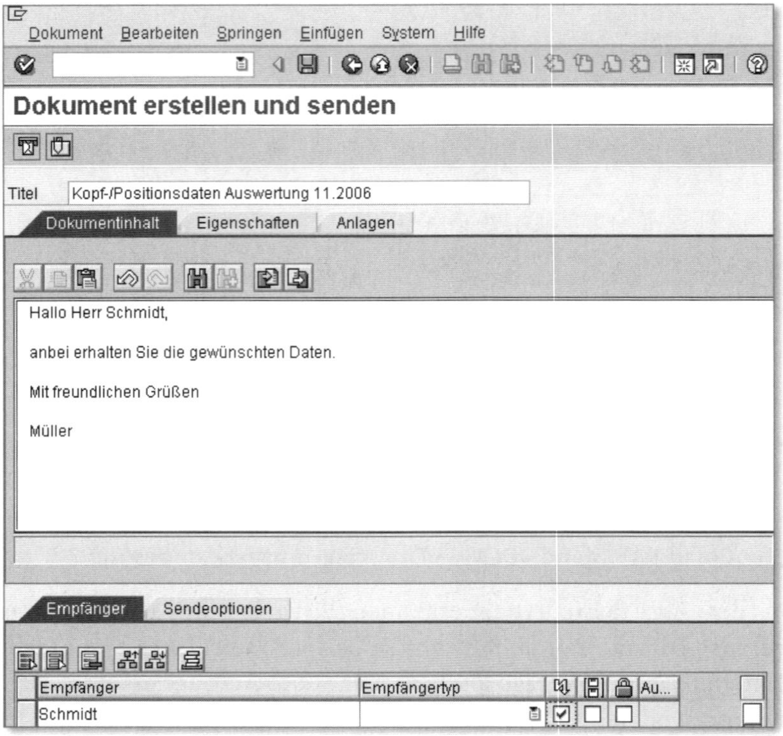

Abbildung 7.29 Dokument versenden

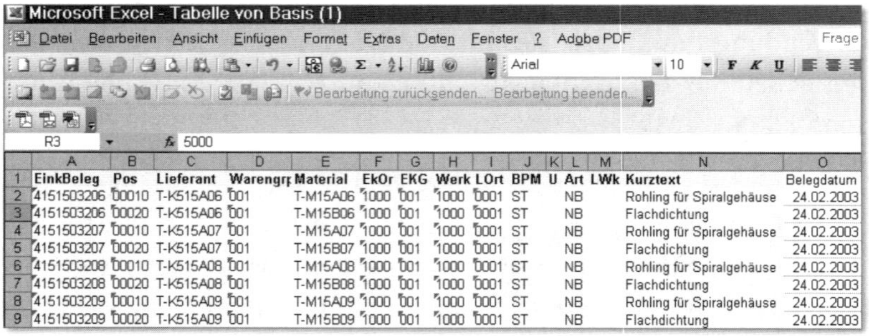

EinkBeleg	Pos	Lieferant	Warengrp	Material	EkOr	EKG	Werk	LOrt	BPM	U	Art	LWk	Kurztext	Belegdatum
4151503206	00010	T-K515A06	001	T-M15A06	1000	001	1000	0001	ST		NB		Rohling für Spiralgehäuse	24.02.2003
4151503206	00020	T-K515A06	001	T-M15B06	1000	001	1000	0001	ST		NB		Flachdichtung	24.02.2003
4151503207	00010	T-K515A07	001	T-M15A07	1000	001	1000	0001	ST		NB		Rohling für Spiralgehäuse	24.02.2003
4151503207	00020	T-K515A07	001	T-M15B07	1000	001	1000	0001	ST		NB		Flachdichtung	24.02.2003
4151503208	00010	T-K515A08	001	T-M15A08	1000	001	1000	0001	ST		NB		Rohling für Spiralgehäuse	24.02.2003
4151503208	00020	T-K515A08	001	T-M15B08	1000	001	1000	0001	ST		NB		Flachdichtung	24.02.2003
4151503209	00010	T-K515A09	001	T-M15A09	1000	001	1000	0001	ST		NB		Rohling für Spiralgehäuse	24.02.2003
4151503209	00020	T-K515A09	001	T-M15B09	1000	001	1000	0001	ST		NB		Flachdichtung	24.02.2003

Abbildung 7.30 Berichtsausgabe in Excel

7.2 Auswertungen und Listanzeigen im Einkauf

Das Data-Warehouse-Konzept in SAP ERP folgt einem dreistufigen Ansatz. Aus den operativen Anwendungen des OLTP (Online Transaction Processing) werden die Daten über Fortschreibungsmodule in spezielle Datenbanken geschrieben. Hierbei erfolgt eine Datenverdichtung auf aussagekräftige Kennzahlen (Informationsstrukturen). Die Daten in diesen Informationsstrukturen bilden die Basis für komplexe Analysen des OLAP (Online Analytical Processing, siehe Abbildung 7.31).

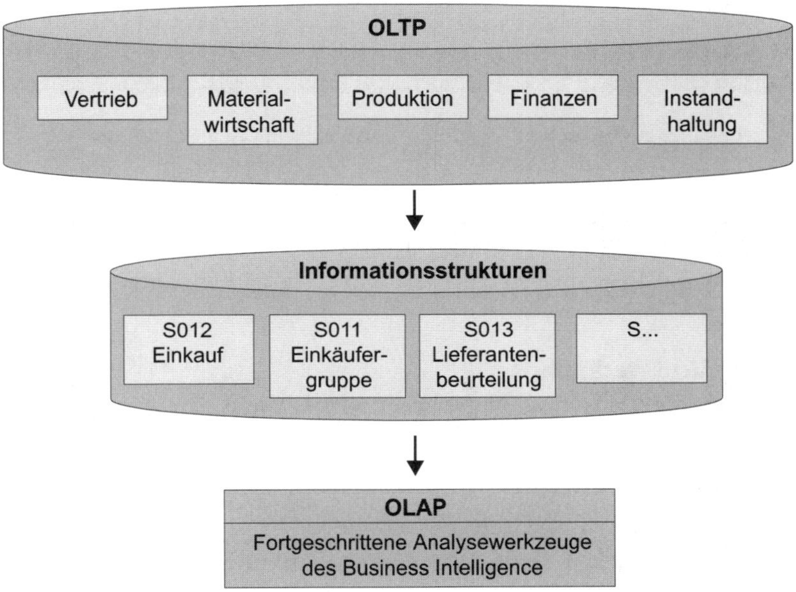

Abbildung 7.31 Struktur des Data Warehouse in SAP ERP

Online Transaction Processing

In diesem Abschnitt stehen die Auswertungen und Listanzeigen des OLTP im Vordergrund. Sie können im Einkauf Auswertungen zu Belegen und Stammdaten durchführen. Sie erreichen die Auswertungen des Einkaufs über **SAP Menü • Logistik • Materialwirtschaft • Einkauf • Auswertungen** oder **Listanzeigen**. Typische Fragestellungen, die Sie mit Auswertungen oder Listanzeigen beantworten können, sind zum Beispiel:

- Auf welchen Wert belaufen sich die Bestellwerte bei bestimmten Lieferanten oder für bestimmte Materialien oder Warengruppen?
- Wie hoch sind die offenen Wareneingangs- oder Rechnungseingangsmengen?
- Welches sind die Einkaufsbelege bestimmter Einkäufergruppen (siehe Abbildung 7.32)?

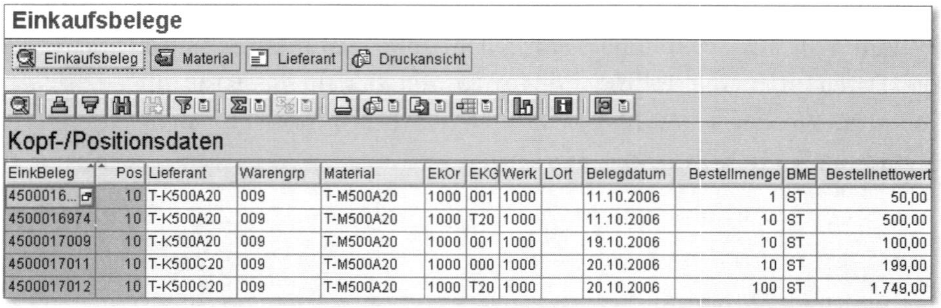

Abbildung 7.32 Allgemeine Auswertung, Darstellung mit ALV Grid Control

In den Listanzeigen und Auswertungen des Einkaufs stehen Ihnen die in Abschnitt 7.1.3 bereits dargestellten Möglichkeiten zur Darstellung der Ergebnisliste zur Verfügung. Zusätzlich können Sie zum Beispiel:

Zusatzfunktionen

- **Die Sicht wechseln**
  Über die Drucktaste **Sicht wechseln** können Sie zwischen den Sichten **Kopf-/Positionsdaten**, **Bestellentwicklung** und **Einteilungen** wechseln.
- **In Stammdaten und Belege verzweigen**
  Über Drucktasten in der Anwendungsfunktionsleiste gelangen Sie zum Beispiel in den markierten Einkaufsbeleg oder den korrespondierenden Materialstammsatz.
- **Eine Grafik aufrufen**
  Über die Drucktaste **Grafik** können Sie sich eine grafische Anzeige der Ergebnisliste anzeigen lassen.
- **Das Layout ändern**
  Über die Drucktaste **Layout** können Sie ein Layout auswählen, ändern, sichern oder verwalten. Zum Beispiel lassen sich die in der Spaltenauswahl des Layouts vorhandenen Ergebnisspalten herausnehmen oder zusätzliche Ergebnisspalten hinzufügen (siehe Abschnitt 7.1.3).

7.3 Das Logistikinformationssystem

Online Analytical Processing

Das Logistikinformationssystem bietet als OLAP-System fortgeschrittene Analysetechniken zu den operationalen Datenbeständen. Es verfügt neben der Analyse von Istdaten auch über prognoseunterstützte Planungsfunktionalitäten, ein Frühwarnsystem zur Erkennung von Ausnahmesituationen und die Logistikinformationsbibliothek.

7.3.1 Überblick und Komponenten des Logistikinformationssystems (LIS)

Das Logistikinformationssystem ist Teil des SAP Open Information Warehouse und ist wiederum in verschiedene Komponenten unterteilt. Zu seinen Komponenten zählen:

Komponenten von LIS

- Einkaufsinformationssystem
- Vertriebsinformationssystem
- Instandhaltungsinformationssystem
- Warenwirtschaftsinformationssystem
- Bestandscontrolling
- Fertigungsinformationssystem
- Qualitätsmanagementinformationssystem
- Transportinformationssystem (siehe Abbildung 7.33)

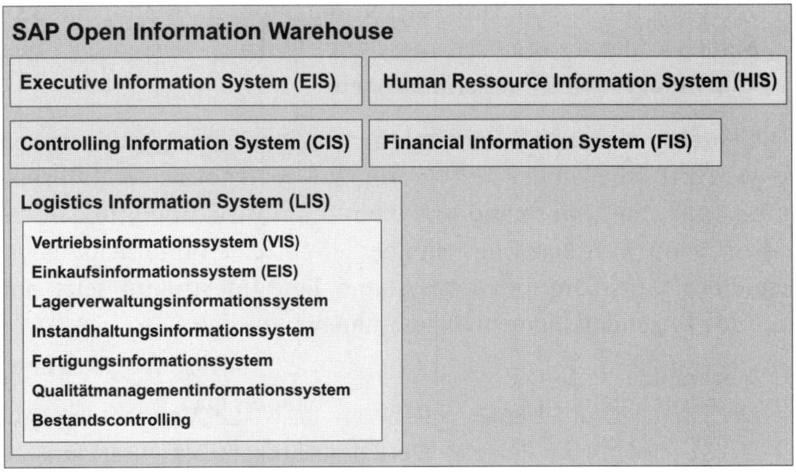

Abbildung 7.33 Komponenten des SAP Open Information Warehouse

Zum Einstieg in das Logistikinformationssystem stehen Ihnen verschiedene Menüpfade zur Verfügung:

Einstieg in LIS

- **Infosystem**
  Über das Infosystem erreichen Sie Standardanalysen zu den wesentlichen Merkmalen der einzelnen Bereiche der Logistik (zum Beispiel Einkauf, Vertrieb oder Produktion). Menüpfad: **SAP Menü • Infosysteme • Logistik • Einkauf**.
- **Logistik-Controlling**
  Der Einstieg über Logistik-Controlling führt zu einer thematischen Zusammenfassung der Standardanalysen zu wesentlichen Merkmalen und Kennzahlen der einzelnen Bereiche der Logistik. Menüpfad: **SAP Menü • Logistik • Logistik-Controlling • Einkaufssystem • Standardanalysen**.
- **Info-Bibliothek**
  In der Info-Bibliothek können Sie über Texte, Merkmale oder Info-Sets nach Kennzahlen suchen und eine Standardanalyse starten. Menüpfad: **SAP Menü • Infosysteme • Logistik • Info-Bibliothek**.
- **Arbeitsgebietsebene der Logistik**
  Der Einstieg in ein Informationssystem der Logistik ist auch über das jeweilige Arbeitsgebiet möglich. So können Sie zum Beispiel aus dem Arbeitsgebiet Einkauf in das Einkaufsinformationssystem verzweigen und Standardanalysen durchführen. Menüpfad: **SAP Menü • Logistik • Materialwirtschaft • Einkauf • Bestellung • Einkaufsinfosystem • Standardanalysen**.

Informationsstrukturen

Die Fortschreibung und Verdichtung von Daten erfolgt in einzelnen physischen Tabellen des SAP Information Warehouse, den Informationsstrukturen. Informationsstrukturen (Infostrukturen) bilden die Basis für Auswertungen im Rahmen der einzelnen Informationssysteme des Logistikinformationssystems. Eine Infostruktur setzt sich aus den folgenden Elementen zusammen:

- **Merkmale**
  Merkmale sind Objekte, auf deren Basis die Verdichtung von Daten erfolgt, zum Beispiel Werk oder Einkaufsorganisation.
- **Periode**
  Die Periode gibt den Zeitbezug an, auf dessen Basis die Verdichtung von Informationen erfolgen soll, zum Beispiel Woche oder Monat.

- **Kennzahlen**
  Kennzahlen sind die verdichteten betriebswirtschaftlichen Informationen zu den Merkmalen, zum Beispiel Bestellwert oder Bestellmenge.

Informationsstrukturen des Einkaufsinformationssystems

Das Einkaufsinformationssystem enthält im SAP-Standard die folgenden Informationsstrukturen:

- S011 (Einkäufergruppe)
- S012 (Einkauf)
- S013 (Lieferantenbeurteilung)
- S015 (Nachträgliche Abrechnung)
- S174 (Leistungen)

Aus dem Einkauf werden Statistikdaten in die Informationsstrukturen fortgeschrieben, wenn zum Beispiel Einkaufsbelege angelegt werden oder Waren- oder Rechnungseingänge verbucht werden (siehe Abbildung 7.34).

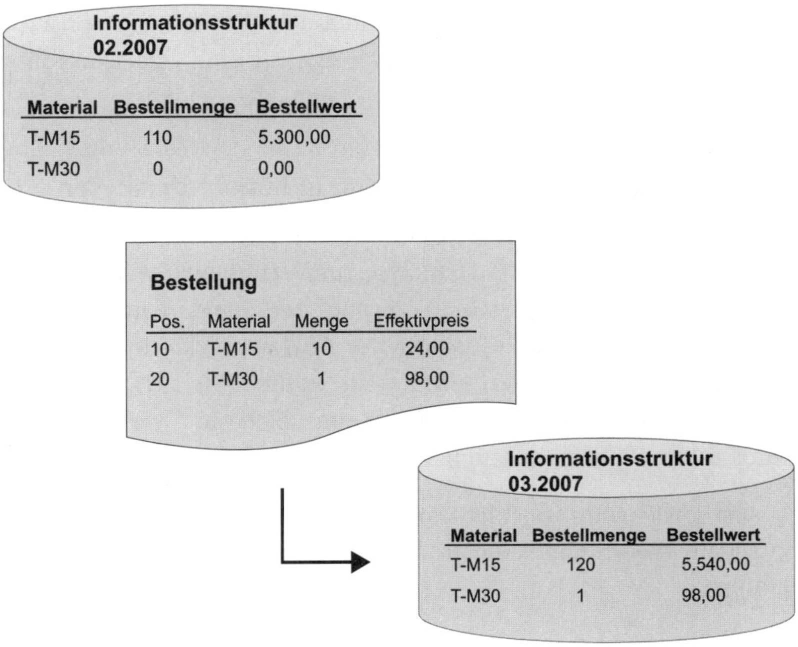

Abbildung 7.34 Fortschreibung einer Infostruktur

Im Beispiel in Abbildung 7.34 erhöhen sich Bestellmenge und Bestellwert zum Material T-M15 auf der Basis der Bestellmenge und des Effektivpreises aus der Bestellposition. Die statistischen Daten der Bestellposition 20 zum Material T-M30 der Bestellung werden neu in die Informationsstruktur eingestellt.

Fortschreibungssteuerung

Die Steuerung der Fortschreibung erfolgt über Fortschreibungsgruppen und Fortschreibungsregeln. Über Fortschreibungsgruppen können Sie eine Grobsteuerung vornehmen, indem Sie bestimmte Geschäftsvorfälle über Belegarten und Positionstypen einer Fortschreibungsgruppe zuordnen. Sie erreichen die Customizing-Transaktion zur Fortschreibungssteuerung über den Menüpfad **SPRO • SAP Referenz-IMG • SAP Customizing Einführungsleitfaden • Logistik Allgemein • Logistik-Informationssystem (LIS) • Logistics Data Warehouse • Fortschreibung • Fortschreibungssteuerung • Einstellungen im Einkauf • Fortschreibungsgruppe auf Positionsebene zuordnen** oder **Fortschreibungsgruppe auf Kopfebene zuordnen.** Im Rahmen der Feinsteuerung der Fortschreibung können Sie über Fortschreibungsregeln einstellen, wie die bereits vorhandenen Daten einer Informationsstruktur durch neue Daten verknüpft werden sollen. Zum Beispiel können Sie sich für eine Überschreibung der Daten oder eine Kumulation der Daten entscheiden.

7.3.2 Funktionen und Navigation in Standardanalysen

In den Informationssystemen der Logistik stehen Ihnen zwei verschiedene Formen der Datenanalyse zur Verfügung: Standardanalysen und flexible Analysen. Während bei Standardanalysen die Datenbasis durch eine Festlegung der Analyseobjekte und die Vorgabe von Selektionen vorbestimmt ist, können Sie sich durch eine flexible Analyse Merkmale und Kennzahlen aus verschiedenen Infostrukturen selbst zusammenstellen.

Analyseebenen

Standardanalysen bieten bereits umfangreiche Funktionen zur fortgeschrittenen Analyse, die in folgende Gebiete unterteilt werden können:

- Datenauswahl
- Aufrissinformationen
- Zusatzinformationen
- Analysefunktionen

Datenauswahl

Zur Datenselektion stehen Ihnen die bereits in Abschnitt 7.1.2 besprochenen Möglichkeiten zur Verfügung. Ebenso können Sie Varianten nutzen, um die auf einem Selektionsbild zu einer bestimmten Analyse eingegebenen Daten zu speichern. In der Ergebnisliste können Sie sich über **Bearbeiten • Kennzahlen auswählen** die Kennzahlen auswählen, die in der Ergebnisliste angezeigt werden sollen. In einem Dialogfenster werden Ihnen in einer Vorratsliste die Kennzahlen aufgelistet, die angezeigt werden können. Die Auswahlliste listet alle Kennzahlen auf, die bereits in der aktuellen Ergebnisliste angezeigt werden (siehe Abbildung 7.35).

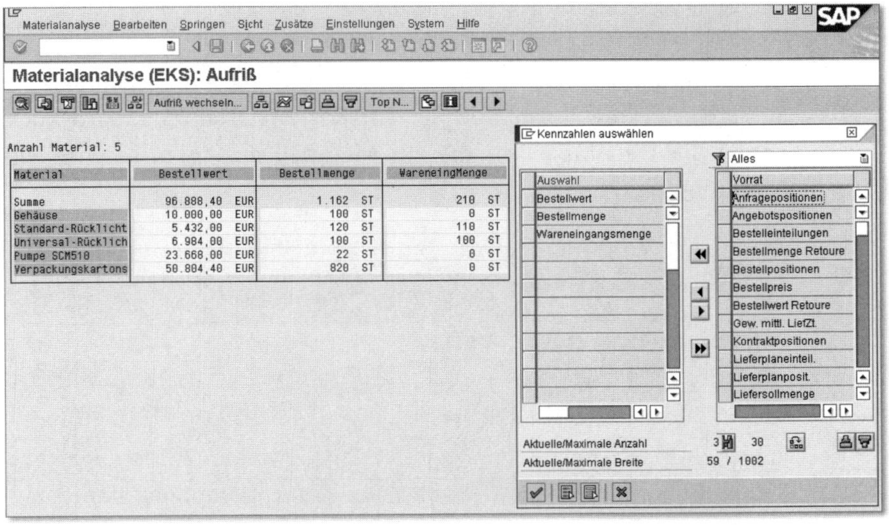

Abbildung 7.35 Kennzahlenauswahl

Aufrissinformationen

Grundliste

Nach dem Ausführen einer Analyse erhalten Sie die von Ihnen selektierten Daten in einer Grundliste angezeigt (siehe Abbildung 7.36).

Aufrissfunktionen

Den Detaillierungsgrad der Grundliste können Sie über Aufrissfunktionen erhöhen. Ihnen stehen die folgenden Aufrissfunktionen zur Verfügung:

- Standardaufriss
- Aufrisswechsel
- Aufreißen nach

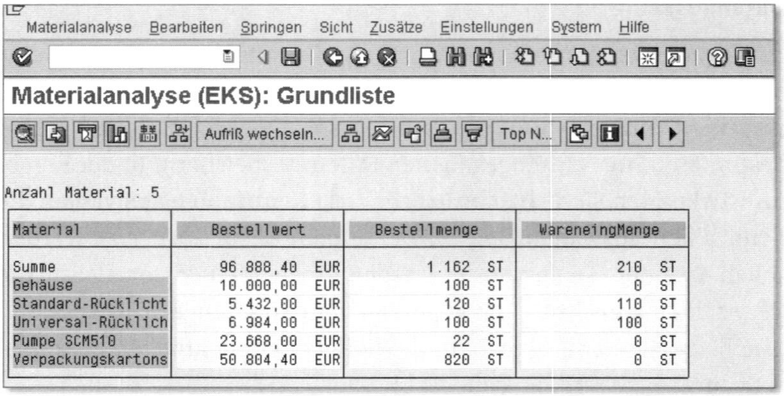

Abbildung 7.36 Grundliste der Materialanalyse

Mit dem Standardaufriss können Sie sich durch einen Doppelklick auf ein Merkmal (zum Beispiel auf das Material »Standard-Rücklicht«) die Detaildaten zu diesem Merkmal anzeigen lassen (siehe Abbildung 7.37).

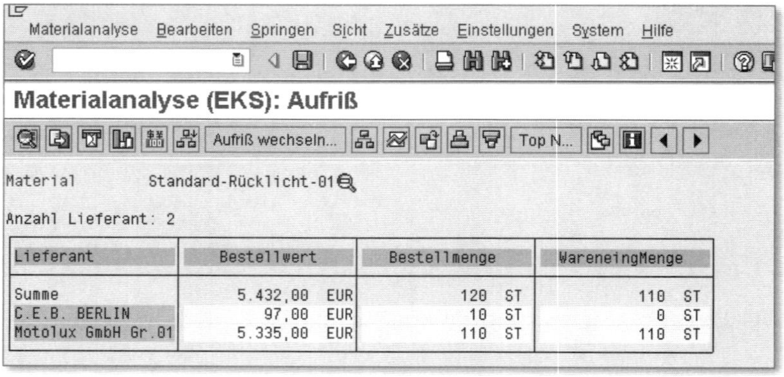

Abbildung 7.37 Standardaufriss

Im Beispiel in Abbildung 7.37 erkennen Sie, dass für das Material »Standard-Rücklicht« die Aufteilung auf die Lieferanten angezeigt wird. Ein Doppelklick auf einen Lieferanten verzweigt in die detaillierte Anzeige der Monate. Für jede Analyse können Sie im Customizing des Logistikinformationssystems einen Standardaufriss definieren. Über **Zusätze • Standardaufriss** erhalten Sie ein Dialogfenster, in dem Ihnen der definierte Standardaufriss angezeigt wird. Ein Standardaufriss kann über **Springen • Benutzereinstellungen** auch benutzerspezifisch eingestellt werden (siehe Abbildung 7.38).

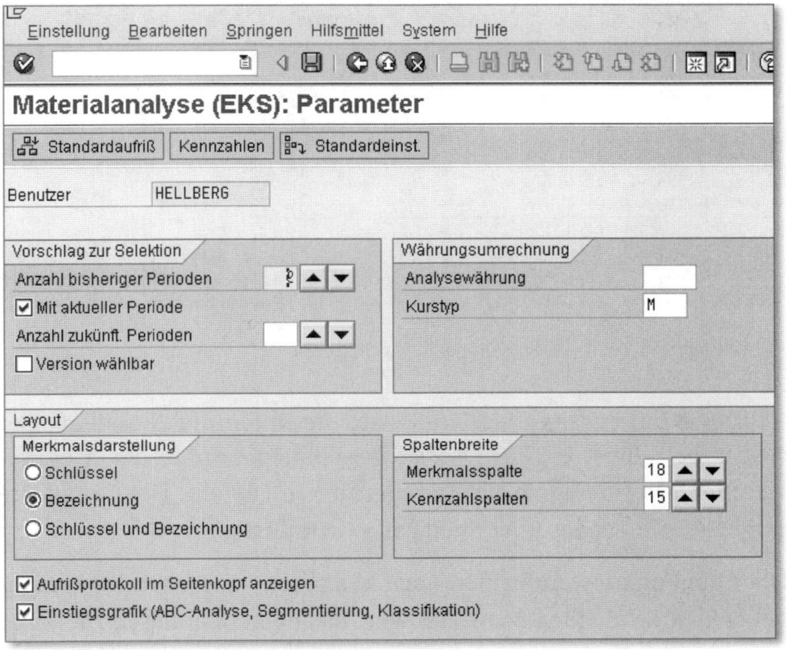

Abbildung 7.38 Benutzereinstellungen

Standardaufriss

Bei der erstmaligen Einstellung des benutzerspezifischen Standardaufrisses werden Ihnen die Voreinstellungen aus dem Customizing des Logistikinformationssystems vorgeschlagen. Diese Vorschlagsdaten können Sie verändern. Zusätzlich zur Einstellung des Standardaufrisses können Sie zum Beispiel auch Voreinstellungen in Bezug auf Vorschläge zum Selektionsbild, zur Merkmalsdarstellung, zur Spaltenbreite oder zur Währungsumrechnung vornehmen.

Aufrisswechsel

Über die Funktion **Aufriss wechseln** aus jeder beliebigen Liste (zum Beispiel aus der Grundliste oder der Aufrissliste) der Standardanalyse können Sie sich die Summenwerte aller Kennzahlen nach einem beliebigen Merkmal differenziert anzeigen lassen. Sie erhalten ein Dialogfenster, in dem Sie das gewünschte Merkmal selektieren können (siehe Abbildung 7.39).

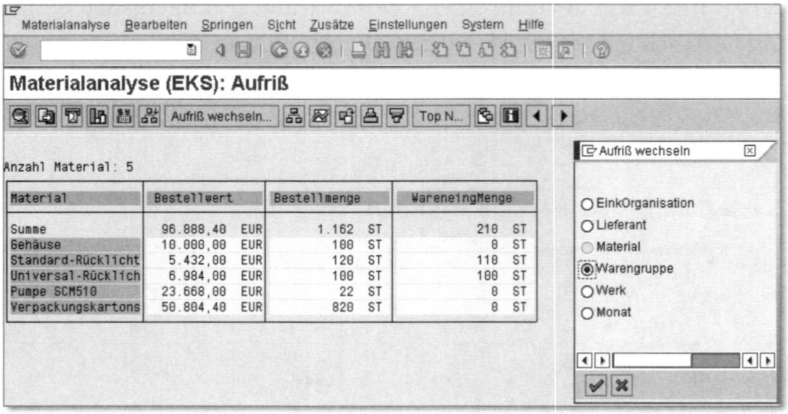

Abbildung 7.39 Aufriss wechseln nach Warengruppe

Anschließend erhalten Sie eine Liste, die Ihnen die Aufteilung des Gesamtbestellwertes, der Gesamtbestellmenge und der Gesamtwareneingangsmenge nach Warengruppen darstellt. Die Grundliste erreichen Sie wieder über **Springen • Grundliste**.

Aufreißen nach

Über die Funktion **Aufreißen nach** können Sie ausgehend von einer beliebigen Liste einen Merkmalswert nach einem anderen Merkmal aufreißen (siehe Abbildung 7.40).

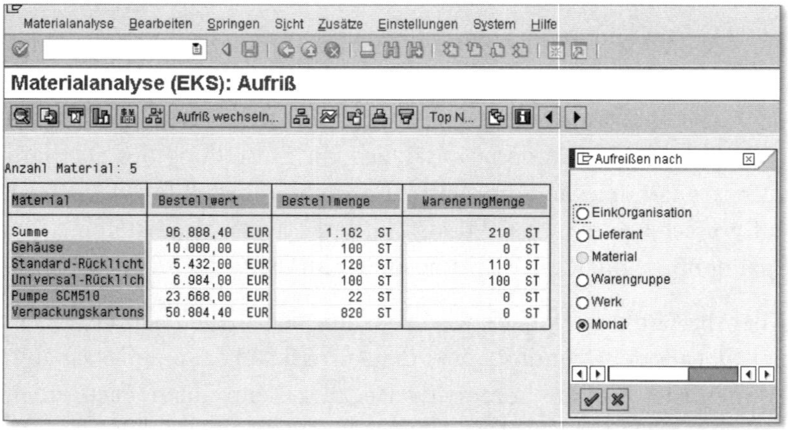

Abbildung 7.40 Funktion »Aufreißen nach«

Als Ergebnis dieser Funktion erhalten Sie eine Liste der Kennzahlen des Materials »Verpackungskartons« für das Merkmal **Monat** (siehe Abbildung 7.41).

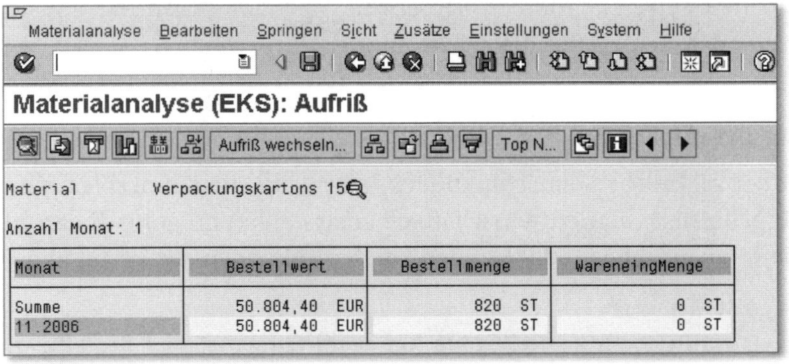

Abbildung 7.41 Aufrissliste des Materials »Verpackungskartons« nach dem Merkmal »Monat«

Aufrissfunktionen

Einen Überblick über die verschiedenen Aufrissfunktionen erhalten Sie in Abbildung 7.42.

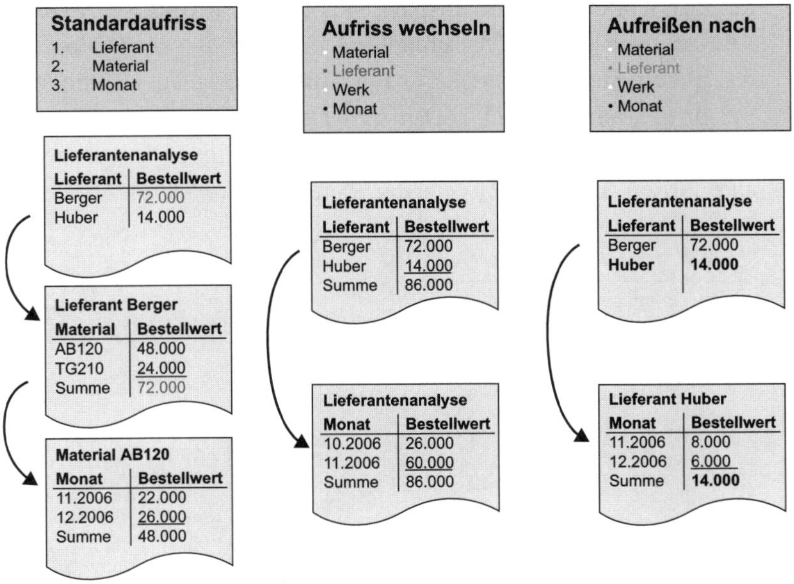

Abbildung 7.42 Überblick über Aufrissfunktionen

Zusatzinformationen

Sie können aus einer Standardanalyse des Logistikinformationssystems über **Zusätze • Stammdaten** oder **Zusätze • Belege** in relevante Stammdaten und Belege verzweigen. Zudem können Sie aus einer Standardanalyse über **Springen • Info-Struktur** eine andere Standardanalyse aufrufen. Hierbei werden die Selektionsparameter aus der rufenden Analyse für die gerufene Analyse verwendet.

Analysefunktionen

Über zahlreiche Sonderfunktionen lassen sich die Kennzahlen einer Ergebnisliste betriebswirtschaftlich analysieren und grafisch darstellen. Ihnen stehen die folgenden Sonderfunktionen zur Verfügung:

- **ABC-Analyse**
  Die ABC-Analyse stellt eine Kennzahl (zum Beispiel Bestellwert) einer Merkmalsausprägung (zum Beispiel Material) in einer dreigeteilten Klassifizierung gegenüber. Als Ergebnis der Analyse erhalten Sie etwa eine Einteilung über wichtige Materialien (A-Materialien), weniger wichtige Materialien (B-Materialien) oder unwichtige Materialien (C-Materialien). Das Kriterium für Ihre ABC-Analyse wählen Sie aus, indem Sie den Cursor auf einer Kennzahl oder Kennzahlenspalte positionieren und **Bearbeiten • ABC-Analyse** wählen. Anschließend erhalten Sie ein Dialogfenster, in dem Sie die Strategie für Ihre ABC-Analyse auswählen (zum Beispiel »Summe Bestellwert in Prozent«). In dem folgenden Dialogfenster geben Sie für die A-, B- und C-Segmente den prozentualen Anteil am Gesamtwert der Kennzahl an (siehe Abbildung 7.43).

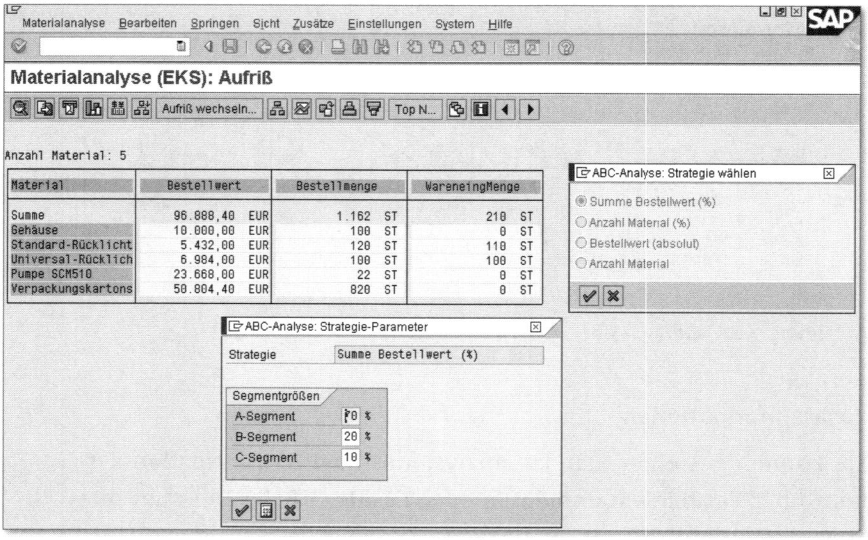

Abbildung 7.43 Dialogfenster zur ABC-Analyse aus der Grundliste

- **Grafikanzeige**
  Das Ergebnis der ABC-Analyse können Sie sich in Listform oder als Grafik anzeigen lassen. Die Listen stehen in Form einer Gesamtliste mit den Merkmalen und den klassifizierten Kennzahlen zur Verfügung, als Segmentübersicht oder als Liste zu einem ausgewählten Segment. Auch in der Grafikanzeige stehen Ihnen diese Optionen zur Verfügung (siehe Abbildung 7.44).

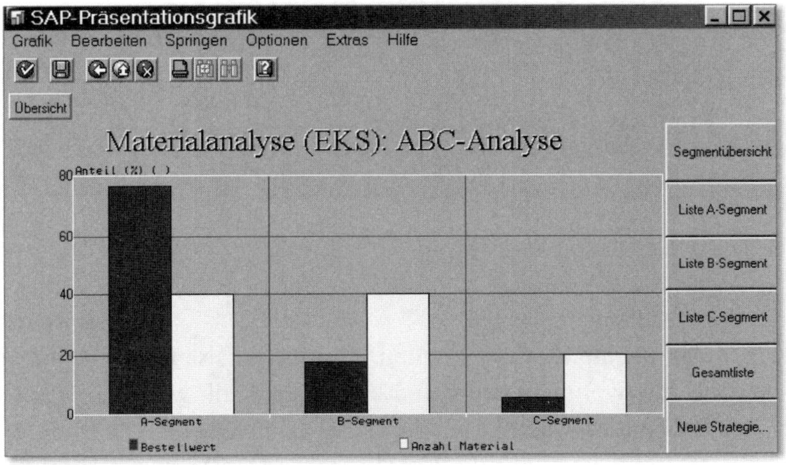

Abbildung 7.44 ABC-Analysegrafik

- **Klassifikation**
  Bei der Klassifikation werden die Ausprägungen einer Kennzahl in bis zu sechs Klassen eingeteilt. Ebenso wie bei der ABC-Analyse lassen sich Häufungen einer Kennzahl erkennen.
- **Summenkurve**
  Die Summenkurve ist eine grafische Darstellung der Konzentration einer Kennzahl für einen Merkmalswert. Zum Beispiel können Sie sich die Bestellwerte für Werke grafisch anzeigen lassen (siehe Abbildung 7.45).

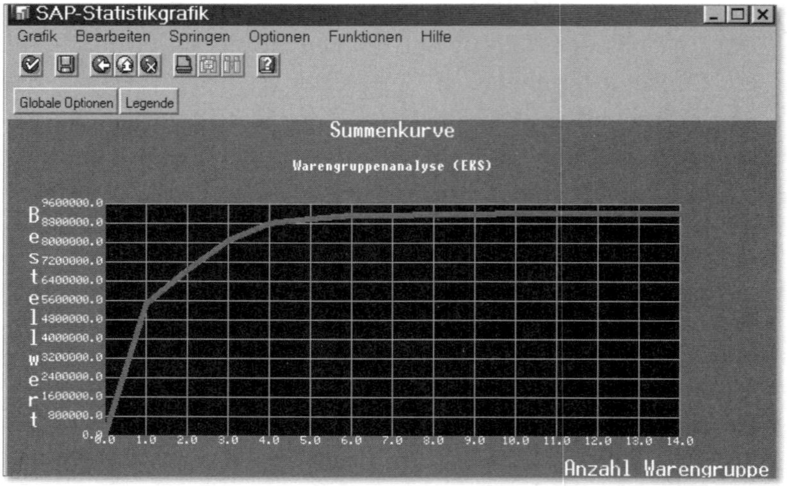

Abbildung 7.45 Summenkurve

- **Segmentierung**
  Bei der Segmentierung können die Merkmalsausprägungen in Bezug auf zwei Kennzahlen in Klassen eingeteilt werden. So können Sie zum Beispiel für das Merkmal »Lieferant« die Kennzahlen »Bestellwert« und »Anzahl Bestellungen« klassifizieren und erkennen, für welche Lieferanten ein geringer Bestellwert mit einer hohen Anzahl an Bestellungen einhergeht. Das Ergebnis der Segmentierung können Sie sich in Form einer Liste oder grafisch anzeigen lassen. Sie erreichen die Segmentierung über den Menüpfad **Bearbeiten • Segmentierung**.
- **Korrelation**
  Mit Hilfe von Korrelationskurven können Sie Zusammenhänge zwischen zwei Kennzahlen analysieren. So lässt sich zum Beispiel für ein Material der Zusammenhang von Bestellmenge und Bestellwert darstellen. Sie erreichen die Korrelationsanalyse über den Menüpfad **Bearbeiten • Korrelation.**
- **Vergleiche**
  Sie können in einer aktuellen Liste für eine Kennzahl drei verschiedene Vergleiche durchführen:
  - Bei einem **Plan-Ist-Vergleich** vergleichen Sie die aktuellen Daten einer Kennzahl mit den Daten einer Planversion.

- Bei einem **Vorjahresvergleich** vergleichen Sie die aktuellen Daten einer Kennzahl mit den Vorjahresdaten des gleichen Selektionszeitraums. Also werden zum Beispiel die Kennzahlenwerte des Selektionszeitraums 01.11.2005 bis 30.11.2005 mit den Kennzahlenwerten des Zeitraums 01.11.2004 bis 30.11.2004 verglichen.
- Bei einem Vergleich zweier Kennzahlen können Sie eine aktuell angezeigte Kennzahl mit einer anderen Kennzahl vergleichen (siehe Abbildung 7.46).

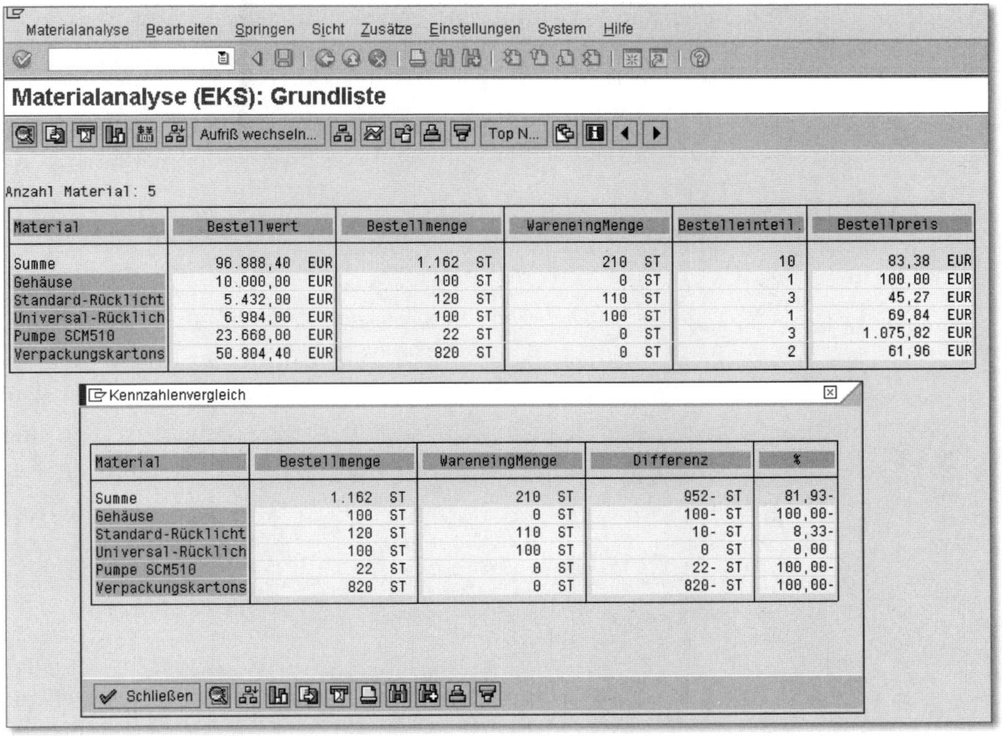

Abbildung 7.46 Kennzahlenvergleich – zwei Kennzahlen

Im Beispiel in Abbildung 7.46 wird die Bestellmenge mit der Wareneingangsmenge verglichen. Die Differenz zwischen beiden Kennzahlen wird in absoluten und prozentualen Werten dargestellt.

7.4 Zusammenfassung

In Kapitel 7, *Listanzeigen, Auswertungen und das Logistikinformationssystem*, haben Sie die Auswertungsmöglichkeiten von SAP ERP kennen gelernt. Schwerpunktmäßig wurden die Möglichkeiten zur Auffindung von Berichten, die Eingabe von Selektionsbedingungen und die Ausführung von Berichten sowie die Darstellungsmöglichkeiten der Ergebnisliste besprochen. Die unterschiedlichen informationstechnischen Ansätze und Möglichkeiten der Auswertungen im Einkauf und des Logistikinformationssystems wurden im zweiten Teil dieses Kapitels einführend dargestellt.

Anhang

A SAP-Notes

A.1 Stammdaten in mySAP ERP – Einkauf

- 668764 FAQ: Orderbuch im Einkauf
- 716810 FAQ: Quotierung im Einkauf
- 430543 FAQ: Einkaufsinfosatz
- 456690 FAQ: Konditionen im Einkauf

A.2 Beschaffung mit mySAP ERP

- 210502 Enjoy-Anwendungen im Einkauf
- 487950 FAQ: Einkauf
- 493315 FAQ: Bestellanforderung (allgemein)
- 493318 FAQ: Enjoy-Bestellanforderung
- 645511 FAQ: Bestellanforderungen in der Dienstleistung
- 491211 FAQ: Bestellung (allgemein)
- 491789 FAQ: Enjoy-Bestellung
- 634395 FAQ: Bestellungen in der Dienstleistung
- 448814 FAQ: Texte im Einkauf
- 457497 FAQ: Nachrichtenverarbeitung im Einkauf
- 457511 FAQ: Bestellungsänderung und Wareneingang im Einkauf
- 456691 FAQ: Preisfindung im Einkauf

A.3 Optimierung der Beschaffung mit mySAP ERP

- 457110 FAQ: Bezugsquellenfindung im Einkauf
- 206684 MRP: Automatische Bezugsquellenfindung
- 493404 FAQ: Lieferpläne
- 496082 FAQ: Kontierung im Einkauf
- 498162 FAQ: Streckenabwicklung im Einkauf

- 501054 FAQ: Rechnungsplan in MM
- 664928 FAQ: Versionsverwaltung
- 775769 FAQ: Konsignation
- 459606 FAQ: Lohnbearbeitung im Einkauf
- 459512 FAQ: Herstellerteilenummern (HTN) im Einkauf
- 459516 FAQ: Lieferantenbeurteilung

A.4 Belegfreigabeverfahren

- 365604 FAQ: Freigabestrategien im Einkauf
- 751129 Berechtigungen in Enjoy-Transaktionen im Einkauf
- 672719 FAQ: Freigabestrategien in der Dienstleistung
- 207490 Freigabeverfahren Einkauf: Dokumentation zum Customizing

A.5 Logistikinformationssystem

- 459450 FAQ: Logistikinformationssystem (LIS) im Einkauf
- 453888 FAQ: Reporting im Einkauf

B Menüpfade

B.1 Kapitel 2: Organisationsebenen in mySAP ERP – Einkauf

B.1.1 SAP ERP-Customizing

SAP Customizing Einführungsleitfaden [SPRO]: SAP Menü • Werkzeuge • Customizing • IMG • Projektbearbeitung • Drucktaste **SAP Referenz-IMG**

Definition von Organisationseinheiten: SPRO • SAP Customizing Einführungsleitfaden • Unternehmensstruktur • Definition • Logistik Allgemein *oder* Materialwirtschaft

Zuordnung von Organisationseinheiten: SPRO • SAP Customizing Einführungsleitfaden • Unternehmensstruktur • Zuordnung • Logistik Allgemein *oder* Materialwirtschaft

Einkäufergruppen anlegen: SPRO • SAP Referenz-IMG • SAP Customizing Einführungsleitfaden • Materialwirtschaft • Einkauf • Einkäufergruppen anlegen

B.2 Kapitel 3: Stammdaten in mySAP ERP – Einkauf

B.2.1 SAP ERP-Anwendung

Materialstammsatz [MM01, MM02, MM03]: SAP Menü • Logistik • Materialwirtschaft • Stammdaten • Materialstamm • anlegen/ändern/anzeigen

Erweiterbare Materialien [MM50]: SAP Menü • Logistik • Materialwirtschaft • Materialstamm • Sonstige • Erweiterbare Materialien

Dispositionsprofil anlegen [MMD1]: Logistik • Materialwirtschaft • Materialstamm • Profil • Dispositionsprofil • Anlegen

Massenpflege [MASS]: SAP Menü • Logistik • Zentrale Funktionen • Massenpflege • Massenpflege

Lagerorte erfassen [MMSC]: SAP Menü • Logistik • Materialwirtschaft • Materialstamm • Sonstige • Lagerorte erfassen

Lieferantenstammsatz [XK01, XK02, XK03]: SAP Menü • Logistik • Materialwirtschaft • Einkauf • Stammdaten • Lieferant • anlegen/ändern/anzeigen

Einkaufsinfosatz [ME11, ME12, ME13]: SAP Menü • Logistik • Materialwirtschaft • Einkauf • Stammdaten • Einkaufsinfosatz • anlegen/ändern/anzeigen

Angebot [ME47]: SAP Menü • Logistik • Materialwirtschaft • Einkauf • Anfrage/Angebot • Angebot pflegen

Benutzerpflege [SU01]: SAP Menü • Werkzeuge • Administration • Benutzerpflege • Benutzer

B.2.2 SAP ERP-Customizing

Eigenschaften der Materialarten festlegen: SPRO • SAP Referenz-IMG • SAP Customizing Einführungsleitfaden • Logistik Allgemein • Materialstamm • Grundeinstellungen • Materialarten • Eigenschaften der Materialarten festlegen

Lagerort automatisch anlegen: SPRO • SAP Referenz-IMG • SAP Customizing Einführungsleitfaden • Materialwirtschaft • Bestandsführung und Inventur • Wareneingang • Lagerort automatisch anlegen

Kontengruppen und Feldauswahl Lieferanten festlegen: SPRO • SAP Referenz-IMG • SAP Customizing Einführungsleitfaden • Logistik Allgemein • Geschäftspartner • Lieferant • Steuerung • Kontengruppen und Feldauswahl Lieferanten festlegen

Zahlungssperrgründe definieren: SPRO • SAP Referenz-IMG • SAP Customizing Einführungsleitfaden • Finanzwesen • Debitoren- und Kreditorenbuchhaltung • Geschäftsvorfälle • Zahlungsausgang • Grundeinstellungen Zahlungsausgang • Zahlungssperrgründe • Zahlungssperrgründe definieren

Liefersperre definieren: SPRO • SAP Referenz-IMG • SAP Customizing Einführungsleitfaden • Qualitätsmanagement • QM in der Logistik • QM in der Beschaffung • Liefersperre definieren

Steuerschlüssel definieren: SPRO • SAP Referenz-IMG • SAP Customizing Einführungsleitfaden • Qualitätsmanagement • QM in der Logistik • QM in der Beschaffung • Steuerschlüssel definieren

Konditionsarten festlegen: SPRO • SAP Referenz-IMG • SAP Customizing Einführungsleitfaden • Materialwirtschaft • Einkauf • Konditionen • Preisfindung festlegen • Konditionsarten festlegen

Belegarten einstellen: SPRO • SAP Referenz-IMG • SAP Customizing Einführungsleitfaden • Materialwirtschaft • Einkauf • Lieferplan • Belegarten einstellen

Steuerung der Konditionen auf Werksebene festlegen: SPRO • SAP Referenz-IMG • SAP Customizing Einführungsleitfaden • Materialwirtschaft • Einkauf • Konditionen • Steuerung der Konditionen auf Werksebene festlegen

Vorschlagswerte für Einkäufer einstellen: SPRO • SAP Referenz-IMG • SAP Customizing Einführungsleitfaden • Materialwirtschaft • Einkauf • Umfelddaten • Vorschlagswerte für Einkäufer festlegen • Vorschlagswerte einstellen

B.3 Kapitel 4: Beschaffung mit mySAP ERP

B.3.1 SAP ERP-Anwendung

Enjoy-Bestellanforderung [ME51N, ME52N, ME53N]: SAP Menü • Logistik • Materialwirtschaft • Einkauf • Bestellanforderung • anlegen/ändern/anzeigen

Anfrage [ME41, ME42, ME43]: SAP Menü • Logistik • Materialwirtschaft • Einkauf • Anfrage/Angebot • Anfrage • anlegen/ändern/anzeigen

Angebot [ME47, ME48]: SAP Menü • Logistik • Materialwirtschaft • Einkauf • Anfrage/Angebot • Angebot • pflegen/anzeigen

Preisspiegel [ME49]: SAP Menü • Logistik • Materialwirtschaft • Einkauf • Anfrage/Angebot • Angebot • Preisspiegel

Nachricht ausgeben [ME9A]: SAP Menü • Logistik • Materialwirtschaft • Einkauf • Anfrage/Angebot • Anfrage • Nachrichten • Nachrichten ausgeben

Enjoy-Bestellung [ME21N, ME22N, ME23N]: SAP Menü • Logistik • Materialwirtschaft • Einkauf • Bestellung • Anlegen • Lieferant/Lieferwerk bekannt

Warenbewegung [MIGO]: SAP Menü • Logistik • Materialwirtschaft • Bestandsführung • Warenbewegung • Wareneingang zur Bestellung • Bestellnummer bekannt

Eingangsrechnung hinzufügen [MIRO]: SAP Menü • Logistik • Materialwirtschaft • Logistik-Rechnungsprüfung • Belegerfassung • Eingangsrechnung hinzufügen

Dokument anlegen [CV01N]: SAP Menü • Logistik • Materialwirtschaft • Produktkatalog • Umfeld • Dokumentenverwaltung • Dokument • Anlegen

Dienstleistungsstamm [AC01, AC02, AC03]: SAP Menü • Logistik • Materialwirtschaft • Leistungsstamm • Leistung • Leistungsstamm • anlegen/ändern/anzeigen

Standardleistungsverzeichnis [MC01, MC02, MC03]: SAP Menü • Logistik • Materialwirtschaft • Leistungsstamm • Standard-Leistungsverzeichnis • anlegen/ändern/anzeigen

Musterleistungsverzeichnis [MC10, MC11, MC12]: SAP Menü • Logistik • Materialwirtschaft • Leistungsstamm • Musterleistungsverzeichnis • anlegen/ändern/anzeigen

Leistungskonditionen zum Lieferanten mit Werk [MC33, MC34, MC35]: SAP Menü • Logistik • Materialwirtschaft • Leistungsstamm • Leistung • Leistungskonditionen • zum Lieferanten mit Werk • hinzufügen/ändern/anzeigen

Leistungskonditionen zum Lieferanten ohne Werk [MC39, MC40, MC41]: SAP Menü • Logistik • Materialwirtschaft • Leistungsstamm • Leistung • Leistungskonditionen • zum Lieferanten ohne Werk • hinzufügen/ändern/anzeigen

Leistungskonditionen zur Leistung [MC45, MC46, MC47]: SAP Menü • Logistik • Materialwirtschaft • Leistungsstamm • Leistung • Leistungskonditionen • zum Lieferanten mit Werk • hinzufügen/ändern/anzeigen

Leistungserfassung pflegen [ML81N]: SAP Menü • Logistik • Materialwirtschaft • Leistungserfassung • Pflegen

Bestandsübersicht [MMBE]: SAP Menü • Logistik • Materialwirtschaft • Bestandsführung • Umfeld • Bestand • Bestandsübersicht

Konsignations- und Pipelineabrechnung [MRKO]: SAP Menü • Logistik • Materialwirtschaft • Logistik-Rechnungsprüfung • Automatische Abrechnung • Konsignations- und Pipelineabrechnung

Lohnbearbeiterbestandsüberwachung [ME2O]: SAP Menü • Logistik • Materialwirtschaft • Einkauf • Bestellung • Auswertungen • LB-Bestände z. Lief.

Sammelverarbeitung für Kundenaufträge und Bestellungen [VL10G]: SAP Menü • Logistik • Vertrieb • Versand und Transport • Auslieferung • Anlegen • Sammelverarbeitung versandfälliger Belege • Kundenaufträge und Bestellungen

Rechnungsplanabrechnung [MRIS]: SAP Menü • Logistik • Materialwirtschaft • Logistik-Rechnungsprüfung • Automatische Abrechnungen • Rechnungsplanabrechnung

B.3.2 SAP ERP-Customizing

Bewegungsarten: SPRO • SAP Referenz-IMG • SAP Customizing Einführungsleitfaden • Materialwirtschaft • Bestandsführung und Inventur • Bewegungsarten • Bewegungsarten kopieren, ändern (OMJJ)

Kontierungstypen pflegen: SPRO • SAP Referenz-IMG • SAP Customizing Einführungsleitfaden • Materialwirtschaft • Einkauf • Kontierung • Kontierungstypen pflegen

Eigenschaften der Materialarten festlegen: SPRO • SAP Referenz-IMG • SAP Customizing Einführungsleitfaden • Logistik Allgemein • Materialstamm • Grundeinstellungen • Materialarten • Eigenschaften der Materialarten festlegen

Bildaufbau auf Belegebene festlegen: SPRO • SAP Referenz-IMG • SAP Customizing Einführungsleitfaden • Materialwirtschaft • Einkauf • Bestellanforderung • Bildaufbau auf Belegebene festlegen

Bestätigungssteuerung: SPRO • SAP Referenz-IMG • SAP Customizing Einführungsleitfaden • Logistik • Materialwirtschaft • Einkauf • Bestätigungen • Bestätigungssteuerung einstellen

Externe Darstellung der Positionstypen: SPRO • SAP Referenz-IMG • SAP Customizing Einführungsleitfaden • Materialwirtschaft • Einkauf • Externe Darstellung der Positionstypen festlegen

Eigenschaften der Systemmeldungen festlegen: SPRO • SAP Referenz-IMG • SAP Customizing Einführungsleitfaden • Materialwirtschaft • Logistik-Rechnungsprüfung • Eigenschaften der Systemmeldungen festlegen

Sonderbeschaffungsarten festlegen: SPRO • SAP Referenz-IMG • SAP Customizing Einführungsleitfaden • Materialwirtschaft • Verbrauchsgesteuerte Disposition • Stammdaten • Sonderbeschaffungsarten festlegen

Lieferart und Prüfregelzuordnung: SPRO • SAP Referenz-IMG • SAP Customizing Einführungsleitfaden • Materialwirtschaft • Einkauf • Bestellung • Umlagerungsbestellung einstellen • Lieferart und Prüfregel zuordnen

Unterlieferungstoleranz zuordnen: SPRO • SAP Referenz-IMG • SAP Customizing Einführungsleitfaden • Materialwirtschaft • Einkauf • Bestellung • Umlagerungsbestellung einstellen • Belegart, Einschrittverfahren, Unterlieferungstoleranz zuordnen

Versanddaten für Werke (Umlagerungsbestellung): SPRO • SAP Referenz-IMG • SAP Customizing Einführungsleitfaden • Materialwirtschaft • Einkauf • Bestellung • Umlagerungsbestellung einstellen • Versanddaten für Werke einstellen

Kopierregeln für Texte: SPRO • SAP Referenz-IMG • SAP Customizing Einführungsleitfaden • Materialwirtschaft • Einkauf • Bestellanforderung • Texte für Bestellanforderungen • Kopierregeln festlegen

Einteilungstypen definieren: SPRO • SAP Referenz-IMG • SAP Customizing Einführungsleitfaden • Vertrieb • Verkauf • Verkaufsbelege • Einteilungen • Einteilungstypen definieren

Rechnungsplan: SPRO • SAP Referenz-IMG • SAP Customizing Einführungsleitfaden • Materialwirtschaft • Einkauf • Bestellung • Rechnungsplan

Verwendung der Herstellerteilenummer aktivieren: SPRO • SAP Referenz-IMG • SAP Customizing Einführungsleitfaden • Logistik Allgemein • Materialstamm • Grundeinstellungen • Globale Einstellungen vornehmen (OMT0)

Herstellerteileprofil definieren: SPRO • SAP Referenz-IMG • SAP Customizing Einführungsleitfaden • Materialwirtschaft • Einkauf • Materialstamm • Herstellerteileprofil definieren

Partnerschemata für Lieferanten: SPRO • SAP Referenz-IMG • SAP Customizing Einführungsleitfaden • Materialwirtschaft • Einkauf • Partnerfindung • Partnereinstellung im Lieferantenstammsatz • Partnerschemata definieren

Partnerschemata zu Kontengruppen zuordnen: SPRO • SAP Referenz-IMG • SAP Customizing Einführungsleitfaden • Materialwirtschaft • Einkauf • Partnerfindung • Partnereinstellung im Lieferantenstammsatz • Partnerschemata zu Kontengruppen zuordnen

Kontengruppe mit Bildaufbau definieren: SPRO • SAP Referenz-IMG • SAP Customizing Einführungsleitfaden • Finanzwesen • Debitoren- und Kreditorenbuchhaltung • Kreditorenkonten • Stammdaten • Anlegen der Kreditorenstammdaten vorbereiten • Kontengruppe mit Bildaufbau definieren (Kreditoren)

Vorschlagswerte für Belegarten einstellen: SPRO • SAP Referenz-IMG • SAP Customizing Einführungsleitfaden • Materialwirtschaft • Einkauf • Vorschlagswerte für Belegart festlegen

Bestellung automatisch anlegen: SPRO • SAP Referenz-IMG • SAP Customizing Einführungsleitfaden • Materialwirtschaft • Bestandsführung und Inventur • Wareneingang • Bestellung automatisch anlegen

B.4 Kapitel 5: Optimierung der Beschaffung mit SAP ERP

B.4.1 SAP ERP-Anwendung

Kontrakt [ME31K, ME32K, ME33K]: SAP Menü • Logistik • Materialwirtschaft • Einkauf • Rahmenvertrag • Kontrakt • anlegen/ändern/anzeigen

Lieferplan anlegen [ME31C]: SAP Menü • Logistik • Materialwirtschaft • Einkauf • Rahmenvertrag • Lieferplan • Anlegen • Lieferant bekannt

Abrufe erstellen (Lieferplan) [ME84]: SAP Menü • Logistik • Materialwirtschaft • Einkauf • Rahmenvertrag • Lieferplan • Abruf erstellen

Einteilungen pflegen/erstellen (Lieferplan) [ME38, ME38]: SAP Menü • Logistik • Materialwirtschaft • Einkauf • Rahmenvertrag • Lieferplan • Einteilungen • pflegen/anzeigen

Orderbuch pflegen [ME01, ME03]: SAP Menü • Logistik • Materialwirtschaft • Einkauf • Stammdaten • Orderbuch • pflegen/anzeigen

Orderbuch analysieren [ME06]: SAP Menü • Logistik • Materialwirtschaft • Einkauf • Stammdaten • Orderbuch • Folgefunktionen • Analysieren

Orderbuch erzeugen [ME05]: SAP Menü • Logistik • Materialwirtschaft • Einkauf • Stammdaten • Orderbuch • Erzeugen

Orderbuch löschen [ME06]: SAP Menü • Logistik • Materialwirtschaft • Einkauf • Stammdaten • Orderbuch • Folgefunktionen • Löschen

Orderbuch (Änderungen) [ME04]: SAP Menü • Logistik • Materialwirtschaft • Einkauf • Stammdaten • Orderbuch • Änderungen

Quotierung pflegen: SAP Menü • Logistik • Materialwirtschaft • Einkauf • Stammdaten • Quotierung • Pflegen (MEQ1)

Bestellung anlegen über Banf-Zuordnungsliste [ME58]: SAP Menü • SAP-Menu doppelt? (auch die folgenden Menüpfade) • Logistik • Materialwirtschaft • Einkauf • Banf • Folgefunktionen • Bestellung anlegen • über Banf-Zuordnungsliste

Bestellung anlegen automatisch über Banfen [ME59N]: SAP Menü • SAP-Menu • Logistik • Materialwirtschaft • Einkauf • Banf • Folgefunktionen • Bestellung anlegen • Automatisch über Banfen

Banfen zuordnen [ME56]: SAP Menü • SAP-Menu • Logistik • Materialwirtschaft • Einkauf • Banf • Folgefunktionen • Zuordnen

Banfen zuordnen und bearbeiten [ME57]: SAP Menü • SAP-Menu • Logistik • Materialwirtschaft • Einkauf • Banf • Folgefunktionen • Zuordnen und bearbeiten

Lieferantenbeurteilung pflegen [ME61]: SAP Menü • Logistik • Materialwirtschaft • Einkauf • Stammdaten • Lieferantenbeurteilung • Pflegen

Automatische Neubeurteilung [ME63]: SAP Menü • Logistik • Materialwirtschaft • Einkauf • Stammdaten • Lieferantenbeurteilung • automatische Neubeurteilung

Lieferantenbeurteilung im Hintergrund [ME6G]: SAP Menü • Logistik • Materialwirtschaft • Einkauf • Stammdaten • Lieferantenbeurteilung • Folgefunktionen • Beurteilung im Hintergrund

Listanzeigen zur Lieferantenbeurteilung (Hitlisten) [ME65]: SAP Menü • Logistik • Materialwirtschaft • Einkauf • Stammdaten • Lieferantenbeurteilung • Listanzeigen • Hitlisten

Listanzeigen zur Lieferantenbeurteilung (Beurteilung zu Material/Warengruppe) [ME68]: SAP Menü • Logistik • Materialwirtschaft • Einkauf • Stammdaten • Lieferantenbeurteilung • Listanzeigen • Beurteilung zu Material/Warengruppe

B.4.2 ERP-Customizing

Regellieferant einstellen: SPRO • SAP Referenz-IMG • SAP Customizing Einführungsleitfaden • Materialwirtschaft • Einkauf • Bezugsquellenfindung • Regellieferant einstellen

Einkaufsorganisation zu Werk zuordnen: SPRO • SAP Referenz-IMG • SAP Customizing Einführungsleitfaden • Unternehmensstruktur • Zuordnung • Materialwirtschaft • Einkaufsorganisation – Werk zuordnen

Referenzeinkaufsorganisation zur Einkaufsorganisation zuordnen: SPRO • SAP Referenz-IMG • SAP Customizing Einführungsleitfaden • Unternehmensstruktur • Zuordnung • Materialwirtschaft • Referenzeinkaufsorganisation – Einkaufsorganisation zuordnen

Belegarten einstellen (Kontrakte): SPRO • SAP Referenz-IMG • SAP Customizing Einführungsleitfaden • Materialwirtschaft • Einkauf • Kontrakt • Belegarten einstellen

Belegarten einstellen (Lieferpläne): SPRO • SAP Referenz-IMG • SAP Customizing Einführungsleitfaden • Materialwirtschaft • Einkauf • Lieferplan • Belegarten einstellen

Abruferstellungsprofil pflegen (Lieferplan): SPRO • SAP Referenz-IMG • SAP Customizing Einführungsleitfaden • Materialwirtschaft • Einkauf • Lieferplan • Abruferstellungsprofil für Lieferplan mit Abrufdoku pflegen

Orderbuchpflicht: SPRO • SAP Referenz-IMG • SAP Customizing Einführungsleitfaden • Materialwirtschaft • Einkauf • Orderbuch • Orderbuchpflicht auf Werksebene definieren

Quotierungsverwendung festlegen: SPRO • SAP Referenz-IMG • SAP Customizing Einführungsleitfaden • Materialwirtschaft • Einkauf • Quotierung • Quotierungsverwendung festlegen

Losgrößenverfahren festlegen: SPRO • SAP Referenz-IMG • SAP Customizing Einführungsleitfaden • Materialwirtschaft • Verbrauchsgesteuerte Disposition • Planung Losgrößenrechnung • Losgrößenverfahren festlegen

Rundungsprofil pflegen: SPRO • SAP Referenz-IMG • SAP Customizing Einführungsleitfaden • Materialwirtschaft • Einkauf • Bestelloptimierung • Mengenoptimierung und erlaubte logistische Mengeneinheiten • Rundungsprofil pflegen

Einkaufsorganisationsdaten zur Lieferantenbeurteilung festlegen: SPRO • SAP Referenz-IMG • SAP Customizing Einführungsleitfaden • Materialwirtschaft • Einkauf • Lieferantenbeurteilung • Einkaufsorganisationsdaten zur Lieferantenbeurteilung festlegen

B.5 Kapitel 6: Belegfreigabeverfahren

B.5.1 SAP ERP-Anwendung

Kommunikationsstruktur CEBAN [SE11]: SAP Menü • Werkzeuge • ABAP Workbench • Entwicklung • Dictionary

Berechtigungspflege [SU03]: SAP Menü • Werkzeuge • Administration • Berechtigungen und Profile (manuelle Pflege) • Berechtigungen/Profile manuell bearbeiten

Einzelfreigabe von Bestellanforderungen [ME54N]: SAP Menü • Logistik • Materialwirtschaft • Einkauf • Banf • Freigeben • Einzelfreigabe

Sammelfreigabe von Bestellanforderungen [ME55]: SAP Menü • Logistik • Materialwirtschaft • Einkauf • Banf • Freigeben • Sammelfreigabe

Freigabeerinnerung [ME5F]: SAP Menü • Logistik • Materialwirtschaft • Einkauf • Banf • Freigeben • Freigabeerinnerung

B.5.2 SAP ERP-Customizing

Klassen bearbeiten: SPRO • SAP Referenz-IMG • SAP Customizing Einführungsleitfaden • Materialwirtschaft • Einkauf • Banf • Freigabeverfahren • Verfahren mit Klassifizierung • Klassen bearbeiten

Verfahren mit Klassifizierung für Bestellanforderungen einrichten: SPRO • SAP Referenz-IMG • SAP Customizing Einführungsleitfaden • Materialwirtschaft • Einkauf • Banf • Freigabeverfahren • Verfahren mit Klassifizierung • Verfahren mit Klassifizierung einrichten

B.6 Kapitel 7: Listanzeigen, Auswertungen und das Logistikinformationssystem

B.6.1 SAP ERP-Anwendung

Allgemeine Berichtsauswahl der Infosysteme: SAP Menü • Infosysteme • Allgemeine Berichtsauswahl

Arbeitsgebiet des Infosystems: SAP Menü • Infosysteme • Logistik

Arbeitsgebiet der Logistik: SAP Menü • Logistik • Materialwirtschaft • Einkauf • Bestellung • Listanzeigen • zum Material

Info-Bibliothek: SAP Menü • Logistik • Logistik-Controlling • Logistikinfosystem • Info-Bibliothek

B.6.2 SAP ERP-Customizing

Selektionsparameter definieren: SPRO • SAP Referenz-IMG • SAP Customizing Einführungsleitfaden • Materialwirtschaft • Einkauf • Berichtswesen • Einkaufslisten pflegen • Selektionsparameter • Selektionsparameter definieren

Listumfang definieren: SPRO • SAP Referenz-IMG • SAP Customizing Einführungsleitfaden • Materialwirtschaft • Einkauf • Berichtswesen • Einkaufslisten pflegen • Listumfang • Listumfang definieren

Vorschlagswerte für Transaktionen einstellen (Listumfang): SPRO • SAP Referenz-IMG • SAP Customizing Einführungsleitfaden • Materialwirtschaft • Einkauf • Berichtswesen • Einkaufslisten pflegen • Listumfang • Vorschlagswerte für Transaktionen einstellen

C Glossar

ABC-Analyse Die ABC-Analyse ist eine Auswertungsmöglichkeit im Rahmen der Informationssysteme von SAP ERP. Mit Hilfe der ABC-Analyse lassen sich Objekte nach ihrer Bedeutung ordnen. Anhand der ABC-Analyse könnten Sie beispielsweise erkennen, dass lediglich 20% der Materialien für 70% des wertmäßigen Materialeinsatzes verantwortlich sind (A-Klasse). Weitere 60% der Materialien verursachen 20% des wertmäßigen Materialeinsatzes (B-Klasse). In der C-Klasse verbleiben die 20% der Materialien, die nur 10% des wertmäßigen Materialeinsatzes ausmachen.

Abrufdokumentation Eine Abrufdokumentation ist eine Statistik zu einer Rahmenvertragsposition, die beispielsweise Informationen über die Zielmenge, die offene Zielmenge und die vorgenommenen Bestellungen enthält.

Abruferstellungsprofil Das Abruferstellungsprofil ist ein im Customizing von SAP ERP zu definierendes und im Lieferplan zu pflegendes Profil, das im Rahmen der Lieferplanabwicklung mit Abrufdokumentation steuert, nach welchem Ereignis ein Abruf erzeugt wird, in welcher Form Lieferplaneinteilungen aggregiert werden, zu welchen Zeitpunkten Abrufe erstellt werden und bei welchem Änderungsgrad von Einteilungen ein neuer Abruf erstellt wird.

Abstimmkonto Das Abstimmkonto ist ein Sachkonto in der Hauptbuchhaltung des Moduls Finanzwesen. Mit einer Buchung beispielsweise auf einem Kreditorenkonto wird gleichzeitig eine Buchung auf dem Abstimmkonto vorgenommen. Während auf einem Kreditorenkonto die Verbindlichkeiten gegenüber einem Lieferanten verbucht werden, weist das zugehörige Abstimmkonto die Verbindlichkeiten gegenüber mehreren oder allen Lieferanten auf.

ALV Grid Control Das ALV (SAP List Viewer) Grid Control ist ein Instrument zur Darstellung tabellarischer Daten in verschiedenen Anwendungsprogrammen. Mit dem ALV Grid Control lassen sich zum Beispiel Daten summieren, sortieren und filtern.

Automatische Bestellerzeugung Die automatische Bestellerzeugung ist ein Instrument in SAP ERP, um zugeordnete Bestellanforderungspositionen automatisch in Bestellungen oder Lieferplaneinteilungen umzusetzen.

Banf-Zuordnungsliste Mit einer Banf-Zuordnungsliste können zugeordnete Bestellanforderungspositionen (also Bestellanforderungspositionen mit einer zugeordneten Bezugsquelle) halbautomatisch in Bestellungen und Lieferplaneinteilungen umgesetzt werden.

Bedarfsplanung Die Bedarfsplanung ist ein Instrument zur termin- und mengengerechten Disposition von Materialien durch die automatische Generierung von Beschaffungsvorschlägen für den Einkauf und die Fertigung mit Hilfe von verbrauchs-

oder plangesteuerten Dispositionsverfahren. Die Bedarfsplanung kann als Gesamtplanung für ein Werk online oder im Hintergrund ausgeführt werden oder als Einzelplanung für ein Material.

Beleg Ein Beleg dient in SAP ERP zur Dokumentation und Steuerung eines Geschäftsvorfalls. Im Einkauf werden Belege als Instrument zur Beschaffung von Materialien und Dienstleistungen verwendet. Zu den Einkaufsbelegen zählen: Anfrage, Angebot, Bestellung, Kontrakt und Lieferplan. Zur Übermittlung von Bedarfen an Materialien und Dienstleistungen steht als Beleg die Bestellanforderung zur Verfügung.

Belegarten Mit Belegarten können einzelne Belegtypen (zum Beispiel Bestellanforderung, Bestellung, Lieferplan) genauer spezifiziert und gruppiert werden. Für den Belegtyp Bestellung sind beispielsweise die Normalbestellung, die Umlagerungsbestellung und die Rahmenbestellung gebräuchliche Belegarten. Die Belegart steuert, welche Positionstypen zulässig sind, welche Formen der Nummernvergabe möglich sind (intern und/oder extern) sowie den Nummernkreis, auf welche Belegarten und Positionstypen des Belegtyps Bestellanforderung bei der Bestellanlage Bezug genommen werden kann, und sie steuert über den Feldauswahlschlüssel die Ausprägung von Feldern (Muss-Eingabe, Kann-Eingabe, Anzeigefeld, ausgeblendetes Feld).

Belegübersicht Die Belegübersicht ist ein neuer Bildbereich in der EnjoySAP-Bestellung und der EnjoySAP-Bestellanforderung. In der Belegübersicht können Sie sich verschiedene Belege anzeigen lassen, auf die Sie bei der Anlage von Bestellungen oder Bestellanforderungen Bezug nehmen können. Die Belegübersicht können Sie nach eigenen Vorstellungen über die Definition von Selektionsvarianten, Layouts und Aufrissen gestalten.

Benutzerparameter Benutzerparameter ermöglichen es, die Aktivitäten einzelner Benutzer im Einkauf zu beeinflussen und zu steuern. Die für den Einkauf relevanten Benutzerparameter EFB und EVO steuern unter anderem die Vorschlagswerte, die Bezugsobjekte und die Eingabemöglichkeiten bei der Bearbeitung von Belegen im Einkauf.

Bestellanforderung Die Bestellanforderung (Banf) ist ein Belegtyp im Einkauf, mit dem Sie einen Bedarf an Materialien oder Dienstleistungen dokumentieren können und die Einkaufsabteilung zur Beschaffung auffordern. Die Bestellanforderung ist ein interner Beleg und kann manuell angelegt oder beispielsweise über die Disposition oder Fertigungsaufträge automatisch erzeugt werden.

Bestellpreismengeneinheit Die Bestellpreismengeneinheit ist die Mengeneinheit, auf die sich die Bestellkonditionen beziehen. Eine von der Bestellmengeneinheit abweichende Bestellpreismengeneinheit kann im Einkaufsinfosatz hinterlegt werden. In der Bestelldetailposition können Sie auf der Registerkarte **Mengen/Gewichte** die Umrechnung zwischen Bestellmenge und Bestellpreismenge pflegen.

Bestellung Die Bestellung ist ein Beleg im Einkauf, mit dem ein Lieferant oder Lieferwerk von einer Einkaufsorganisation aufgefordert werden kann, bestimmte Materialien oder Dienstleistungen zu bestimmten Konditionen an die aufgeführten Werke zu liefern bzw. zu erbringen.

Bewegungsarten Die Bewegungsart hat steuernde Funktionen beispielsweise für den Bildaufbau bei der Erfassung einer Warenbewegung oder die Bebuchung der Konten in der Finanzbuchhaltung. Jede mögliche Form einer Warenbewegung (zum Beispiel Wareneingang zur Bestellung, Rücklieferung zum Materialbeleg oder Warenausgang für eine Kostenstelle) wird in SAP ERP durch ein dreistelliges numerisches Kürzel eindeutig identifiziert.

Bewertungskreis Der Bewertungskreis ist die Organisationsebene, auf der die wertmäßige Führung der Materialbestände erfolgt. Als Bewertungskreis stehen die Organisationsebenen Buchungskreis oder Werk zur Verfügung.

Bewertungspreis Der Bewertungspreis wird im Materialstammsatz (Buchhaltungssicht 1) geführt und ist die Grundlage für die Bewertung des Materials in der Bilanz. Für den Bewertungspreis sind die Preissteuerungsverfahren »Standardpreis (S)« und »gleitender Durchschnittspreis (V)« möglich. Der Bewertungspreis und das gewählte Preissteuerungsverfahren beeinflussen die automatischen Buchungen in der Finanzbuchhaltung bei der Verbuchung von Waren- und Rechnungseingängen.

Bezugsquelle Eine Bezugsquelle stellt eine interne (Lieferwerk) oder externe (Lieferant) Quelle für die Beschaffung eines Materials oder einer Dienstleistung dar. Externe Bezugsquellen werden in SAP ERP in Form von Einkaufsinfosätzen oder als Rahmenvertragspositionen geführt.

Bezugsquellenfindung Die Bezugsquellenfindung bedeutet die Zuordnung einer Bezugsquelle zu einer Bestellanforderungsposition. Diese Zuordnung kann vom Bearbeiter manuell vorgenommen oder über Orderbücher und Quotierungen automatisiert werden. Die automatische Bezugsquellenfindung ist beim manuellen Anlegen einer Bestellanforderung und bei der automatischen Erstellung einer Bestellanforderung (zum Beispiel durch einen Bedarfsplanungslauf) möglich. Die Bezugsquellenfindung kann für eine einzelne Bestellanforderungsposition, für alle Positionen einer Bestellanforderung oder für mehrere Bestellanforderungen (zum Beispiel mit der Funktion **Banf zuordnen**) erfolgen.

Branche Die Branche ist der Wirtschaftszweig, dem das Unternehmen nach dem Hauptzweck der unternehmerischen Tätigkeit zugeordnet wird. Beim Objekt »Materialstammsatz« hat die Branche steuernde Funktionen in Bezug auf die Bildschirmbilder und die Felder der einzelnen Bildschirmbilder.

Buchungskreis Der Buchungskreis repräsentiert in SAP ERP ein rechtlich selbständiges Unternehmen innerhalb des Konzerns. Der Buchungskreis bildet die bilanzierende Einheit im Sinne des externen Rechnungswesens. Auf Buchungskreisebene erfolgt der Jahresabschluss. Der Buchungskreis ist über einen, im Mandanten eindeutigen, vierstelligen alphanumerischen Schlüssel definiert.

Customizing Im Customizing werden die firmenspezifischen Einstellungen zur Implementierung des SAP ERP-Systems vorgenommen. Die erforderlichen Customizing-Einstellungen erfolgen über die Projektbearbeitung des Customizing-Einführungsleitfadens. Als Leitfaden für die Customizing-Einstellungen dient der Implementation Guide (IMG).

CPD-Lieferanten Ein CPD-Lieferant ist ein Sammellieferantenstammsatz, der für Anfragen oder Bestellungen an Lieferanten genutzt wird, mit denen Sie keine dauerhaften Geschäftsbeziehungen pflegen oder deren Leistungsfähigkeit Sie testen wollen, bevor für den entsprechenden Lieferanten ein Lieferantenstammsatz erstellt wird.

EAN Die Abkürzung EAN steht für »Global Trade Item Number«. Die Nummer ermöglicht eine weltweit eindeutige Identifikation von Produkten und Handelseinheiten (zum Beispiel Verpackungseinheit). In SAP ERP können Sie die EAN in den Zusatzdaten des Materialstammsatzes erfassen.

Einkaufsinformationssatz (oder: Einkaufsinfosatz, Infosatz) Der Einkaufsinformationssatz ist ein Stammsatz mit Daten zu einem Lieferanten und einem Material oder zu einer Warengruppe. Eine wichtige Aufgabe des Einkaufsinfosatzes ist die Hinterlegung von Konditionen Der Einkaufsinfosatz repräsentiert in SAP ERP eine Bezugsquelle und weist die Datenhaltungsebenen Mandant, Einkaufsorganisation und Einkaufsorganisation/Werk auf.

Einkäufergruppe Eine Einkäufergruppe repräsentiert innerhalb von SAP ERP einen Einkäufer oder eine Gruppe von Einkäufern, denen die Zuständigkeit für bestimmte Einkaufsvorgänge zugeordnet wird. Eine Einkäufergruppe wird keinen anderen Organisationsebenen zugeordnet, sondern lediglich im Customizing des Einkaufs definiert.

Einkaufsorganisation Eine Einkaufsorganisation ist in SAP ERP für die Abwicklung aller Einkaufsvorgänge verantwortlich. Die organisatorische Gestaltung des Einkaufs wird über die Zuordnung der Einkaufsorganisation zu anderen Organisationseinheiten vorgenommen.

Enjoy-Bestellung/Enjoy-Bestellanforderung Mit der Enjoy-Bestellung und der Enjoy-Bestellanforderung wurden die Belege Bestellung und Bestellanforderung zum SAP Release 4.6 neu gestaltet. In diesen Einbildtransaktionen können die Bildbereiche Kopf, Position und Positionsdetail einzeln auf- und zugeklappt werden. In der aus- und einblendbaren Belegübersicht lassen sich Belege und Beleginformationen nach individuellen Benutzereinstellungen aufführen. Die Enjoy-Transaktionen für Bestellanforderungen und Bestellungen ME51N, ME52N und ME53N bzw. ME21N, ME22N und ME23N für das Anlegen, Ändern und Anzeigen von Belegen unterscheiden sich lediglich in Ihrer

Einstiegsvariante. Über die Drucktasten **Anlegen** oder **Anzeigen/Ändern** können Sie beispielsweise aus der Anzeige einer Bestellung in die Anlage einer Bestellung springen. Die herkömmlichen Bestellanforderungs- und Bestelltransaktionen stehen mit Hilfe der Transaktionscodes ME51, ME52 und ME53 bzw. ME21, ME22 und ME23 weiterhin zur Verfügung.

Feinabruf Durch einen optionalen Feinabruf wird im Rahmen eines Lieferplans mit Abrufdokumentation dem Lieferanten ein Überblick über die in naher Zukunft festgelegten Liefertermine und Liefermengen gegeben.

Fixierungszeitraum Mit Hilfe von Fixierungszeiträumen können im Rahmen der Lieferplanabwicklung der Verbindlichkeitsgrad der übermittelten Einteilungen und damit Erstattungsansprüche des Lieferanten, bei Änderungen oder Stornierungen von Einteilungen, festgelegt werden.

Flexible Analyse Mit der flexiblen Analyse bietet SAP ERP neben den Standardanalysen eine weitere Form der Datenanalyse, mit deren Hilfe eine nach individuellen Wünschen gestaltete Datenauswertung möglich ist. Zum Anlegen einer flexiblen Analyse nutzen Sie als Instrument den Report Writer, um die Auswertestruktur (Datenquelle der Auswertung), die Kennzahlen, Merkmale und das Berichtslayout festzulegen.

Freigabekriterien Freigabekriterien beinhalten Merkmale (zum Beispiel Warengruppe) und Ausprägungen (zum Beispiel Monitore), anhand derer ein Beleg einer bestimmten Freigabestrategie unterworfen wird.

Freigabestrategie Die Freigabestrategie beinhaltet die Freigabecodes und deren Genehmigungsreihenfolge, mit denen eine Bestellanforderung oder ein Einkaufsbeleg freigegeben werden muss. Freigabekriterien bestimmen die anzuwendende Freigabestrategie.

Freigabeverfahren Ein Freigabeverfahren dient dem Ersatz eines manuellen Unterschriftenverfahrens durch eine elektronische Freigabe von Bestellanforderungen und Einkaufsbelegen. Freigabeverfahren stehen mit und ohne Nutzung des Klassensystems zur Verfügung. Ein Freigabeverfahren mit Klassifizierung beinhaltet Freigabevoraussetzungen, Freigabezustände, Merkmale und Ausprägungen, Freigabecodes und Freigabekennzeichen.

Herstellerteilenummer (HTN) Ein Herstellerteil ist ein Material, das von verschiedenen Herstellern und/oder Lieferanten beschafft werden kann. Zur genauen Identifizierung des von den einzelnen Herstellern/Lieferanten zu beschaffenden Materials wird eine Herstellerteilenummer verwendet. Sofern nur eine Herstellerteilenummer existiert, wird diese im Materialstammsatz des firmeneigenen Materials gepflegt. Sofern zu einem Material mehrere Herstellerteilenummern existieren, wird für jede Herstellerteilenummer ein eigener HTN-Materialstammsatz mit der Materialart HERS (Herstellerteil) angelegt.

Herstellerteileprofil Das Herstellerteileprofil ist ein im Customizing von SAP ERP zu definierendes und im Materialstammsatz des firmeneigenen Materials zu pflegendes Kennzeichen, das steuernde Funktionen im Rahmen der Beschaffung von Materialien mit Herstellerteilenummern hat.

Hintergrundverarbeitung Im Rahmen der Hintergrundverarbeitung führen Sie ein Programm (zum Beispiel einen Report) mit bestimmten Einstellungen nicht im Dialog, sondern im Hintergrund aus. Zur Einplanung von Hintergrundjobs geben Sie den Namen des ABAP-Programms oder einen externen Programmnamen ein und definieren einen Startzeitpunkt (auch periodische Startzeitpunkte sind möglich) und Druckerparameter.

Info-Set In einem Info-Set werden die Kennzahlen des Logistikinformationssystems zusammengefasst, die in einem funktionsspezifischen Zusammenhang stehen. Ein Info-Set enthält Kennzahlen oder wiederum Info-Sets und bestimmt, auf welche Felder und Tabellen ein Query (siehe Stichwort *Query*) Bezug nehmen soll.

Info-Update-Kennzeichen Das Info-Update-Kennzeichen kann im Angebot, in der Bestellung oder im Rahmenvertrag gepflegt werden, um Einkaufsinfosätze automatisch anzulegen bzw. fortzuschreiben. Je nach Art des Einkaufsbelegs erfolgen unterschiedliche Fortschreibungen. Aus Bestellungen und Lieferplänen erfolgt die Fortschreibung der letzten Belegnummer. Aus Angeboten werden die zeitabhängigen Konditionen fortgeschrieben. Aus einem Kontrakt werden keine Daten fortgeschrieben, wenn bereits ein Einkaufsinfosatz auf der relevanten Organisationsebene existiert. Nur wenn noch kein Einkaufsinfosatz existiert, wird ein Einkaufsinfosatz – auch mit zeitabhängigen Konditionen – erstellt.

Job Für viele Aufgaben, insbesondere für Reports mit einer langen Laufzeit oder hohen Systembelastung, bietet sich eine Einplanung dieser Aufgaben als Hintergrundjobs an. Diese Aufgaben werden von SAP ERP zu einem festgelegten Zeitpunkt automatisch ausgeführt. Neben dem Startzeitpunkt sind bei der Jobdefinition der Name des Reports oder des externen Programms und die Druckerparameter einzugeben. In vielen Anwendungen können Hintergrundjobs über **Programm • im Hintergrund ausführen** eingeplant werden. Ansonsten erreichen Sie die Transaktion SM36 zur Definition von Jobs aus jedem beliebigen Bild von SAP ERP über den Menüpfad **System • Dienste • Jobs • Job-Definition**. Hier stehen Ihnen auch der Job Wizard zum vereinfachten Anlegen von Jobs und die Drucktaste **Eigene Jobs** zur Verfügung, um den Status von Jobs zu überprüfen.

Klassensystem Das anwendungsübergreifende Klassensystem ist ein Instrument, um beliebige Objekte (zum Beispiel Laserdrucker XYZ) mit Merkmalen (zum Beispiel Gewicht) und Werten (zum Beispiel 2,10 kg) zu belegen und mit ähnlichen Objekten in Klassen einzuteilen (zum Beispiel die Klasse Laserdrucker). Anschließend kann nach klassifizierten Objekten über deren Merkmale gesucht werden.

Kommunikationsstruktur Eine Kommunikationsstruktur ist eine Tabelle oder Struktur im ABAP Dictionary. Die Kommunikationsstruktur CEBAN für Bestellanforderungen beispielsweise enthält die Felder, die Sie als Freigabemerkmale für Freigabeverfahren verwenden können. Zur Ansicht von Kommunikationsstrukturen gelangen Sie zum Beispiel über die Transaktion SE11 oder SE84.

Konditionen Konditionen stehen als Oberbegriff für verschiedene Preiselemente, wie zum Beispiel Preise, Zu- und Abschläge, Frachten und Steuern. Diese Preiselemente werden im Customizing in Form von Konditionsarten definiert.

Konditionstechnik Die Konditionstechnik in SAP ERP ist eine allgemeine Anwendungsfunktion zur Ermittlung von Ausgabewerten über Konditionssätze auf der Basis bestimmter Eingangswerte. Die Konditionstechnik wird beispielsweise zur Preisfindung, zur Nachrichtenfindung und zur Kontenfindung genutzt. Die Konditionstechnik beinhaltet die Konditionssatzfindung, die Konfiguration des Findungsprozesses und die Konditionssatzpflege. Die Konditionstechnik lässt sich im Einkauf für verschiedene Aufgaben nutzen, beispielsweise für die Partnerfindung oder für die Preisfindung. Am Beispiel der Preisfindung beinhaltet die Konditionstechnik unter anderem die Aufgabenstellungen Konditionsarten festlegen, Zugriffsfolgen festlegen, Kalkulationsschema festlegen, Schemaermittlung festlegen und Konditionstabelle pflegen.

Konsignation Die Beschaffung von Konsignationsmaterial erfolgt mit Hilfe des Positionstyps »Konsignation (K)« und beinhaltet eine Trennung von Eigentum und Besitz des Materials. Mit der Lieferung des Konsignationsmaterials verbleibt das Material im Eigentum des Lieferanten. Erst mit der Entnahme des Konsignationsmaterials für den Verbrauch oder einer Umbuchung in den eigenen bewerteten Bestand resultiert eine Verbindlichkeit, die mit der Transaktion **Konsignations- und Pipelineabrechnung** (MRKO) mit dem Lieferanten automatisch abgerechnet wird. Die Beschaffung von Konsignationsmaterial erfordert einen Konsignationsinfosatz.

Kontengruppe Jeder Lieferantenstammsatz wird einer Kontengruppe zugeordnet. Die Kontengruppe hat steuernde Funktionen bezüglich der Vergabe der Lieferantenstammsatznummer, der Feldauswahl, des Status des Lieferanten, des gültigen Partnerschemas und der abweichenden Daten auf Werks- und Lieferantenteilsortimentsebene.

Kontierungstyp Ein Kontierungstyp (zum Beispiel Kostenstelle »K« oder Anlage »A«) bestimmt im Rahmen der Verbrauchsmaterialbeschaffung, welches Kontierungsobjekt (zum Beispiel Kostenstelle oder Anlage) zu belasten ist, welche Kontierungsdaten einzugeben sind und welche Konten bei der Wareneingangs- bzw. der Rechnungseingangsbuchung belastet werden.

Kontrakt Ein Kontrakt ist ein Rahmenvertrag, der die Vereinbarung beinhaltet, Materialien oder Dienstleistungen zu bestimmten Konditionen innerhalb eines bestimmten Zeitraums abzurufen. Kontrakte werden unterschieden in Wert- und Mengenkontrakte und in Zentral- und Werkskontrakte. Zudem können Sie Zentralkontrakte mit spezifischen Werkskonditionen pflegen. Kontraktpositionen können für Lagermaterial, Verbrauchsmaterial oder Dienstleistungen erstellt werden. Für besondere Geschäftsabwicklungen stehen je nach Vertragsart verschiedene Positionstypen zur Verfügung (zum Beispiel Konsignation, Lohnbearbeitung oder Material unbekannt).

Lagermaterial Lagermaterialien sind Materialien, die für die lagerhaltige Beschaffung vorgesehen sind. Die Beschaffung von Lagermaterial erfordert aufgrund der Mengen- und Wertfortschreibung die Existenz eines Materialstammsatzes mit Buchhaltungssicht.

Lagerort Ein Lagerort ermöglicht eine mengenmäßige Unterscheidung der Lagerortbestände von Materialien innerhalb eines Werks. Auf Lagerortebene finden die Inventur und optional die Disposition statt. Der vierstellige, alphanumerische Lagerortschlüssel ist im Werk eindeutig.

Lieferabruf Mit dem Lieferabruf wird im Rahmen eines Lieferplans mit Abrufdokumentation dem Lieferanten ein mittel- und längerfristiger Überblick über Liefertermine und Liefermengen (Einteilungen) gegeben.

Lieferantenbeurteilung Die Lieferantenbeurteilung ist ein vollständig in die Komponente Einkauf des Moduls Materialwirtschaft integriertes Programm, das Entscheidungsgrundlagen liefert zur Beurteilung, Auswahl und Kontrolle von Lieferanten. Die Lieferantenbeurteilung basiert auf verschiedenen Beurteilungskriterien, die über verschiedene Beurteilungsebenen hierarchisch strukturiert sind. Daten zur Lieferantenbeurteilung werden durch die Erfassung von Einkaufsprozessen automatisch erzeugt, können aber auch manuell oder teilautomatisch vom Benutzer erfasst werden.

Lieferantenstamm/Lieferantenstammsatz Der Lieferantenstammsatz enthält die wesentlichen, zentral abgespeicherten und anwendungsübergreifend genutzten Daten zu einem Lieferanten. Der Lieferantenstamm bildet die Gesamtheit aller Lieferantenstammsätze. Der Lieferantenstammsatz enthält Vorschlagswerte und Steuerungsparameter für die Einkaufsabwicklung. Die Datenhaltungsebenen des Lieferantenstammsatzes sind Mandant, Buchungskreis und Einkaufsorganisation. Zusätzlich können einzelne Einkaufsdaten und Partnerrollen auf der Ebene des Werks und/oder des Lieferantenteilsortiments gepflegt werden. Der Lieferantenstamm ist die Summe aller Lieferantenstammsätze.

Lieferantenteilsortiment Ein Lieferantenteilsortiment ist eine Unterteilung der gesamten Produktpalette eines Lieferanten nach verschiedenen Kriterien (zum Beispiel Warengruppe oder Sparte). Für ein Lieferantenteilsortiment können abweichende Einkaufsdaten, Konditionen und Partnerrollen gepflegt werden. Im Einkaufsinfosatz erfolgt die Zuordnung des Materials zu einem Lieferantenteilsortiment. Die Teilsortimente eines Lieferanten und deren abweichende Daten werden im Lieferantenstammsatz erfasst.

Lieferplan Ein Lieferplan ist eine Form des Rahmenvertrags. In einem Lieferplan werden, im Gegensatz zu einem Kontrakt, bereits Liefertermine und Liefermengen in Form von Einteilungen festgehalten. Der Abruf des im Lieferplan vereinbarten Materials erfolgt je nach Lieferplanart durch die Übermittlung der Einteilungen an den Lieferanten oder über Lieferplanabrufe und optional über Feinabrufe.

Limitbestellung Eine Limitbestellung eignet sich zur vereinfachten Beschaffung von Verbrauchsmaterial. Eine Limitbestellung weist die Belegart »Rahmenbestellung (FO)« und den Positionstyp »Limit (B)« auf. Auf Kopfebene enthält die Limitbestellung eine Laufzeit. Auf der Positionsebene kann keine Materialnummer eingegeben werden. Stattdessen muss eine Kontierung erfolgen und ein Limit gepflegt werden. Wareneingänge oder Leistungserfassungen sind für Limitbestellungen nicht möglich. Bei der Verbuchung von Eingangsrechnungen zur Limitbestellung prüft SAP ERP die Einhaltung des Limits und der Laufzeit.

Listumfangsparameter Der Listumfangsparameter ist ein Kennzeichen, das bei Auswertungen den anzuzeigenden Datenumfang der selektierten Belege steuert. Listumfangsparameter werden im Customizing des Einkaufs definiert und verschiedenen Transaktionen und Funktionen als Vorschlagswerte zugeordnet.

Logistikinformationssystem Das Logistikinformationssystem ist Teil des SAP Open Information Warehouse und bietet fortgeschrittene Analysemöglichkeiten zu den operationalen Datenbeständen. Das Logistikinformationssystem ist in verschiedene Komponenten unterteilt (zum Beispiel das Einkaufsinformationssystem oder das Vertriebsinformationssystem).

Lohnbearbeitung Eine Beschaffung durch die Lohnbearbeitung erfolgt mit dem Positionstyp »Lohnbearbeitung (L)«. Die Lohnbearbeitungsbestellung beinhaltet die Bestellung eines Endprodukts mit der zusätzlichen Angabe der Komponenten, die dem Lohnbearbeiter über eine Umbuchung beigestellt werden müssen. Die beigestellten Komponenten werden im eigenen bewerteten Sonderbestand »Lieferantenbeistellbestand« geführt und können mit der Wareneingangsbuchung des Endprodukts retrograd als Verbrauch gebucht werden.

Mandant Der Mandant ist die höchste organisatorische Ebene innerhalb des SAP ERP-Systems. Datentechnisch ist ein Mandant ein Bereich des SAP-Systems mit eigenständigen Tabellen, Stammdaten und Benutzerkennungen, der durch einen dreistelligen numerischen Schlüssel eindeutig definiert ist. Aus betriebswirtschaftlicher Sicht kann der Mandant ein Konzern sein.

Materialart Jedem Materialstammsatz wird eine Materialart zugeordnet. Die Materialart gruppiert Materialien mit denselben betriebswirtschaftlichen Eigenschaften (zum Beispiel Fertigerzeugnis oder Rohstoff). Die Materialart hat steuernde Funktionen bezüglich der Vergabe der Materialstammsatznummer, der Beschaffungsart für das Material, der zu pflegenden Fachbereiche (Sichten), und sie steuert, welche Bildschirmbilder in welcher Reihenfolge erscheinen.

Mengeneinheiten Mengeneinheiten bestimmen den Umfang einer Menge (zum Beispiel Stück, Karton, Palette). Für verschiedene betriebswirtschaftliche Funktionen können unterschiedliche Mengeneinheiten definiert werden, zum Beispiel Basismengeneinheit, Bestellmengeneinheit, Verkaufsmengeneinheit oder Ausgabemengeneinheit.

Materialstammsatz Der Materialstamm ist das zentrale Datenobjekt in der Logistik von SAP ERP. Der Materialstammsatz enthält, in Fachbereiche (Sichten) gegliedert, alle Informationen, Vorschlagswerte und Steuerungsdaten zu einem Material. Bei der Anlage eines Materialstammsatzes erfolgt die Zuordnung dieses Materials zu einer Materialart (zum Beispiel Fertigerzeugnis oder Rohstoff), die wiederum über Customizing-Einstellungen zahlreiche Steuerungsparameter aufweist. Mit der Festlegung der zu pflegenden Fachbereiche (Sichten) muss auch die Zuweisung zu Organisationsebenen vorgenommen werden. Die Organisationsebenen für die einkaufsrelevanten Daten des Materialstammsatzes sind Mandant, Werk und Lagerort.

Musterleistungsverzeichnis Ein Musterleistungsverzeichnis ist ein Stammsatz in der Dienstleistungsbeschaffung, in dem Leistungszeilen mit Leistungsnummern oder Kurztexten gegliedert werden können. Bei der Anlage einer Bestellanforderung kann auf ein Musterleistungsverzeichnis Bezug genommen werden.

Nachrichten Zu Einkaufsbelegen, die an Lieferanten übermittelt werden sollen, werden Nachrichten erzeugt. Für unterschiedliche betriebswirtschaftliche Vorgänge werden unterschiedliche Nachrichtenarten (zum Beispiel Bestellneudruck oder Mahnschreiben zur Auftragsbestätigung) erzeugt. In einer Nachricht werden auch der Versandzeitpunkt (zum Beispiel »sofort nach dem Sichern des Belegs«) und das Sendemedium (zum Beispiel Drucker) eingestellt.

Nummernvergabe Die Nummernvergabe wird im Customizing von SAP ERP für jeden Beleg des Einkaufs und jeden Stammsatz eingestellt. Die Nummernvergabe regelt die Art der Nummernvergabe (intern oder extern) und den Nummernkreis.

OLAP OLAP steht für »Online Analytical Processing«. Die OLAP-Ebene innerhalb des Open Information Warehouse übernimmt die Auswertung der verdichteten Informationen aus dem Logistics Data Warehouse. OLAP-Systeme dienen zur

Generierung von Geschäftswissen und beziehen ihre Daten aus anderen OLAP-Systemen oder aus OLTP-Systemen.

OLTP OLTP steht für »Online Transaction Processing«. Aus der OLTP-Ebene werden die Logistikinformationssysteme (Logistics Data Warehouse) mit Daten aus den operativen Anwendungen versorgt. Bei OLTP-Datenbanken stehen die Verarbeitung der Daten von Geschäftsprozessen und eine konsistente Datenhaltung im Vordergrund.

Orderbuch Im Orderbuch werden werks- und zeitabhängig die zulässigen, gesperrten, fixen und für die Disposition relevanten Bezugsquellen für ein Material aufgeführt. Das Orderbuch dient zur Steuerung der automatischen Bezugsquellenfindung. Die Pflicht zur Führung eines Orderbuches kann materialabhängig im Materialstammsatz oder werksabhängig für alle Materialien eines Werks im Customizing des Einkaufs vereinbart werden.

Organisationsebene Die Struktur eines Unternehmens wird in SAP ERP über Organisationsebenen abgebildet. Organisationsebenen werden in der Unternehmensstruktur des Customizing definiert und einander zugeordnet. Die Belege und Stammsätze im Einkauf werden Organisationsebenen zugeordnet. Zu den Organisationsebenen im Einkauf zählen der Mandant, der Buchungskreis, das Werk, die Einkaufsorganisation und die Einkäufergruppe.

Partnerrolle Partnerrollen können im Lieferantenstammsatz gepflegt werden und bestimmen die Funktion, die ein Partner im Rahmen einer Geschäftsabwicklung einnimmt. Im Einkauf kann ein Lieferant beispielsweise die Rollen Bestelladressat, Warenlieferant, Rechnungssteller und Zahlungsempfänger einnehmen. Die Rollen oder einzelne Rollen können auch oder zusätzlich von anderen Lieferanten eingenommen werden. Voraussetzung hierfür ist, dass für diese Lieferanten ein eigener Stammsatz existiert. Im Customizing des Einkaufs können Sie durch Partnerschemata einstellen, für welche Kontengruppen welche Partnerrollen möglich und gegebenenfalls auch obligatorisch sind.

Pipelineabwicklung Im Rahmen der Pipelineabwicklung wird ein Pipelinematerial der Materialart (PIPE) verwendet oder ein Material einer anderen Materialart, für die eine Pipelineabwicklung möglich ist. Pipelinematerial muss nicht über den Einkauf angefordert werden, sondern kann aus einer Pipeline entnommen werden. Mit der Materialentnahme entsteht eine Verbindlichkeit gemäß dem im Pipeline-Infosatz hinterlegten Preis, die periodisch mit dem Lieferanten abgerechnet wird. Für Pipelinematerial können Sie Orderbucheinträge pflegen.

Positionstyp Der Positionstyp in Bestellanforderungen und Einkaufsbelegen steuert den weiteren Verlauf des Beschaffungsprozesses auf der Ebene der Belegposition. Beispiele für Positionstypen sind:

- Normal ( )
- Konsignation (K)

- Strecke (S)
- Limit (B)

Der Positionstyp hat steuernde Funktionen in Bezug auf:

- die Eingabe einer Materialnummer
- die Verbuchung von Waren- und Rechnungseingängen
- die Bestandsführung
- die Kontierung
- die Feldauswahl und die Einblendung zusätzlicher Datenfelder

Preisfindung Die Preisfindung nutzt die Konditionstechnik zur Ermittlung von Preisinformationen aus Konditionssätzen. Diese Preisinformationen werden beispielsweise in die Bestellposition eingestellt. Auf der Registerkarte **Konditionen** des Detailbilds zur Bestellposition können Sie über die Drucktaste **Analyse** ein Protokoll der Preisfindung aufrufen.

Preisspiegel Ein Preisspiegel ist ein Instrument zum Vergleich der Konditionen von Angeboten und Angebotsleistungsverzeichnissen.

Preissteuerungsverfahren Das Preissteuerungsverfahren ist ein Kennzeichen in der Buchhaltungssicht des Materialstammsatzes zur Bestimmung des Verfahrens der Materialbewertung. Ohne Berücksichtigung des Material-Ledger stehen die beiden Verfahren »gleitender Durchschnittspreis« und »Standardpreis« zur Verfügung.

Profil Ein Profil dient der Hinterlegung von Informationen, die bei der Pflege unterschiedlicher Objekte in gleicher oder ähnlicher Form verwendet werden sollen. Beispielsweise dienen Prognose- und Dispositionsprofile im Rahmen der Materialstammsatzpflege als Erfassungshilfe.

Quote Im Rahmen einer Quotierung kennzeichnet die Quote den Anteil des Bedarfs, der einer Bezugsquelle zugeordnet wird.

Quotenbasismenge Die Quotenbasismenge wird einer neu an der Quotierung teilnehmenden Bezugsquelle zugeordnet, um zu vermeiden, dass diese Bezugsquelle fortlaufend den Zuschlag erhält.

Quotenzahl Die Quotenzahl dient im Rahmen der Quotierung als Entscheidungskriterium für die Zuordnung eines anfallenden Bedarfs auf eine Bezugsquelle. Die Bezugsquelle mit der niedrigsten Quotenzahl wird als Bezugsquelle zugeordnet

Quotierte Menge Die quotierte Menge ist die Gesamtmenge aller Bedarfe, die bereits einer Bezugsquelle im Rahmen der Quotierung zugeordnet wurde.

Quotierung Die Quotierung ist ein Instrument zur Verwaltung von Bezugsquellen, indem den Bezugsquellen werks- und materialabhängig eine Quote zugeteilt wird. Im Rahmen der Bezugsquellenzuordnung werden den Bezugsquellen die Bedarfe gemäß ihrer Quote zugeteilt.

Quotierungsverwendungskennzeichen Das Quotierungsverwendungskennzeichen steuert, bei welchen Beschaffungsfunktionen (zum

Beispiel Bestellanforderung, Bestellung, Lieferplan, Planauftrag) die Quotierung berücksichtigt werden soll. Das Quotierungsverwendungskennzeichen wird im Customizing von SAP ERP definiert und auf Werksebene in den Einkaufs- oder Dispositionsdaten des Materialstammsatzes gepflegt.

Rahmenbestellung Die Rahmenbestellung ist eine Bestellbelegart zur Verschlankung von Einkaufsprozessen. Eine Rahmenbestellung erfordert die Angabe einer Laufzeit, innerhalb deren mehrere Beschaffungsprozesse vorgenommen werden können. Einsatzgebiete der Rahmenbestellung sind beispielsweise Rechnungspläne und die Limitbestellung.

Rahmenvertrag *Rahmenvertrag* ist der Oberbegriff für Kontrakte und Lieferpläne. Ein Rahmenvertrag ist eine zeitraummäßig festgelegte Vereinbarung über die Lieferung von Materialien oder die Erbringung von Dienstleistungen zu bestimmten Konditionen.

Rechnungsplan Ein Rechnungsplan ist ein Instrument zur automatischen Erstellung von Rechnungen bei wiederkehrenden oder in Teilen abzurechnenden Beschaffungsvorgängen. Beispiele für die Verwendung von Rechnungsplänen sind Leasingverträge für einen periodischen Rechnungsplan und Bauvorhaben für einen Teilrechnungsplan.

Referenzeinkaufsorganisation Die Referenzeinkaufsorganisation ist eine Einkaufsorganisation, auf deren Konditionen und Kontrakte andere Einkaufsorganisationen zugreifen können. Für diese Abwicklung ist im Customizing der Unternehmensstruktur eine Zuordnung der bezugnehmenden Einkaufsorganisation zur Referenzeinkaufsorganisation erforderlich.

Regellieferant Der Regellieferant ist die mandantenweit feste Bezugsquelle für ein Material. Das Kennzeichen für den Regellieferanten können Sie in den allgemeinen Daten des Einkaufsinfosatzes setzen.

Report/Reporting Ein Report ist ein ausführbares Programm zum Auslesen und zur Darstellung von Daten im Rahmen des Reporting.

Retourenbestellposition Eine Retourenbestellposition ist eine Bestellposition mit einem Retourenkennzeichen. Mit Hilfe einer Retourenbestellposition kündigen Sie dem Lieferanten die Rücklieferung eines Materials an und können gleichzeitig neues Material anfordern. Anschließend verbuchen Sie einen Warenausgang und eine Gutschrift zu dieser Retourenbestellposition. Im Gegensatz zu den Rücklieferungen in der Bestandsführung des Moduls Materialwirtschaft nehmen Sie bei einer Retourenbestellposition keinen Bezug auf die Bestellung zum ursprünglichen Wareneingang oder auf einen Materialbeleg zum Wareneingang.

Selektionsvariante Eine Selektionsvariante ist ein Instrument zur Arbeitserleichterung bei der Durchführung von Reports, indem eine Menge von Selektionskriterien in einer Selektionsvariante gespeichert wird und somit nicht erneut auf dem Selektionsbildschirm eingegeben werden muss.

Sonderbeschaffungsformen Sonderbeschaffungsformen weisen nicht den klassischen Beschaffungsprozess aus Bestellung, Wareneingang und Rechnungseingang auf, sondern haben Besonderheiten in Bezug auf die Eigentumsverhältnisse des Materials, die Wareneingangsbuchung oder die Abrechnung der Materialbeschaffung. Zu den Sonderbeschaffungsformen zählen beispielsweise die Konsignationsbeschaffung, die Lohnbearbeitung und die Streckenabwicklung. Entsprechend existieren zu diesen Sonderbeschaffungsformen auch eigene und fremde Sonderbestandsarten, die die Trennung von Besitz und Eigentum dokumentieren. Zu den eigenen Sonderbeständen zählt beispielsweise der Lieferantenbeistellbestand. Zum fremden Sonderbestand gehört beispielsweise die Lieferantenkonsignation.

Standardanalyse Standardanalysen sind die Analysen der einzelnen Informationssysteme des Logistikinformationssystems, die durch Informationsstrukturen vordefiniert sind. Diese Informationsstrukturen beinhalten bereits die Merkmale, Kennzahlen und die Periodizität der Auswertung und bilden die Datengrundlage der Standardanalysen. Für das Einkaufsinformationssystem werden im Standard die folgenden Informationsstrukturen ausgeliefert:

- S011 (Einkäufergruppe)
- S012 (Einkauf)
- S013 (Lieferantenbeurteilung)
- S015 (Nachträgliche Abrechnung)

Standardeinkaufsorganisation Die Standardeinkaufsorganisation ist eine Einkaufsorganisation, die im Customizing der Unternehmensstruktur einzelnen Werken zugeordnet wird. Sofern einem Werk mehrere Einkaufsorganisationen zugeordnet sind, können Sie eine Einkaufsorganisation als Standardeinkaufsorganisation definieren, damit beispielsweise bei der Bezugsquellenfindung im Rahmen der Umlagerungs- und Konsignationsbeschaffung diese Standardeinkaufsorganisation gezogen wird.

Streckenabwicklung Im Rahmen einer Streckenbestellposition oder einer Bestellanforderungsstreckenposition wird der Positionstyp »Strecke (S)« verwendet. Die Beschaffung des Materials erfolgt zugunsten eines Dritten, dessen Anlieferadresse in den Positionsdaten angegeben wird. Streckenbestellanforderungspositionen können aus einem Kundenauftrag mit der Abwicklung »Streckengeschäft« resultieren.

Submissionsnummer Die Submissionsnummer ist eine Nummer oder Bezeichnung in den Kopfdaten einer Anfrage zur Bündelung einer Anfrageaktion. Durch die Submissionsnummer wird die Verwaltung mehrerer Anfragen erleichtert, indem beispielsweise die Selektion der eingegangenen Angebote im Rahmen eines Preisspiegels durch die Eingabe der Submissionsnummer erfolgen kann.

Umlagerungsbestellung Eine Umlagerungsbestellung kann für die

Umlagerung von Materialien von einem Werk an ein anderes Werk genutzt werden. Hierzu steht die Bestellart »Umlagerung« und der Positionstyp »Umlagerung (U)« zur Verfügung. Die Umlagerung über eine Umlagerungsbestellung hat zahlreiche Vorteile gegenüber einer Umlagerung im Rahmen der Bestandsführung der Materialwirtschaft. Beispielsweise wird die Umlagerungsbestellung in der Disposition beider Werke berücksichtigt, der Ablauf wird in der Bestellentwicklung der Bestellung dokumentiert, und die Versandfunktionalitäten des Moduls »Sales & Distribution (SD)« können genutzt werden.

Verbrauchsmaterial Verbrauchsmaterial ist ein Material, das nicht wertmäßig im Bestand geführt wird, sondern über Kontierungsobjekte (beispielsweise Kostenstelle oder Anlage) abgerechnet wird. Verbrauchsmaterial kann wie folgt geführt werden:

- ohne Materialstammsatz
- mit Materialstammsatz ohne mengen- und wertmäßige Bestandsführung (im SAP ERP-Standard: Materialart »Nichtlagermaterial«)
- mit Materialstammsatz mit mengenmäßiger Bestandsführung (im SAP ERP-Standard: Materialart »unbewertetes Material«)

Warengruppenkontrakt Der Warengruppenkontrakt ist ein Kontrakt, der nicht einzelne spezifizierte Materialien beinhaltet, sondern sich auf Materialien einer Warengruppe bezieht. Hierfür stehen die Positionstypen »Material unbekannt (M)« und »Warengruppe (W)« zur Verfügung. Über Orderbuchsätze zum Warengruppenkontrakt können Sie einzelne Materialien (mit Materialstammsatz) dieser Warengruppe vom Bezug ausschließen oder einschließen.

Werk Das Werk ist innerhalb von SAP ERP eine bedeutende Organisationseinheit der Logistik. Das Werk kann zum Beispiel eine Niederlassung, eine Produktionsstätte, ein Auslieferungslager oder der Hauptsitz eines Buchungskreises sein. Im Werk kann die Produktion stattfinden, für das Werk können Materialien und Dienstleistungen beschafft werden, aus dem Werk kann die Auslieferung an Kunden erfolgen, und im Werk kann die Disposition und die Instandhaltung vorgenommen werden. Das Werk ist Datenhaltungsebene für verschiedene Stammdaten und weist zahlreiche organisatorische Zuordnungen auf. Ein Werk ist durch einen vierstelligen, alphanumerischen Schlüssel innerhalb eines Mandanten eindeutig identifizierbar.

Zugeordnete Bestellanforderungsposition Eine zugeordnete Bestellanforderungsposition ist eine Bestellanforderungsposition mit einer zugeordneten Bezugsquelle. Beim manuellen Anlegen einer Bestellanforderung kann bereits eine Bezugsquelle auf Kopf- oder Positionsebene zugeordnet werden. Weiterhin können nicht zugeordnete Bestellanforderungen über die Sammeltransaktionen **Bestellanforderungen zuordnen** (ME56) und **Bestellanforderungen zuordnen und bearbeiten** (ME57) bearbeitet werden.

D Der Autor

Torsten Hellberg ist Diplom-Kaufmann und Diplom-Volkswirt. Nach seinem Studium arbeitete er zunächst in der Erwachsenenbildung, bevor er für mehrere Jahre als SAP MM-Berater bei der IT-Services and Solutions GmbH an SAP-Einführungsprojekten mitgewirkt hat. Seit 2001 ist er SAP-Koordinator beim Institut für angewandte Logistik GmbH. Seine Tätigkeitsschwerpunkte liegen im Bereich der Materialwirtschaft.

Index

M

N

O

P

Q

R

S

T

U

V

W